# Cepheid

세페이드

## 1F 물리학 (하)

★★★★★

# 세페이드 시리즈의 구성

이제 편안하게 과학공부를 즐길 수 있습니다.

**1F**
중등과학 기초
물리학 · 화학 (초5~6)

**2F**
중등과학 완성
물 · 화 · 생 · 지 (중1~2)

**3F**
고등과학 Ⅰ
물 · 화 · 생 · 지 (중2~1)

**4F**
고등과학 Ⅱ
물 · 화 · 생 · 지 (중3~고1)

**5F**
실전 문제 풀이
물 · 화 · 생 · 지 (중3~고1)

세페이드
모의고사

세페이드
고등 통합과학

세페이드
고등학교 물리학 Ⅰ

창의력과학의 대표 브랜드

**과학 학습의 지평을 넓히다!**

단계별 과학 학습

창의력과학 세페이드 시리즈!

Structure

# 단원별 내용 구성

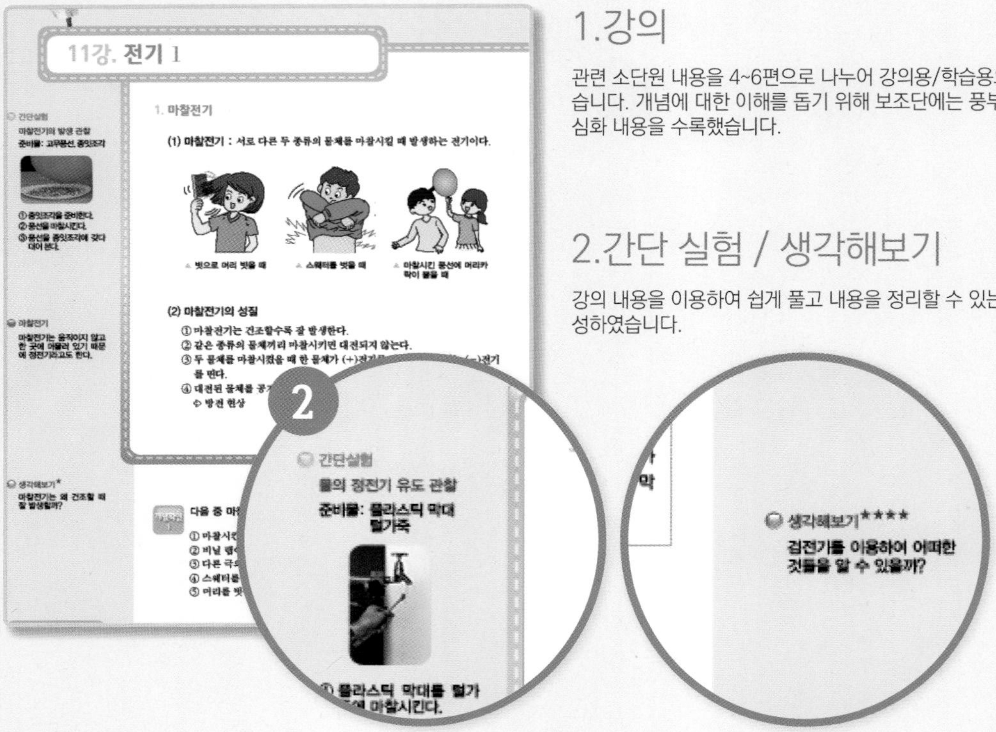


## 1.강의

관련 소단원 내용을 4~6편으로 나누어 강의용/학습용으로 구성했습니다. 개념에 대한 이해를 돕기 위해 보조단에는 풍부한 자료와 심화 내용을 수록했습니다.

## 2.간단 실험 / 생각해보기

강의 내용을 이용하여 쉽게 풀고 내용을 정리할 수 있는 문제로 구성하였습니다.

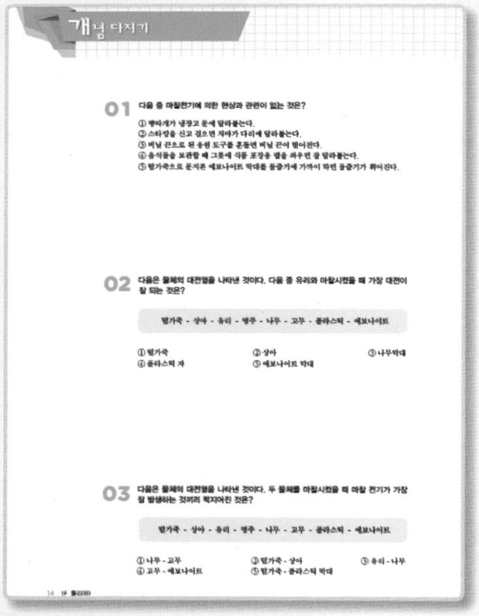


## 3.개념확인, 확인+, 개념다지기

강의 내용을 이용하여 쉽게 풀고 내용을 정리할 수 있는 문제로 구성하였습니다.

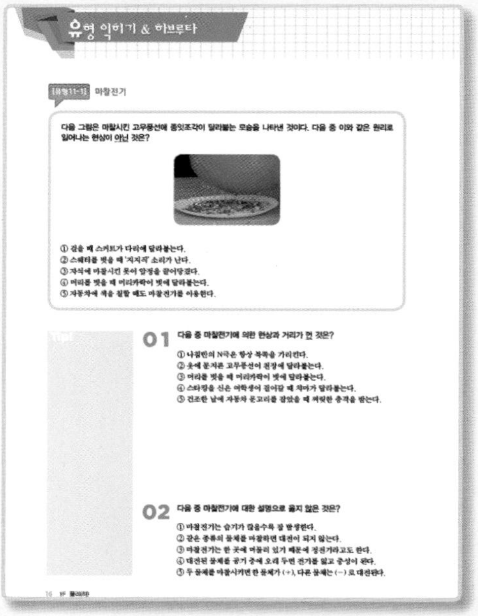


## 4. 유형 익히기 & 하브루타

관련 소단원 내용을 유형별로 나누어서 각 유형별로 대표 문제와 연습 문제를 제시하였습니다.

단계별 학습으로 가장 효과적인 자기주도학습이 가능합니다. 새로운 문제에 도전해 보세요!

## 5.창의력 & 토론 마당

관련 소단원 내용에 관련된 창의력 문제를 풍부하게 제시하여 창의력을 향상시킴과 동시에 질문을 자연스럽게 이끌어 낼 수 있도록 하였고, 관련 주제에 대한 토론이 가능하도록 하였습니다.

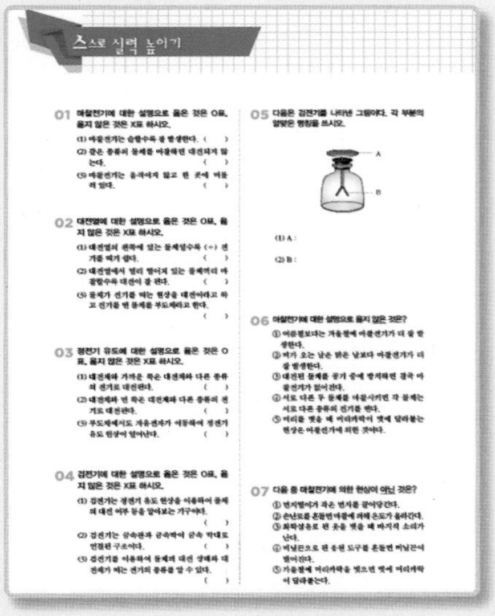


## 6.스스로 실력 높이기

학습한 내용에 대한 복습 문제를 오답문제와 같이 충분한 양을 제공하였습니다. 연장 학습이 가능할 것입니다.

## 7.Project

대단원이 마무리될 때마다 충분한 읽기자료를 제공하여 서술형/논술형 문제에 답하도록 하였고, 단원의 주요 실험을 할 수 있도록 하였습니다. 융합형 문제가 같이 제시되므로 STEAM 활동이 가능할 것입니다.

# CONTENTS | 목차

## 1F 물리학(상)

I



II



III

# 1F 물리학(하)

# Ⅳ 전기

어떻게 전구에 불이 들어올까?

# 11강. 전기 1

## 1. 마찰전기

**간단실험**

마찰전기의 발생 관찰

준비물: 고무풍선, 종잇조각

① 종잇조각을 준비한다.
② 풍선을 마찰시킨다.
③ 풍선을 종잇조각에 갖다 대어 본다.

### (1) 마찰전기 : 서로 다른 두 종류의 물체를 마찰시킬 때 발생하는 전기이다.

▲ 빗으로 머리 빗을 때

▲ 스웨터를 벗을 때

▲ 마찰시킨 풍선에 머리카락이 붙을 때

**마찰전기**

마찰전기는 움직이지 않고 한 곳에 머물러 있기 때문에 정전기라고도 한다.

### (2) 마찰전기의 성질

① 마찰전기는 건조할수록 잘 발생한다.
② 같은 종류의 물체끼리 마찰시키면 대전되지 않는다.
③ 두 물체를 마찰시켰을 때 한 물체가 (+)전기를 띠면, 다른 물체는 (−)전기를 띤다.
④ 대전된 물체를 공기 중에 오래 두면 전기를 잃고 중성이 된다.
→ 방전 현상

**생각해보기★**

마찰전기는 왜 건조할 때 잘 발생할까?

**개념확인 1** 다음 중 마찰전기에 의한 현상이 <u>아닌</u> 것은?

① 마찰시킨 풍선에 종이가 붙는다.
② 비닐 랩이 그릇에 잘 달라붙는다.
③ 다른 극의 자석이 서로 끌어 당긴다.
④ 스웨터를 벗을 때 지지직하는 소리가 난다.
⑤ 머리를 빗을 때 머리카락이 빗에 달라붙는다.

**미니사전**

방전 [妨 방해하다 電 전기] 전지나 축전기 또는 전기를 띤 물체에서 전기가 외부로 흘러나가는 현상.

대전 [帶 붙다 電 전기] 물체가 전기를 띠는 현상.

**확인+1** 마찰전기에 대한 설명으로 옳은 것은 O표, 옳지 않은 것은 X표 하시오.

(1) 마찰전기는 건조할수록 잘 발생한다. (　　)
(2) 같은 종류의 물체를 마찰시키면 대전이 잘 된다. (　　)
(3) 두 물체를 마찰시켜 한 물체가 (+)전기를 띠면, 다른 물체는 (−)전기를 띤다. (　　)

## 2. 대전열

### (1) 원자 : 물질을 이루고 있는 가장 작은 알갱이이다.

① 원자의 구조 : (+) 전하를 띠는 원자핵과 (−) 전하를 띠는 전자로 구성

② 원자의 전체적인 전하의 양
원자핵의 전체 (+)전하량
+ 전자 전체의 (−)전하량 = 0 (중성)

③ 전자의 이동과 대전
· 전자를 얻은 물체 : (−) 전기를 띤다.
· 전자를 잃은 물체 : (+) 전기를 띤다.

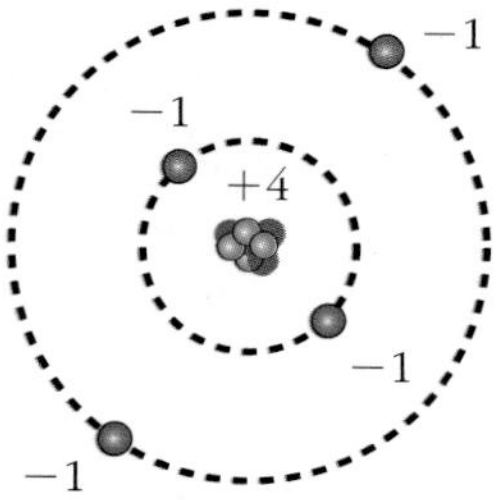

▲ 전기적으로 중성인 원자의 구조

● 원자핵과 전자

원자핵은 (+) 전하를 띠며 원자 질량의 대부분을 차지하고 있다. 전자는 (−) 전하를 띠며 원자 주위를 돌고 있다.

● 전자의 전하량

전자가 띤 전하량을 −1로 한다. 전자기 띤 전하량의 절대값을 기본 전하량으로 하였다.

### (2) 대전열 : 물체를 마찰시킬 때 전자를 잃기 쉬운 순서대로 나열한 것이다.

털가죽 − 상아 − 유리 − 명주 − 나무 − 고무 − 플라스틱 − 에보나이트

(+)전기를 띠기 쉽다.
전자를 잃기 쉽다.

(−) 전기를 띠기 쉽다.
전자를 얻기 쉽다.

① 대전 : 물체가 전기를 띠는 현상
② 대전체 : 전기를 띠고 있는 물체
③ 대전열에서 멀리 떨어져 있는 물체끼리 마찰할수록 대전이 잘 된다.

정답 및 해설 02쪽

**개념확인 2** **빈칸에 들어갈 말을 순서대로 쓰시오.**

물질을 이루고 있는 가장 작은 알갱이를 (          ) 라고 하며, 이것은 (+) 전하를 띠는 (          ) 와/(과) (−) 전하를 띠는 (          )로 구성되어 있다. 그리고 이 알갱이의 전체 전하의 양은 (          ) 이다.

● 생각해보기★★

원자의 구조 그림 속 원자 모형은 왜 동그란 모양일까?

**확인 + 2** **두 물체를 마찰시켰을 때 대전이 가장 잘 되는 것끼리 짝지어진 것은?**

① 나무 - 고무 ② 유리 - 나무 ③ 털가죽 - 상아
④ 고무 - 에보나이트 ⑤ 털가죽 - 에보나이트

**미니사전**

원자 [原 근원 −] 물질의 기본적 구성 단위로 하나의 핵과 이를 둘러싼 여러 개의 전자로 구성되어 있음

## 3. 정전기 유도

(1) **정전기 유도 :** 대전되지 않은 금속 도체에 대전체를 가까이 했을 때 금속이 전기를 띠는 현상이다.

① 대전체와 가까운 쪽 : 대전체와 다른 종류의 전기로 대전

② 대전체와 먼 쪽 : 대전체와 같은 종류의 전기로 대전

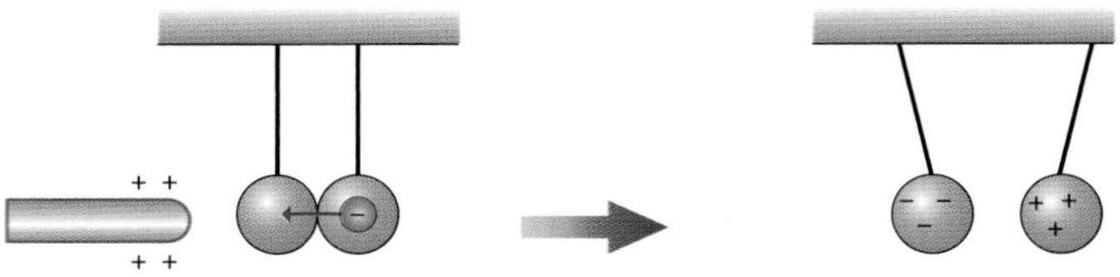

(2) **정전기 유도의 원인 :** 대전체와 전기력에 의해 금속 내의 자유전자가 이동하기 때문이다.

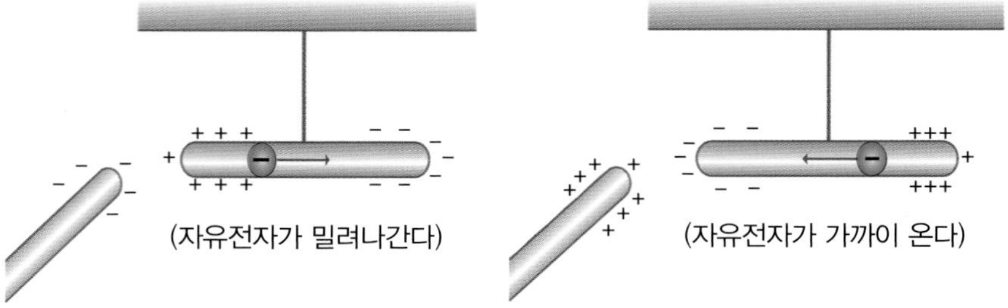


**개념확인 3** 오른쪽 그림과 같이 (+) 대전체를 금속 막대에 가까이 했을 때 금속 막대의 A 와 B 부분은 각각 어떤 전기를 띠겠는가?

| | A | B |
|---|---|---|
| ① | (+) | (−) |
| ② | (+) | (+) |
| ③ | (−) | (+) |
| ④ | (−) | (−) |

⑤ A, B 둘 다 전기를 띠지 않는다.

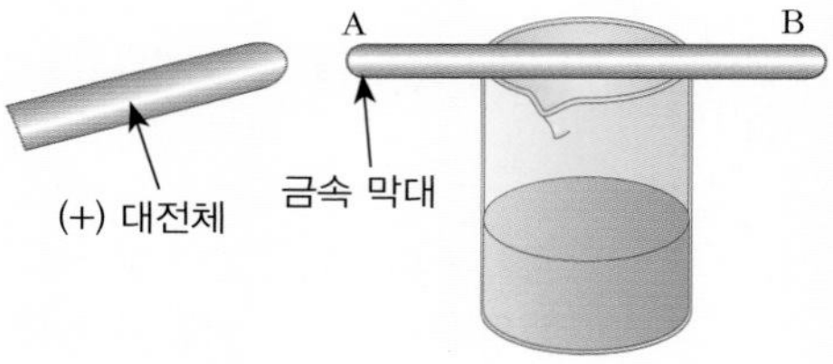


**확인 +3** 정전기 유도에 대한 설명으로 옳은 것은 O표, 옳지 않은 것은 X표 하시오.

(1) 대전체와 가까운 쪽은 대전체와 같은 종류의 전기로 대전된다. ( )

(2) 대전체와 먼 쪽은 대전체와 다른 종류의 전기로 대전된다. ( )

(3) 정전기 유도의 원인은 금속 내의 자유전자의 이동 때문이다. ( )

(4) 도체는 자유전자가 거의 없어 전류가 흐르지 못한다. ( )

간단실험

물의 정전기 유도 관찰

준비물: 플라스틱 막대, 털가죽

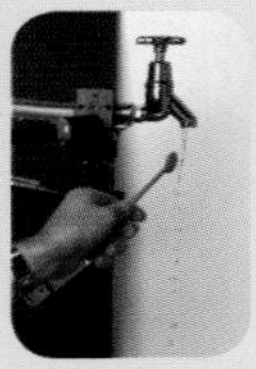

① 플라스틱 막대를 털가죽에 마찰시킨다.

② 마찰시킨 플라스틱 막대를 수도꼭지 물줄기에 가까이 댄다.

③ 물줄기가 휘어지는 모습을 관찰한다.

도체와 부도체

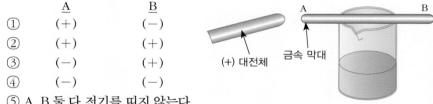

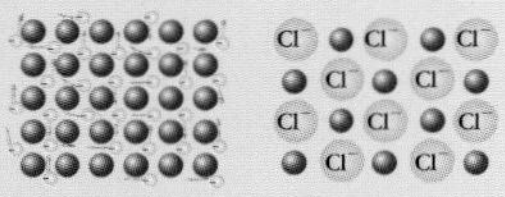


- 도체 : 자유전자가 많아 전류가 잘 흐르는 물질
→ 구리, 철 등의 금속
- 부도체 : 자유전자가 거의 없어 전류가 흐르지 못하는 물질
→ 소금, 나무 등의 비금속

생각해보기★★★

정전기 유도 현상에서 자유전자만 이동하는 이유는 무엇일까?

**미니사전**

자유전자 [自 스스로 由 말미암다 電 전기 -자] 물질 내부 또는 표면에서 자유롭게 떠돌아다니는 전자

유도 [誘 꾀다 導 인도하다] 물체가 전기 또는 자기를 띠도록 하는 것

## 4. 검전기

**(1) 검전기 :** 정전기 유도 현상을 이용하여 물체의 대전 상태와 대전체가 띠는 전기의 종류를 알아볼 수 있는 기구이다.

① 검전기의 구조 : 금속판과 금속박이 금속 막대로 연결되어 있어 전자가 자유로이 이동할 수 있다.

② 검전기의 원리 : 대전체를 가까이 하면 정전기 유도 현상에 의해 금속판과 금속박이 전기를 띠게 된다.

▲ 검전기의 구조

**(2) 검전기의 대전 과정** : (−) 전하를 가진 자유전자만 자유롭게 이동하면서 물체들의 대전 상태를 바꾸어 놓는다.

| | |
|---|---|
|  | 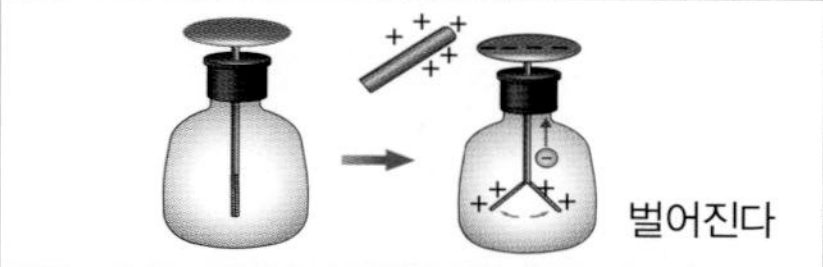 |
| 중성 검전기에 (−) 대전체를 가까이 할 때 | 중성 검전기에 (+) 대전체를 가까이 할 때 |
| 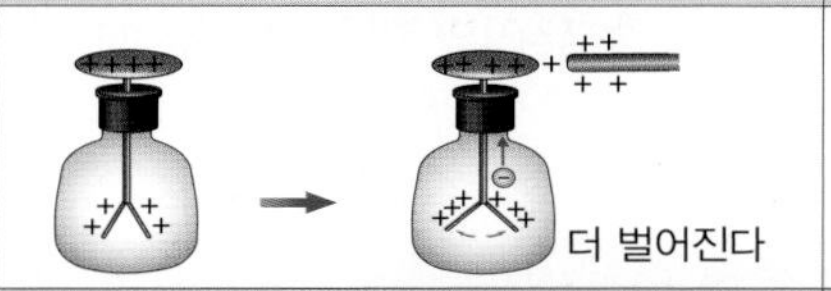 | 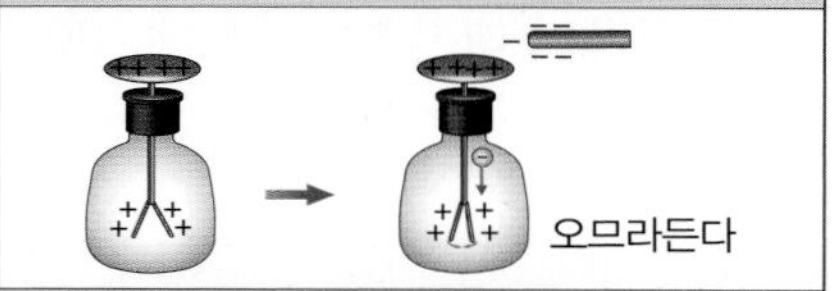 |
| (+) 검전기에 (+) 대전체를 가까이 할 때 | (+) 검전기에 (−) 대전체를 가까이 할 때 |

**간단실험**

대전된 검전기에 손가락 접촉시키기

준비물: 금속박이 벌어진 대전된 검전기

① 대전된 검전기를 준비한다.

② 손가락을 갖다 댄다.

③ 검전기의 금속박의 모양 변화를 관찰한다.

**접지**

전기를 띤 도체와 땅을 도선으로 연결하는 것을 말한다. 땅은 약간의 전자로 대전되지 않는다. 땅과 대전체를 도선으로 연결하면 대전체가 중성이 될 때까지 전자가 이동한다.
금속박 검전기의 금속판에 손가락을 대어 접지시키면 금속박 검전기의 전하가 0이 될 때까지 전자가 금속판과 손가라가 사이에서 이동한다.

정답 및 해설 02쪽

**개념확인 4** **다음 빈칸에 알맞은 말을 쓰시오.**

검전기는 (　　　　　　) 현상을 이용하여 물체의 대전 상태와 대전체가 띠는 전기의 종류를 알아볼 수 있다. 검전기는 금속판과 금속박이 금속 막대로 연결되어 있어 (　　　)가 자유로이 이동할 수 있다.

**생각해보기★★★★**

검전기를 이용하여 어떠한 것들을 알 수 있을까?

**확인 + 4** **오른쪽 그림과 같이 (+) 대전체를 중성의 검전기에 가까이 하면 검전기의 A, B 부분은 어떠한 종류의 전하로 대전될지 고르시오.**

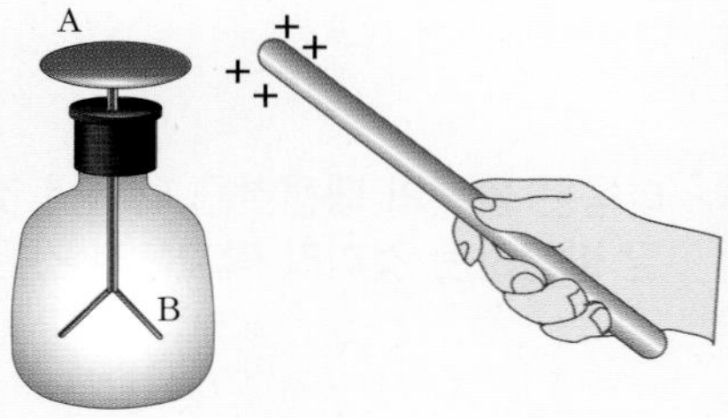


| | A | B |
|---|---|---|
| ① | (+) | (−) |
| ② | (+) | (+) |
| ③ | (−) | (+) |
| ④ | (−) | (−) |

⑤ A, B 둘 다 전기를 띠지 않는다.

**01** 다음 중 마찰전기에 의한 현상과 관련이 없는 것은?

① 병따개가 냉장고 문에 달라붙는다.
② 스타킹을 신고 걸으면 치마가 다리에 달라붙는다.
③ 비닐 끈으로 된 응원 도구를 흔들면 비닐 끈이 벌어진다.
④ 음식물을 보관할 때 그릇에 식품 포장용 랩을 씌우면 잘 달라붙는다.
⑤ 털가죽으로 문지른 에보나이트 막대를 물줄기에 가까이 하면 물줄기가 휘어진다.

**02** 다음은 물체의 대전열을 나타낸 것이다. 다음 중 유리와 마찰시켰을 때 가장 대전이 잘 되는 것은?

털가죽 - 상아 - 유리 - 명주 - 나무 - 고무 - 플라스틱 - 에보나이트

① 털가죽 ② 상아 ③ 나무막대
④ 플라스틱 자 ⑤ 에보나이트 막대

**03** 다음은 물체의 대전열을 나타낸 것이다. 두 물체를 마찰시켰을 때 마찰 전기가 가장 잘 발생하는 것끼리 짝지어진 것은?

털가죽 - 상아 - 유리 - 명주 - 나무 - 고무 - 플라스틱 - 에보나이트

① 나무 - 고무 ② 털가죽 - 상아 ③ 유리 - 나무
④ 고무 - 에보나이트 ⑤ 털가죽 - 플라스틱 막대

**04** 다음 〈보기〉에서 정전기 유도 현상을 일으킬 수 있는 물질을 모두 고른 것은?

〈 보기 〉

ㄱ. 철　ㄴ.구리　ㄷ.플라스틱　ㄹ.소금

① ㄴ　② ㄷ　③ ㄱ, ㄴ
④ ㄴ, ㄷ　⑤ ㄱ, ㄴ, ㄷ

**05** 다음 그림과 같이 중성 상태인 금속 막대에 (+) 전기를 띤 유리 막대를 가까이 가져갔다. 이 실험에 대한 설명으로 옳은 것은?

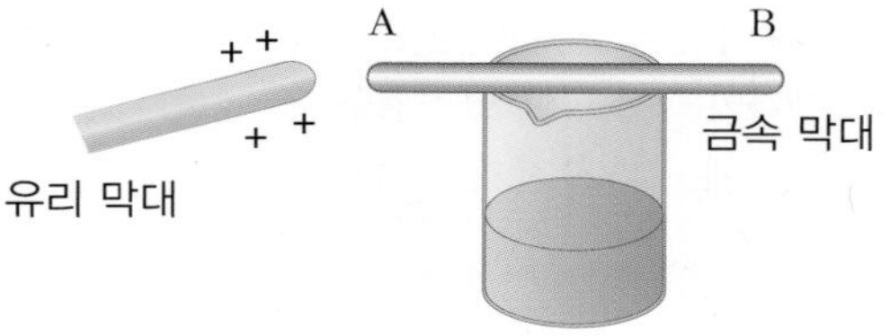


① A는 (+) 전기를 띤다.
② B는 (−) 전기를 띤다.
③ 금속 막대의 원자핵은 A에서 B로 이동한다.
④ 유리 막대와 금속 막대 사이에는 인력이 작용한다.
⑤ 유리 막대와 금속 막대 사이에는 척력이 작용한다.

**06** 다음 그림과 같이 검전기의 금속판에 (−) 로 대전된 대전체를 가까이 가져갔을 때 일어나는 현상에 대한 설명으로 옳은 것은?

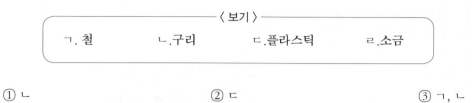

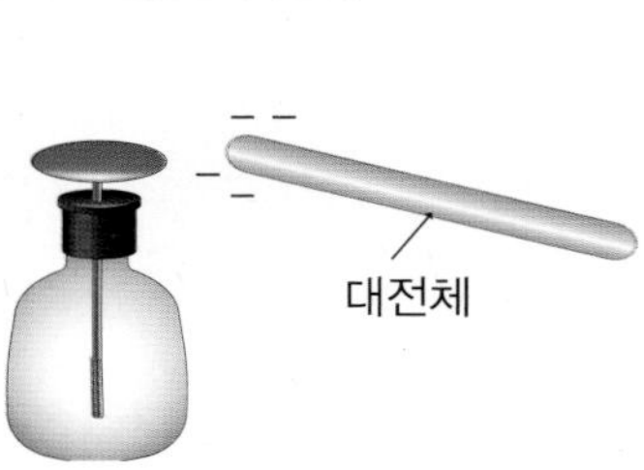


① 금속박은 오므라든다.
② 금속박은 전기를 띠지 않는다.
③ 금속판은 (−) 전기로 대전된다.
④ 금속판의 전자가 금속박으로 이동한다.
⑤ 인력에 의해 금속박의 전자가 금속판으로 이동한다.

# 유형 익히기 & 하브루타

## [유형11-1] 마찰전기

다음 그림은 마찰시킨 고무풍선에 종잇조각이 달라붙는 모습을 나타낸 것이다. 다음 중 이와 같은 원리로 일어나는 현상이 아닌 것은?

① 걸을 때 스커트가 다리에 달라붙는다.
② 스웨터를 벗을 때 '지지직' 소리가 난다.
③ 자석에 마찰시킨 못이 압정을 끌어당겼다.
④ 머리를 빗을 때 머리카락이 빗에 달라붙는다.
⑤ 자동차에 색을 칠할 때도 마찰전기를 이용한다.

Tip!

**01** 다음 중 마찰전기에 의한 현상과 거리가 먼 것은?

① 나침반의 N극은 항상 북쪽을 가리킨다.
② 옷에 문지른 고무풍선이 천장에 달라붙는다.
③ 머리를 빗을 때 머리카락이 빗에 달라붙는다.
④ 스타킹을 신은 여학생이 걸어갈 때 치마가 달라붙는다.
⑤ 건조한 날에 자동차 문고리를 잡았을 때 찌릿한 충격을 받는다.

**02** 다음 중 마찰전기에 대한 설명으로 옳지 않은 것은?

① 마찰전기는 습기가 많을수록 잘 발생한다.
② 같은 종류의 물체를 마찰하면 대전이 되지 않는다.
③ 마찰전기는 한 곳에 머물러 있기 때문에 정전기라고도 한다.
④ 대전된 물체를 공기 중에 오래 두면 전기를 잃고 중성이 된다.
⑤ 두 물체를 마찰시키면 한 물체가 (+), 다른 물체는 (−) 로 대전된다.

## [유형11-2] 대전열

**대전열을 참고하여 다음의 그림에서 물체 A와 B에 해당하는 것을 바르게 짝지은 것은?**

털가죽 – 상아 – 유리 – 명주 – 나무 – 고무 – 플라스틱 – 에보나이트

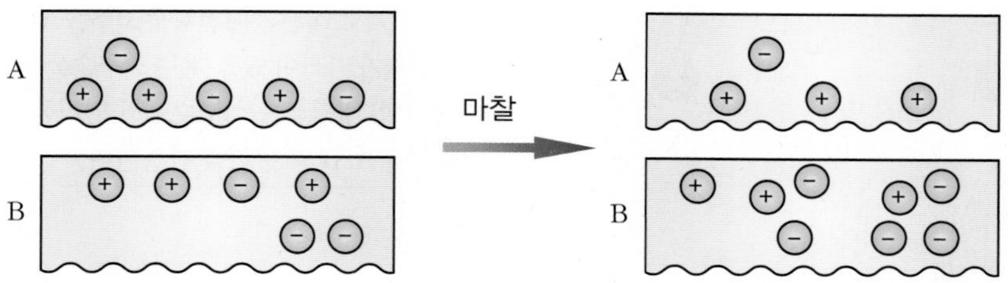


| | A | B | | A | B | | A | B |
|---|---|---|---|---|---|---|---|---|
| ① | 상아 | 털가죽 | ② | 유리 | 털가죽 | ③ | 고무 | 에보나이트 |
| ④ | 고무 | 나무 | ⑤ | 고무 | 명주 | | | |

**03** **서로 다른 두 물체 A, B를 마찰시켰더니 오른쪽 그림과 같이 대전되었다. 이 현상에 대한 설명으로 옳은 것은?**

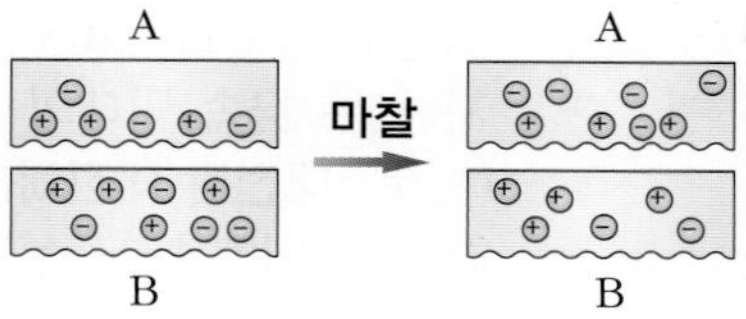


① 마찰 후 A의 (+)전하가 감소하였다.
② 마찰 후 A에서 B로 전자가 이동하였다.
③ 마찰 후 A와 B 사이에는 인력이 작용한다.
④ 마찰 후 A는 (+)전기, B는 (−)전기를 띤다.
⑤ A는 B에 비하여 전자를 잃기 쉬운 물체이다.

**04** **다음 그림은 대전열을 나타낸 것이다. 고무풍선과 털가죽을 마찰시켰을 때 나타나는 현상을 바르게 설명한 것은?**

털가죽 - 상아 - 유리 - 명주 - 나무 - 고무 - 플라스틱 - 에보나이트

① 고무풍선의 전자 중 일부가 털가죽으로 이동한다.
② 털가죽의 원자핵 중 일부가 고무풍선으로 이동한다.
③ 털가죽의 전자가 이동하여 두 물체 모두 (+)로 대전되어 서로 끌어당긴다.
④ 고무풍선은 (−)전기로, 털가죽은 (+)전기로 대전되어 서로 끌어당긴다.
⑤ 마찰을 하면 공기 중의 전자에 의해 고무풍선과 털가죽이 (−)로 대전된다.

Tip!

# 유형 익히기 & 하브루타

## [유형11-3] 정전기 유도

다음은 대전체와 쇠구슬을 이용한 탐구활동을 나타낸 그림과 실험 과정을 나타낸 표이다. 다음 설명 중 옳지 않은 것은?

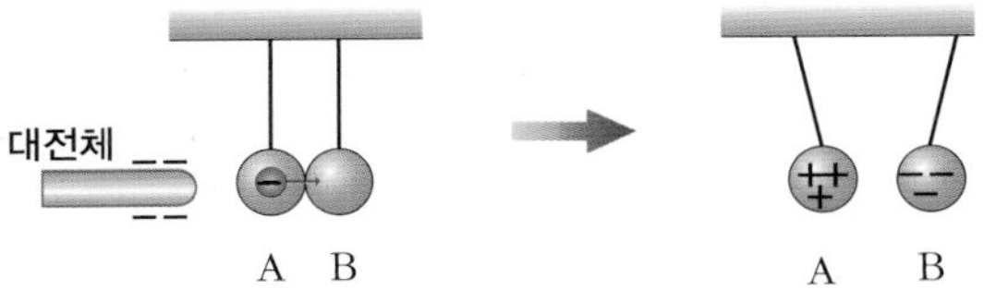


| 〈 실험 과정 〉 |
| --- |
| 1. 대전체를 (−)전기로 대전시킨다. |
| 2. (−)전기로 대전된 대전체를 쇠구슬 A에 가까이 가져간다. |
| 3. 대전체가 가까이 있을 때 두 쇠구슬을 떼어 놓는다. |
| 4. 잠시 후 대전체를 쇠구슬에서 멀리한다. |
| 5. 쇠구슬 A, B 의 변화를 관찰한다. |

① 정전기 유도 현상을 이용한 실험이다.
② 위와 같은 현상의 원인은 자유전자의 이동 때문이다.
③ B에서 A의 방향으로도 자유전자가 어느 정도 이동하였다.
④ 대전체와 먼 B는 대전체와 같은 종류의 전하로 대전되었다.
⑤ 대전체와 가까운 A는 대전체와 다른 종류의 전하로 대전되었다.

Tip!

**05** 오른쪽 그림과 같이 전기를 띠지 않은 금속 막대의 A 부분에 (+)로 대전된 대전체를 가까이 하였다. 이에 대한 설명으로 옳은 것은?

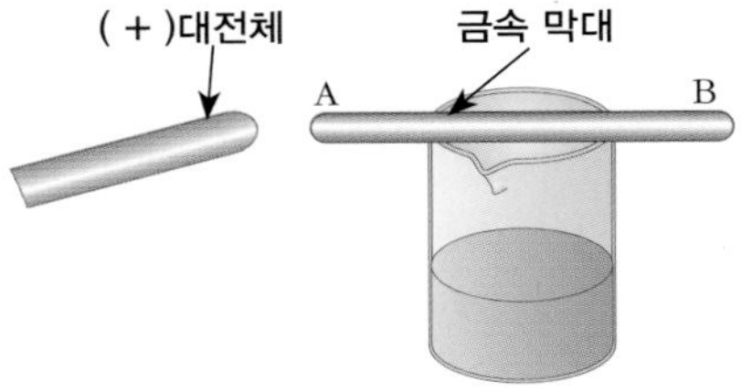


① A부분은 (+)로 대전된다.
② 양전하가 A에서 B쪽으로 이동한다.
③ 금속 막대의 양쪽은 같은 전기를 띠게 된다.
④ (+)대전체를 멀리하여도 금속은 계속 전기를 띠고 있다.
⑤ B부분 가까이에 (−)로 대전된 풍선을 가져다 놓으면 B쪽으로 끌려온다.

**06** (+)로 대전된 막대를 금속막대에 가까이 한 후, 반대편에 (−)로 대전된 풍선을 가까이 했다. 실험 결과로 옳은 것은?

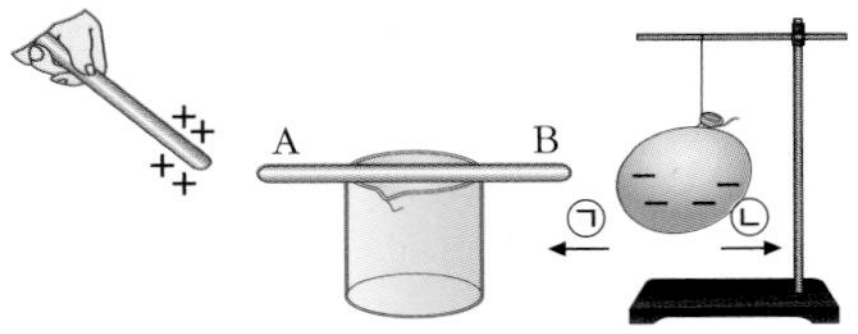


| | A | B | 풍선의 이동방향 |
| --- | --- | --- | --- |
| ① | (+) | (−) | ㉠ |
| ② | (−) | (+) | ㉠ |
| ③ | (+) | (−) | ㉡ |
| ④ | (−) | (+) | ㉡ |
| ⑤ | (−) | (−) | ㉠ |

## [유형11-4] 검전기

**다음 그림과 같이 (−) 전하로 대전된 검전기에 대전체를 가까이 가져갔더니 금속박이 더 벌어졌다. 이때 대전체가 띤 전기의 종류와 금속박이 더 벌어진 이유를 바르게 설명한 것은?**

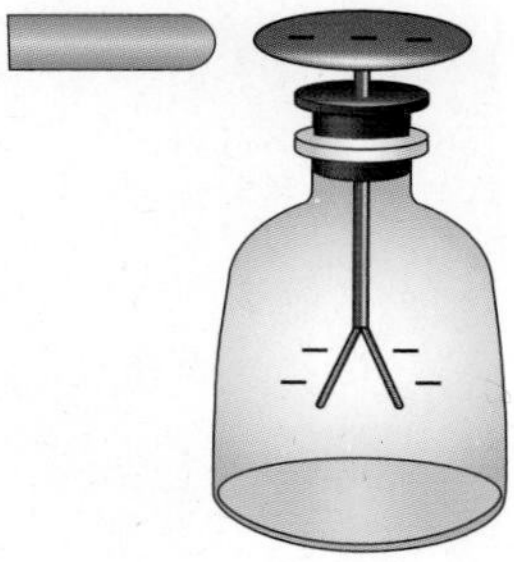

① (+)전기, (−)전하가 금속판으로 이동하기 때문에
② (+)전기, (−)전하가 금속박으로 이동하기 때문에
③ (−)전기, (−)전하가 공기 중으로 이동하기 때문에
④ (−)전기, (−)전하가 금속판으로 이동하기 때문에
⑤ (−)전기, (−)전하가 금속박으로 이동하기 때문에

**07** 오른쪽 그림과 같이 (−) 대전체를 검전기에 가까이 할 때 검전기의 A와 B가 띠게 되는 전하의 종류가 바르게 짝지어진 것은?

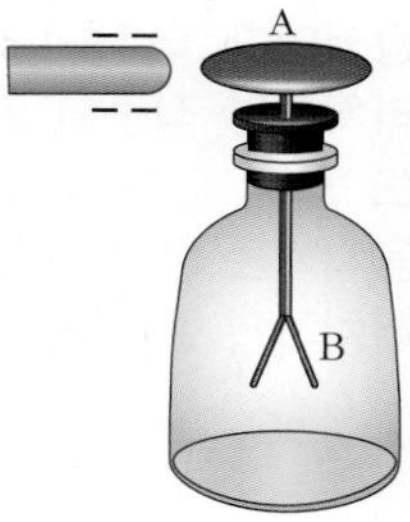


| | A | B |
|---|---|---|
| ① | (+) | (−) |
| ② | (+) | (+) |
| ③ | (−) | (+) |
| ④ | (−) | (−) |
| ⑤ | A, B 둘 다 전기를 띠지 않는다. | |

**Tip!**

**08** 오른쪽 그림은 검전기의 모습이다. 다음 중 검전기에 대한 설명으로 옳지 <u>않은</u> 것은?

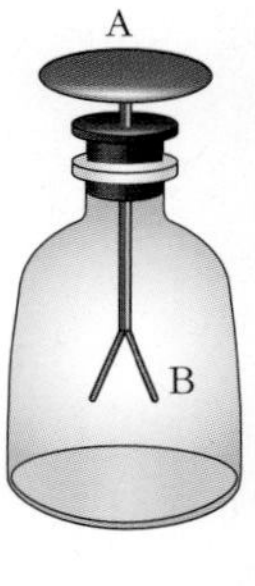


① A는 금속판이다.
② B는 금속박이다.
③ 현재의 검전기는 대전되지 않은 상태이다.
④ 검전기는 정전기 유도의 원리를 이용한 것이다.
⑤ A와 B 사이로 전자가 자유롭게 이동할 수 있다.

**01** 다음 그림은 대전된 물체를 수도꼭지를 통해 나오는 물줄기에 가까이 하였더니 물줄기가 대전체 쪽으로 휘어지고 있는 모습을 나타낸 것이다. 대전체가 (+) 전기를 띤다고 가정했을 때 물이 대전체 쪽으로 휘어지는 이유에 대하여 서술하시오.

**02** 요즘 주변에서 흔히 볼 수 있는 스마트폰, 태블릿 PC 등의 화면은 모두 터치 스크린 방식이다. 터치 스크린 방식이란 우리가 손가락이나 전용 전자펜을 이용하여 화면을 터치하면 작동이 되는 시스템을 의미한다. 이 시스템을 전자 감응식 시스템이라고도 하며, 손가락이나 전용 전자펜에 있는 전자들이 화면으로 옮겨 가면서 기계를 작동시키는 방식이다. 화장실에서 손을 씻고 나온 다음에 스마트폰을 만지려고 화면을 터치하면 잘 작동이 되지 않을 때가 있다. 그 이유에 대하여 서술하시오.

정답 및 해설 03쪽

**03** 다음은 도체와 부도체를 각각 모식적으로 나타낸 그림이다. 도체는 원자들이 배치된 사이로 많은 자유전자들이 움직일 수 있어 전류가 잘 흐를 수 있는 물질로 구리, 철 등의 금속들이 이에 속한다. 부도체는 자유전자가 없고 원자들이 골고루 배치된 상태이므로 전류가 잘 흐르지 못하며 소금, 플라스틱 등이 이에 속한다.

도체

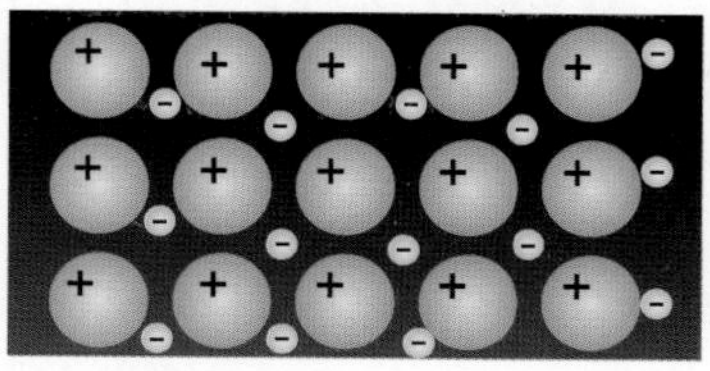

부도체

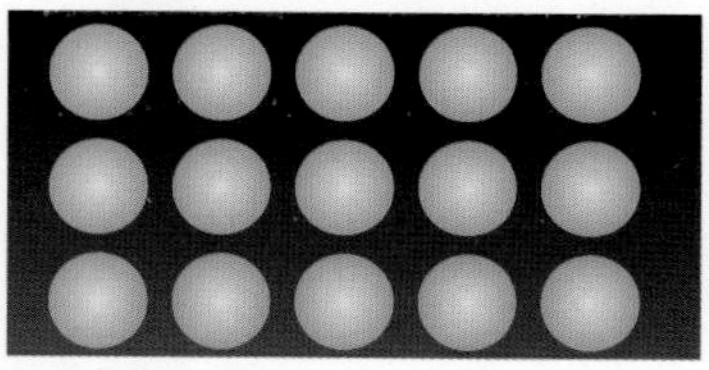

그림과 같이 도체와 부도체에 각각 (+) 전기로 대전된 대전체를 가까이 가져 갔을 때 도체와 부도체 내부의 원자의 모양, 전자의 배치 등이 어떻게 변할 지 아래 그림을 이용하여 서술하시오.
(도체는 자유전자를 그려서 설명하고 부도체는 +, − 를 표시하여 설명하시오.)

도체

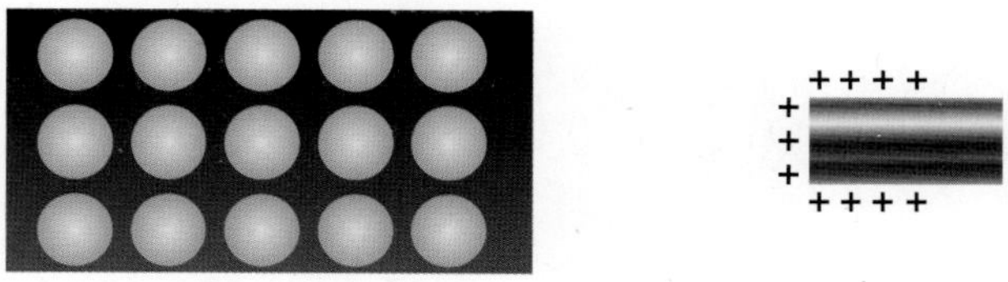

부도체

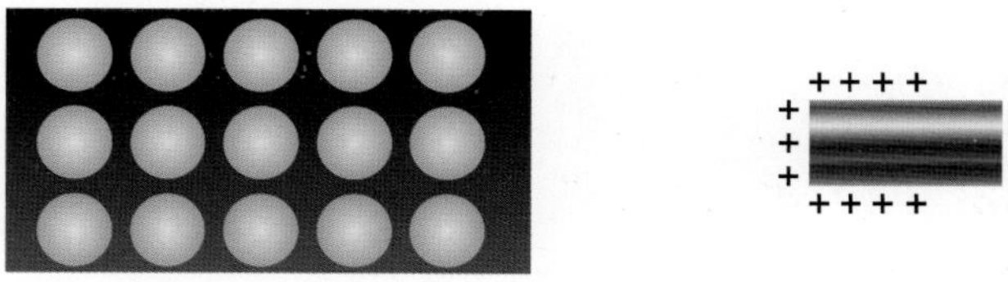

**04** 마찰전기는 서로 다른 두 물체가 마찰할 때 한 쪽 물체의 전자가 다른 물체로 이동함으로써 발생한다. 이때 전자의 이동 방향은 두 물체의 상대적인 성질에 따라 결정된다. 예를 들어 명주를 나무에 문지르면 명주는 (+)로 대전되지만 털가죽에 문지르면 (−)로 대전된다. 이렇게 마찰전기도 일반 전기처럼 전자의 이동에 의해 (+)와 (−) 전하가 발생함에도, 우리가 일상생활에서 교통, 통신 등에 사용하지 못하고 있다. 우리가 마찰전기를 일반 전기처럼 사용하기 힘든 이유에 대하여 서술하시오.

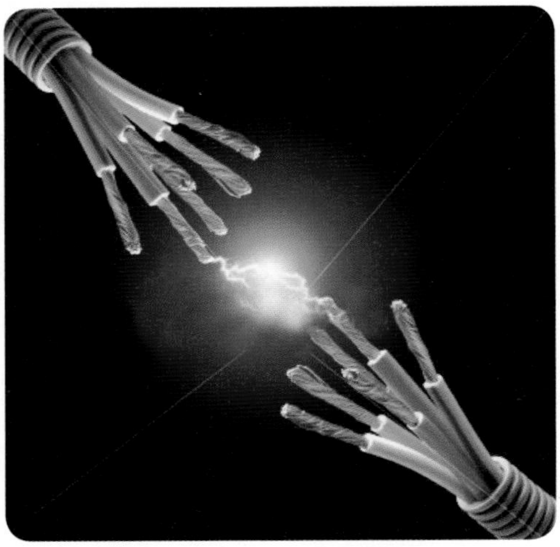

정답 및 해설 04쪽

**05** 다음 그림은 흔한 피부 질환 중 하나인 '건선 피부염'을 앓고 있는 환자의 피부 사진이다. 건선 피부염은 균이나 바이러스 감염에 의해 발생하는 것이 아니기에 전염성이 없다. 건선 환자의 경우 여러 원인에 의해 피부의 교체 주기가 지나치게 빠르다보니, 표피가 미처 성숙되지 못해 흰색의 인설이 발생한다. 건선은 정전기가 잘 발생하는 건조한 환경일수록 흰색의 인설이 뚜렷해 지며 증상이 심해지는 특성이 있다. (인설 : 인비늘, 피부에서 하얗게 떨어지는 부스러기)

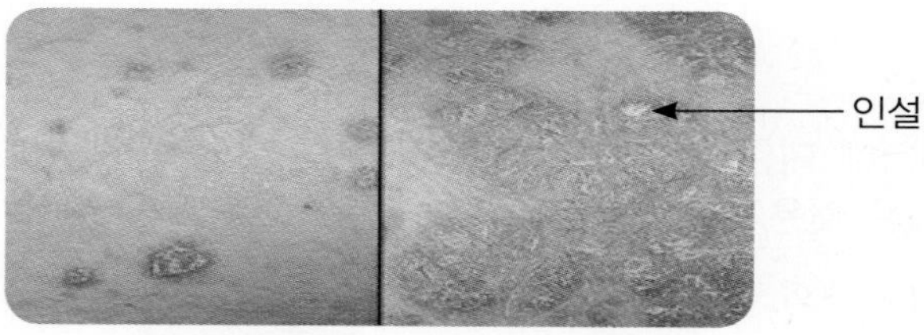


▲ 건선 증상이 심하지 않을 때 ▲ 건선 증상이 매우 심할 때

(1) 건선이 4계절 중 어떠한 계절에 가장 많이 악화될 지 생각해 보고, 그 이유에 대하여 서술하시오.

(2) 건선의 예방 및 증상 악화 방지를 위한 방법을 서술하시오.

# 스스로 실력 높이기

**01** 마찰전기에 대한 설명으로 옳은 것은 O표, 옳지 않은 것은 X표 하시오.

(1) 마찰전기는 습할수록 잘 발생한다. ( )

(2) 같은 종류의 물체를 마찰하면 대전되지 않는다. ( )

(3) 마찰전기는 움직이지 않고 한 곳에 머물러 있다. ( )

**02** 대전열에 대한 설명으로 옳은 것은 O표, 옳지 않은 것은 X표 하시오.

(1) 대전열의 왼쪽에 있는 물체일수록 (+) 전기를 띠기 쉽다. ( )

(2) 대전열에서 멀리 떨어져 있는 물체끼리 마찰할수록 대전이 잘 된다. ( )

(3) 물체가 전기를 띠는 현상을 대전이라고 하고 전기를 띤 물체를 부도체라고 한다. ( )

**03** 정전기 유도에 대한 설명으로 옳은 것은 O표, 옳지 않은 것은 X표 하시오.

(1) 대전체와 가까운 쪽은 대전체와 다른 종류의 전기로 대전된다. ( )

(2) 대전체와 먼 쪽은 대전체와 다른 종류의 전기로 대전된다. ( )

(3) 부도체에서도 자유전자가 이동하여 정전기 유도 현상이 일어난다. ( )

**04** 검전기에 대한 설명으로 옳은 것은 O표, 옳지 않은 것은 X표 하시오.

(1) 검전기는 정전기 유도 현상을 이용하여 물체의 대전 여부 등을 알아보는 기구이다. ( )

(2) 검전기는 금속판과 금속박이 금속 막대로 연결된 구조이다. ( )

(3) 검전기를 이용하여 물체의 대전 상태와 대전체가 띠는 전기의 종류를 알 수 있다. ( )

**05** 다음은 검전기를 나타낸 그림이다. 각 부분의 알맞은 명칭을 쓰시오.

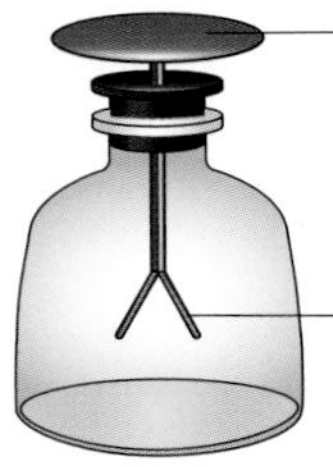


(1) A :

(2) B :

**06** 마찰전기에 대한 설명으로 옳지 <u>않은</u> 것은?

① 여름철보다는 겨울철에 마찰전기가 더 잘 발생한다.
② 비가 오는 날은 맑은 날보다 마찰전기가 더 잘 발생한다.
③ 대전된 물체를 공기 중에 방치하면 결국 마찰전기가 없어진다.
④ 서로 다른 두 물체를 마찰시키면 각 물체는 서로 다른 종류의 전기를 띤다.
⑤ 머리를 빗을 때 머리카락이 빗에 달라붙는 현상은 마찰전기에 의한 것이다.

**07** 다음 중 마찰전기에 의한 현상이 <u>아닌</u> 것은?

① 먼지떨이가 작은 먼지를 끌어당긴다.
② 손난로를 흔들면 마찰에 의해 온도가 올라간다.
③ 화학섬유로 된 옷을 벗을 때 바지직 소리가 난다.
④ 비닐끈으로 된 응원 도구를 흔들면 비닐끈이 벌어진다.
⑤ 가을철에 머리카락을 빗으면 빗에 머리카락이 달라붙는다.

정답 및 해설 04쪽

**08** 다음 대전열에 대한 설명으로 옳은 것은?

털가죽 - 유리 - 명주 - 나무 - 고무

① 털가죽은 전자를 잘 얻는 성질이 있다.
② 털가죽과 유리를 마찰시키면 유리의 양전하가 털가죽으로 이동한다.
③ 명주와 나무를 마찰시켰을 때 가장 대전이 잘 되어 더 많은 전기를 띤다.
④ 털가죽에 마찰시킨 나무와 고무에 마찰시킨 유리 사이에는 인력이 작용한다.
⑤ 명주를 유리에 마찰시키면 (+)전기를, 고무에 마찰시키면 (−)전기를 띤다.

**09** 다음 그림은 서로 다른 두 물체 A와 B를 마찰시킨 후 전하의 분포를 모형으로 나타낸 것이다. 이에 대한 설명으로 옳지 않은 것은?

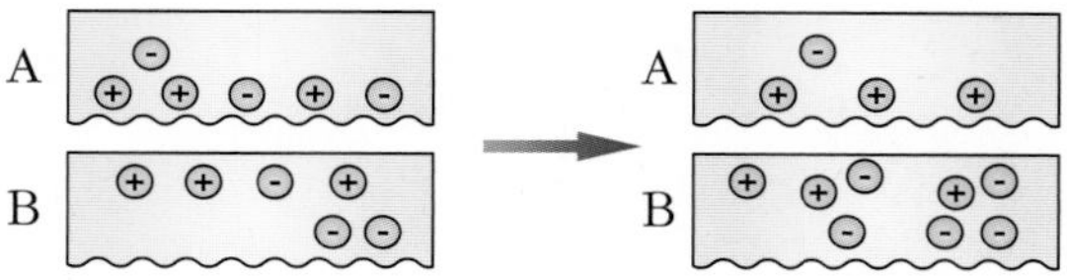


① 물체 A에서 B로 전자가 이동하였다.
② 마찰 후 두 물체 사이에는 인력이 작용한다.
③ 물체 A는 B에 비해 전자를 잃기 쉬운 물체이다.
④ 마찰 후 물체 A는 (+)전기로, B는 (−)전기로 대전되었다.
⑤ 물체 A는 B로부터 원자핵을 얻고, B는 A로부터 전자를 얻는다.

**10** 다음 중 생활에 정전기 유도 원리를 이용하는 경우가 아닌 것은?

① 드라이기 ② 포장용 랩
③ 공기청정기 ④ 피뢰침
⑤ 자동차 표면 도색

**11** 다음은 여러 가지 물체의 대전열을 나타낸 것이다.

털가죽 - 유리 - 명주 - 나무 - 솜 - 고무

털가죽으로 문지른 고무풍선에 솜으로 문지른 유리 막대를 가까이 하였을 때, 고무풍선과 유리 막대가 띠는 전기와 두 물체 사이에 작용하는 힘을 바르게 짝지은 것은?

| | 고무풍선 | 유리막대 | 작용하는힘 |
|---|---|---|---|
| ① | (−) 전기 | (+) 전기 | 인력 |
| ② | (+) 전기 | (−) 전기 | 척력 |
| ③ | (−) 전기 | (+) 전기 | 척력 |
| ④ | (+) 전기 | (+) 전기 | 척력 |
| ⑤ | (−) 전기 | (−) 전기 | 인력 |

**12** 포장용 비닐 끈을 털가죽으로 여러 번 문지른 뒤 털가죽과 비닐 끈을 가까이하면 서로 잡아당긴다. 그 이유로 옳은 것은?

① 털가죽으로 훑어 내릴 때 발생한 바람 때문
② 비닐 끈들이 서로 같은 종류의 전기를 띠기 때문
③ 비닐 끈들이 서로 다른 종류의 전기를 띠기 때문
④ 비닐 끈과 털가죽이 서로 같은 종류의 전기를 띠기 때문
⑤ 비닐 끈과 털가죽이 서로 다른 종류의 전기를 띠기 때문

**13** 다음 〈보기〉에서 정전기 유도 현상을 일으킬 수 있는 물질들을 모두 고른 것은?

〈 보기 〉
ㄱ. 아연 ㄴ.설탕 ㄷ.스타이로폼 ㄹ.철

① ㄴ ② ㄷ ③ ㄱ, ㄴ
④ ㄴ, ㄷ ⑤ ㄱ, ㄹ

**14** 다음 그림과 같이 (−)전기로 대전되어 있는 검전기의 금속판에 (−)대전체를 가까이 가져갔을 때 금속박에 나타나는 변화로 옳은 것은?

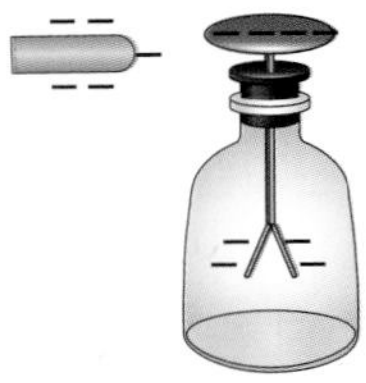

① 오므라든다.
② 더 벌어진다.
③ 아무런 변화가 없다.
④ 오므라들다 더 벌어진다.
⑤ 더 벌어지다가 오므라든다.

**15** 다음 그림과 같이 (−)전하로 대전된 검전기의 금속판에 손가락을 대면 금속박은 어떻게 될까?

① 오므라든다.
② 더 벌어진다.
③ 움직이지 않는다.
④ 더 벌어졌다 다시 오므라든다.
⑤ 오므라들었다가 다시 벌어진다.

**16** 검전기를 이용하여 알 수 있는 사실을 〈보기〉에서 있는 대로 모두 고른 것은?

〈 보기 〉
ㄱ. 물체의 대전 여부
ㄴ. 물체에 대전된 전하의 종류
ㄷ. 대전체에 있는 전자의 정확한 수

① ㄱ ② ㄴ ③ ㄷ
④ ㄱ, ㄴ ⑤ ㄱ, ㄴ, ㄷ

**17** 그림과 같이 (−)전하로 대전된 에보나이트 막대를 금속구 A에 가까이 한 상태에서 두 금속구를 뗀 후에 에보나이트 막대를 치웠다. 이 실험에 대한 설명으로 옳지 않은 것은?

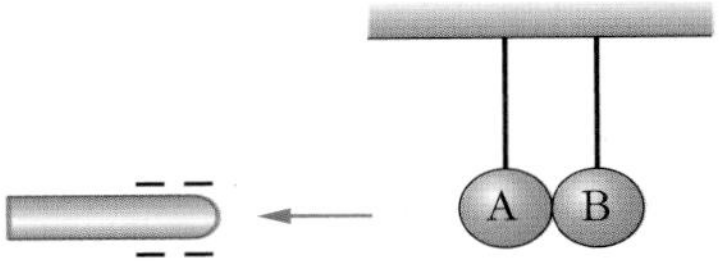


① A는 (+)전하를 띤다.
② B는 (−)전하를 띤다.
③ 정전기 유도현상이 일어난다.
④ 자유전자가 A에서 B로 이동하였다.
⑤ 둘 다 같은 종류의 전하로 대전되었다.

**18** 다음 그림과 같이 털가죽으로 문지른 에보나이트 막대를 전기를 띠고 있지 않은 금속 막대의 (나)에 가까이 했을 때 그림의 (가), (나), (다) 부분이 띠는 전기의 종류를 바르게 나타낸 것은?

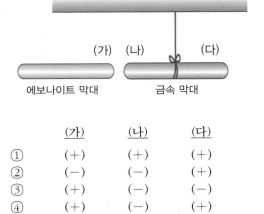

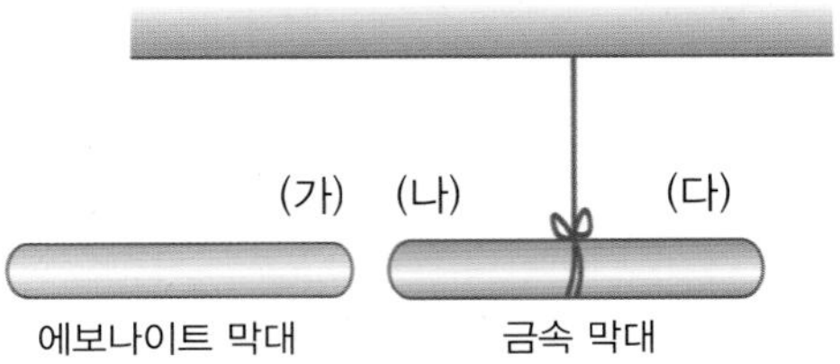


| | (가) | (나) | (다) |
|---|---|---|---|
| ① | (+) | (+) | (+) |
| ② | (−) | (−) | (+) |
| ③ | (+) | (−) | (−) |
| ④ | (+) | (−) | (+) |
| ⑤ | (−) | (+) | (−) |

**19** 다음 그림과 같이 대전되지 않은 금속 막대를 실에 매어 놓고 (+)전기로 대전된 대전체를 금속막대의 A 부분에 가까이 가져갔다. 이때 나타나는 현상에 대한 설명으로 옳은 것을 〈보기〉에서 모두 고른 것은?

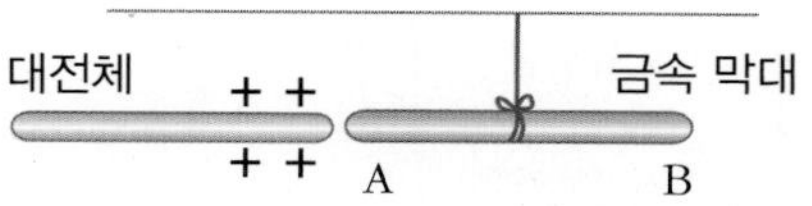


〈 보기 〉

ㄱ. 금속 막대의 전체 전하량은 변하지 않는다.
ㄴ. 금속막대의 A부분에는 (−)전기, B부분에는 (+)전기가 유도된다.
ㄷ. 금속 막대의 (+)전하들은 척력에 의해 B부분으로 이동한다.

① ㄴ ② ㄷ ③ ㄱ, ㄴ
④ ㄴ, ㄷ ⑤ ㄱ, ㄴ, ㄷ

**20** 다음 그림과 같이 대전되지 않은 두 물체 A, B를 마찰시켰더니 A는 (−)전기를 띠고, B는 (+)전기를 띠었다. 이 실험에 대한 설명으로 옳은 것을 〈보기〉에서 모두 고른 것은?

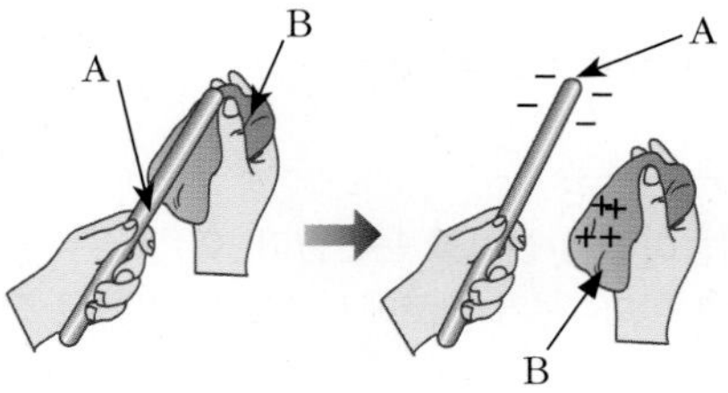


〈 보기 〉

ㄱ. 마찰할 때 B에서 A로 전자가 이동하였다.
ㄴ. 마찰할 때 A에서 B로 원자핵이 이동하였다.
ㄷ. 마찰 후 물체 B의 (−)전하의 양이 감소하였다.
ㄹ. 마찰 후 물체 A에는 원자핵이 존재하지 않는다.

① ㄱ, ㄴ ② ㄱ, ㄷ ③ ㄱ, ㄴ, ㄹ
④ ㄱ, ㄷ, ㄹ ⑤ ㄱ, ㄴ, ㄷ, ㄹ

## 창의력 서술

**21** 털가죽으로 문지른 풍선 2개가 있을 때, 이 풍선을 서로 가까이 하면 어떻게 될까? 또 풍선은 무슨 전기를 띠고 있을지 설명하시오.

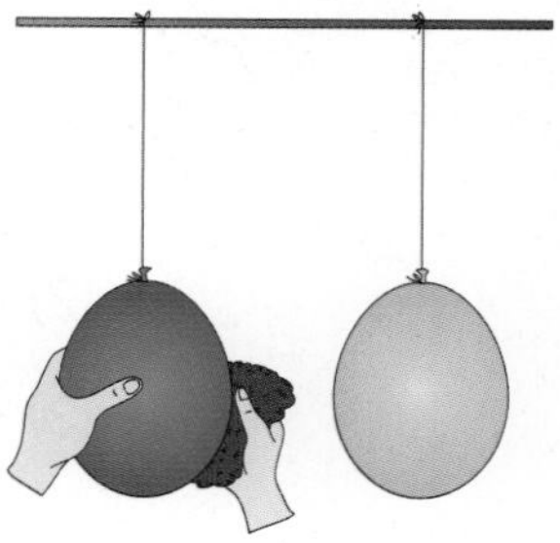

**22** 도체는 자유전자가 많아 전류가 잘 흐르는 물질로 구리, 철 등의 금속들이 이에 속한다. 도체를 털가죽이나 명주로 문지르면 마찰 전기가 발생할지 자신의 생각을 서술하시오.

# 12강. 전기2

간단실험

전기 회로에 전류를 흐르게 하여 전구에 불을 켜 보자.

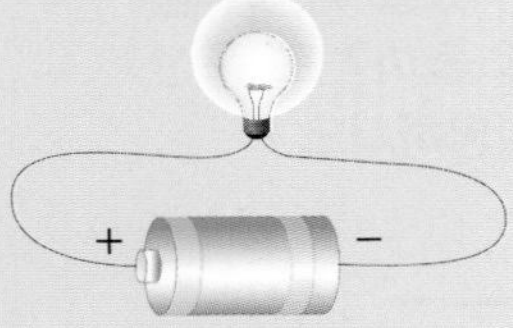


전자의 흐르는 방향을 예상해 보자.

도선 내부 모습

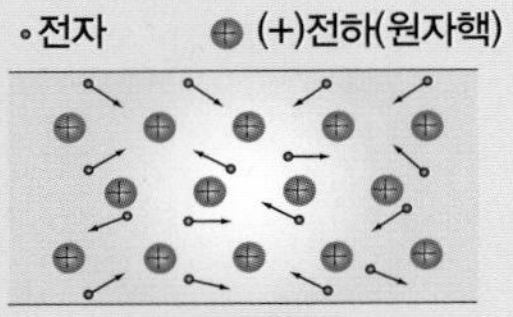


▲ 전류가 흐르지 않을 때

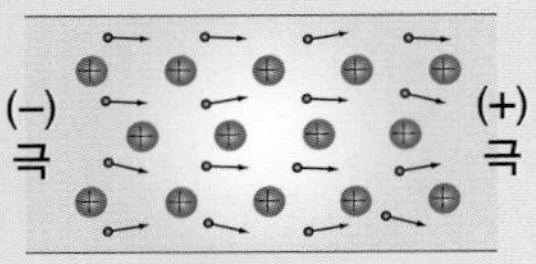


▲ 전류가 흐를 때

C(쿨롱)

전하량의 단위이다. 1C은 1A의 전류가 1초 동안 흐를 때 이동하는 전하의 양이다.

미니사전

전하 [電 전기 荷 싣다] 물체가 띠고 있는 전기의 양으로 양전하와 음전하가 있음

단면 [斷 끊다 –] 물체의 잘라낸 면

## 1. 전류 (Electric current ; $I$)

### (1) 전류 : (−)전하를 띤 입자(전자)들의 이동으로 생기는 (+)전하의 흐름이다.

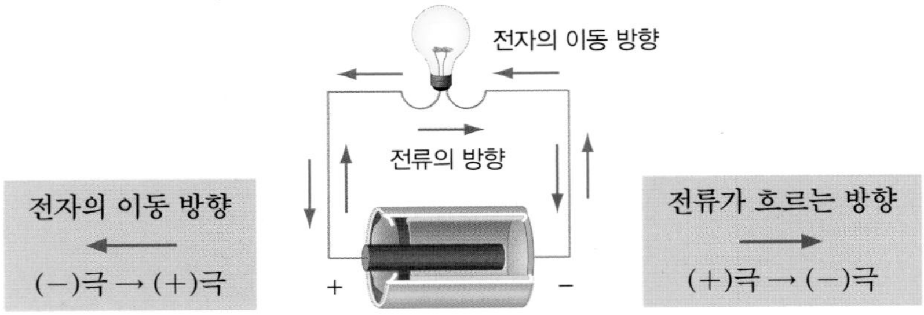


### (2) 전류의 방향 : 전자의 이동 방향과 반대 방향이다.

### (3) 전류의 세기와 단위

① 전류의 세기 : 1초 동안 도선의 한 단면을 통과하는 전하의 양이다.

▶ 1A는 1초 동안 1C의 전하량이 도선의 한 단면을 통과할 때의 전류의 세기

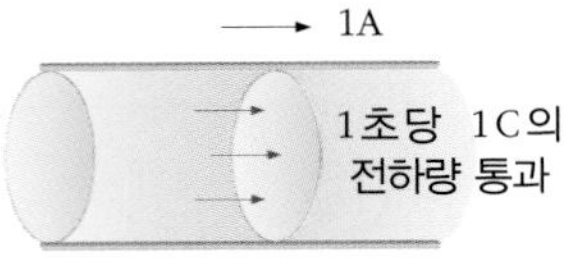


② 전류의 단위 : A(암페어), mA(밀리암페어), 1A = 1,000mA

$$I = \frac{Q}{t}$$ ( $I$ : 전류[A], $Q$ : 전하의 양[C], $t$ : 시간[초] )

**개념확인 1** 다음 빈칸에 알맞은 말을 순서대로 쓰시오.

전자는 도선을 따라서 이동하면서 전하를 운반한다. 이런 경우 (+)전하의 흐름을 (　　　　　)라고 한다. 전기 회로에서 전류의 방향은 전자의 이동 방향과 서로 (　　　　　) 방향이다.

**확인 +1** 전류에 대한 설명으로 옳은 것은 O표, 옳지 않은 것은 X표 하시오.

(1) 전자의 이동 방향은 전류의 방향과 같다. (　　)

(2) 1초 동안 도선의 한 단면을 통과하는 전하의 양을 전류의 세기라고 한다. (　　)

(3) 전류의 단위는 C(쿨롱)이다. (　　)

## 2. 전압 (Voltage ; *V*)

**(1) 전압** : 전류를 흐르게 하는 능력으로 기전력, 전위차와 같은 의미이다. 전선의 두 점 사이에 전류가 흐른다면 두 점 사이에는 전압이 걸려 있는 것이다.

**(2) 전압의 단위** : V(볼트)

**(3) 전압과 전류 사이의 관계** : 물높이(수위차)가 높아질수록 수압이 증가하여 물줄기가 세지듯이 전압(전위차)이 클수록 전류의 세기는 커진다.

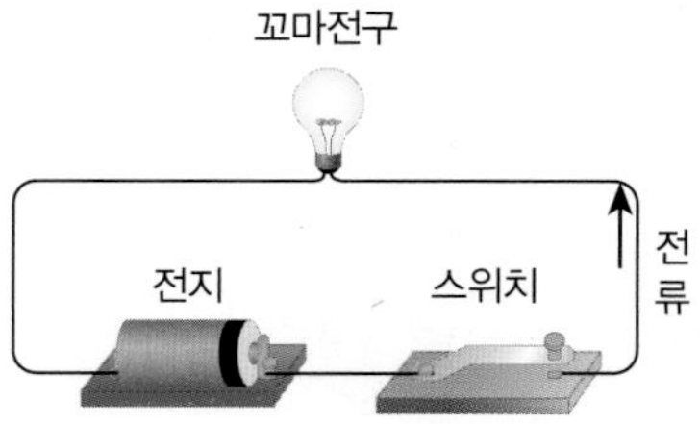

▲ 전기 회로

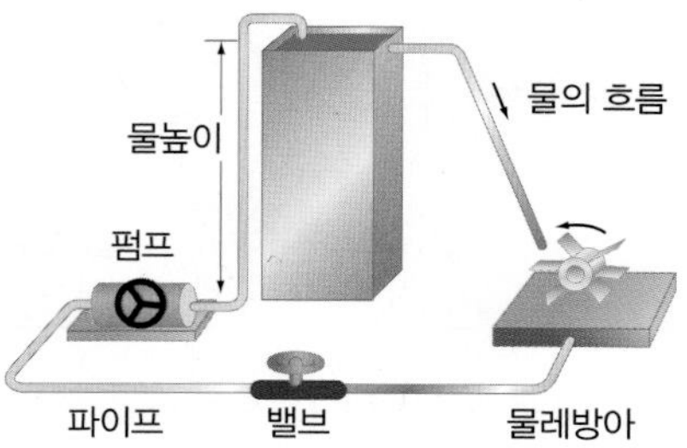

▲ 물의 흐름

| 전기 회로 | 전류 | 전압 | 꼬마전구 | 전지 | 전선 | 스위치 |
|---|---|---|---|---|---|---|
| 물의 흐름 | 물의 흐름 | 물높이 | 물레방아 | 펌프 | 파이프 | 밸브 |

정답 및 해설 06쪽

**개념확인 2** 다음 빈칸에 알맞은 말을 순서대로 쓰시오.

전기 회로에서 전류를 흐르게 하는 능력을 (            )이라고 하며, 단위는 (            )를 사용한다.

**확인 + 2** 전압에 대한 설명으로 옳은 것은?

① 전하의 흐름을 말한다.
② 전압은 측정할 수 없다.
③ 전압의 단위는 C(쿨롱)이다.
④ 물체가 띠고 있는 정전기의 양이다.
⑤ 다른 조건이 같다면 전압이 클수록 전류의 세기는 커진다.

**간단실험**

PET병 구멍의 높이에 따른 물의 세기를 비교해 보자.

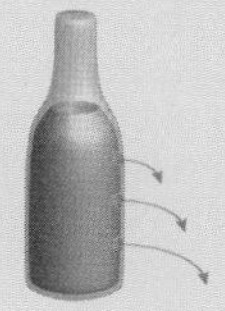

① 가장 낮은 곳의 구멍만 열어서 물이 흘러나오는 것을 관찰한다.
② 중간 구멍만 열어서 물이 흘러나오는 것을 관찰한다.
③ 가장 높은 곳의 구멍만 열어서 물이 흘러나오는 것을 관찰한다.
④ 위의 현상은 전압-전류 현상과 어떻게 관련될까?

**알렉산드로 볼타**
(A. Volta, 1745 ~ 1827)

이탈리아의 물리학자로 전압의 개념을 확립하였다.

**생각해보기★**

전압이 흐르는 것일까 전류가 흐르는 것일까?

**미니사전**

**기전력** [起 일어나다 電 전기 力 힘] 전기를 일으키는 능력으로 힘의 개념이 아니다.

**전위차** 두 곳에서의 전위의 차. 물의 흐름에서는 수위 차에 비유할 수 있음.

## 3. 저항 (Electric Resistance ; $R$)

**(1) 저항(전기 저항)** : 전류의 흐름을 방해하는 정도를 말한다.

**(2) 저항의 단위** : Ω(옴)

1Ω : 전압이 1V일 때 1A의 전류를 흐르게 하는 저항값

**(3) 저항이 생기는 이유** : 자유 전자가 도선 속을 통과하면서 원자와 충돌하기 때문에 발생한다.

**(4) 저항에 영향을 주는 요인들**

① 도선을 이루는 물질의 종류 : 도선을 이루는 물질의 종류에 따라 다르다.

| 전기 회로와 수도관 비교 | 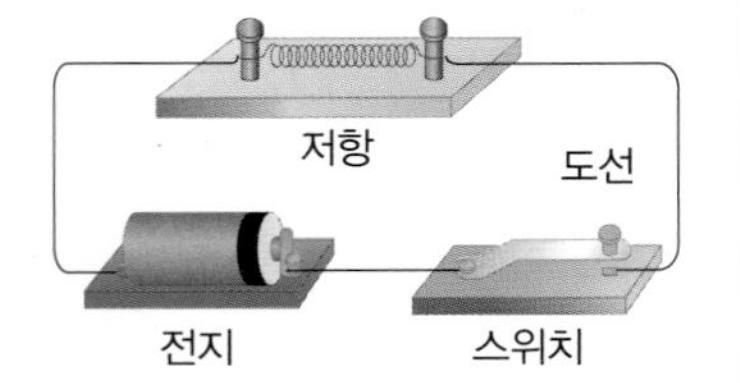 | 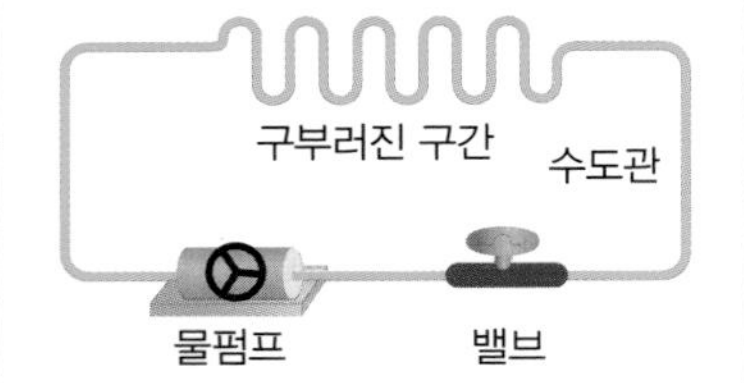 |
|---|---|---|



② 도선의 길이 : 같은 물질로 된 도선이라면 도선이 짧을수록 저항이 작아진다.

▶ 수도관의 구부러진 부분의 저항을 비교할 때 이 구간이 짧을수록 물은 더 쉽게 흐른다.

③ 도선의 굵기 : 같은 물질로 된 도선이라면 도선이 굵을수록 저항이 작아진다.

▶ 수도관의 구부러진 부분의 저항을 비교할 때 수도관이 두꺼울수록 물은 더 쉽게 흐른다.

● 저항과 전압의 비유

못이 박혀있는 비탈면에서 쇠구슬을 굴릴 때 못과의 충돌 때문에 못이 많이 박혀 있을수록 쇠구슬은 잘 굴러내리지 않는다. 이것을 도선에서의 전류의 흐름과 비유할 수 있다.

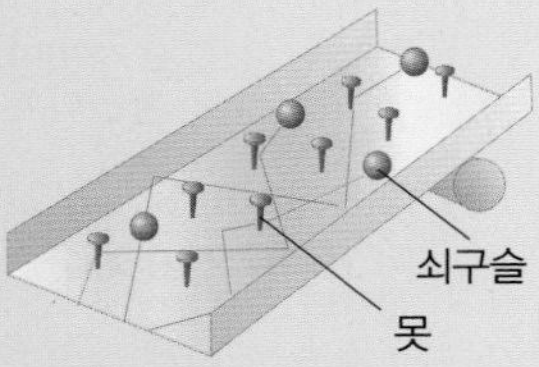


| 쇠구슬 | 전자 |
|---|---|
| 못 | **원자** |
| 쇠구슬과 못의 충돌 | **저항** |
| 빗면의 기울기 | **전압** |

**개념확인 3** **다음 빈칸에 알맞은 말을 순서대로 쓰시오.**

> 전류의 흐름을 방해하는 정도를 (　　　　)(이)라고 한다. 단위는 Ω(옴)을 사용하며, 1Ω 은 전압이 1V일 때, (　　　　)의 전류를 흐르게 하는 저항을 말한다.

● 생각해보기★★

전류는 도체에서만 흐르는 것일까?

**확인+3** **전기 저항에 대한 설명으로 옳은 것은?**

① 모든 물질의 전기 저항은 같다.
② 전류를 흐르게 하는 능력을 말한다.
③ 같은 물질로 된 도선이라면 도선이 짧을수록 저항이 커진다.
④ 같은 물질로 된 도선이라면 도선이 얇을수록 저항이 작아진다.
⑤ 자유 전자가 도선 속을 통과하면서 원자와 충돌하기 때문에 생긴다.

**미니사전**

자유전자 [自 스스로 由 말미암다 電 전기 -] 주로 금속에서 핵의 인력에 의해 고정되지 않아서 움직임이 자유로운 전자.

## 4. 전기 회로도

(1) **전기 회로** : 전기가 흐를 수 있도록 전기 기구를 연결한 것이다.

(2) **전기 회로도** : 복잡한 전기 회로를 간단한 전기 기호로 나타낸 것이다.

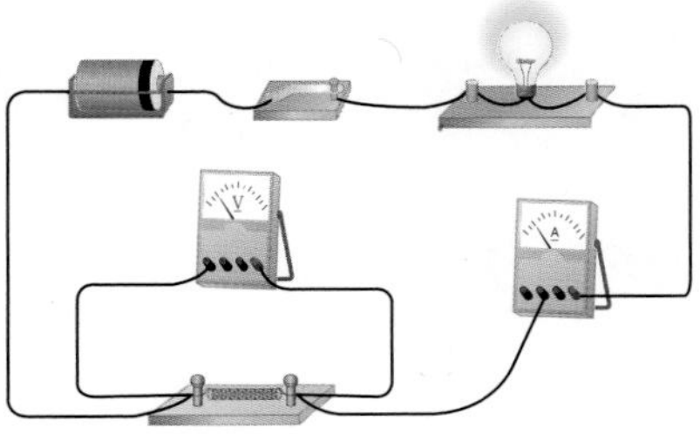

▲ 전기 회로　　　　　　　　　▲ 전기 회로도

(3) **전기 기호**

| 명칭 | 전기 기구 | 전기 기호 | 명칭 | 전기 기구 | 전기 기호 |
|---|---|---|---|---|---|
| 건전지 | | ─┤├─ | 전구 | | ─◯─ |
| 스위치 | | ─•⁄•─ | 저항 | | ─/\/\/─ |
| 전류계 | | Ⓐ | 전압계 | | Ⓥ |

정답 및 해설 06쪽

**개념확인 4**

각 그림에 해당하는 전기 기호를 바르게 연결하시오.

(1)  •　　　• ㉠ ─◯─

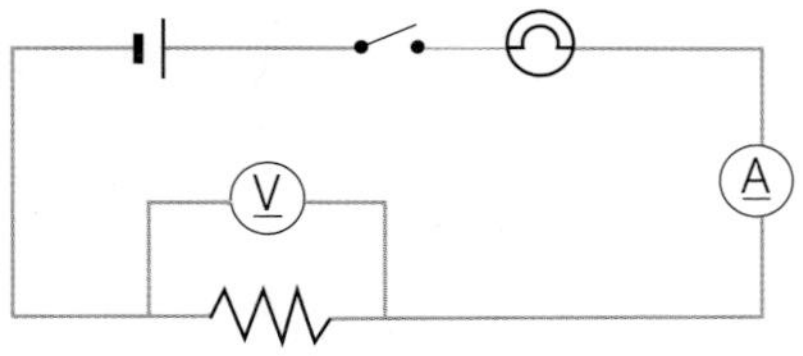

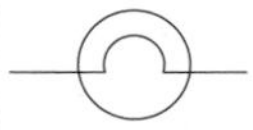

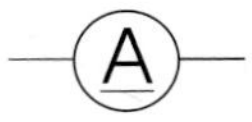

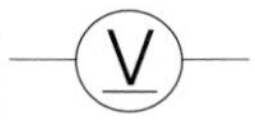

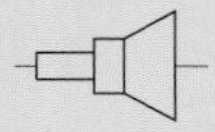

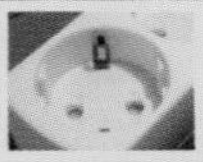

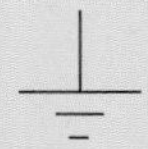

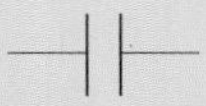

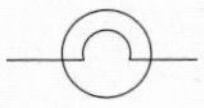

(2)  •　　　• ㉡ ─┤├─

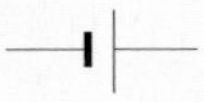

(3)  •　　　• ㉢ ─/\/\/─

**확인 +4**

오른쪽 그림처럼 전기 회로를 꾸몄을 때 사용되지 <u>않은</u> 전기 기호는 무엇인가?

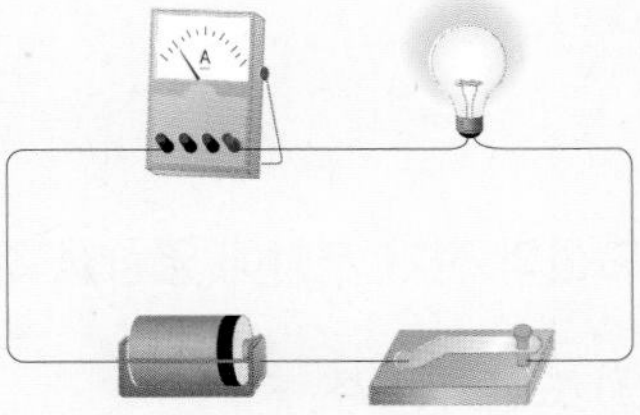

① ─◯─　　② ─•⁄•─　　③ Ⓥ

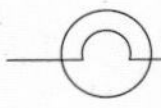

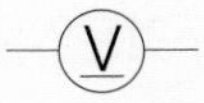

④ Ⓐ　　⑤ ─┤├─

---

● 닫힌 회로와 열린 회로

· 닫힌 회로 : 전기 회로가 끊어진 곳이 없이 연결되어 전류가 흐르는 회로
· 열린 회로 : 전지의 한 극에서 다른 한 극까지 가는 경로 중 어느 한 부분이 끊어져 전류가 흐르지 않는 회로

● 기타 전기 기호

| 전기 기구 | 전기 기호 |
|---|---|
| 스피커 | ─◁ |
| 접지 | ─⊥ |
| 축전기(콘덴서) | ─┤├─ |
| 전동기(모터) | ─Ⓜ─ |

● 생각해보기 ★★★

크기가 다른 전지의 전압이 같을 수 있을까?

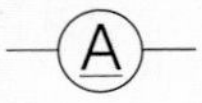

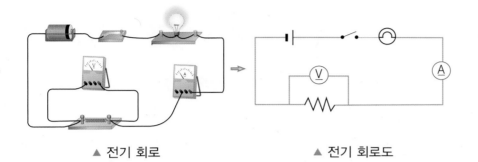

**미니사전**

접지 [接 잇다 地 땅] 감전 등의 전기 사고를 예방하기 위해 전기 기기와 땅을 도선으로 연결하는 것

축전기 [蓄 쌓다 電 전기 器 그릇, condenser] 전기 회로에서 전하를 모아 저장하는 장치

## 01 다음 그림은 도선 내부에 있는 전하의 모습이다. 이에 대한 설명으로 옳은 것은?

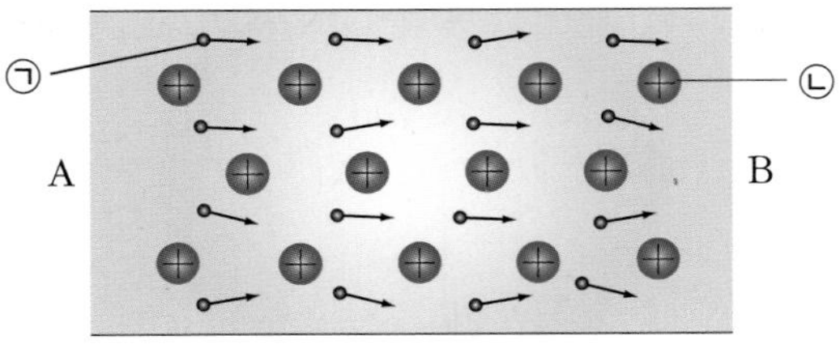


① ㉠은 원자핵이다.
② ㉡은 전자이다.
③ 전류는 A에서 B로 흐르고 있다.
④ 도선에는 전류가 흐르지 않고 있다.
⑤ 전류의 방향과 전자의 이동 방향은 반대 방향이다.

## 02 다음 그림은 전압과 전류 사이의 관계를 전기 회로와 물의 흐름에 빗대어 표현한 것이다. 각 관계가 바르게 짝지어진 것은?

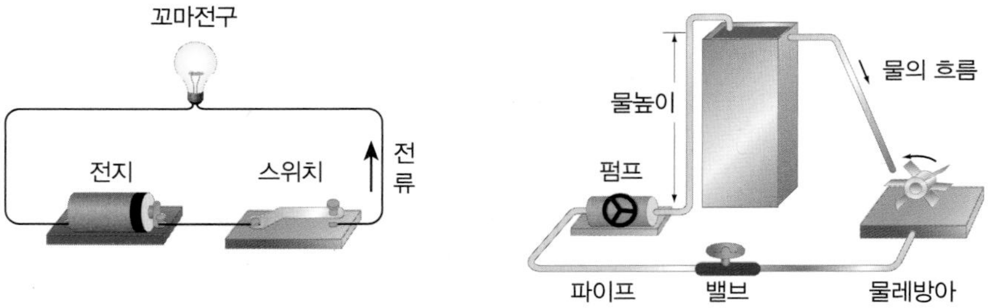


① 전지 - 펌프　② 전선 - 밸브　③ 물높이 - 전류
④ 물의 흐름 - 전압　⑤ 스위치 - 파이프

## 03 도선의 전기 저항에 영향을 주지 않는 것은?

① 도선의 종류　② 도선의 굵기　③ 도선의 길이
④ 도선의 색깔　⑤ 도선의 단면적

## 04 다음 중 전기 기구와 전기 기호가 바르게 짝지어진 것은?

①
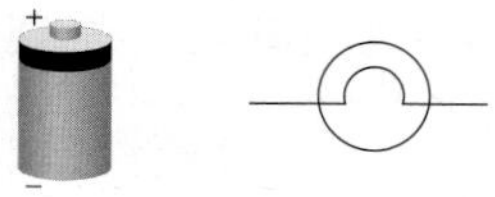

②
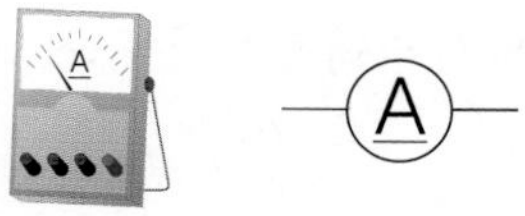


③

④

⑤

## 05 오른쪽 그림의 전기 회로를 전기 회로도로 바르게 나타낸 것은?

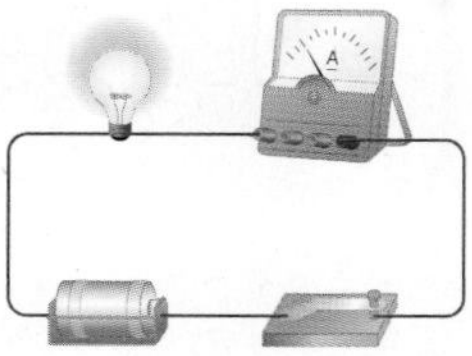

①
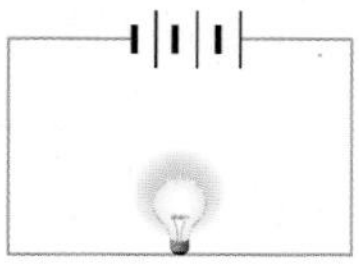

②
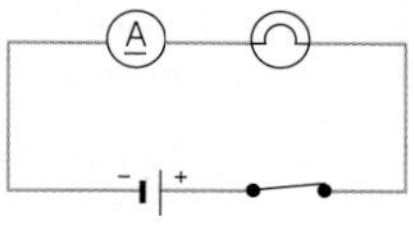


③
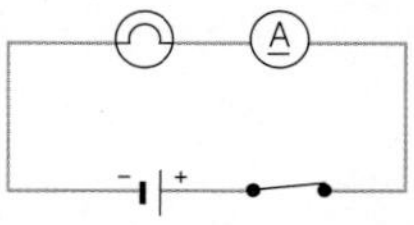


④
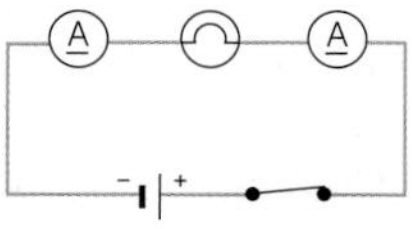


⑤
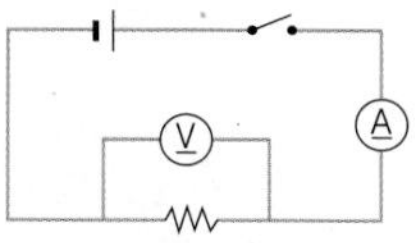


## 06 도선 속 모습을 설명하기 위해 오른쪽 그림처럼 못이 촘촘히 박힌 나무판을 경사지게 하여 쇠구슬을 굴러 내려가게 하였다. 이 모형과 도선 속 모습을 비교하여 설명한 것 중 옳지 <u>않은</u> 것은?

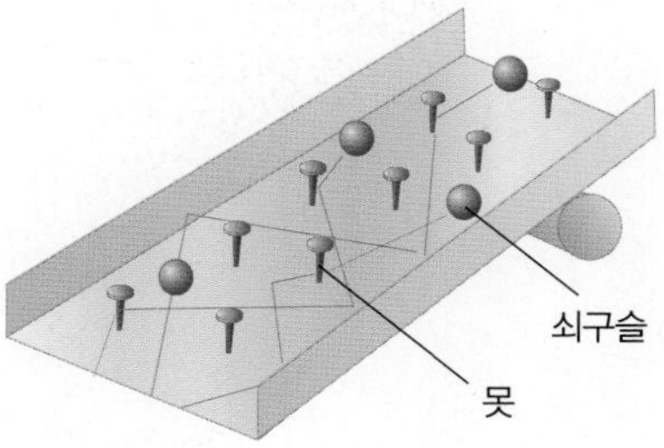


① 못 - 원자
② 쇠구슬 - 전류
③ 빗면의 기울기 - 전압
④ 쇠구슬과 못의 충돌 - 저항
⑤ 나무판의 폭 - 도선의 굵기

# 유형 익히기 & 하브루타

## [유형12-1] 전류

**다음 그림은 도선 내부에 있는 전하의 이동 모습을 나타낸 것이다. 이에 대한 설명으로 옳은 것은?**

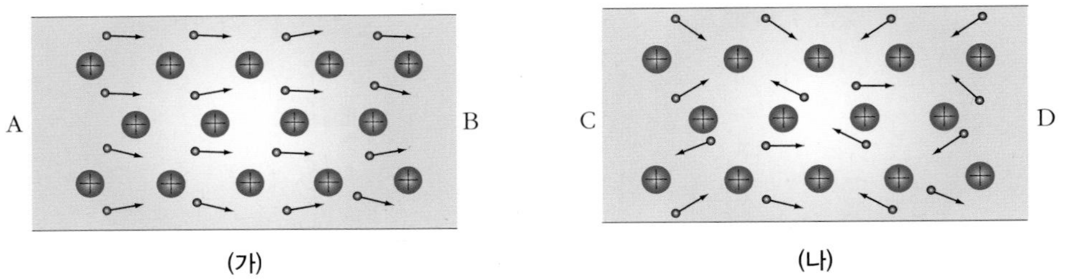


① (가)는 전류가 흐르지 않는 상태이다.
② (나)는 전류가 흐르는 상태이다.
③ (가)에서 A는 전지의 (−)극 쪽이다.
④ (나)에서 D는 전지의 (−)극 쪽이다.
⑤ (가)에서 전류는 A에서 B로 흐른다.

Tip!

**01** 다음 그림처럼 전기 회로도의 스위치를 닫았더니 전구에 불이 들어왔다. 전류의 방향과 전자의 이동 방향이 바르게 짝지어진 것을 모두 고르시오. (2개)

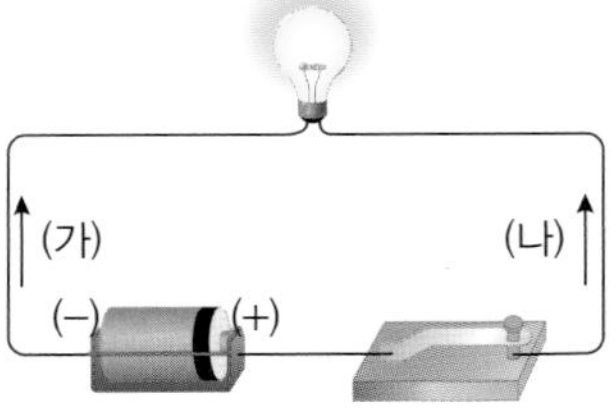


① (가) - 전류의 방향
② (나) - 전자의 이동 방향
③ (가) - 전자의 이동 방향
④ (나) - 전류의 방향
⑤ (가) - 전류의 이동 방향, 전자의 이동 방향

**02** 다음 중 전류에 대한 설명으로 옳은 것은?

① 전류의 단위는 V이다.
② 전류는 (+)극에서 (−)극으로 흐른다.
③ 전자의 이동 방향과 같은 방향으로 흐른다.
④ (+) 전하를 띤 입자들의 이동으로 생기는 (−) 전하의 흐름이다.
⑤ 1초 동안 1m의 전선을 통과하는 전하의 양을 전류의 세기라고 한다.

정답 및 해설 07쪽

## [유형12-2] 전압

다음 그림은 전기 회로와 물레방아를 돌리는 물의 흐름을 비교한 것이다. 이때 물높이와 관련있는 전기 회로의 요소는 무엇인가?

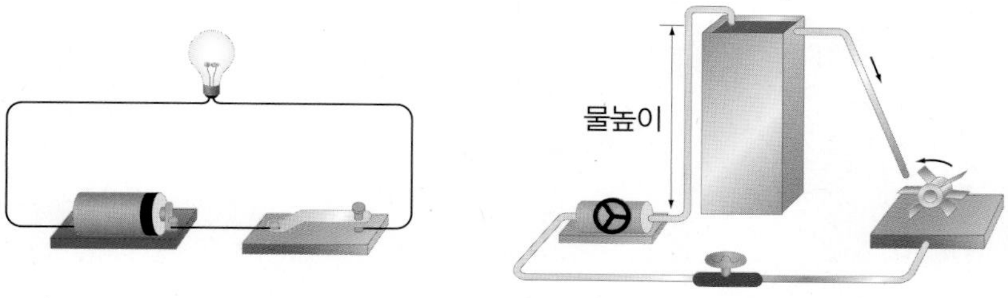


① 전류 ② 저항 ③ 전압 ④ 시간 ⑤ 전하량

**03** 다음 그림은 (가) 전기 회로와 (나) 물레방아를 돌리는 물의 흐름을 나타낸 것이다. 이에 대한 설명으로 옳지 않은 것은?

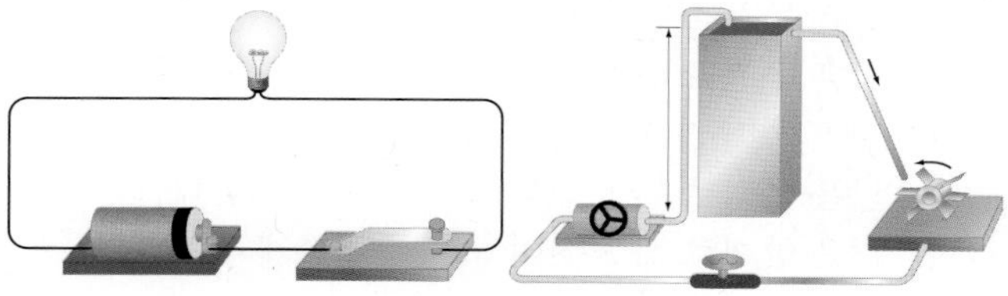

(가) (나)

① 건전지는 펌프와 같은 역할을 한다.
② 물의 높이는 전류의 세기를 의미한다.
③ (가)의 전구는 (나)에서 물레방아와 같다.
④ 물이 파이프로 흐르듯이 전류도 도선을 따라 흐른다.
⑤ 물높이가 높아질수록 수압이 증가하여 물줄기가 세지듯이 전압이 클수록 전류의 세기는 커진다.

**04** 다음 중 전압과 전류의 관계에 대한 설명으로 옳은 것은?

① 전압이 클수록 전류의 세기는 커진다.
② 전압이 클수록 전류의 세기는 작아진다.
③ 전압이 일정하면 전류의 세기는 커진다.
④ 전압이 일정하면 전류의 세기는 작아진다.
⑤ 전압의 세기와 전류의 세기는 관계가 없다.

Tip!

# 유형 익히기 & 하브루타

## [유형12-3] 저항

**다음 그림은 같은 니크롬선으로 만들어진 전선이다. 이 중 저항이 가장 작은 전선은? (각 도선의 오른쪽의 숫자는 니크롬선의 단면적을 나타낸다.)**

①
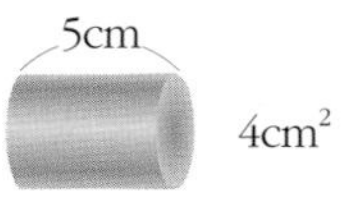


②
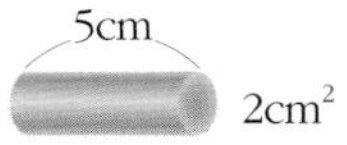


③
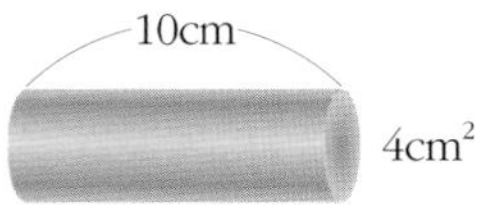


④
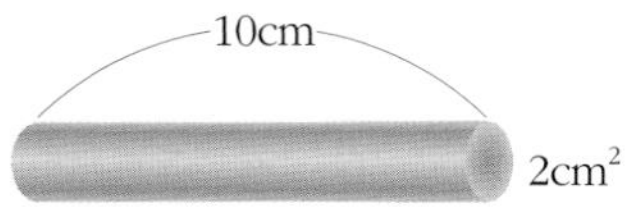


⑤
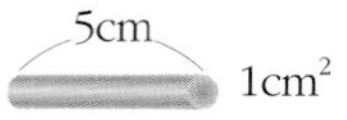


Tip!

## 05

**전기 도선의 저항을 크게 할 수 있는 방법을 모두 고르시오.(2개)**

① 같은 물질로 된 도선의 굵기를 굵게 만든다.
② 같은 물질로 된 도선의 길이를 길게 만든다.
③ 전기가 더 잘 흐르는 물질로 도선을 바꾼다.
④ 같은 물질로 된 도선의 길이를 짧게 만든다.
⑤ 같은 물질로 된 도선의 굵기를 가늘게 만든다.

## 06

**다음 그림은 전기 회로 (가) 와 수도관 회로 (나)를 비교한 것이다. 이와 관련된 설명으로 옳지 않은 것은?**

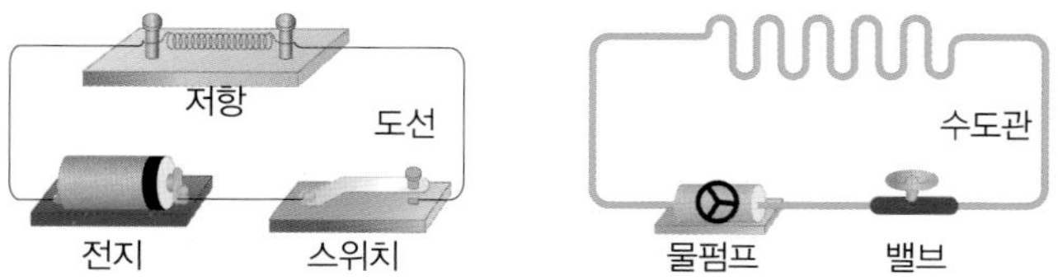


(가) (나)

① 전류도 물처럼 도선을 따라 흐른다.
② (가)에서 도선은 (나)에서 수도관과 같다.
③ (가)에서 스위치는 (나)에서 밸브와 같다.
④ (나)에서 펌프가 물을 흐르게 하듯이 (가)에서 저항이 전류를 흐르게 한다.
⑤ 수도관이 굵으면 물이 잘 흐르듯이 도선이 굵을수록 저항이 작아져 전류가 잘 흐른다.

정답 및 해설 07쪽

## [유형12-4] 전기 회로도

다음 중 전기 기호와 명칭이 바르게 짝지어진 것은?

① 전압계 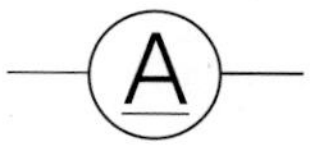

② 저항 

③ 건전지 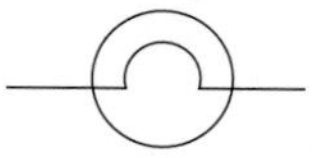

④ 전류계 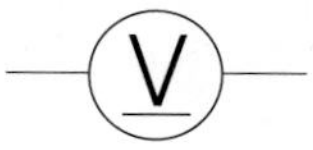

⑤ 전구 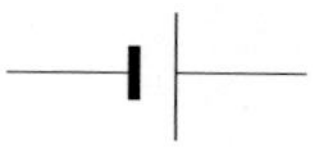

**07** 오른쪽 전기 회로의 전기 회로도를 그리려고 한다. 그리지 않아도 되는 전기 기구는?

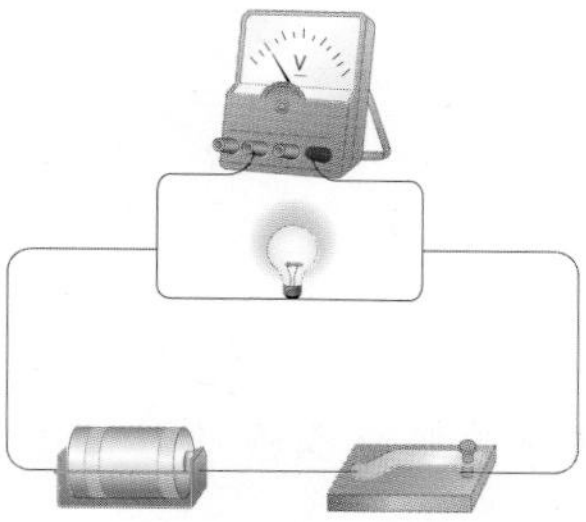

① 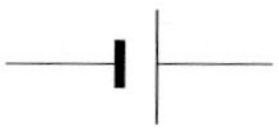

② 

③ 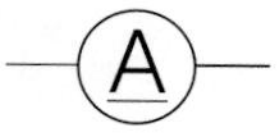

④ 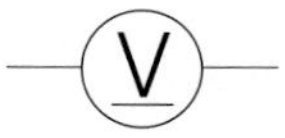

⑤ 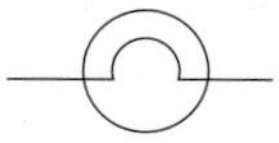

**08** 오른쪽 전기 회로도에서 찾을 수 없는 전기 기호는?

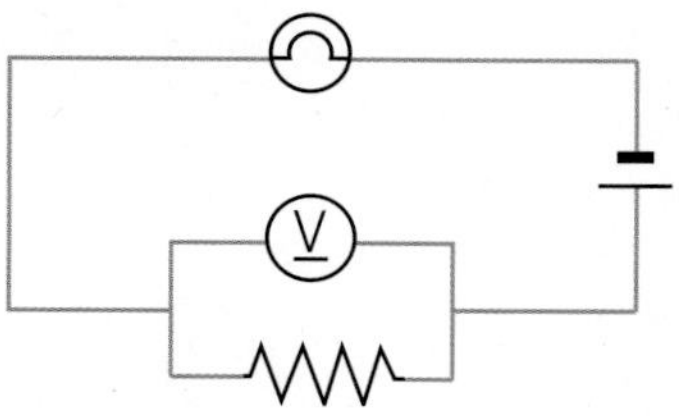

① 스위치 ② 전구 ③ 전지 ④ 전압계 ⑤ 저항

**Tip!**

# 창의력 & 토론마당

**01** 그림 (가)는 우리 몸에 흐르는 전류의 위험도를 실험하여 얻은 그래프이고, 그림 (나)는 우리 몸에 흐르는 전류의 크기에 따른 인체의 반응을 나타낸 것이다.

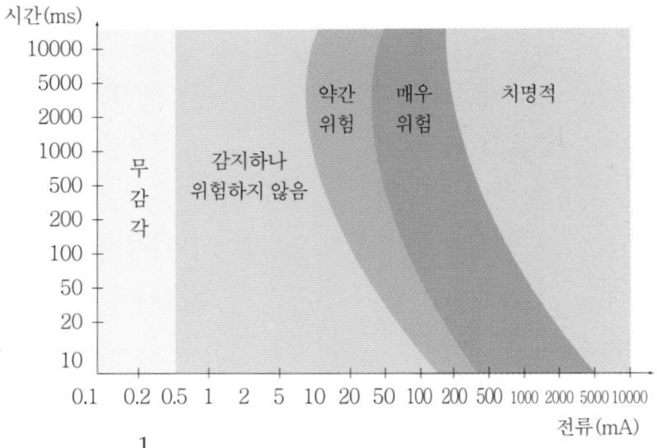


($1ms = \frac{1}{1000}$ 초) (가)

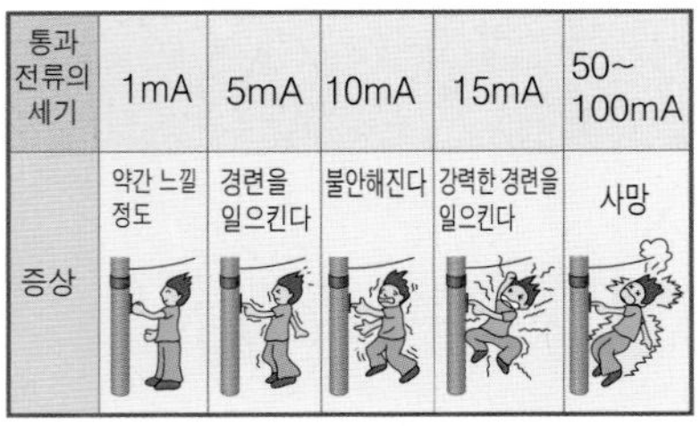


(나)

(1) 우리 몸에 전류가 흐를 때 전류가 흐르는 시간과 위험도의 관계를 서술해 보시오.

(2) 다음 표는 일상 생활 속에서 발생하는 다양한 전압을 나타내고 있다. 그렇다면 인체에 해로운 것은 전압일까? 전류일까?

| | 전압(V) |
|---|---|
| 카페트 위를 걸어갈 때 | 35,000 |
| 자동차 문을 열 때 | 4,000 |
| 비닐 백을 들어올릴 때 | 20,000 |
| 비닐 백 자체에서 | 7,000 |
| 머리를 빗을 때 | 5,200 |
| 문 손잡이 잡을 때 | 4,000 |
| 스웨터 벗을 때 | 14,000 |
| 일상 생활에 쓰이는 전압 | 220 |
| KTX를 움직이는 전압 | 20,000 |

정답 및 해설 08쪽

## 02

백열 전구는 작은 유리구 속에 가스를 채우고, 저항이 큰 도선(필라멘트)을 두 개의 금속 도선으로 연결한 것으로 필라멘트에서 빛과 열을 방출하게 된다.

(가) (나)

두 개의 백열 전구가 있다. (가)는 얇은 필라멘트로 연결된 전구이고, (나)는 (가)보다 굵은 필라멘트로 연결된 전구이다. 두 전구는 필라멘트의 두께만 다르고 다른 조건은 모두 동일하다. 이때 두 전구를 220V의 전압에 각각 연결을 한다면 어느 전구의 불이 더 밝을지 예상해 보고, 이유를 설명하시오.

## 03

전선 내부에는 전류가 흐를 때 한 쪽 방향으로 이동을 하는 자유 전자와 제자리에서 진동을 하는 금속 원자가 있다. 자유 전자와 원자는 충돌하게 되는데, 이때 전자가 가지고 있던 에너지는 금속 원자의 진동을 격렬하게 하는데 쓰여 전기 에너지의 일부가 열로 사라지게 되는 것이다(전기 저항에서 발생하는 열).

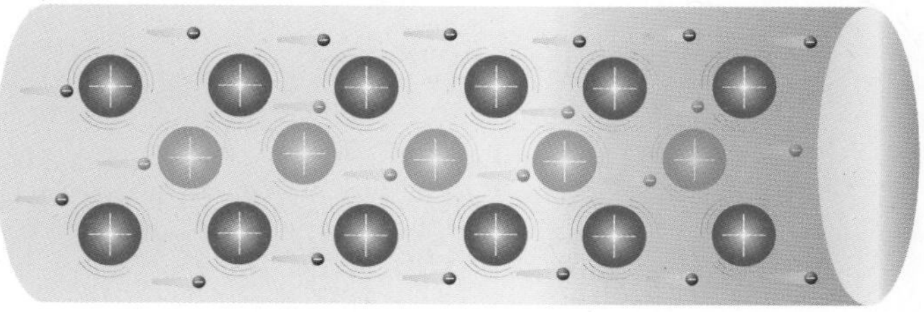

위의 그림을 참고로 하여 온도가 높을 때의 전자의 운동과 전류의 흐름에 대하여 설명하시오.

## 04

전기 저항은 물질의 종류에 따라 다르고, 같은 물질로 이루어진 도선이더라도 도선의 굵기가 굵을수록, 도선의 길이가 짧아질수록 전기 저항이 작아진다. 반도체 디바이스 중에서는 온도 변화나 자기장의 변화에 따라 전기 저항이 변하는 것도 있다. 바로 서미스터(Thermistor)와 자기 저항 소자(Magnetoresistor)이다.

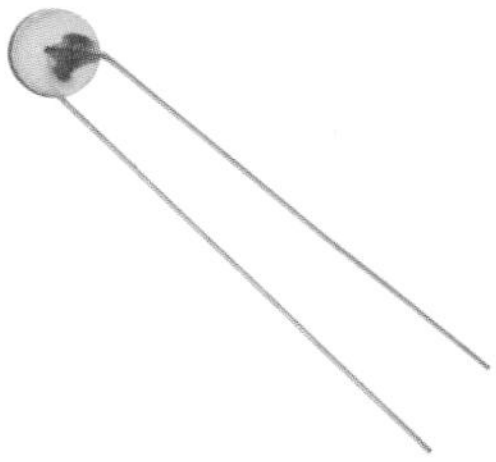

▲ 서미스터(Thermistor)

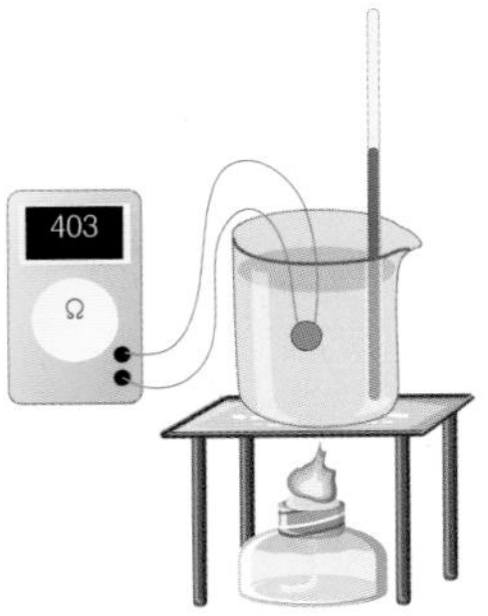


▲ 서미스터(Thermistor) 온도계

서미스터는 온도가 올라가면 전기 저항값이 떨어지는 NTC, 온도가 올라가면 전기 저항값이 올라가는 PTC, 그리고 특정 온도에서 전기 저항값이 급변하는 CIR로 분류된다. 다음 표는 서미스터를 끓는 물속에 넣고 물이 식는 동안 서미스터에 흐르는 전류와 서미스터 양 끝에 걸리는 전압을 측정한 표이다. 표를 참고로 하여 실험에 쓰인 서미스터의 특징에 대하여 설명하시오.

| 물의 온도(℃) | 95 | 85 | 76 | 65 | 57 |
|---|---|---|---|---|---|
| 전압(V) | 5 | 5 | 5 | 5 | 5 |
| 전류(mA) | 73 | 67 | 56 | 45 | 37 |
| 저항(Ω) | 68 | 74 | 89 | 111 | 135 |

정답 및 해설 08쪽

**05** 다음 그림은 휴대전화 배터리의 앞, 뒷면 모습이다. 그림을 통해 알 수 있는 사실에 대하여 모두 쓰시오.

▲ 배터리 앞면

▲ 배터리 뒷면

# 스스로 실력 높이기

**01** 전류에 대한 설명으로 옳은 것은 O표, 옳지 않은 것은 X표 하시오.

(1) 전자의 이동 방향은 (+)극에서 (−)극이다. (　　)

(2) 전류의 단위는 A이고, 1A = 100mA이다. (　　)

(3) (−)전하를 띤 입자들의 이동으로 생기는 (+) 전하의 흐름이 전류이다. (　　)

**02** 전압에 대한 설명으로 옳은 것은 O표, 옳지 않은 것은 X표 하시오.

(1) 전압의 단위는 V(볼트)이다. (　　)

(2) 전류를 흐르게 하는 능력이다. (　　)

(3) 전압이 클수록 전류의 세기는 작아진다. (　　)

**03** 전기 저항에 대한 설명으로 옳은 것은 O표, 옳지 않은 것은 X표 하시오.

(1) 전류의 흐름을 방해하는 정도를 전기 저항이라고 한다. (　　)

(2) 자유 전자가 도선 속을 통과하면서 원자와 충돌하기 때문에 생긴다. (　　)

(3) 같은 물질로 된 도선이라면 도선이 길수록 저항이 작아진다. (　　)

**04** 그림과 각 그림에 해당하는 전기 기호를 바르게 연결하시오.

(1) 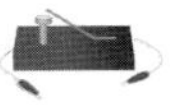 • 　　　　• ㉠ —(V)—

(2)  • 　　　　• ㉡ —(A)—

(3)  • 　　　　• ㉢ 

**05** 다음은 전류의 세기를 계산하는 식이다. 식에서 각 기호가 뜻하는 것을 각각 쓰시오.

$$I = \frac{Q}{t}$$

(1) $I$ (　　　　　　)

(2) $Q$ (　　　　　　)

(3) $t$ (　　　　　　)

**06** 다음 그림은 전구에 불이 켜진 전기 회로이다. 각 화살표가 가리키는 방향이 의미하는 것을 쓰시오.

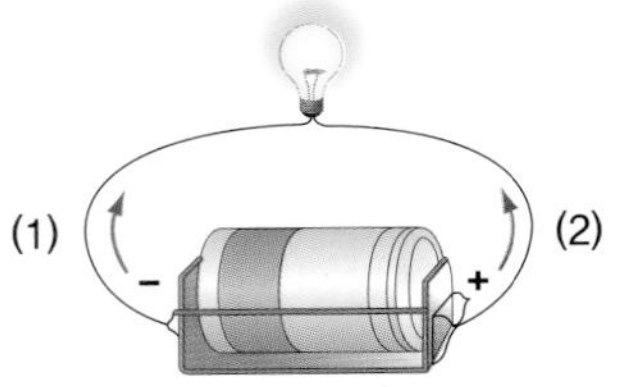


(1) (　　　　)의 이동 방향

(2) (　　　　)의 방향

**07** 다음 그림은 물레 방아를 돌리는 물의 흐름을 나타낸 것이다. 물의 흐름과 전기 회로를 비교할 때 비유되는 것을 각각 쓰시오.

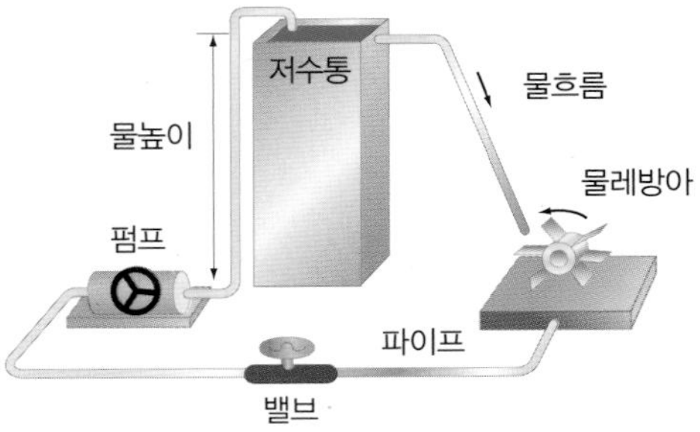


| 물의 흐름 | 물의 흐름 | 물높이 | 물레방아 |
|---|---|---|---|
| 전기 회로 | | | |

| 물의 흐름 | 펌프 | 파이프 | 밸브 |
|---|---|---|---|
| 전기 회로 | | | |

**08** 다음 〈보기〉에서 알맞은 말을 골라 괄호에 기호를 넣으시오.

〈 보기 〉

ㄱ. 전류　　ㄴ. 저항　　ㄷ. 전압
ㄹ. 작아진다.　　ㅁ. 커진다.

> 전기 저항이란 (　　)의 흐름을 방해하는 정도를 말한다. 같은 물질로 된 도선이라면 도선이 길수록 저항이 (　　　), 도선이 굵을수록 저항이 (　　　).

**09** 다음 보기는 전기 기호들이다. 〈보기〉에서 알맞은 전기 기호를 골라 전기 회로도를 완성해 보시오.

〈 보기 〉

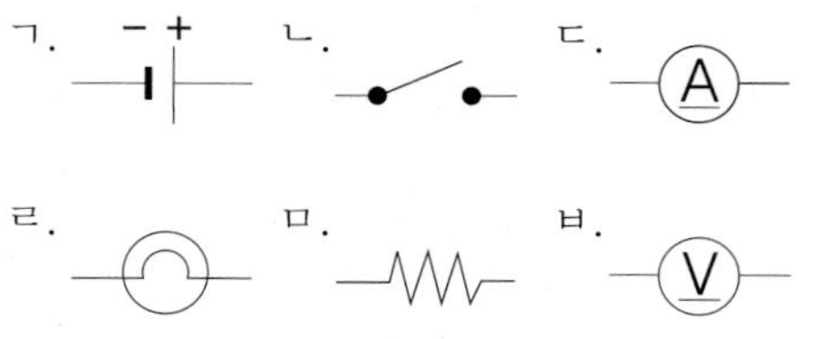


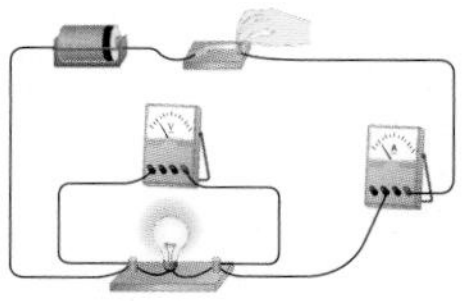

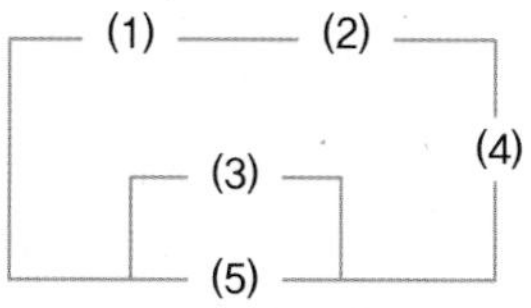


(1) (　　　　)　(2) (　　　　)
(3) (　　　　)　(4) (　　　　)
(5) (　　　　)

**10** 다음 빈칸에 알맞은 말을 넣으시오.

> 복잡한 전기 회로를 간단한 전기 기호로 나타낸 것을 (　　　　　　)라고 한다.

**11** 다음 〈보기〉에서 전류에 대한 설명으로 옳은 것을 모두 고른 것은?

〈 보기 〉

ㄱ. 전류는 (+)극에서 (−)극으로 흐른다.
ㄴ. 1초 동안 전선의 한 단면을 통과하는 전하의 양을 전류의 세기라고 한다.
ㄷ. 1A는 1초 동안 1C의 전하량이 도선의 1m를 통과하는 시간을 말한다.

① ㄱ　② ㄱ, ㄴ　③ ㄴ,ㄷ
④ ㄱ, ㄷ　⑤ ㄱ, ㄴ, ㄷ

**12** 다음 그림과 같이 전기 회로를 연결하여 스위치를 닫았더니 전구에 불이 켜졌다. 이때 A와 B 사이에서 전자의 이동 방향을 바르게 나타낸 것은?

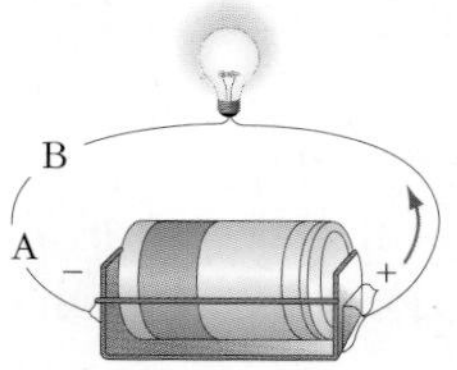


①
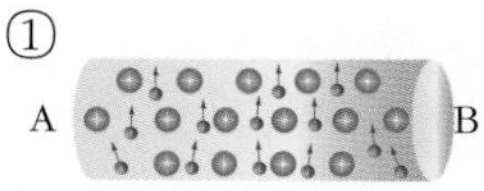


②
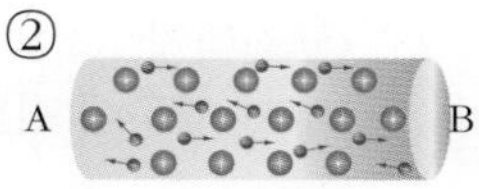


③
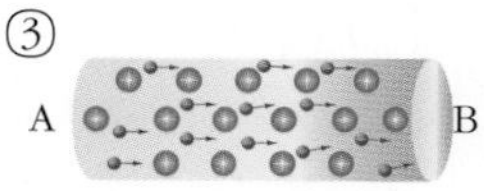


④
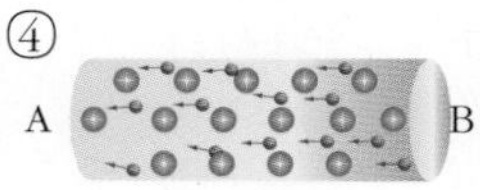


⑤
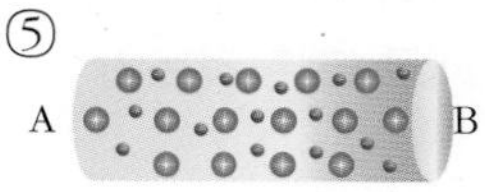


**13** 어떤 도선의 한 단면을 1초 동안에 3C의 전하량이 통과했다면 전류의 세기는?

① 1A　② 2A　③ 3A
④ 4A　⑤ 5A

**14** 다음 〈보기〉에서 전압에 대한 설명으로 옳은 것만을 있는 대로 고른 것은?

〈 보기 〉
ㄱ. 전압계로 측정할 수 있다.
ㄴ. 전류의 세기와는 상관이 없다.
ㄷ. 전선의 두 점 사이에 전류가 흐른다면 두 점 사이에는 전압이 걸려 있는 것이다.

① ㄱ ② ㄱ, ㄴ ③ ㄴ,ㄷ
④ ㄱ, ㄷ ⑤ ㄱ, ㄴ, ㄷ

**15** 오른쪽 그림과 같이 물이 가득 차있는 물통에 높이를 다르게 구멍을 뚫어 놓았다. 그 구멍 중 가장 아래쪽에 있는 구멍에서 나오는 물줄기가 가장 세다. 이러한 현상으로 설명할 수 있는 전기 현상은?

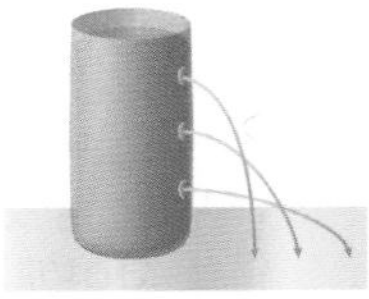

① 전류는 전하의 흐름이다.
② 도선이 길수록 저항이 커진다.
③ 도선이 두꺼울수록 저항이 작아진다.
④ 전압이 클수록 전류의 세기는 커진다.
⑤ 전자가 도선 속을 통과하면서 원자와 충돌하기 때문에 저항이 생긴다.

**16** 다음 〈보기〉에서 전기 저항에 대한 설명으로 옳은 것만을 있는 대로 고른 것은?

〈 보기 〉
ㄱ. 저항의 단위는 Ω(옴)을 사용한다.
ㄴ. 전압이 1V일 때 1A의 전류를 흐르게 하는 저항을 1Ω이라고 한다.
ㄷ. 같은 물질로 된 도선이라면 도선이 굵을수록 저항이 작아진다.

① ㄱ ② ㄱ, ㄴ ③ ㄴ,ㄷ
④ ㄱ, ㄷ ⑤ ㄱ, ㄴ, ㄷ

**17** 다음 그림은 못이 촘촘히 박힌 경사진 나무판에 쇠구슬이 굴러 내려가는 모습을 나타낸 것이다. 그림과 도선 속의 모습을 비교하여 설명하고자 한다. 이에 대한 설명으로 옳지 않은 것은?

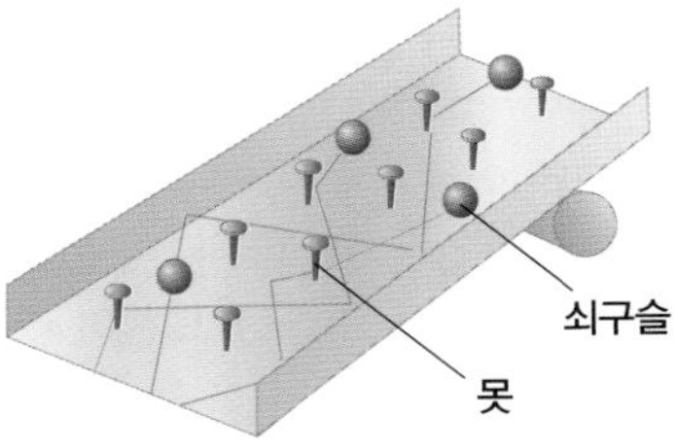


① 빗면의 기울기는 전압에 비유할 수 있다.
② 쇠구슬은 원자, 못은 전자에 비유할 수 있다.
③ 빗면의 길이를 이용하여 도선의 길이에 따른 저항의 변화에 대하여 설명할 수 있다.
④ 빗면의 폭을 이용하여 도선의 굵기의 차이에 따른 저항의 변화에 대하여 설명할 수 있다.
⑤ 못이 쇠구슬에 충돌하는 것을 이용하여 전자들이 이동하며 원자들과의 충돌로 인하여 저항이 발생함을 설명할 수 있다.

**18** 다음 그림은 같은 구리로 만들어진 전선이다. 다음 중 같은 전압일 때 전류가 가장 작은 전선은?

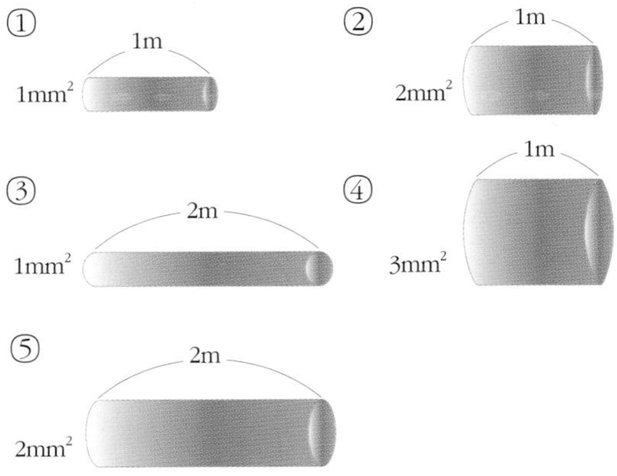

**19** 다음 그림의 전기 회로를 전기 회로도로 바르게 나타낸 것은?

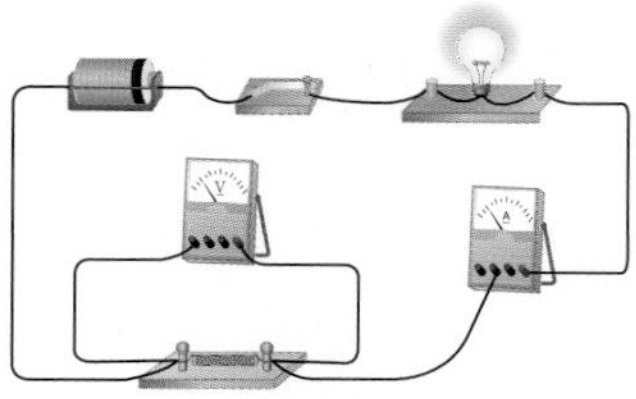

①
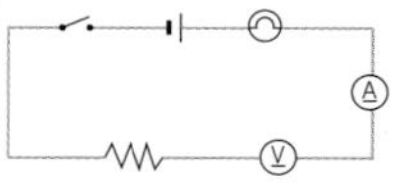

②
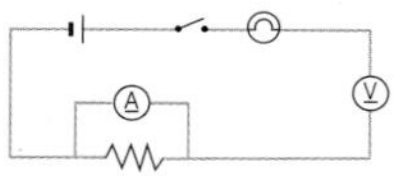

③
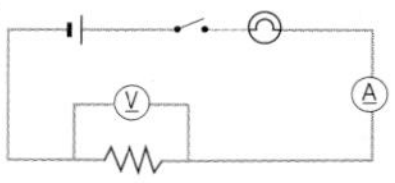

④
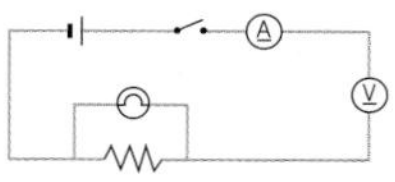

⑤
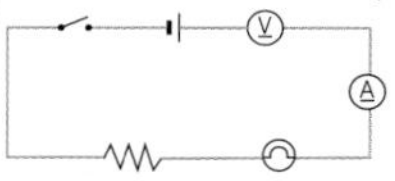

**20** 다음 전기 회로도 내의 전기 기호와 그와 관련된 설명으로 바르게 짝지어진 것은?

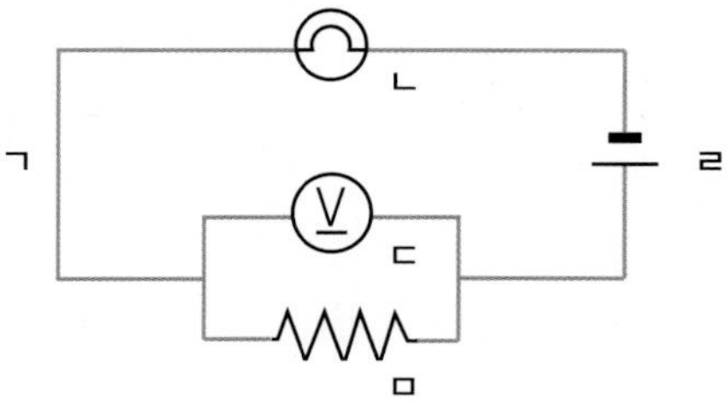


① ㄱ. 전선 : 전선의 굵기가 두꺼워지면 그 전선의 저항은 커진다.
② ㄴ. 전류계 : 전류계로 측정하는 전류의 방향은 전자의 이동 방향과 반대 방향이다.
③ ㄷ. 전압계 : 전압계로 측정한 전압이 클수록 전류의 세기는 약해진다.
④ ㄹ. 전지 : 전지 기호에서 길이가 긴 선이 (−)극, 짧은 선이 (+)극을 의미한다.
⑤ ㅁ. 저항 : 전류의 흐름을 방해하는 정도를 저항이라고 한다.

## 창의력 서술

**21** 다음 그림과 같이 (가)는 얇은 필라멘트로 연결된 전구이고, (나)는 (가)보다 2배 굵은 필라멘트로 연결된 전구이다. 또 (나)의 필라멘트 길이는 (가)보다 3배 더 길다. 이때 두 전구를 220V의 전압에 각각 연결을 한다면 어느 전구의 불이 더 밝을지 예상해 보고, 이유를 설명하시오.

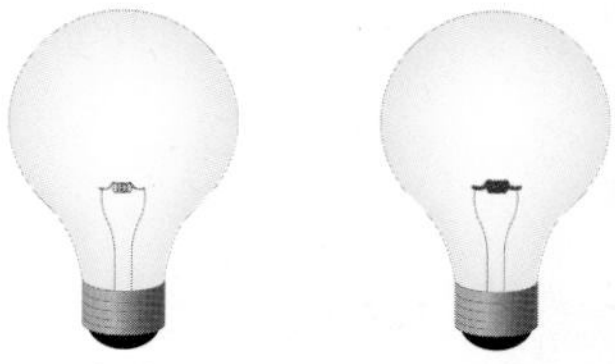

(가) (나)

**22** 그림은 핸드폰 배터리의 앞면 모습이다. 이와 같은 배터리가 여러 개 있을 때 배터리의 출력 전압을 높이기 위해서 어떻게 하면 좋을지 자신의 생각을 서술하시오.

# 13강. 옴의 법칙

## 1. 전지의 연결

**(1) 직렬 연결 :** 전지의 (+)극과 다른 전지의 (−)극을 차례대로 연결하는 것이다.

| | | |
|---|---|---|
| 회로 | 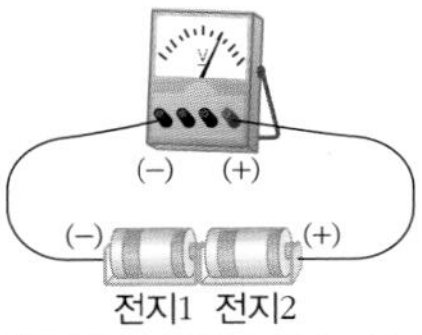 | 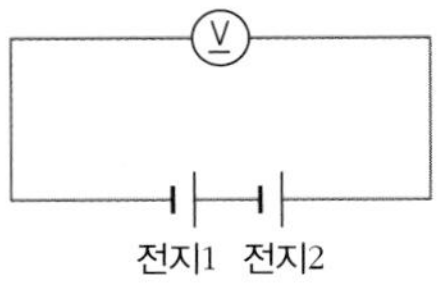 |
| 전체 전압 | · 전체 전압은 각 전지의 전압의 합과 같다.<br>· 전체 전압은 전지의 개수에 비례한다. | 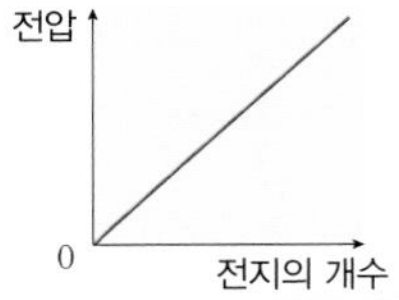 |
| 특징 | · 높은 전압을 얻을 수 있다.<br>· 전지의 사용 시간은 전지 1개일 때와 같다. | |

**(2) 병렬 연결 :** 전지의 (+)극은 (+)극끼리, (−)극은 (−)극끼리 연결하는 것이다.

| | | |
|---|---|---|
| 회로 | 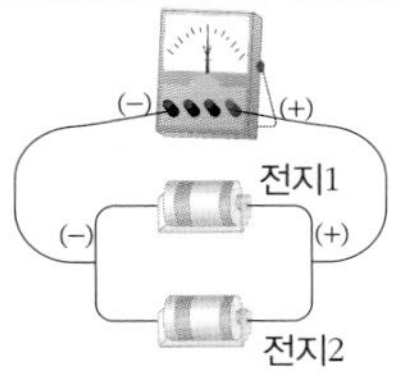 | 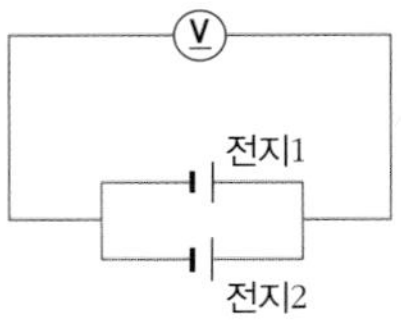 |
| 전체 전압 | · 전체 전압은 전지 1개의 전압과 같다.<br>· 전체 전압은 전지의 개수에 관계없이 일정하다. | 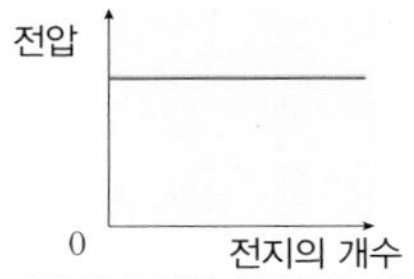 |
| 특징 | · 전지의 사용 시간이 길어진다. | |

● 전지의 연결과 수압

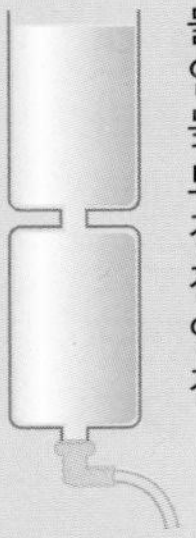

물통을 직렬로 연결하면 물의 높이 차가 커지므로 수압이 커진다. 이와 같이 전지를 직렬로 연결하면 전체 전압이 커진다.

▲ 물통의 직렬 연결

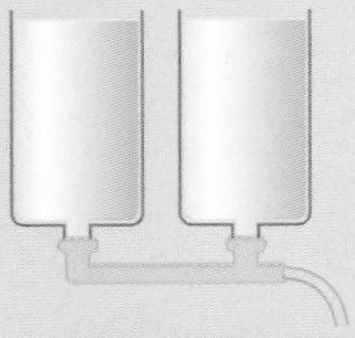

▲ 물통의 병렬 연결

물통을 병렬로 연결하면 물의 높이는 그대로 이므로 수압이 변하지 않는다. 이와 같이 전지를 병렬로 연결하면 전체 전압은 전지 1개일 때의 전압과 같다.

● 생각해보기★

꼬마 전구 1개를 같은 전압의 전지 2개와 연결할 때, 전구의 밝기를 최대로 밝게 하기 위해서는 전지를 어떻게 연결해야 할까?

**개념확인 1** **전지의 연결에 대한 설명으로 옳은 것은 O표, 옳지 않은 것은 X표 하시오.**

(1) 전지 여러 개를 직렬 연결하면 전지의 사용 시간이 길어진다. ( )

(2) 전지를 직렬 연결하면 전체 전압은 전지의 개수에 비례한다. ( )

(3) 전지를 병렬 연결하면 높은 전압을 얻을 수 있다. ( )

(4) 한 전지의 (+)극과 다른 전지의 (−)극을 차례대로 연결하는 것이 병렬 연결이다. ( )

**확인+1** **오른쪽 그림과 같이 전지를 연결하여 전기 회로를 만들었다. 이에 대한 설명으로 옳은 것은?**

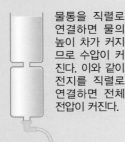

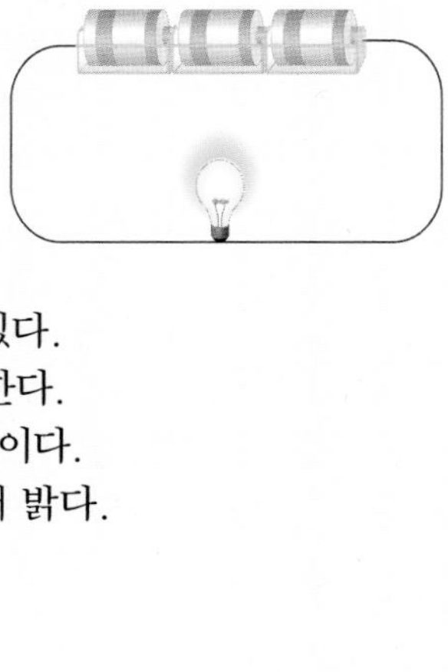

① 전체 전압은 전지 1개의 전압과 같다.
② 전지 한 개를 사용할 때보다 오래 사용할 수 있다.
③ 이와 같은 전지의 연결 방법을 병렬 연결이라 한다.
④ 전지의 (+)극과 다른 전지의 (+)극을 연결한 것이다.
⑤ 전지 1개를 사용하는 것보다 전구의 밝기가 더 밝다.

**미니사전**

직렬 [直 곧다 列 늘어서다] 일렬로 늘어섬

병렬 [竝 나란하다 列 늘어서다] 나란히 늘어섬

수압 [水 물 壓 누르다] 물이 누르는 압력, 물의 높이 차이에 의한 압력

## 2. 저항의 연결

### (1) **직렬 연결 :** 여러 개의 저항을 일렬로 연결하는 것이다.

| | |
|---|---|
| 회로 | 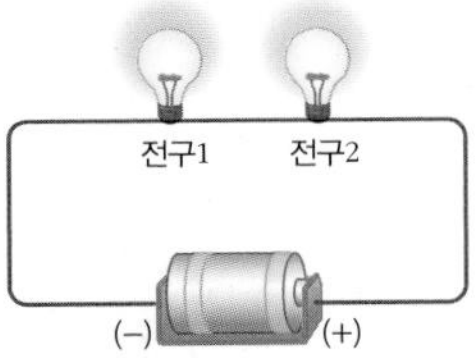 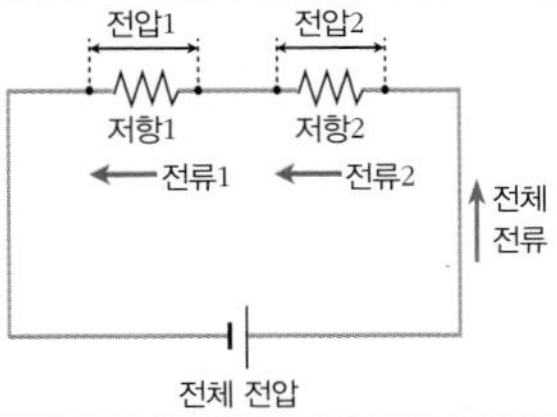 |
| 전류와 전압 | · 각 저항에 흐르는 전류의 세기는 전체 전류와 같다.<br>· 전체 전압은 각 저항에 걸리는 전압의 합과 같다. |
| 전체 저항 | 저항의 길이가 길어지는 효과가 있다. → 전체 저항이 커진다. |

### (2) **병렬 연결 :** 각 저항의 양 끝을 이어서 연결하는 것이다.

| | |
|---|---|
| 회로 | 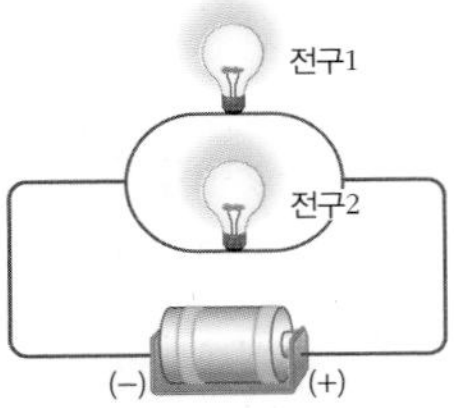 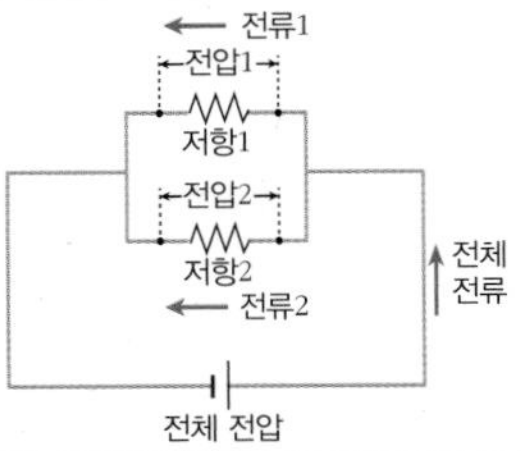 |
| 전류와 전압 | · 전체 전류는 각 저항에 흐르는 전류의 세기의 합과 같다<br>· 각 저항에 걸리는 전압은 전체 전압과 같다. |
| 전체 저항 | 저항이 더 굵어지는 효과가 있다. → 전체 저항이 작아진다. |

정답 및 해설 10쪽

**개념확인 2** **다음은 저항의 직렬 연결과 병렬 연결에 대한 설명이다. 괄호 안에 들어갈 알맞은 말을 고르시오.**

(1) 전기 회로에 전구 2개를 직렬 연결하면 전구 1개를 연결했을 때보다 저항의 길이가 ( 길어지는 , 굵어지는 ) 효과가 있다.

(2) 전기 회로에 전구 2개를 직렬 연결하면 전구 1개를 연결했을 때보다 전체 저항이 ( 커 , 작아 )진다.

(3) 전기 회로에 전구 2개를 병렬 연결하면 전구 1개를 연결했을 때보다 전체 저항이 ( 커 , 작아 )진다.

**확인 +2** **오른쪽 그림과 같이 전구 2개를 이용하여 전기 회로를 만들었다. 이에 대한 설명으로 옳지 않은 것은?**

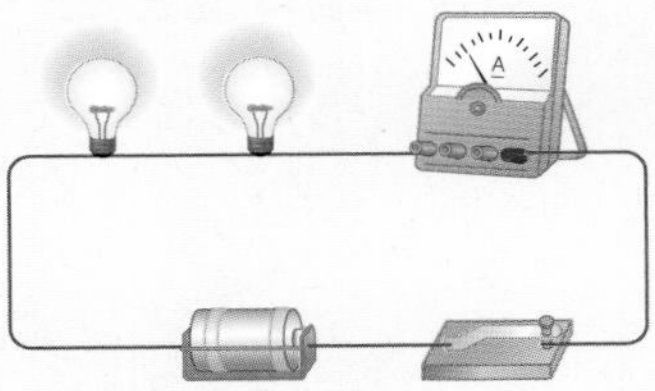


① 전구 1개를 사용했을 때보다 전체 저항이 커진다.
② 이와 같은 전구 연결 방법을 전구의 직렬 연결이라 한다.
③ 전구 3개를 같은 방법으로 연결하면 전체 저항은 더 커질 것이다.
④ 가정에서 전기 기구를 연결할 때도 이와 같은 연결 방법을 택한다.
⑤ 전구 1개를 사용했을 때보다 저항의 길이가 길어지는 효과가 있다.

---

**간단실험**

전구의 직렬 연결과 병렬 연결의 차이를 확인해 보자.

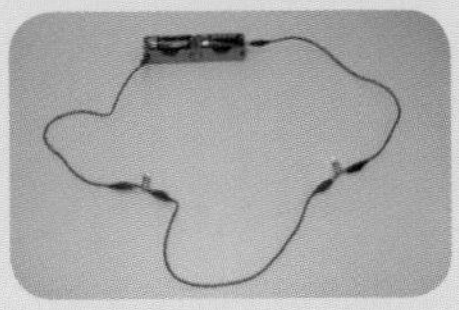

① 전지에 직렬로 전구를 연결하여 전구에 불이 들어오게 한다.

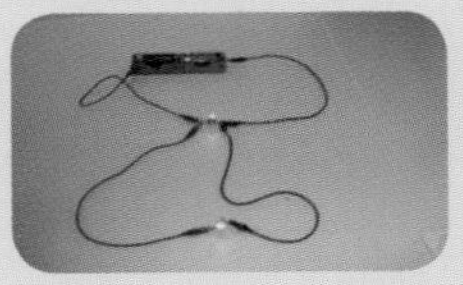

② 전지에 병렬로 전구를 연결하여 전구에 불이 들어오게 한다.
③ 두 전기 회로에서 전구의 밝기 차이를 관찰한다.

**전구와 저항의 기호**

전구의 전기 기호는 –⊗– 이지만 전구 역시 저항체이므로 전구를 저항의 전기 기호인 –/\/\/– 로 나타낼 수 있다.

**가정에서의 전기 회로**

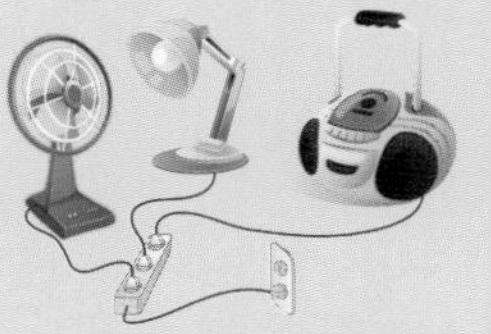

각 전기 기구에 같은 크기의 전압이 걸리고, 하나의 전기 기구를 끄더라도 다른 전기 기구에 영향을 주지 않기 위해 가정용 전기 기구는 병렬로 연결되어 있다.

**생각해보기★★**

한 개의 전지에 똑같은 전구를 병렬로 연결하는 실험을 했을 때, 병렬 연결된 전구의 수가 증가하면 전지의 수명은 어떻게 될까?

● 전기 회로도에서의 전압, 저항, 전류

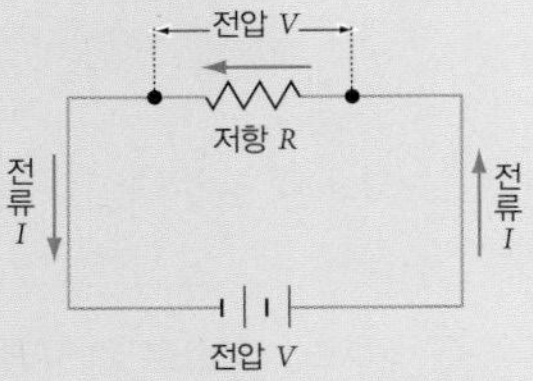


· 전류는 전지의 (+)극에서 (−)극으로 회로 전체에 일제히 흐른다.
· 전지의 전체 전압이 $V$이면 저항 $R$의 양끝 사이에 걸리는 전압이 $V$이다.

● 과학자 옴(Ohm)

독일의 물리학자로 1826년 옴의 법칙(Ohm's law)을 발표하였다.

● 생각해보기★★★

전압에 따른 전류의 세기를 측정할 때, 전지를 병렬로 연결했을 경우 전류의 세기는 어떻게 변할까?

**미니사전**

비례 [比 견주다 例 법] 한 쪽의 양이나 수가 증가하는 만큼 그와 관련 있는 다른 쪽의 양이나 수도 증가함

## 3. 옴의 법칙 1

### (1) 전압과 전류의 관계

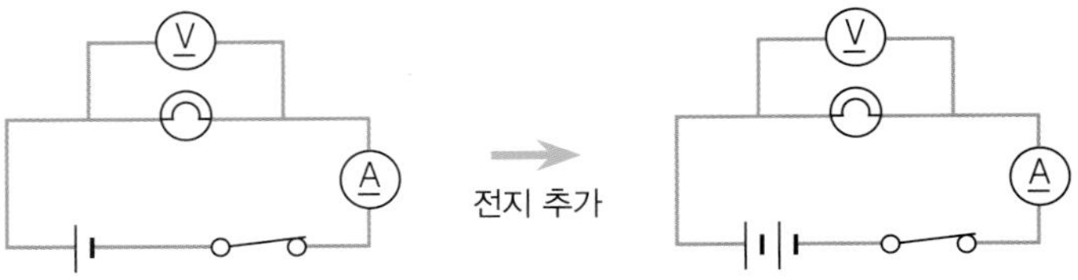


▲ 저항에 걸리는 전압에 따른 전류의 세기 변화

| 전지의 개수(개) | 전압(V) | 전류(mA) |
|---|---|---|
| 1 | 3.0 | 50 |
| 2 | 6.0 | 100 |
| 3 | 9.0 | 150 |

▲ 전압에 따른 전류의 세기 변화

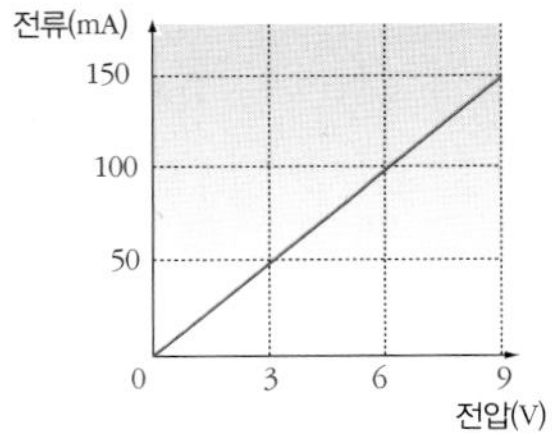


저항에 흐르는 전류의 세기는 저항에 걸리는 전압에 비례한다. $I \propto V$

### (2) 옴의 법칙 : 전기 회로에서의 전류, 전압, 저항의 관계이다.

전류의 세기($I$)는 전압($V$)에 비례하고, 저항($R$)에 반비례한다.

| | | |
|---|---|---|
| $I = \dfrac{V}{R}$ | $V = IR$ | $R = \dfrac{V}{I}$ |

**개념확인 3** **옴의 법칙에 대한 설명으로 옳은 것은 O표, 옳지 않은 것은 X표 하시오.**

(1) 전압이 일정할 때, 도선에 흐르는 전류의 세기는 저항에 비례한다. (　　)

(2) 저항이 일정할 때, 도선에 흐르는 전류의 세기는 도선에 걸리는 전압에 비례한다. (　　)

(3) 저항에 걸리는 전압을 저항에 흐르는 전류의 세기로 나누면 저항값이 된다. (　　)

**확인 + 3** **다음 그림과 같은 전기 회로의 전압은?**

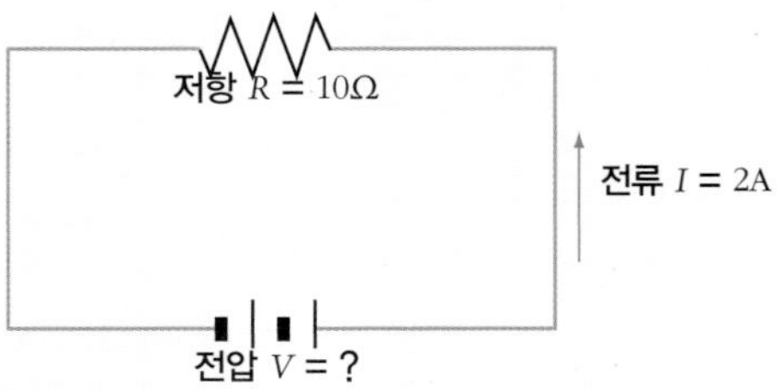


① 5V　② 10V　③ 15V　④ 20V　⑤ 25V

## 4. 옴의 법칙 2

### (1) 전압과 전류의 관계 그래프

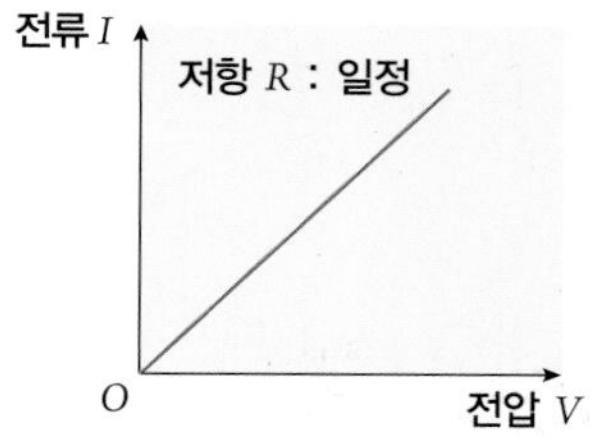


저항이 일정할 때, 전류는 전압에 비례한다.

$$기울기 = \frac{I}{V} = \frac{1}{R}$$

### (2) 저항과 전류의 관계 그래프

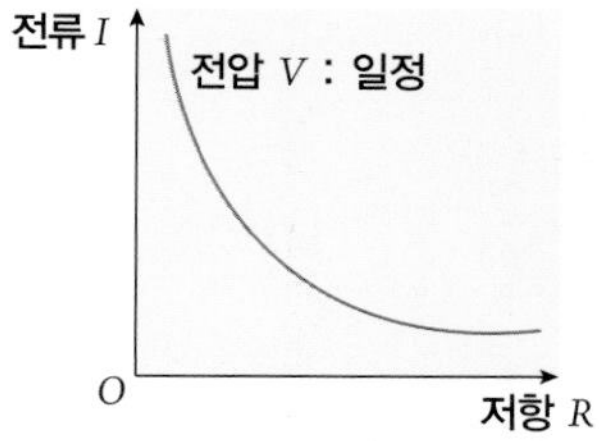


전압이 일정할 때, 전류는 저항에 반비례한다.

### (3) 저항과 전압의 관계 그래프

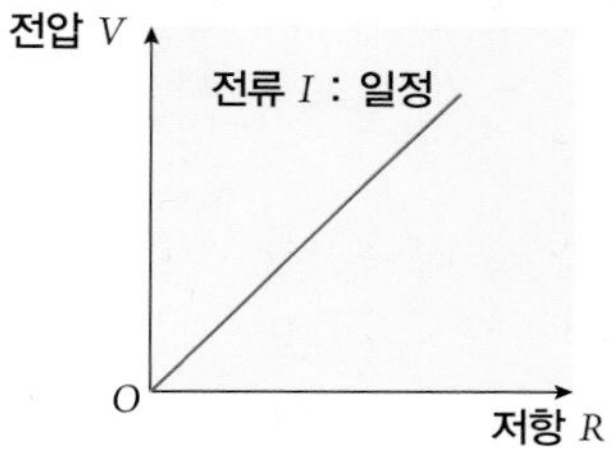


전류가 일정할 때, 전압은 저항에 비례한다.

● 직선 그래프에서의 기울기

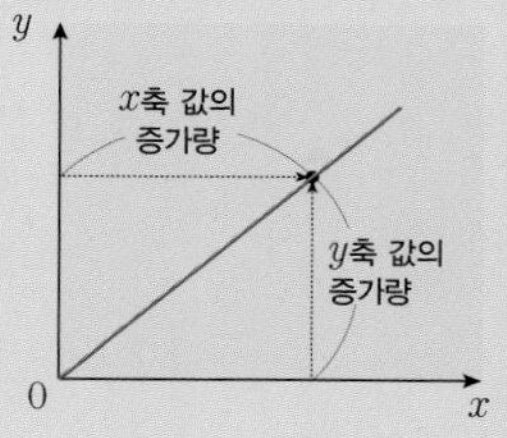


$$기울기 = \frac{y값의\ 증가량}{x값의\ 증가량}$$

정답 및 해설 10쪽

**개념확인 4** 다음 그래프들은 전류, 전압, 저항의 관계 그래프이다. 그래프에 있는 ㉠~㉣에 들어갈 알맞은 단어를 쓰시오.

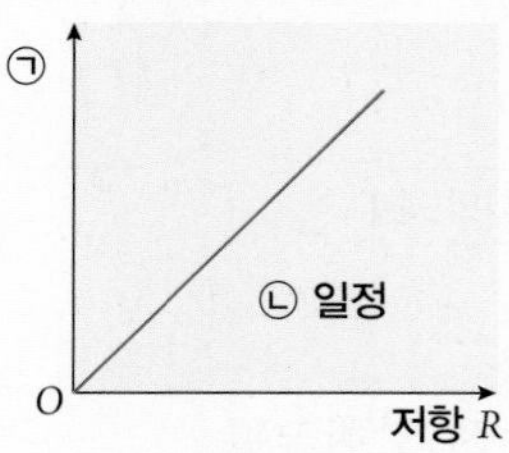


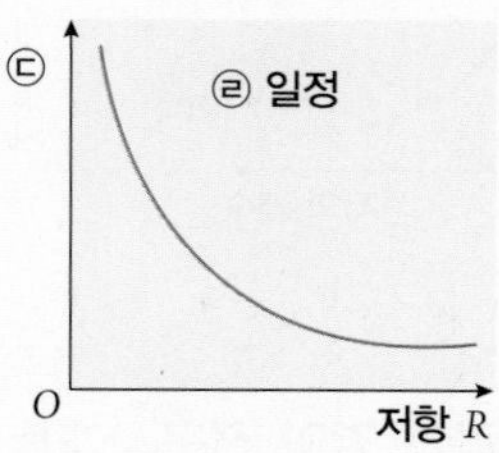


㉠(　　　　) ㉡(　　　　) ㉢(　　　　) ㉣(　　　　)

**확인+4** 오른쪽 그래프는 저항이 일정한 전기 회로의 전압-전류 그래프이다. 이 전기 회로의 저항값은?

① 5Ω　② 10Ω　③ 15Ω
④ 20Ω　⑤ 25Ω

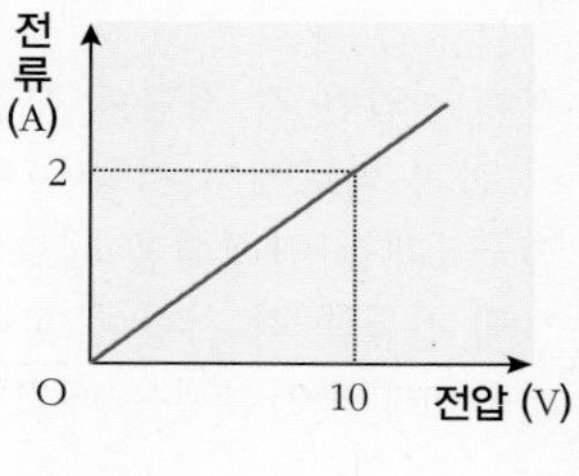


● 생각해보기★★★★

저항과 전압의 관계 그래프에서의 기울기는 어떤 값을 나타낼까?

**미니사전**

기울기 비탈길이나 빗면 등이 수평선 또는 수평면에 대해 기울어진 정도를 나타내는 값

# 개념 다지기

**01** 다음 그림은 1.5V 전지 4개를 여러 가지 방법으로 연결한 전기 회로도이다. 이 중 전체 전압이 가장 큰 것은?

①
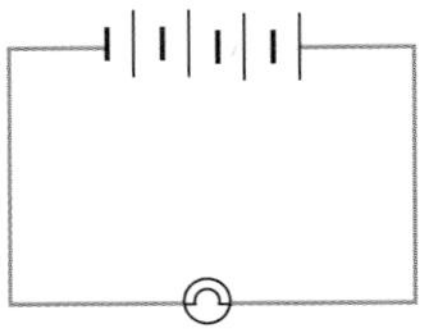

②
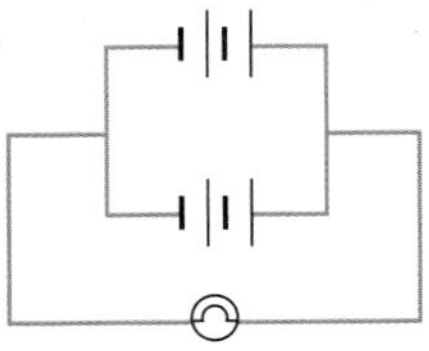

③
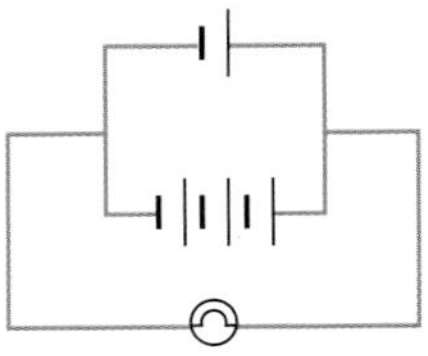

④
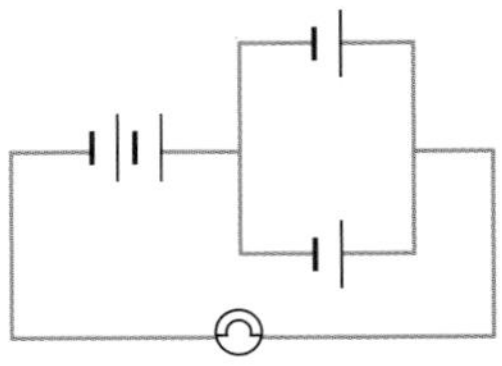

⑤
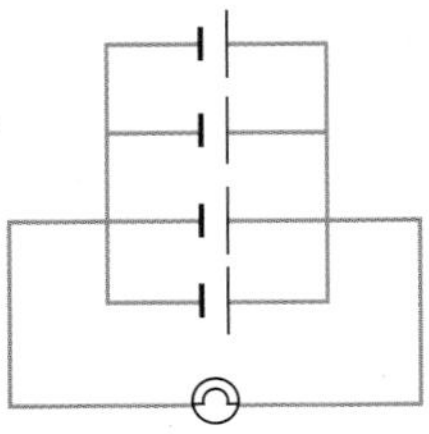

**02** 오른쪽 그림과 같은 전지 연결 방법으로 전지의 개수를 늘려가면서 전압을 측정하였다. 전지의 개수와 전압의 관계를 나타낸 그래프로 알맞은 것은?

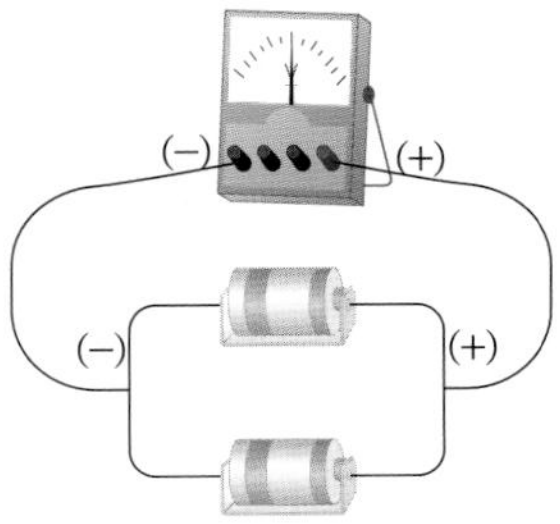


①
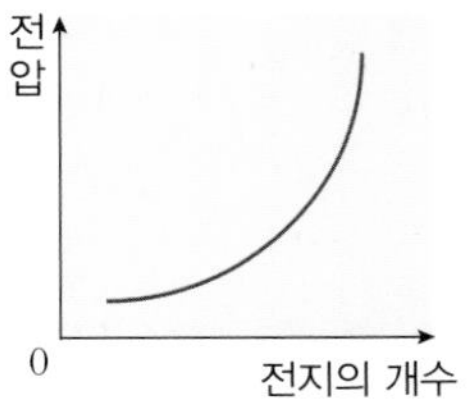


②
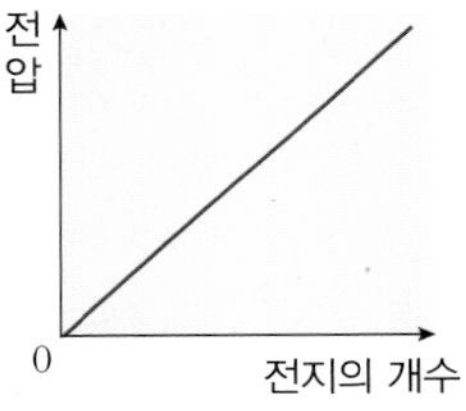


③
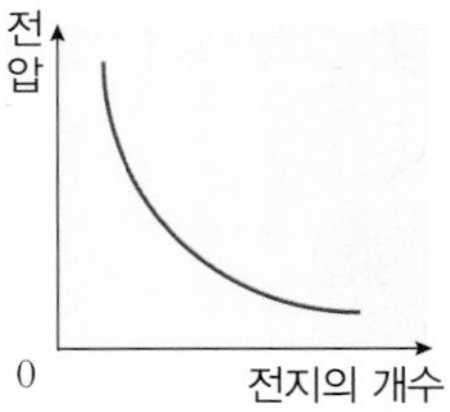


④
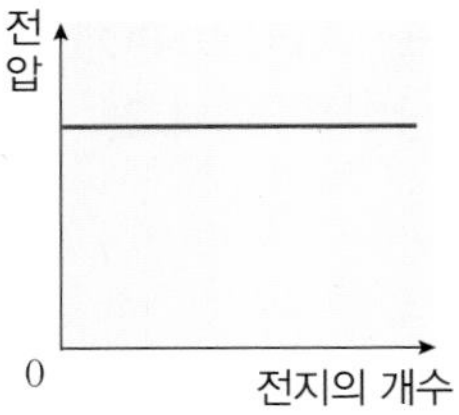


⑤
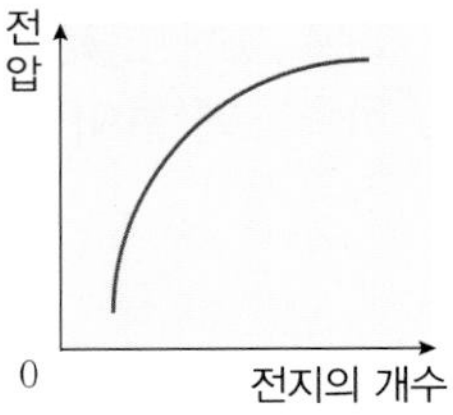


**03** 오른쪽 그림과 같이 전구 2개를 이용하여 전기 회로를 만들었다. 이 전기 회로에 대한 설명으로 옳지 <u>않은</u> 것은?

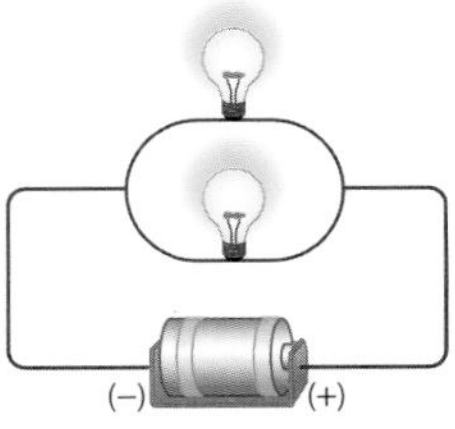


① 전체 전압은 각 저항에 걸리는 전압과 같다.
② 이 전기 회로에서 저항은 병렬 연결되어 있다.
③ 전구 1개를 연결했을 때보다 전체 저항이 작다.
④ 전체 전류는 각 저항에 흐르는 전류의 세기의 합과 같다.
⑤ 전구 1개를 연결했을 때보다 저항의 길이가 길어지는 효과가 있다.

정답 및 해설 11쪽

# 04

오른쪽 그림은 전구에 걸리는 전압과 전류의 세기 변화를 측정하기 위한 회로도이다. 이 회로에서 전지를 직렬로 추가하여 전구에 흐르는 전류의 세기와 전구에 걸리는 전압을 측정하여 그래프로 나타낸다면, 그 그래프로 가장 적절한 것은?

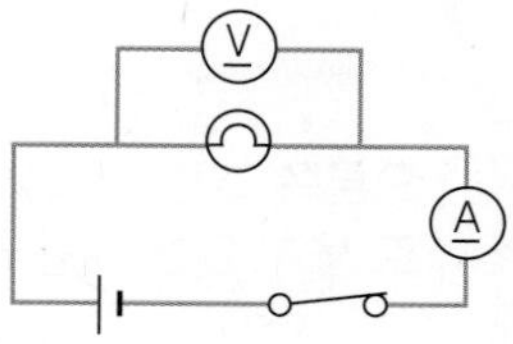


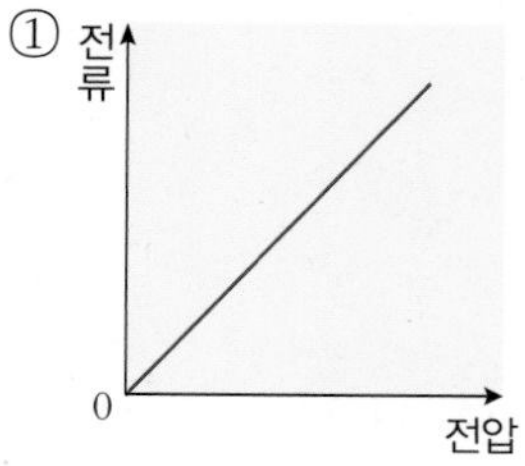


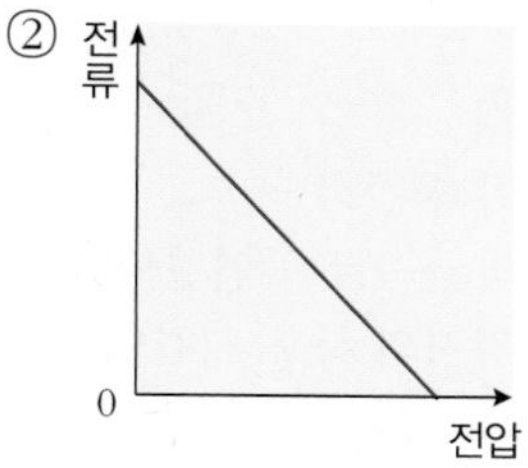


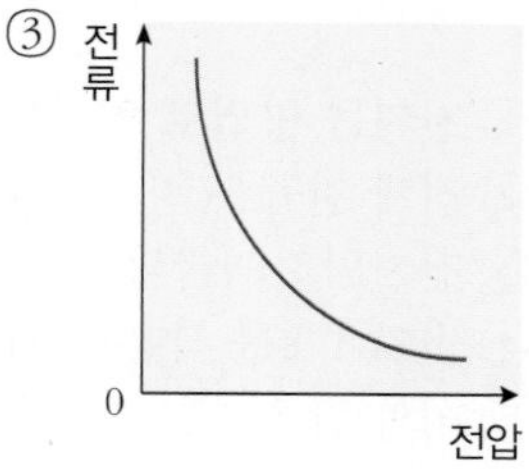


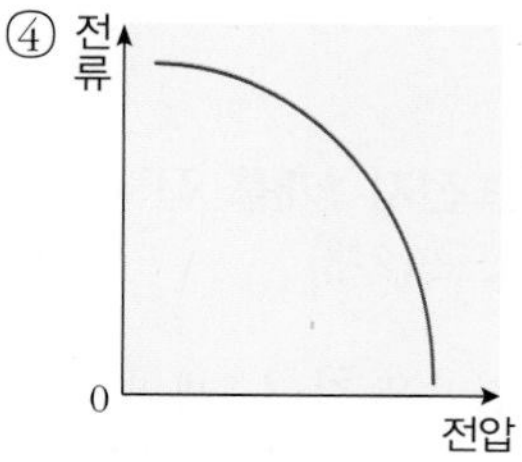


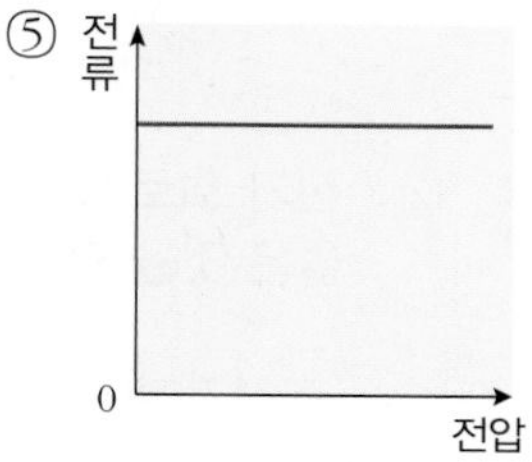


# 05

다음 그림과 같은 전기 회로에 흐르는 전류의 세기로 알맞은 것은?

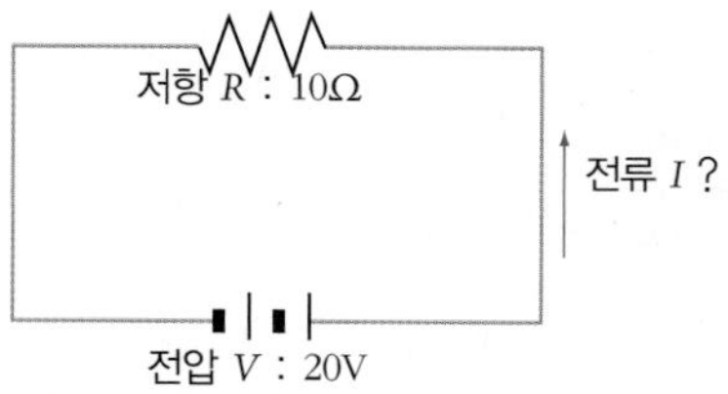


① 1A ② 2A ③ 3A ④ 4A ⑤ 5A

# 06

오른쪽 표는 저항값이 일정한 전기 회로에서 전지의 개수를 늘려가며 도선에 흐르는 전류와 도선에 걸리는 전압을 측정하여 나타낸 것이다. 이 전기 회로의 저항의 크기로 알맞은 것은?

| 전지의 개수(개) | 전압(V) | 전류(A) |
|---|---|---|
| 1 | 15 | 3 |
| 2 | 30 | 6 |
| 3 | 45 | 9 |

① 1Ω ② 2Ω ③ 3Ω ④ 4Ω ⑤ 5Ω

# 유형 익히기 & 하브루타

## [유형13-1] 전지의 연결

오른쪽 그림과 같이 전지를 연결하여 전기 회로를 만들었다. 이에 대한 설명으로 옳지 않은 것은?

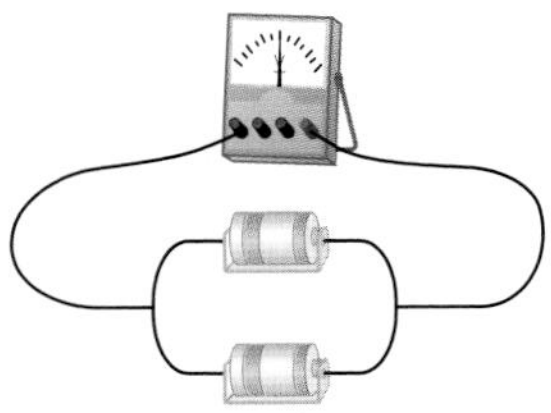

① 전지는 병렬로 연결되어 있다.
② 전체 전압은 전지 1개의 전압과 같다.
③ 전지의 (+)극과 다른 전지의 (−)극이 연결되었다.
④ 전지 1개를 사용할 때보다 전지의 사용 시간이 길어진다.
⑤ 이와 같은 전지 연결 방법으로 추가로 전지를 연결해도 전체 전압은 변함없다.

Tip!

**01** 전기 회로에서 똑같은 전지 2개를 직렬 연결했을 경우에 대한 설명으로 옳은 것을 모두 고르시오.(2개)

① 전기 회로의 전체 전압은 전지 1개의 전압과 같다.
② 전지 1개를 사용했을 때보다 높은 전압을 얻을 수 있다.
③ 전지 1개를 사용했을 때보다 전지의 사용 가능 시간이 길다.
④ 전지의 (+)극은 (+)극끼리, (−)극은 (−)극끼리 연결해야 한다.
⑤ 전체 전압은 전지 1개를 사용한 회로의 전체 전압보다 2배 크다.

**02** 다음 그림은 전지 여러 개를 다양한 방법으로 연결한 전기 회로도이다. 이 중 전지의 사용 가능 시간이 가장 길 것으로 예상되는 것은?

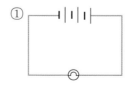

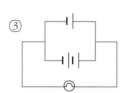

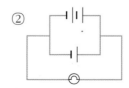

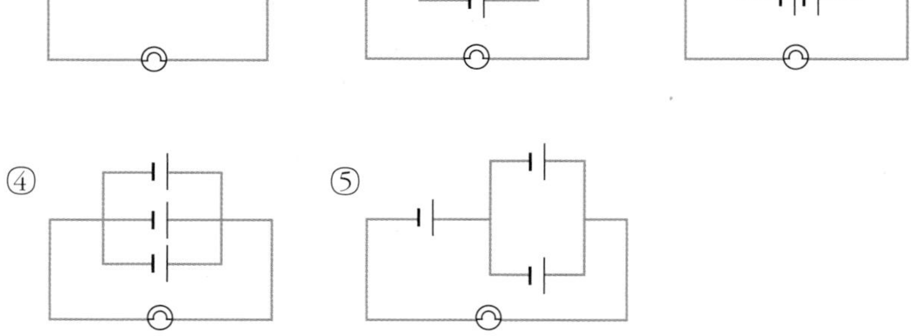

정답 및 해설 11쪽

## [유형13-2] 저항의 연결

**다음 그림과 같이 전구 2개를 이용하여 전기 회로를 만들었다. 이 전기 회로에 대한 설명으로 옳은 것은?**

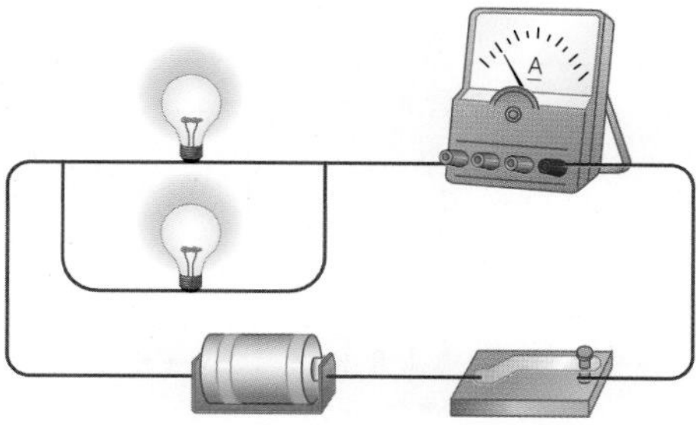

① 저항체인 전구를 직렬로 연결한 회로이다.
② 이 회로의 전체 저항은 각 저항의 합과 같다.
③ 전구를 1개만 이용했을 때보다 전체 저항이 커진다.
④ 이와 같은 전구 연결 방법으로 가정에서 전기 기구를 연결한다.
⑤ 이와 같은 전구 연결 방법으로 전구의 수를 늘려가면 전체 저항은 더 커질 것이다.

## 03

**저항의 병렬 연결에 대한 설명으로 옳은 것을 모두 고르시오.(2개)**

① 전체 저항이 커진다.
② 전체 저항이 작아진다.
③ 저항의 길이가 길어지는 효과가 있다.
④ 저항의 굵기가 굵어지는 효과가 있다.
⑤ 전체 전압은 각 저항에 걸리는 전압의 합과 같다.

Tip!

## 04

**다음 중 전체 저항의 크기가 가장 큰 것을 고르면?**

①
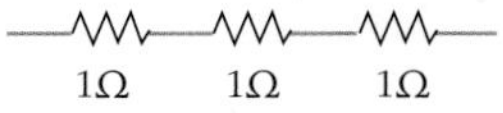


②
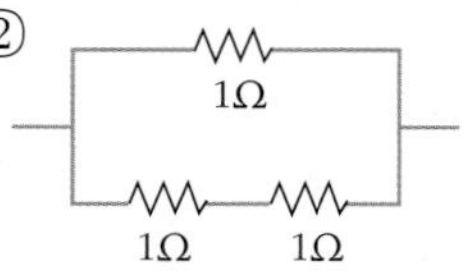


③
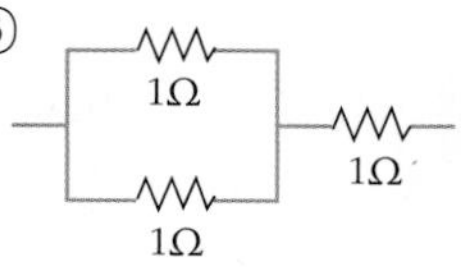


④
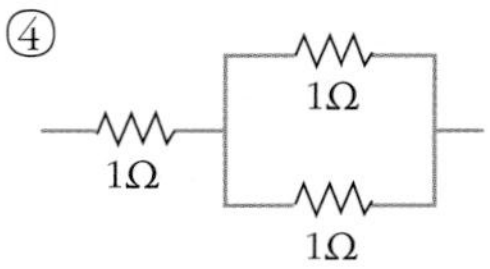


⑤
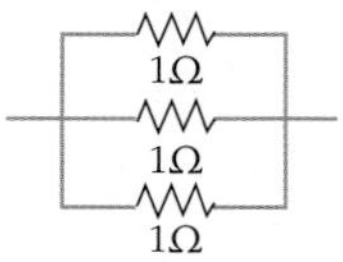

## [유형13-3] 옴의 법칙 1

다음 그림과 같은 전기 회로도에서 도선에 흐르는 전류가 2A 이고, 저항이 5Ω 이라면 전압의 크기는?

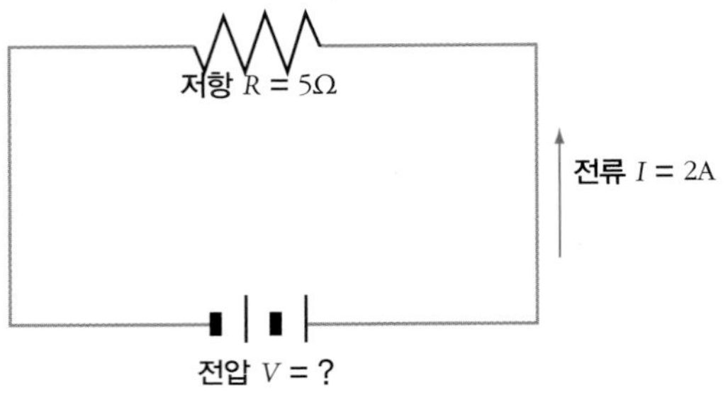


① 5V ② 10V ③ 15V ④ 20V ⑤ 25V

**Tip!**

**05** 다음 그림과 같이 저항값이 10Ω인 저항과 전압이 20V 인 전원이 연결된 회로가 있다. 이 회로에 흐르는 전체 전류의 세기는?

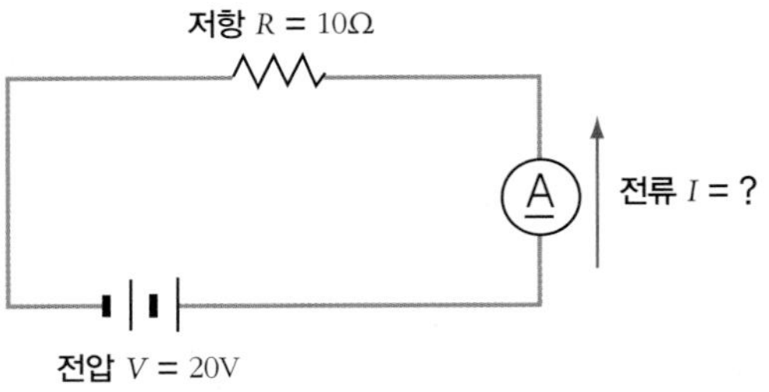


① 1A ② 2A ③ 3A ④ 4A ⑤ 5A

**06** 다음 중 옴의 법칙에 대한 설명으로 옳지 않은 것은?

① 전류가 일정할 때, 저항은 저항체에 걸리는 전압에 비례한다.
② 전압은 저항체에 흐르는 전류의 세기와 저항의 곱으로 구한다.
③ 저항은 저항체에 흐르는 전류와 저항체에 걸리는 전압의 곱으로 구한다.
④ 전압이 일정할 때, 저항체에 흐르는 전류의 세기는 저항에 반비례한다.
⑤ 저항이 일정할 때, 저항체에 흐르는 전류의 세기는 저항체에 걸리는 전압에 비례한다.

## [유형13-4] 옴의 법칙 2

다음 그래프는 일정한 전류가 흐르는 전기 회로의 저항과 전압을 측정하여 나타낸 것이다. 이 전기 회로에 흐르는 전류의 세기는?

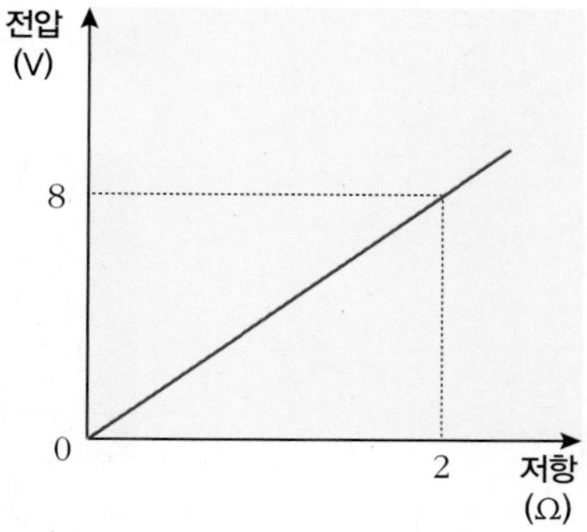


① 2A ② 4A ③ 6A
④ 8A ⑤ 10A

**07** 전압이 일정하게 걸리는 전기 회로에서 저항과 전류를 측정하여 그래프로 나타낼 때, 이 그래프의 모양으로 적절한 것은?

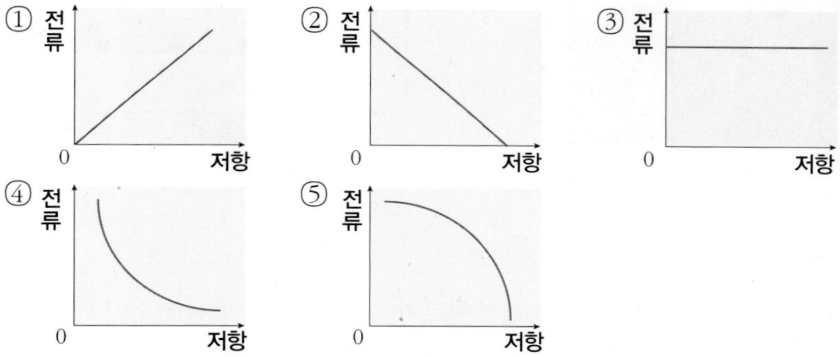


**08** 오른쪽 그래프는 일정한 전류가 흐르는 전기 회로 A와 B의 저항과 전압을 측정하여 나타낸 것이다. 이에 대한 설명으로 옳지 <u>않은</u> 것은?

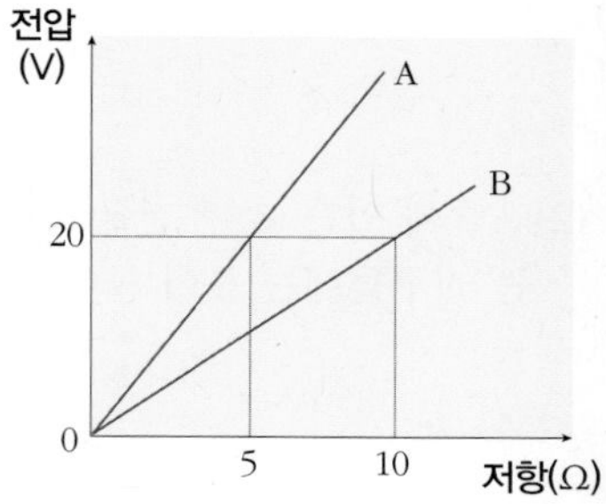


① 전기 회로 A에 흐르는 전류의 세기는 4A이다.
② 전기 회로 B에 흐르는 전류의 세기는 2A이다.
③ 이 그래프의 기울기는 전류의 세기를 나타낸다.
④ 그래프 B의 기울기가 더 작은 것으로 보아 전류의 세기는 B가 더 크다.
⑤ 이 그래프를 통해 전류가 일정할 때, 전압은 저항에 비례한다는 사실을 알 수 있다.

Tip!

# 창의력 & 토론마당

**01** 매년 12월이 되면 거리 뿐만 아니라 실내에서도 크리스마스 트리에 불을 밝히곤 한다. 크리스마스 트리에는 적게는 수십 개에서 많게는 수십만 개의 전구가 사용되는데 이 전구들은 전선에 연결되어 크리스마스 트리에 장식된다. 이 전구들을 연결할 때는 아래의 그림과 같이 병렬 연결과 직렬 연결을 혼합해서 사용한다.

▲ 크리스마스 트리

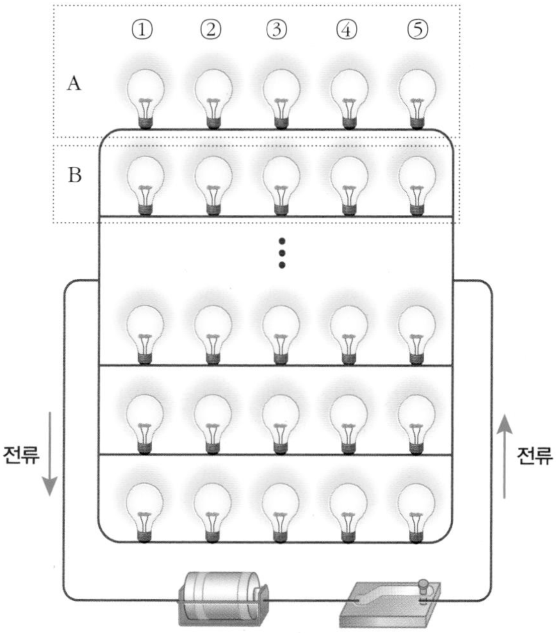


▲ 크리스마스 트리 회로도

(1) A줄에 있는 ③번 전구의 필라멘트가 끊어져서 불이 들어오지 않는다면 A줄에 있는 다른 전구들에는 불이 들어올 지 설명하시오.

(2) A줄에 있는 ③번 전구의 필라멘트가 끊어져서 불이 들어오지 않는다면 B줄에 있는 전구들에는 불이 들어올 지 설명하시오.

정답 및 해설 12쪽

**02** 전기 회로 (가)를 변형하여 전기 회로 (나)를 만들어 전기 회로 (가)와 (나)의 전구 밝기를 비교하는 실험을 하였다.

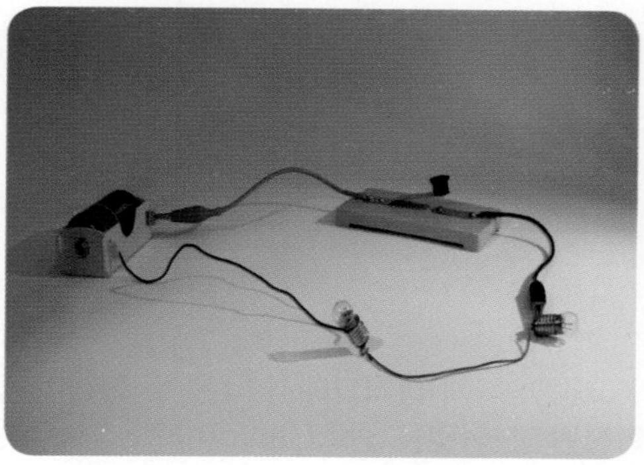
(가)

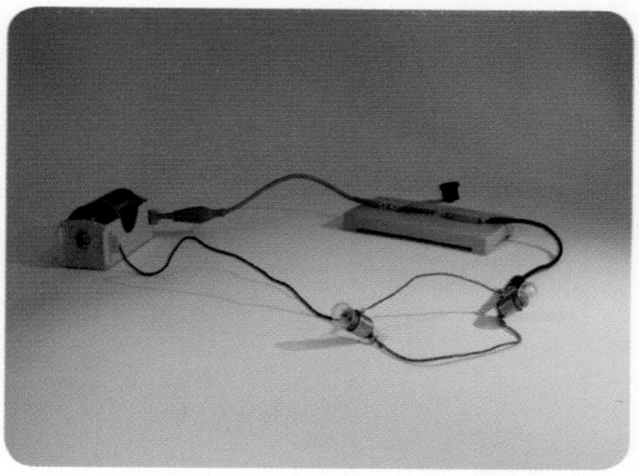
(나)

전기 회로 (가)와 (나) 중 어느 회로에 있는 전구가 더 밝을 것으로 예상되는지 선택하고, 선택한 이유를 쓰시오.

**03** 가정에서 사용하는 전자 레인지는 아래 그림과 같이 전류가 플러그의 한 전선으로 나와서 가열 부분을 지나 플러그의 다른 전선으로 들어가는 원리로 작동하게 된다.

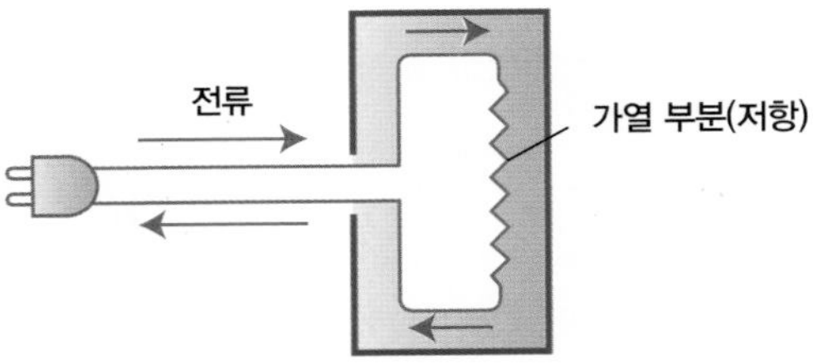


만약 이 전자 레인지가 고장이 나서 플러그에서 나온 두 전선이 접촉하게 되면 아래 그림과 같이 회로가 합선된다. 이것을 단락(short)이라고 부른다. 단락이 발생하게 되면 급격히 큰 전류가 흐르게 되고 이로 인해 차단기가 내려가서 집 전체가 어둠에 휩싸이게 된다.

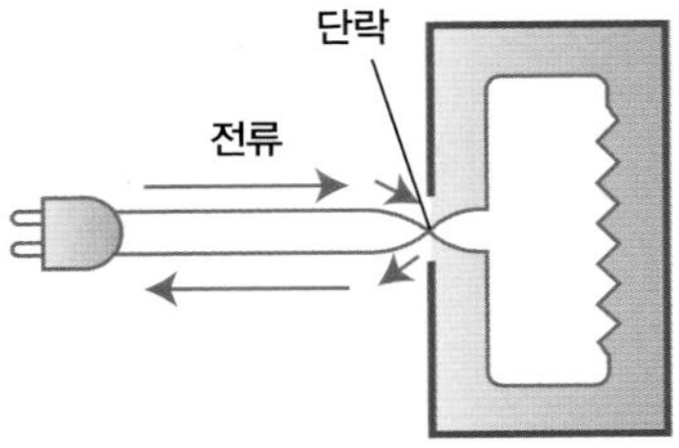


단락이 발생했을 경우 차단기가 내려가는 이유를 설명하시오.

정답 및 해설 13쪽

## 04

다음 그림과 같이 저항이 병렬 연결된 전기 회로에서 전류는 저항값이 작은 쪽으로 많이 흐르게 된다. (화살표의 두께는 전류의 상대적인 세기를 나타낸다.)

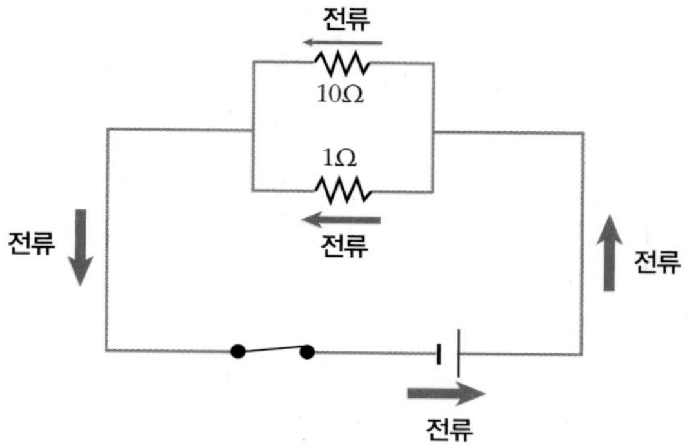


1번 버튼을 누르면 저항값이 5Ω이 되고, 2번 버튼을 누르면 저항값이 1Ω이 되는 동일한 선풍기 (가)와 (나)가 있다. 선풍기 (가)와 (나)를 다음 그림과 같이 병렬로 설치하고, 선풍기 (가)는 1번 버튼을 눌러 놓았고, 선풍기 (나)는 2번 버튼을 눌러 놓았다. 선풍기 (가)와 (나) 중 어떤 것이 더 시원할까? 그리고 그렇게 생각하는 이유는 무엇인가?

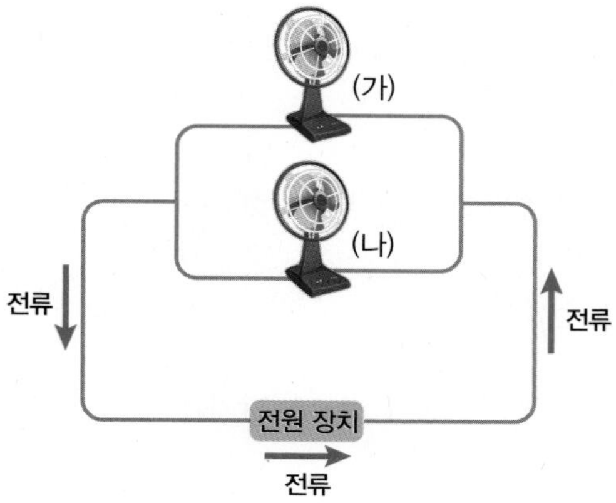

# 스스로 실력 높이기

**01** **다음의 전지 연결에 대한 설명 중 전지의 직렬 연결에 대한 설명에는 '직', 병렬 연결에 대한 설명에는 '병'이라고 쓰시오.**

(1) 전지를 많이 연결할수록 높은 전압을 얻을 수 있다. ( )

(2) 전체 전압은 전지 1개의 전압과 같다. ( )

(3) 전지를 많이 연결할수록 전지를 오랫동안 사용할 수 있다. ( )

(4) 전체 전압은 각 전지의 전압의 합과 같다. ( )

**02** **다음 그림은 2개의 전지를 연결하여 만든 전기 회로이다. 이에 대한 설명으로 옳은 것은 O표, 옳지 않은 것은 X표 하시오.**

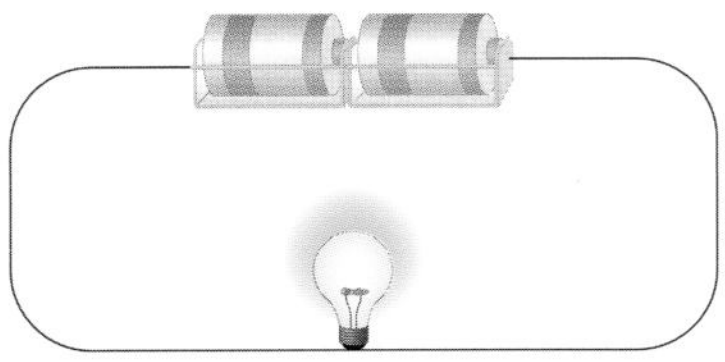

(1) 전지는 직렬로 연결되었다. ( )

(2) 이 회로의 전체 전압은 전지 1개의 전압과 같다. ( )

(3) 전지 한 개를 사용할 때보다 오랫동안 사용할 수 있다. ( )

(4) 전지 1개를 사용하는 것보다 전구의 밝기가 더 밝다. ( )

**03** **다음 설명 중 저항의 직렬 연결에 대한 설명에는 '직', 병렬 연결에 대한 설명에는 '병'이라고 쓰시오.**

(1) 연결된 저항의 개수가 늘어날수록 저항의 길이가 길어지는 효과가 있다. ( )

(2) 연결된 저항의 개수가 늘어날수록 전체 저항이 커진다. ( )

(3) 전체 전압은 각 저항에 걸리는 전압과 같다. ( )

(4) 연결된 저항의 개수가 늘어날수록 저항의 굵기가 굵어지는 효과가 있다. ( )

**04** **다음 그림은 전구 2개를 이용하여 만든 전기 회로이다. 이에 대한 설명으로 옳은 것은 O표, 옳지 않은 것은 X표 하시오.**

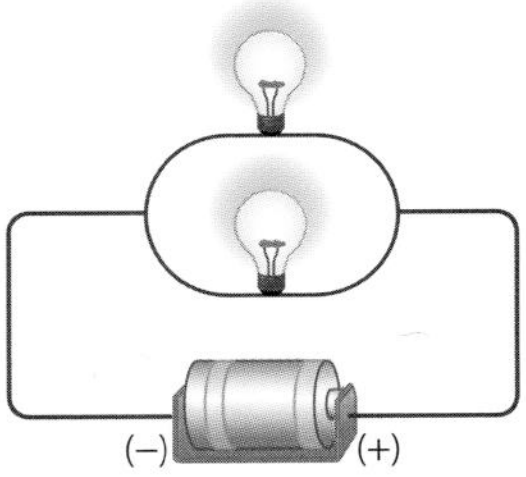


(1) 저항을 병렬 연결한 회로이다. ( )

(2) 이와 같은 연결 방법으로 전구 3개를 사용하면 전체 저항은 더 커질 것이다. ( )

(3) 전구 1개를 사용했을 때보다 저항의 굵기가 굵어지는 효과가 있다. ( )

(4) 전구 1개를 사용했을 때보다 전체 저항이 크다. ( )

**05** **다음 그림은 똑같은 저항 2개와 전지 1개를 이용하여 2가지 방법으로 연결한 전기 회로도이다. (가)와 (나) 중 전체 저항이 더 큰 회로는 어느 것인가?**

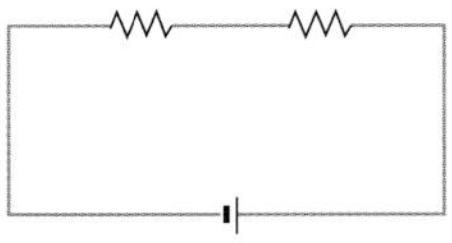

(가)

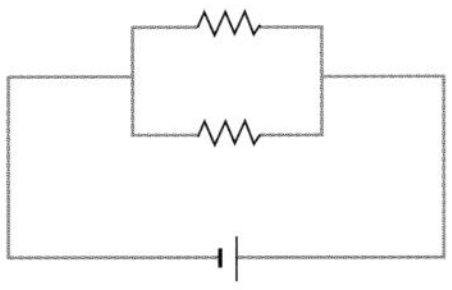

(나)

( )

**06** **옴의 법칙에 대한 설명으로 옳은 것은 O표, 옳지 않은 것은 X표 하시오.**

(1) 전압이 일정할 때, 도선에 흐르는 전류의 세기는 저항에 비례한다. ( )

(2) 전류가 일정할 때, 저항에 걸리는 전압은 저항값에 비례한다. ( )

(3) 저항이 일정할 때, 저항에 흐르는 전류의 세기는 저항에 걸리는 전압에 반비례한다. ( )

**[07~08] 다음은 니크롬선에 걸리는 전압이 8 V이고, 전류의 세기가 4 A인 전기 회로도이다.**

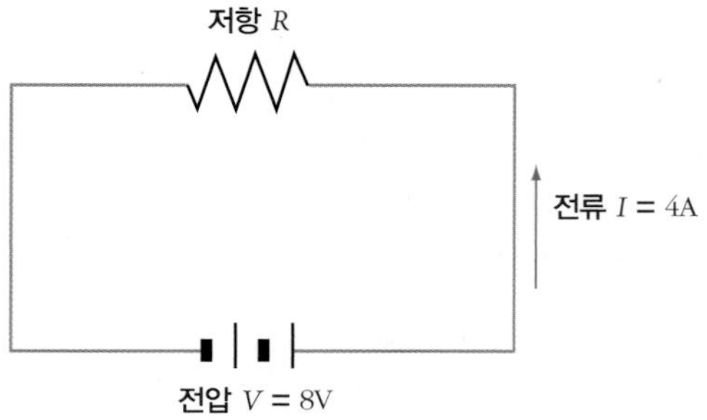


**07** 니크롬선의 저항은?

( )Ω

**08** 전기 회로에서 니크롬선의 저항이 2배가 된다면 전류의 세기는 얼마가 되겠는가?

( )A

**09** 다음 ㉠, ㉡에 들어갈 알맞은 단어를 〈보기〉에서 골라 각각 쓰시오.

〈 보기 〉

전류　　전압　　저항

니크롬선의 양쪽 끝에 전압을 걸었을 때, 니크롬선을 흐르는 전류의 세기는 ㉠( )에 비례하고, ㉡( )에 반비례한다.

**10** 다음 그래프는 어떤 니크롬선에 걸리는 전압과 흐르는 전류의 세기를 나타낸 것이다. 이 니크롬선의 저항은 몇 Ω인가?

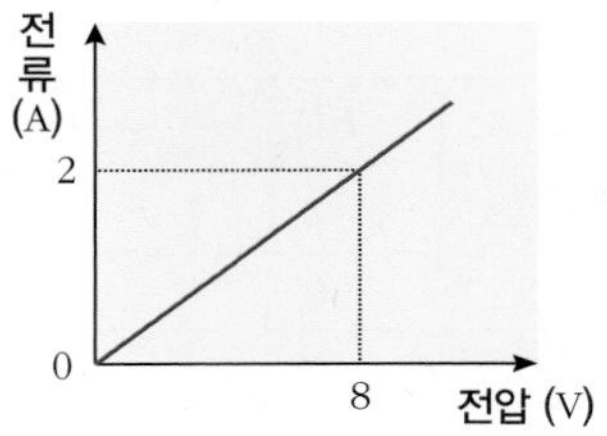


( )Ω

**11** 다음 〈보기〉는 1.5 V 전지 4 개를 여러 가지 방법으로 연결한 전기 회로도를 나타낸 것이다. 이 중에서 전체 전압이 가장 큰 것과 가장 작은 것을 바르게 짝지은 것은?

〈 보기 〉

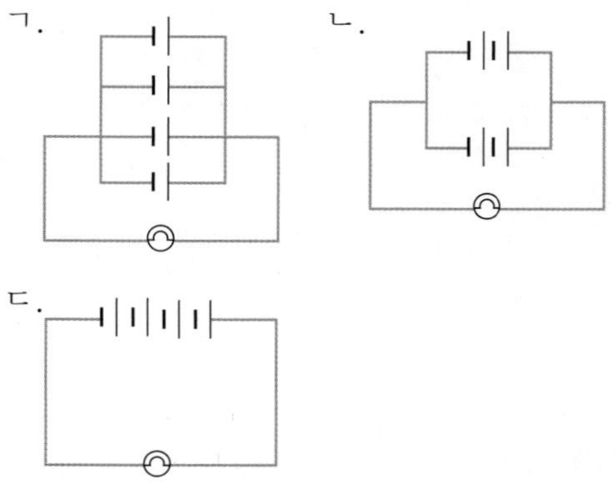


| | 전체 전압이 가장 작은 회로 | 전체 전압이 가장 큰 회로 |
|---|---|---|
| ① | ㄷ | ㄱ |
| ② | ㄴ | ㄱ |
| ③ | ㄷ | ㄴ |
| ④ | ㄱ | ㄴ |
| ⑤ | ㄱ | ㄷ |

**12** 다음 그림과 같이 똑같은 전지를 연결하여 전기 회로를 만들었다. 이에 대한 설명으로 옳지 않은 것은?

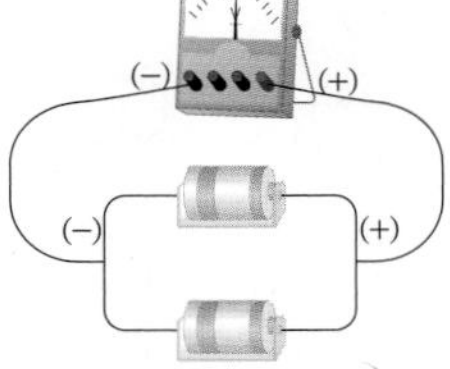


① 2개의 전지는 병렬로 연결되었다.
② 전체 전압은 전지 1개의 전압과 같다.
③ 두 전지의 (+)극은 (+)극끼리 연결되어 있다.
④ 전지 1개를 사용할 때와 전지의 사용 가능 시간은 같다.
⑤ 이와 같은 전지 연결 방법으로 전지의 개수를 늘린다 해도 더 높은 전압을 얻을 수 없다.

# 스스로 실력 높이기

**13** 오른쪽 그림은 전구 2개를 전지에 연결한 전기 회로도이다. 이에 대한 설명으로 옳은 것을 모두 고르면?(2개)

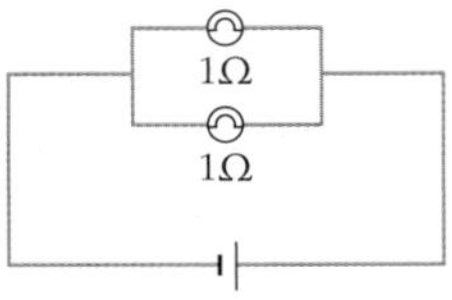


① 전체 저항은 1Ω보다 크다.
② 전구가 직렬 연결된 회로이다.
③ 전체 전압은 각 전구에 걸리는 전압과 같다.
④ 전체 전류는 각 전구에 흐르는 전류의 세기와 같다.
⑤ 가정에서 사용하는 전기 기구도 이 회로에서 전구가 연결된 방식으로 연결한다.

**14** 다음 그림과 같은 전기 회로도에서 도선에 흐르는 전류가 5A이고, 저항이 5Ω이라면 저항에 걸리는 전압은 얼마인가?

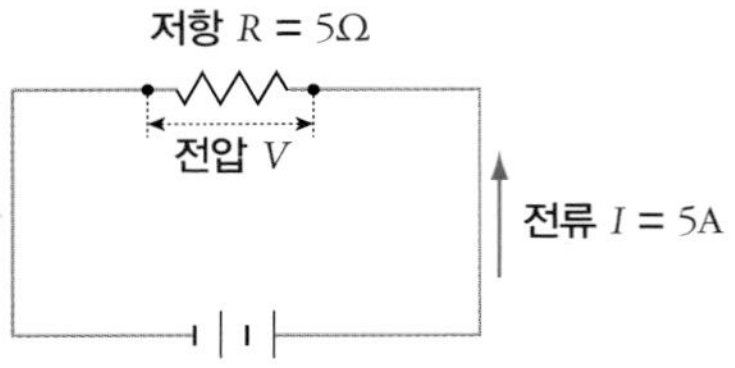


① 1 V ② 5 V ③ 10 V
④ 20 V ⑤ 25 V

**15** 다음 그림과 같이 저항값이 2Ω인 저항과 2V인 전지 2개가 연결된 회로가 있다. 이 회로에 대한 설명으로 옳지 않은 것은?

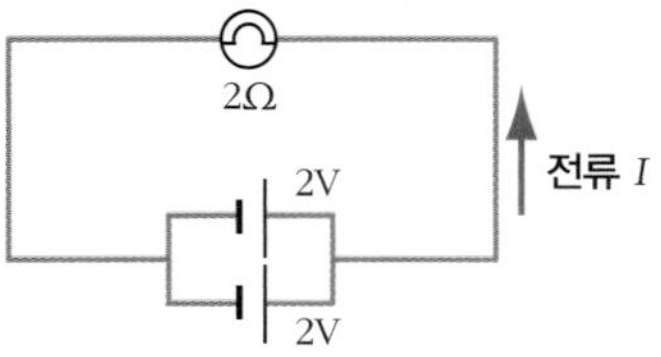


① 전체 전압은 2V이다.
② 전체 전류는 2A이다.
③ 전구의 밝기는 전지 1개를 사용할 때와 같다.
④ 전지를 하나 제거해도 전체 전류는 변하지 않는다.
⑤ 전지의 사용 가능 시간은 전지 1개를 사용하는 것보다 길다.

**16** 다음 그래프는 두 니크롬선 A, B에 흐르는 전류의 세기와 걸리는 전압을 나타낸 것이다. 이 그래프에 대한 설명으로 옳은 것을 모두 고르시오.(2개)

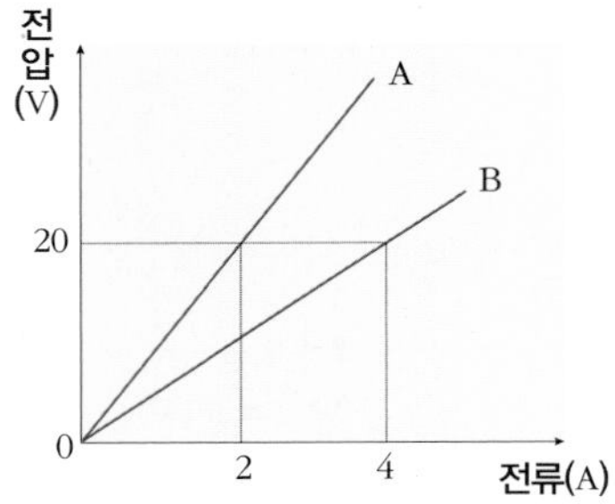


① A의 저항은 10 Ω이다.
② B의 저항은 20 Ω이다.
③ A와 B의 굵기가 같다면, A가 B보다 짧다.
④ A와 B의 길이가 같다면, A가 B보다 굵다.
⑤ 그래프의 기울기는 니크롬선의 저항을 나타낸다.

**17** 다음 그래프는 일정한 전류가 흐르는 전기 회로의 저항과 전압을 나타낸 것이다. 이 전기 회로에 흐르는 전류의 세기는?

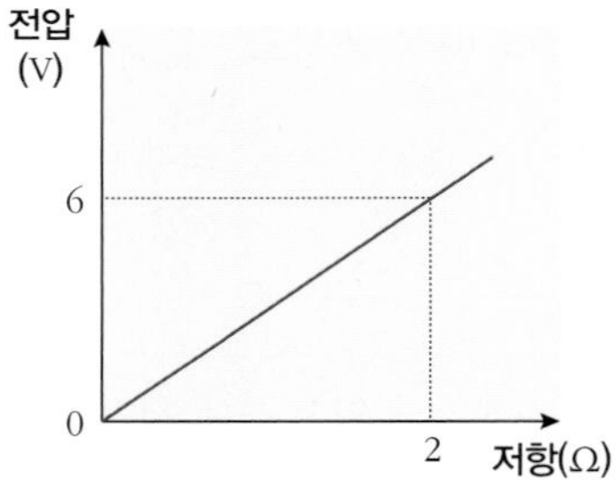


① 1 A ② 3 A ③ 6 A
④ 9 A ⑤ 12 A

**18** 다음 표는 전기 회로 (가), (나), (다)의 전류, 전압, 저항을 나타낸 것이다. ㉠~㉢에 들어갈 알맞은 값을 쓰시오.

| | (가) | (나) | (다) |
|---|---|---|---|
| 전류(A) | 2 | 4 | ㉢ |
| 전압(V) | 6 | ㉡ | 8 |
| 저항(Ω) | ㉠ | 2 | 4 |

㉠ (  ) ㉡ (  ) ㉢ (  )

정답 및 해설 13쪽

**[19~20]** 다음 그래프는 니크롬선 A, B, C에 흐르는 전류의 세기와 걸리는 전압을 나타낸 것이다.

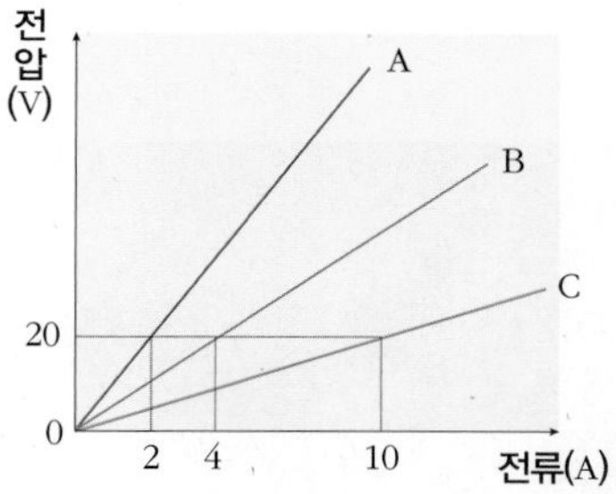


**19** 니크롬선 A, B, C의 저항은 각각 몇 Ω인가?

(1) 니크롬선 A의 저항 (　　　　)Ω

(2) 니크롬선 B의 저항 (　　　　)Ω

(3) 니크롬선 C의 저항 (　　　　)Ω

**20** 그래프에 대한 설명으로 옳지 않은 것은?

① 그래프의 기울기는 저항을 나타낸다.
② 니크롬선 A ~ C 중에서 니크롬선 A의 저항이 가장 크다.
③ 니크롬선 A ~ C에 같은 전압을 걸어 주면 C에 가장 큰 전류가 흐른다.
④ 니크롬선 A ~ C의 굵기가 같다면, 길이는 니크롬선 A가 가장 짧다.
⑤ 니크롬선 A ~ C의 길이가 같다면, 굵기는 니크롬선 C가 가장 굵다.

## 창의력 서술

**21** (가) 전기 회로와 (나) 전기 회로를 비교했을 때, 어느 회로에 있는 전구를 더 오래 켤 수 있을지 자신의 생각을 서술하시오.

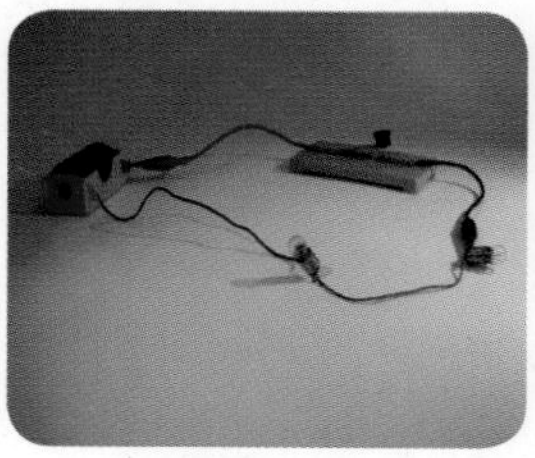
(가)

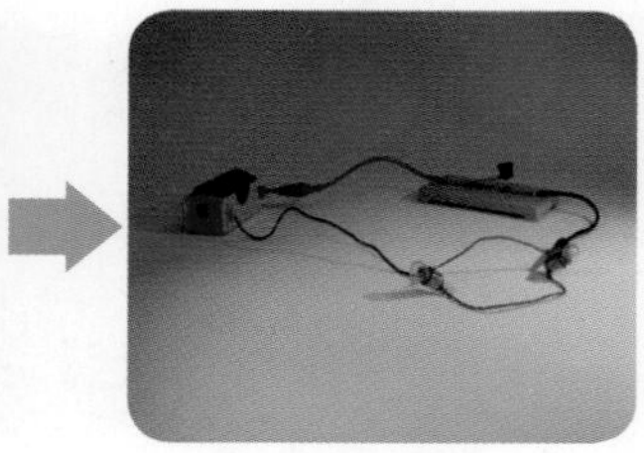
(나)

**22** 가정에서는 전압을 220V로 유지시킨 상태에서 각종 전기 제품을 병렬로 연결하여 사용한다. 이때 전기 제품을 많이 연결할 때와 적게 연결할 때 중 어느 경우가 집안 전체 회로에 전류가 많이 흐를까? 이유와 함께 서술하시오.

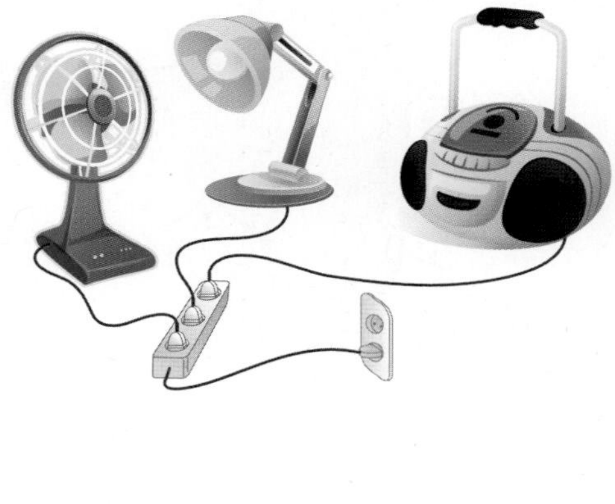

# 14강. Project - 논/구술

# 정전기 차폐

▲ 방전(번개)

▲ 고무 바퀴를 타고 흐르는 번개

자동차에 번개가 치면 그 안에 있는 사람은 어떻게 될까? 결론적으로 안전하다. 이것은 차 위로 쏟아져 들어온 전자들이 서로 반발하여 금속의 바깥쪽 표면으로 퍼져 나가다가 결국 스파크가 일어나면서 차체로부터 땅속으로 방전되기 때문이다. 어떤 순간이라도 차 표면에 있는 전자들의 분포는 차 내부의 전기장을 0으로 만들도록 한다. 이것은 모든 도체에서 일어나는 일이다.

도체 표면의 전하가 평형을 이루어 움직이지 않으면 도체 내부의 전기장은 정확히 0이다. 정전기를 띠고 있는 도체 안에 전기장이 없는 것은 전기장이 금속을 뚫고 들어가지 못하기 때문은 아니다. 이것은 도체 안의 자유전자들이 내부의 전기장이 0일 때만 움직임을 멈추고 '정착'할 수 있기 때문이다.
※ 전기장 : 전기력이 작용하는 공간

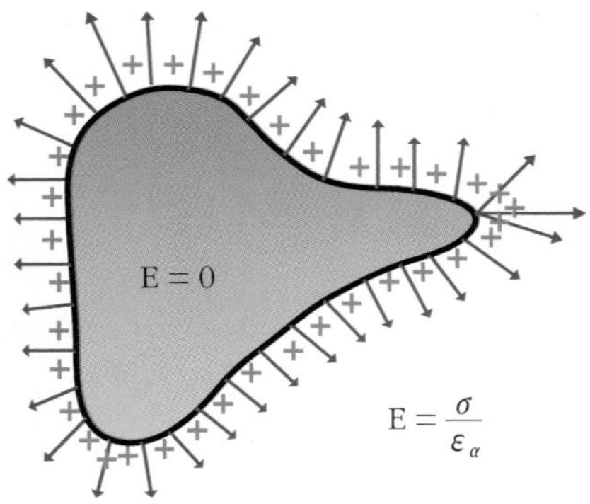


## Q1 번개가 치는 날 자동차 안에 있는 사람은 어떻게 될지 이유와 함께 적어 보시오.

정답 및 해설 15쪽

간단한 예로 대전된 금속구를 생각해 보자. 전자들끼리는 서로 미는 힘을 작용하기 때문에 가능한 한 서로 멀리 떨어지게 된다. 그래서 전자들은 구 표면에 균일하게 분포한다. 따라서 시험 양전하를 도체 구 내부에 놓으면 아무런 힘도 받지 못할 다.

예를 들면 구의 왼쪽 부분에 있는 전자들이 시험 전하를 왼쪽으로 당기지만 구의 오른쪽 부분에 있는 전자들은 시험 전하를 같은 크기의 힘으로 오른쪽으로 당긴다. 따라서 시험 전하에 미치는 알짜 힘은 0이 되므로 도체 구 내부의 전기장도 역시 0이 된다.

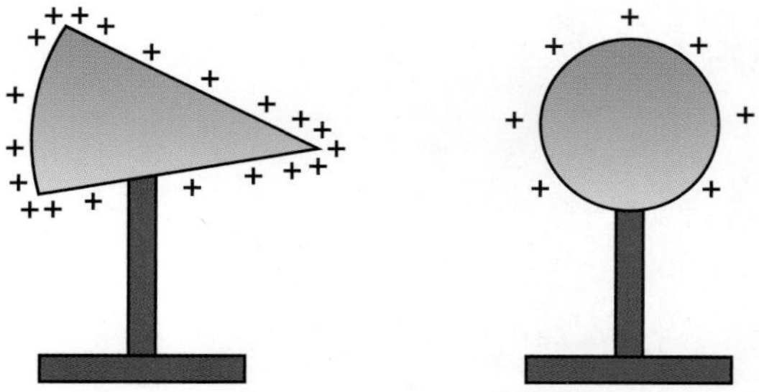

◀ **도체가 대전되었을 때, 도체의** 뾰족한 표면에 전하가 더 많이 분포한다.

도체가 구 모양이 아니라면, 전하 분포는 균일하지 않을 것이다. 예를 들어 정육면체라면 전하의 대부분은 모서리에 몰린다. 놀라운 것은 면과 모서리의 전자 분포는 정육면체 안의 어디서나 전기장이 0이 되도록 이루어진다는 것이다. 다음과 같이 생각해 보자. 만일 도체 내부에 전기장이 있다면 도체 내부의 자유 전자들은 움직이기 시작할 것이다.

얼마나 움직일까? 평형이 될 때까지, 즉 모든 전자들의 위치가 도체 내부의 전기장을 0으로 만들 때까지 움직일 것이다.

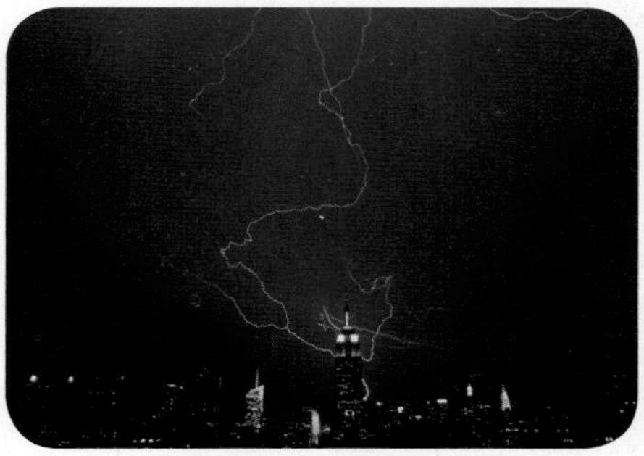

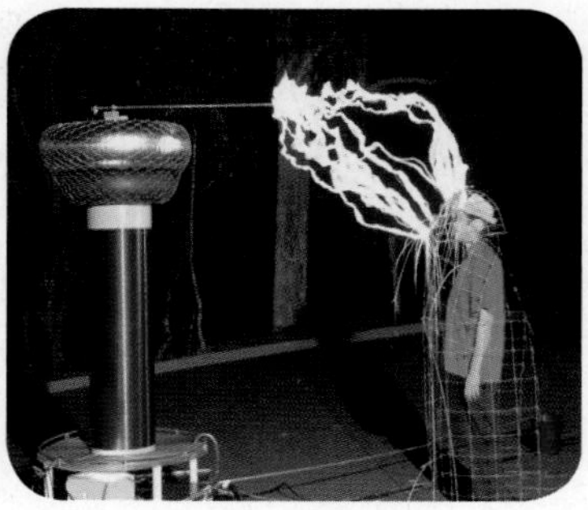

## Q2 도체의 표면에만 전하가 분포하는 이유는 무엇일까?

# Project - 탐구

## 탐구. 전류와 전압과의 관계

| |
|---|
| 준비물 전원 장치, 전류계, 전압계, 연결 도선, 전구 다수 |

### 탐구 방법

① 저항값을 모르는 임의의 전구 1개를 전원 장치에 연결하고 전압계와 전류계로 전구에 걸리는 전압과 전류를 측정한다.

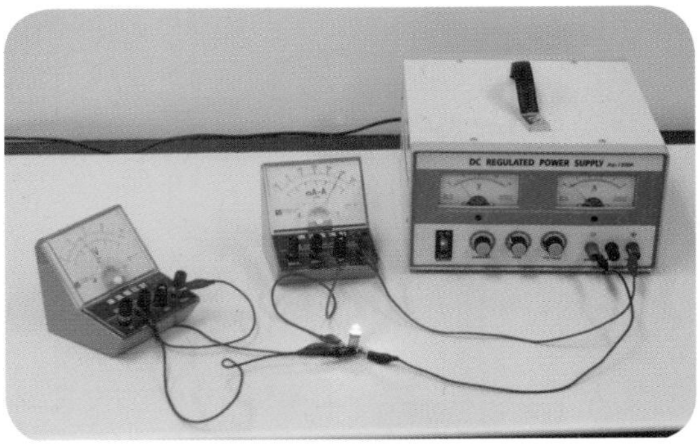


② 전원 장치에서 전압을 바꿔가며 전압계와 전류계의 눈금을 읽어 (표 A)에 기록하고, 전압-전류 그래프 A를 그린다.

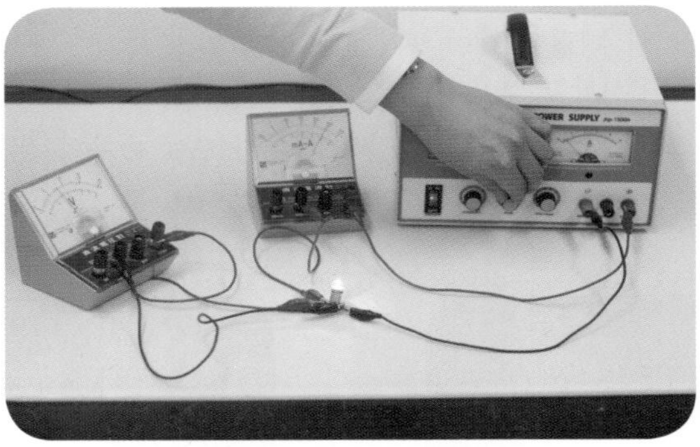

③ 전원 장치의 전압을 일정하게 유지시킨 후 전구를 2개, 3개, 4개, 5개를 직렬 연결하며 전구 전체를 통과하는 전류를 (표 B)에 기록하고, 전류-저항 그래프 B를 그린다.

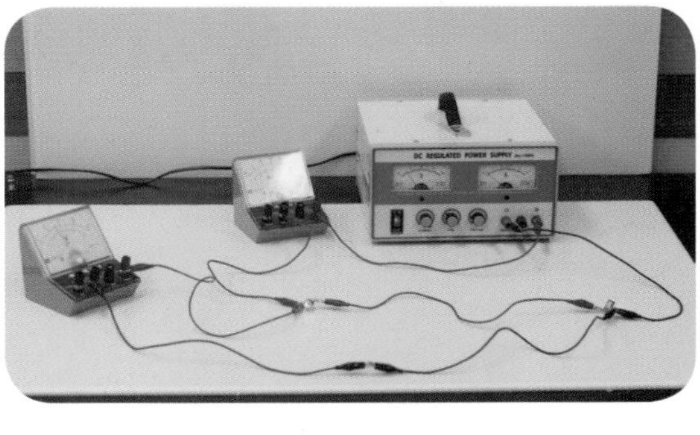

정답 및 해설 15쪽

## 탐구 결과

(표 A)

| | | | | | |
|---|---|---|---|---|---|
| 전압(V) | | | | | |
| 전류(A) | | | | | |

(표 B)

| | | | | | |
|---|---|---|---|---|---|
| 전압(V) | | | | | |
| 전류(A) | | | | | |
| 전구의 수 | | | | | |

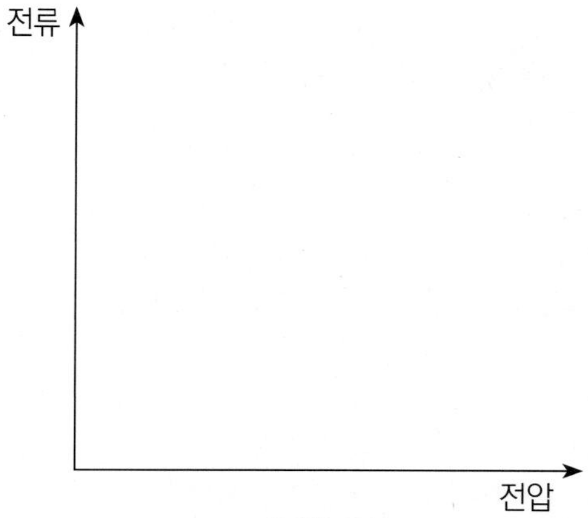

〈그래프 A〉

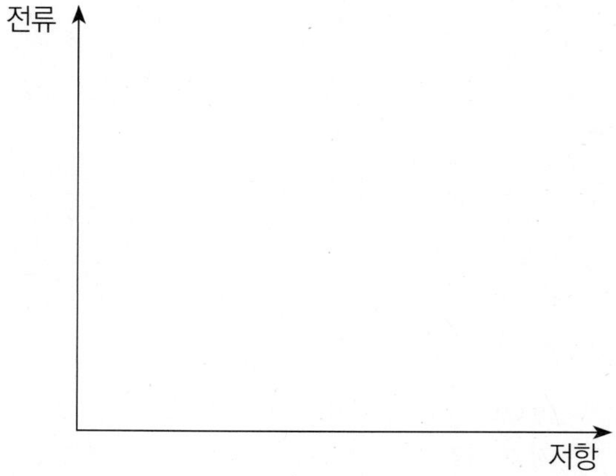

〈그래프 B〉

## 탐구 문제

1. 〈그래프 A〉에서 일정하게 유지되는 것은 무엇일까?

2. 〈그래프 B〉에서 일정하게 유지되는 것은 무엇일까?

3. 〈그래프 A〉와 〈그래프 B〉를 참고하여 전류와 전압, 저항과의 관계를 설명하는 식을 만들어 보시오.

# Project - 탐구

〈서술형 문제 해결력 키우기〉

4. 다음 글을 읽고 물음에 답하시오.

## 도체가 대전되는 경우

도체가 대전되면 전하는 도체에 어떻게 분포할까?

밀폐된 공간 속의 기체의 예를 들어 보자. 밀폐된 공간 속에 기체가 들어가면 기체 분자끼리 서로 충돌하기도 하고 상호 작용하여 인접한 분자들끼리 가능한 한 멀리 떨어져 있으려고 한다. 이것이 분자가 밀폐된 공간 내부 전체에 골고루 분포하게 되는 이유가 된다.

그렇다면 도체 구가 대전되어 있다고 할 때 똑같은 현상이 일어날까? 도체 구에 전하는 어떻게 분포하게 될지 논리적으로 적어 보자. 삼각형 모양의 도체가 대전되어 있다고 하면 전하는 어떻게 분포하게 될 것인지도 적어 보자.

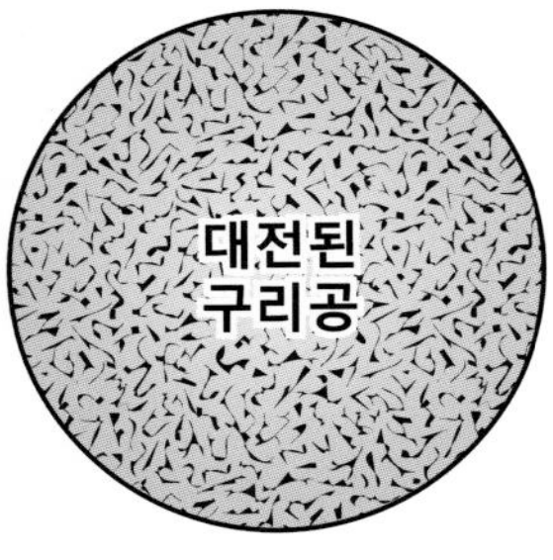

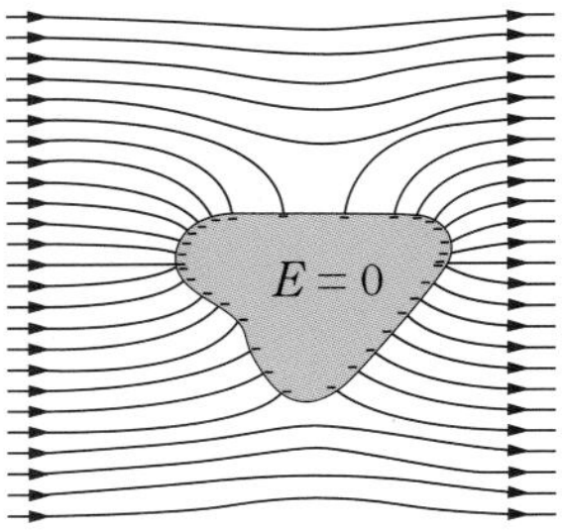

〈문제 해결력 키우기〉

5. 우리 몸에 흐르는 전류와 위험한 정도를 실험하여 다음 그래프를 얻었다.

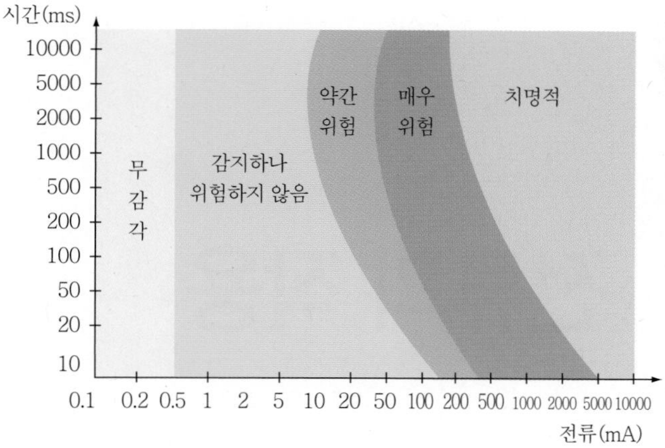


(1) 그래프로부터 내릴 수 있는 결론 중 가장 타당한 것은?

① 100mA의 전류는 위험하지 않다.
② 위험한 정도는 몸에 흐르는 전류의 세기에 반비례한다.
③ 어떤 세기의 전류이든지 오랫동안 몸에 흐르면 모두 위험하다.
④ 같은 세기의 전류라도 몸에 흐르는 시간에 따라 위험도 차이가 있다.
⑤ 50mA의 이하의 전류는 아무리 오랫동안 몸에 흘러도 위험하지 않다.

(2) '고전압은 위험하다' 는 주장은 항상 옳지는 않다. 그 까닭은 무엇인가?

① 전류의 세기는 전압에 비례하기 때문이다.
② 고전압은 짧은 시간에만 흐르기 때문이다.
③ 인체는 고전압에 반응하지 못하기 때문이다.
④ 고전압이라도 전류의 세기가 매우 적을 수 있기 때문이다.
⑤ 우리 몸은 건조할 때에 전류가 잘 흐르지 못하기 때문이다.

(3) 새들은 그림처럼 외피가 벗겨진 고압선에 앉아도 감전되어 죽는다거나 하지 않는다. 그 이유를 전류, 저항, 전압의 관계를 이용하여 써 보시오.

# V 전류의 작용

전류는 자기장을 만든다. 자석은 전류를 흐르게 할 수 있을까?

# 15강. 전류의 열작용

## 1. 전기 에너지

**(1) 전기 에너지 :** 도선에 흐르는 전류가 가진 에너지로, 다양한 형태의 에너지로 전환되어 사용된다.

① 전기 에너지의 단위 : J(줄)

② 1 J의 전기 에너지 : 1 V의 전압으로 1 A의 전류가 1초 동안 흐를 때 공급되는 전기 에너지

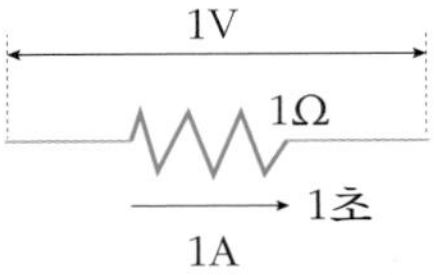


(발생하는) 전기 에너지 = 1 J

전기에너지 = 전압 × 전류 × 시간

**(2) 전기 에너지의 전환 :** 전류는 저항의 특성에 따라 여러  가지 에너지로 전환된다.

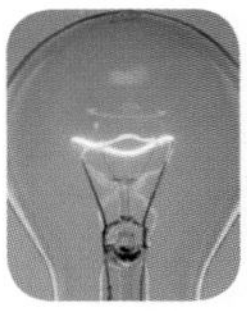
▲ 전구

▲ 선풍기

▲ 전기난로

▲ 배터리

▲ 스피커

◯ 간단실험

① 전동기와 전지와 전선을 준비한다.
② 전선을 이용하여 전동기를 전원에 연결한다.
③ 전동기가 잘 작동하는지 관찰해 본다.
④ 전지 2개를 직렬 연결하여 전동기의 회전 속도를 비교해 본다.

◯ 전기 에너지의 이용

| | |
|---|---|
| 빛에너지 | 모니터, 형광등, LED, 휴대전화 등 |
| 열에너지 | 전기난로, 전기오븐, 전기밥솥 등 |
| 운동 에너지 | 선풍기, 세탁기, 자동차 등 |
| 화학 에너지 | 전기도금, 배터리 등 |
| 파동 에너지 | 스피커, 초음파 세척기, MRI 등 |

**개념확인 1** **전기 에너지에 대한 설명으로 옳은 것은 O표, 옳지 않은 것은 X표 하시오.**

(1) 전기 에너지는 다른 에너지의 형태로 전환되어 사용된다. (　　)

(2) 전기 에너지의 단위는 J(줄)이다. (　　)

(3) 전기 에너지의 크기는 전류가 흐른 시간에는 관계 없다. (　　)

◯ 생각해보기★

태양광 전지에서 일어나는 에너지의 전환은 무엇일까?

**확인 +1** **다음 중 전기 에너지가 전환된 에너지와 전기 에너지를 사용하는 기구들이 바르게 짝지어진 것은?**

① 빛에너지 : LED
② 열에너지 : 배터리
③ 파동 에너지 : 선풍기
④ 운동 에너지 : 스피커
⑤ 화학 에너지 : 전기 오븐

## 2. 전력과 전력량

**(1) 전력 :** 1초 동안 사용한 전기 에너지를 전력이라고 한다.

① 전력의 단위 : W(와트)

② 1W의 전력 : 1V의 전압으로 1A가 흐를 때 공급되는 전력

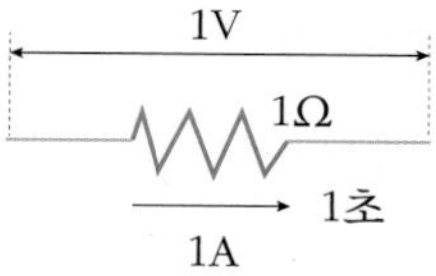


전력 = 1W

$$\text{전력(W)} = \frac{\text{전기 에너지(J)}}{\text{시간(초)}} = \frac{\text{전압} \times \text{전류} \times \text{시간}}{\text{시간}} = \text{전압} \times \text{전류}$$

**(2) 전력량 :** 전기 기구에서 사용한 전기 에너지의 양으로 전력과 시간(h)의 곱으로 구한다.

① 전력량의 단위 : Wh(와트시), kWh(킬로와트시)

② 1Wh의 전력량 : 1W의 전력을 1시간(1h) 동안 사용할 때의 전력량

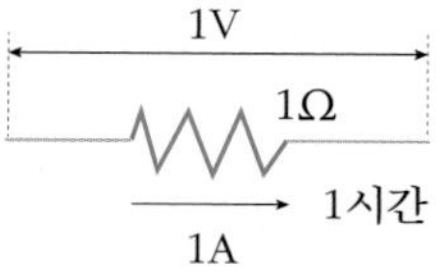


전력량 = 1Wh

$$\text{전력량(Wh)} = \text{전력(W)} \times \text{시간(h)}$$

정답 및 해설 16쪽

**개념확인 2** 빈칸에 들어갈 알맞은 말을 순서대로 쓰시오.

(　　) : 1초 동안 사용한 전기 에너지를 의미하며 단위는 W이다.

(　　) : 전기 기구에서 사용한 전기 에너지의 양으로 전력과 시간의 곱과 같다.

**확인 + 2** 전력과 전력량에 대한 설명으로 알맞은 것은?

① 전력의 단위는 J(줄)이다.

② 전력량의 단위는W(와트)이다.

③ 전력은 전압과 전류의 곱으로 나타낸다.

④ 전력의 크기는 단위 시간당 공급된 전류의 양과 같다.

⑤ 전력량의 크기는 단위 시간당 공급된 전기 에너지로 구한다.

**규격 알아보기**

품명 : 무선전기주전자
모델명 : GP-145674
정격 전압 : AC 220V 60HZ
정격 전력 : 1850W

220V - 1850W는 정격전압 220V에 연결했을 때 8.4 A의 전류가 흘러 1초에 1850 J의 에너지를 소비하는 제품이라는 의미이다.

**전력량계**

가정에서 사용한 전력량을 측정하여 일정 기간 동안 사용한 소비 전력량을 누적해서 표시하는 장치이다.

**미니사전**

전력 [電 전기 力 힘] 전류가 단위 시간에 하는 일 또는 단위 시간에 사용되는 에너지의 양

● 간이 열량계

열이 차단된 통 속에서 물의 온도 변화를 측정하여 열량을 구한다. 물체의 비열을 구하거나 전기 에너지의 양을 측정할 때 사용한다.

## 3. 저항의 연결과 발열량

### (1) 전기 에너지와 발열량 : 전기 에너지는 열량계에서 열에너지로 전환된다.

① 발열량 : 전류가 흐를 때 발생하는 열의 양

② 발열량과 전기 에너지 : 발열량은 전기 에너지에 비례한다.

### (2) 회로에서의 저항의 연결과 발열량

| 구분 | 저항 A와 저항 B의 직렬 연결 | 저항 A와 저항 B의 병렬 연결 |
|---|---|---|
| 전기 회로 | 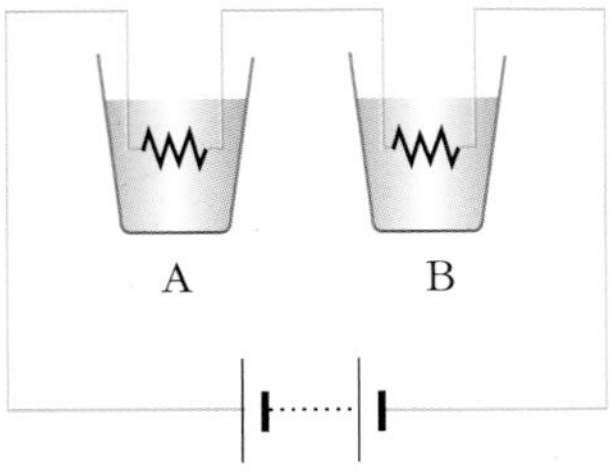 | 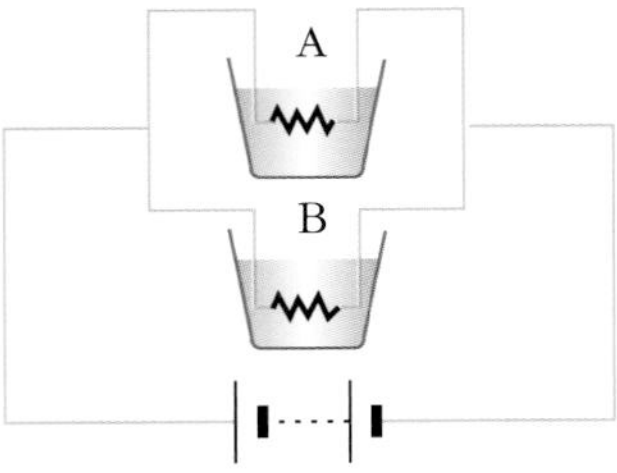 |
| 전류 | 각 저항에 흐르는 전류는 같다. | 각 저항에 흐르는 전류는 저항값에 반비례한다. |
| 전압 | 각 저항에 걸리는 전압은 저항값에 비례한다. | 각 저항에 걸리는 전압은 같다. |
| 발열량 | 발열량은 저항값에 비례한다. | 발열량은 저항값에 반비례한다. |

● 생각해보기★★

회로에서 발열량을 크게 하려면 저항을 어떻게 연결해야 할까?

**개념확인 3** **발열량에 대한 설명으로 옳은 것은 O표, 옳지 않은 것은 X표 하시오.**

(1) 발열량은 전류가 흐를 때 발생하는 열의 양이다. ( )

(2) 저항의 직렬 연결 시 발열량은 저항에 반비례한다. ( )

(3) 발열량은 물의 질량이 같은 경우 온도 변화를 측정하여 비교한다. ( )

**확인 +3** **오른쪽 전기 회로에 대한 설명으로 알맞은 것은? (단, 열량계의 물의 질량은 같다.)**

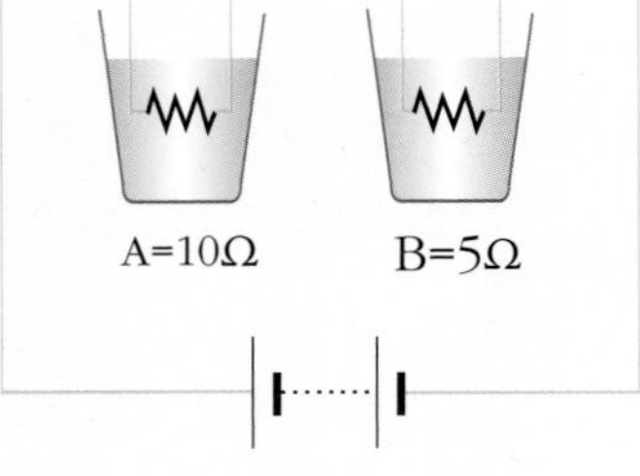


① A와 B의 발열량은 같다.

② A와 B에 걸리는 전압은 같다.

③ A와 B에 흐르는 전류는 같다.

④ A보다 B에서의 온도 변화가 더 크다.

⑤ 각 열량계에서 열에너지는 전기 에너지로 전환이 된다.

**미니사전**

발열량 [發 나타나다 熱 열 量 헤아리다] 일정한 단위의 연료가 완전히 타서 생기는 열량

비열 [比 견주다 熱 열] 물질 1g 의 온도를 1℃ 올리는 데 드는 열량

## 4. 전기 에너지의 안전한 이용

**(1) 누전 :** 전류가 전기 회로에서 벗어나 다른 곳으로 흐르는 현상이다.

**(2) 합선(단락, short)** : 전원에 연결된 도선이 저항을 통하지 않고 직접 연결되는 경우로, 매우 큰 전류가 순식간에 흐르므로 불꽃이 튀며 화재가 발생한다.

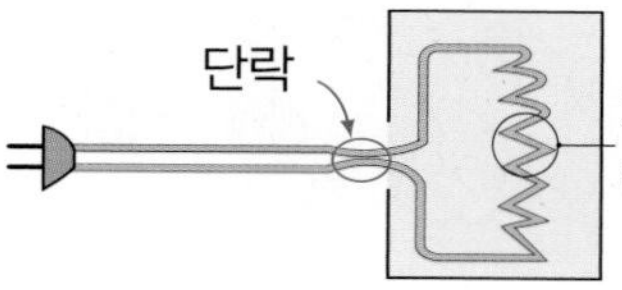


**(3) 전기 에너지의 안전한 이용을 위한 수칙**

① 물 묻은 손으로 전선을 만지지 않는다.
② 한 콘센트에 여러 개의 코드를 동시에 꽂지 않는다.
③ 불이 날 수 있는 것을 전기 기구 옆에 두지 않는다.
④ 전기 기구가 방전되지 않게 주의한다.
⑤ 피복이 벗겨진 전선은 사용하지 않는다.

● 누전 차단기

회로에 흐르는 전류의 양이 일정한 값을 초과하면 자동으로 전류를 차단하는 장치

● 접지

누전된 전류가 안전한 곳으로 흘러가도록 도선을 통해 지면에 연결하는 것

정답 및 해설 16쪽

**개념확인 4** **빈칸에 알맞는 말을 순서대로 쓰시오.**

전류가 전기 회로에서 벗어나 다른 곳으로 흐르는 현상을 (　　　) (이)라고 하며, 전원에 연결된 도선이 저항을 통하지 않고 직접 연결되는 경우를 (　　　) (이)라고 한다.

● 생각해보기★★★

전기 에너지를 안전하게 이용할 수 있는 방법에는 또 어떤 것들이 있을까?

**확인+4** **전기 에너지의 안전한 이용에 대한 설명으로 옳은 것은 O표, 옳지 않은 것은 X표 하시오.**

(1) 회로에 규정된 양보다 조금 큰 전류가 흘러도 전혀 문제없다. (　　)
(2) 회로 주변에 물이 있을 경우 합선 위험이 있다. (　　)
(3) 불이 날 수 있는 것을 전기 기구 옆에 두지 않는다. (　　)

**미니사전**

합선 [合 합하다 線 줄] 전기 회로의 두 점 사이에 절연(絶緣)이 잘 안되어서 두 점이 접속되는 것.

# 개념 다지기

**01** 전기 에너지는 저항의 특성에 따라 여러 가지 형태의 에너지로 전환이 된다. 다음 전기 기구들 중에 전기 에너지를 화학 에너지의 형태로 전환시켜 이용하는 것은?

①
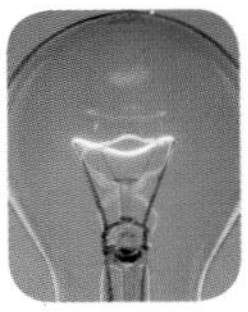

②

③

④

⑤

**02** 오른쪽 그림과 같이 2 V의 전압이 걸린 저항에 2 A의 전류가 10초 동안 흐를 때 이 저항에서 소모되는 전기 에너지 양으로 알맞은 것은?

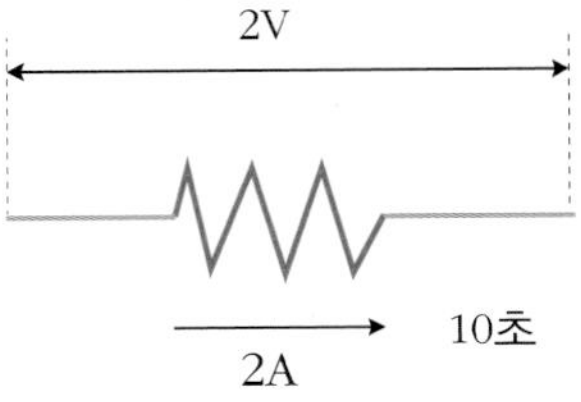


① 4 J　　② 14 J　　③ 25 J　　④ 35 J　　⑤ 40 J

**03** 오른쪽 그림과 같이 2Ω의 저항 A와 3Ω의 저항 B를 직렬로 연결하고 10V의 전압을 걸어 주었다. 이 회로에 대한 설명으로 옳은 것은?

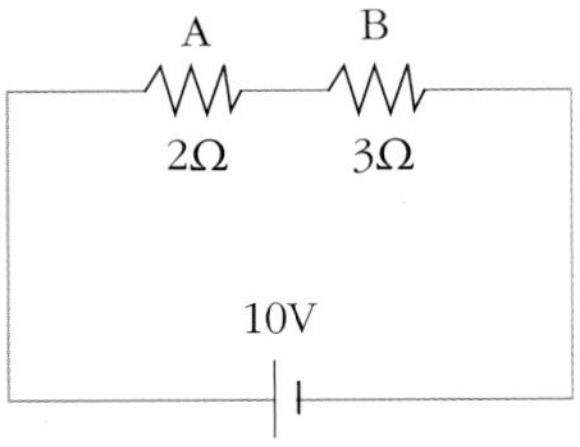


① A의 전력과 B의 전력은 같다.
② A와 B에 걸리는 전압은 같다.
③ 1시간 동안 A에서 소모한 전력량은 16Wh이다.
④ A에서 소모하는 전력보다 B에서 소모하는 전력이 크다.
⑤ 전압을 20V로 바꾸면 소모하는 전력은 B에서만 더 커진다.

정답 및 해설 17쪽

## 04 오른쪽 그림과 같이 5Ω의 저항 A와 10Ω의 저항 B를 병렬로 연결하고 10V의 전압을 걸어주었다. 이 회로에 대한 설명으로 옳은 것은?

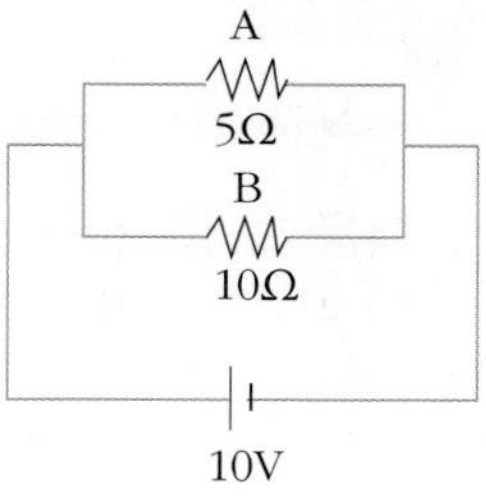


① A의 전력과 B의 전력은 같다.
② A와 B에 흐르는 전류는 같다.
③ 소모하는 전기 에너지의 크기는 A보다 B에서 더 크다.
④ A에서 소모하는 전력이 B에서 소모하는 전력보다 크다.
⑤ 저항을 전구로 바꾸면 전구의 밝기는 A 보다 B에서 더 밝다.

## 05 오른쪽 그림은 전기 회로에 이상이 있는 그림을 나타낸 것이다. 이에 대한 설명 중 옳지 않은 것은?

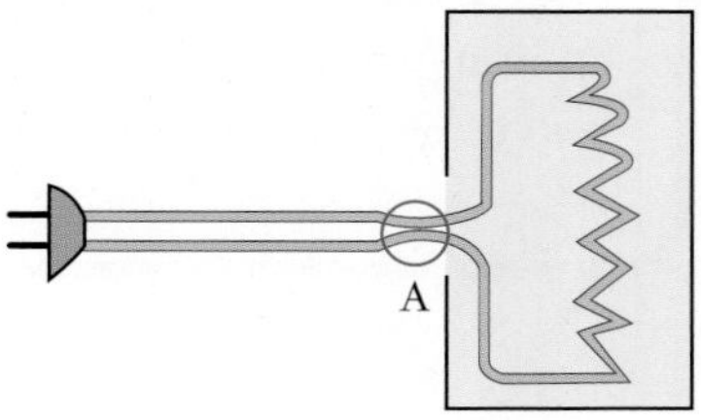


① 그림의 A부분에 이상이 있다.
② 이와 같은 전기 회로는 화재의 위험이 있다.
③ A부분과 같이 도선이 직접 연결된 경우를 합선이라고 한다.
④ 이와 같은 문제를 예방하기 위해 안전 수칙에 대하여 잘 숙지하고 있어야 한다.
⑤ 미세한 부분에서 문제가 생긴 것이기 때문에 시간이 지나도 큰 사고가 일어나지 않는다.

## 06 전기 에너지의 안전한 이용을 위한 수칙에 대한 설명 중 옳지 않은 것은?

① 전기 기구가 방전되지 않게 주의해야 한다.
② 불이 날 수 있는 것을 전선 옆에 두지 않는다.
③ 회로에 규정된 전류의 양을 초과하지 않는다.
④ 오래된 전선은 버리기 아까우므로 무조건 재사용을 해야 한다.
⑤ 샤워하고 나온 후에 머리를 말리기 위하여 드라이기를 만질 때는 조심해야 한다.

# 유형 익히기 & 하브루타

## [유형15-1] 전기 에너지

다음 그림은 전구 A와 B가 10 V 전원에 직렬로 연결되어 있는 것을 나타낸 것이다. 전구 A와 B의 저항 값이 각각 2 Ω과 3 Ω이고 이 회로에 10분 동안 전원을 공급하였다. 이에 대한 설명으로 알맞은 것은?

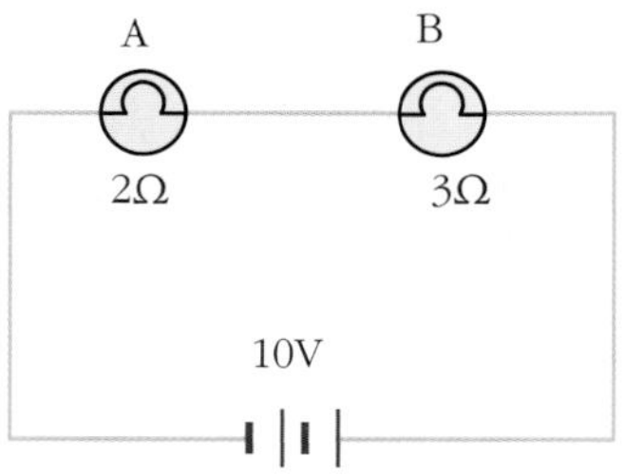


① A의 전력과 B의 전력은 같다.
② A보다 B에서 소모한 전기 에너지가 더 크다.
③ B의 저항 값이 A의 저항 값보다 크므로 더 많은 전류가 흐른다.
④ 전원을 20V로 바꾸면 소모하는 전기 에너지는 B에서만 더 커진다.
⑤ A와 B가 직렬로 연결되어 있으므로 소모하는 전기 에너지는 동일하다.

Tip!

**01** 전기 에너지는 저항의 특성에 따라 여러 가지 에너지로 전환될 수 있다. 사진에 있는 전기 기구는 전기 에너지가 어떤 에너지로 전환되어 사용되는 것인지 고르시오.

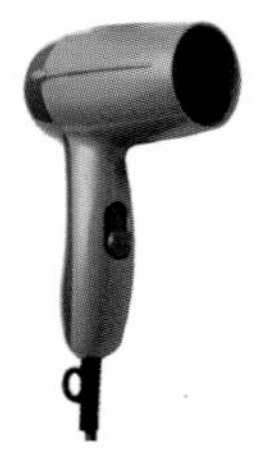

① 빛에너지 ② 열에너지 ③ 운동 에너지
④ 화학 에너지 ⑤ 파동 에너지

**02** 오른쪽 그림과 같이 4 V 의 전압이 걸린 저항에 5 A 의 전류가 20초 동안 흐를 때 이 저항에서 소모되는 전기 에너지의 크기로 알맞은 것은?

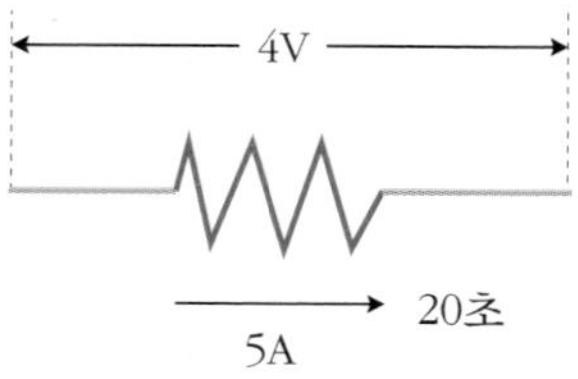


① 100 J ② 200 J ③ 300 J ④ 400 J ⑤ 500 J

정답 및 해설 17쪽

## [유형15-2] 전력과 전력량

**다음 그림은 100V − 100W의 정격 전압을 가진 전구를 나타낸 것이다. 이에 대한 설명으로 옳은 것은?**

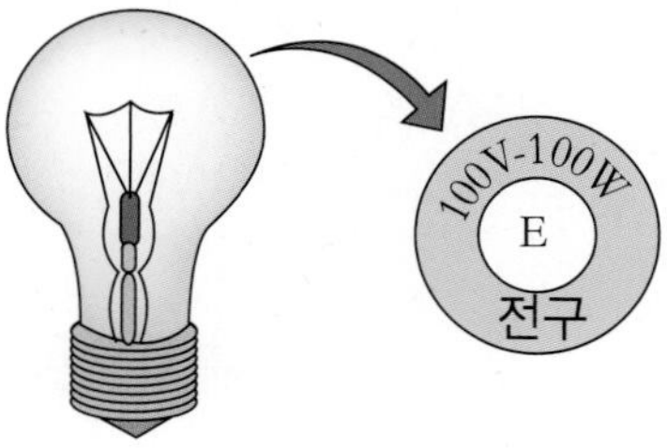


① 이 전구를 100 V의 전원에 연결하면 1초에 100 J의 일을 한다.
② 이 전구를 100 V보다 큰 크기의 전원에 연결해도 문제가 없다.
③ 100 V의 전원이 공급되면 이 전구에 흐르는 전류의 양은 4 A이다.
④ 이 전구는 100 V보다 작은 크기의 전원에 연결하는 것이 바람직하다.
⑤ 이 전구를 100 V의 전원에 1시간 동안 연결하면 소비되는 전력량의 크기는 200 Wh이다.

**03** 그림과 같이 9V - 18W의 정격 전압을 가진 전구 A가 회로에 연결되어 있다. 전구 A를 9 V의 전원에 10시간 동안 연결했을 때 전구 A에서 소모한 전력량으로 알맞은 것은?

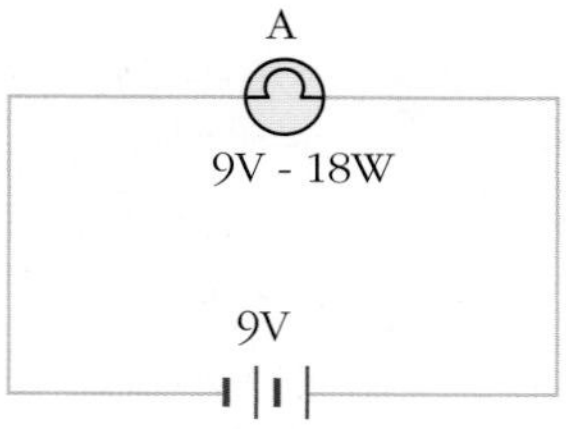


① 120 Wh　② 150 Wh　③ 180 Wh
④ 200 Wh　⑤ 250 Wh

**04** 그림과 같이 8Ω 의 저항 ab 사이에 4V 의 전압을 걸었더니 a에서 b쪽으로 전류가 흘렀다. 이때 저항에서 소비되는 전력은 얼마인가?

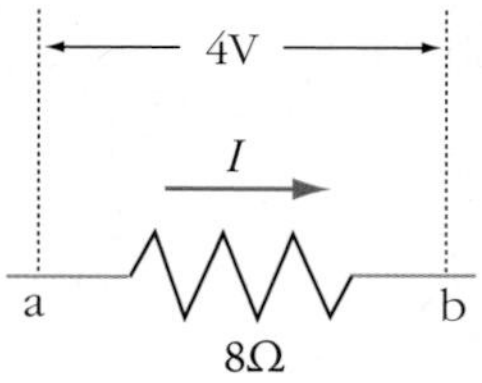


① 1 W　② 2 W　③ 3 W　④ 4 W　⑤ 5 W

**Tip!**

[유형15-3] 저항의 연결과 발열량

다음 그림과 같이 5 Ω의 저항 A와 10 Ω의 저항 B를 직렬로 연결하고 10 V의 전압을 걸어 주었다. 이 회로에 대한 설명으로 옳은 것은?

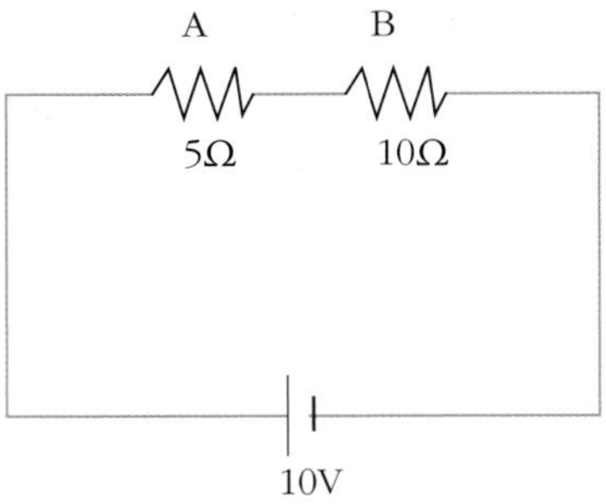


① A의 전력과 B의 전력은 같다.
② A와 B에 걸리는 전압은 같다.
③ 소모하는 전기 에너지의 크기는 A가 B보다 더 크다.
④ A에서 소모하는 전력보다 B에서 소모하는 전력이 크다.
⑤ 저항을 전구로 바꾸면 전구의 밝기는 B 보다 A에서 더 밝다.

Tip!

**05** 그림과 같이 3Ω 과 6Ω 의 니크롬선이 각각 같은 양의 물속에 있는 열량계 A와 B를 직렬 연결하였다. 이 회로에 연결된 전압이 9V 라면, 1시간 동안 B에서 사용한 전력량은 얼마인가?

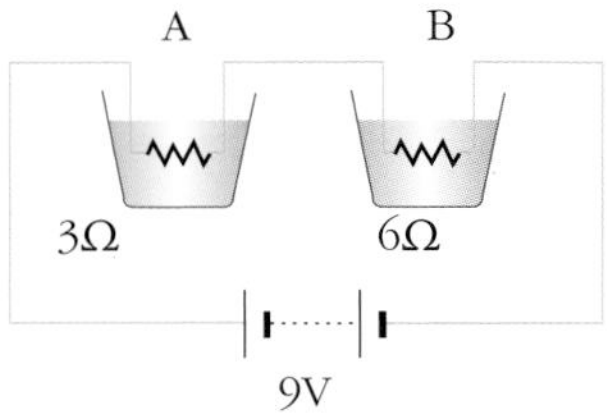


① 3Wh ② 4Wh ③ 6Wh ④ 8Wh ⑤ 9Wh

**06** 오른쪽 그림은 전구 A와 B가 9V 전원에 병렬로 연결되어 있는 모습을 나타낸 것이다. 전구 A와 B의 저항의 크기가 각각 4Ω 과 8Ω 일 때 전구 A와 전구 B에서 소비하는 전력의 비율로 알맞은 것은?

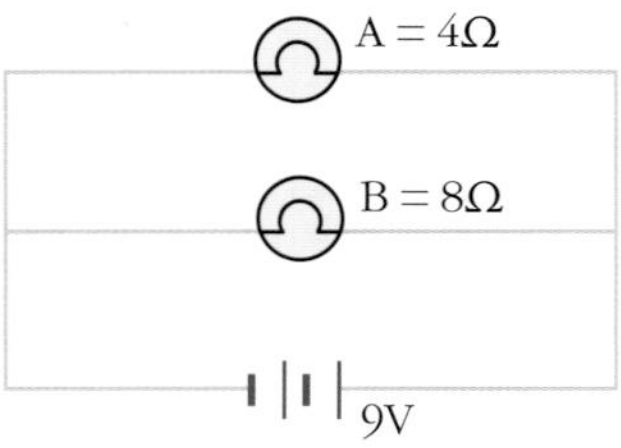


① 1 : 1 ② 1 : 2 ③ 2 : 1 ④ 1 : 3 ⑤ 2 : 3

정답 및 해설 17쪽

## [유형15-4] 전기 에너지의 안전한 이용

**다음은 누전 차단기의 모습을 나타낸 사진이다. 이에 대한 설명으로 옳지 않은 것은?**

① 누전 차단기가 설치되어 있다면 항상 안전하다.
② 누전의 위험을 예방하기 위하여 오래된 전선은 사용하지 않는다.
③ 누전이란 전류가 전기 회로에서 벗어나 다른 곳으로 흐르는 현상이다.
④ 한 콘센트에 여러 개의 코드를 꽂아서 사용하면 누전의 위험성이 증가한다.
⑤ 누전 차단기는 회로에 흐르는 전류의 양이 일정한 값을 초과하면 자동으로 전류를 차단한다.

**07** **전기 에너지의 안전한 이용을 위해서는 지켜야할 수칙들이 있다. 이에 대한 설명으로 옳지 않은 것은?**

① 물 묻은 손으로 전선을 만지지 않는다.
② 불이 날 수 있는 것을 전기 기구 옆에 두지 않는다.
③ 전기 기구에 표시되어 있는 정격 전압을 확인한다.
④ 오래된 전선은 피복이 벗겨졌을 가능성이 크므로 사용하지 않는다.
⑤ 전기 기구의 방전은 어쩔 수 없는 것이므로 크게 신경쓰지 않아도 된다.

**Tip!**

**08** **오른쪽 그림과 같이 전원에 연결된 도선이 저항을 통하지 않고 직접 연결되는 경우를 무엇이라고 하는가?**

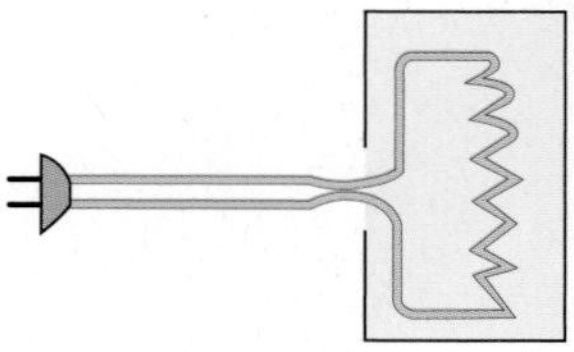

① 누전 ② 감전 ③ 합선 ④ 접지 ⑤ 방전

# 창의력 & 토론마당

**01** 무한이는 LED 전구를 가지고 놀던 중 전구에 쓰여 있는 100V−100W 표시를 보고 무슨 뜻인지 궁금하여 실험을 해보기로 하였다. 첫 번째는 50V 전원에 전구를 연결해 보는 것과 두 번째는 200V 전원에 전구를 연결하는 것이다. 무한이가 궁금증을 갖게 된 전구에 쓰여진 100V−100W의 의미를 쓰고, 무한이가 실험한 것처럼 50V의 전원과 200V의 전원에 전구를 연결하면 100V의 전원에 연결했을 때와 어떠한 차이점이 있을지 설명하시오.

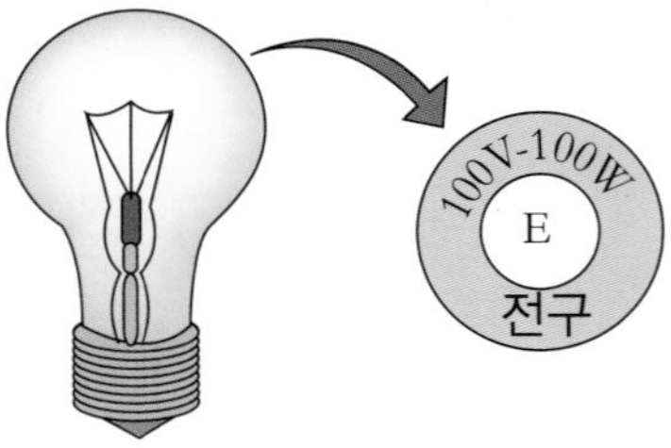


**02** 다음 그림은 전구와 가변 저항 A가 병렬로 연결되어 있는 전기 회로를 나타낸 것이다. 가변 저항이란 임의로 저항 값을 변화시킬 수 있는 저항을 의미한다. 가변 저항 A를 조절하여 저항값을 크게 했을 경우와 작게 했을 경우 각각 전구의 밝기가 어떻게 변하는지 서술하시오.

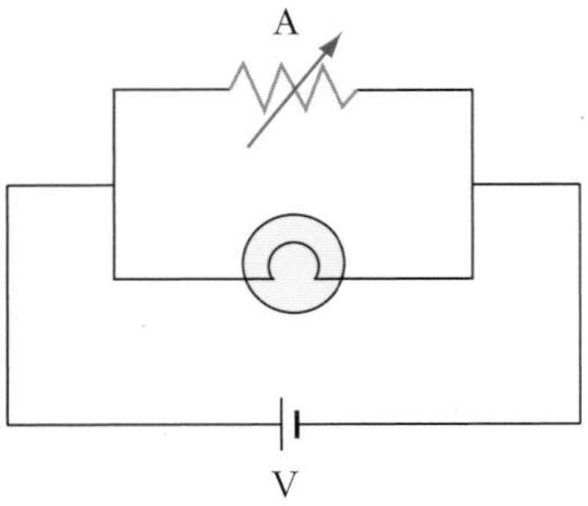

정답 및 해설 18쪽

**03** 상상이는 아버지와 함께 TV를 구입하기 위해 인터넷으로 제품을 알아보고 있었다. 그림은 인터넷에 소개된 주요 제품들을 나타낸 것이다.

| 제품명 | 제품사진 | 정격 전압 | 정격 소비 전력 | 최저가 |
|---|---|---|---|---|
| A |  | 220V | 30W | 530,000원 |
| B |  | 220V | 20W | 580,000원 |
| C |  | 220V | 40W | 370,000원 |

상상이의 집에서 하루에 2시간씩 TV를 사용하고, 그 외의 시간에는 플러그를 빼 둔다. 구입한 TV를 10년 동안 사용한다면, 가장 경제적인 TV는 무엇인지 설명하시오. (1년은 365일이고, 1KWh의 전력량을 사용하는데 1,000원의 전기요금을 낸다고 가정한다.)

**04** 다음 사진은 일상생활에서 흔히 쓰는 '멀티탭'이다. 멀티탭에 연결된 장치의 플러그 중 어느 하나를 뽑거나 꽂더라도, 다른 장치들이 작동하는 데 아무런 영향을 주지 않는다. 그 이유는 멀티탭을 통해 전기 기구들이 병렬 연결되기 때문이다. 따라서 멀티탭을 사용하면 하나의 콘센트만 이용하여 여러 전기 기구들을 자유롭게 사용할 수 있다는 장점이 있다. 하지만 멀티탭에 너무 많은 전기 기구들을 장시간 동안 연결하면 화재 발생의 위험이 있다. 그 이유에 대하여 서술하시오.

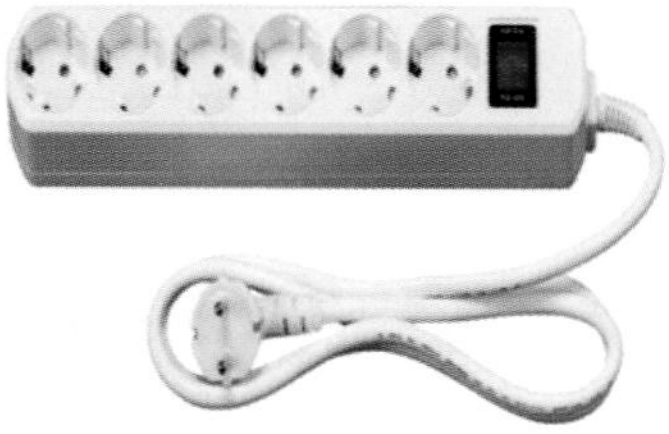

정답 및 해설 **18쪽**

## 05

**다음 그림과 같이 220V 전원에 정격 전압이 20W인 전구 A, 60W인 전구 B, 800W인 밥솥, 100W인 선풍기가 병렬로 연결되어 있다.**

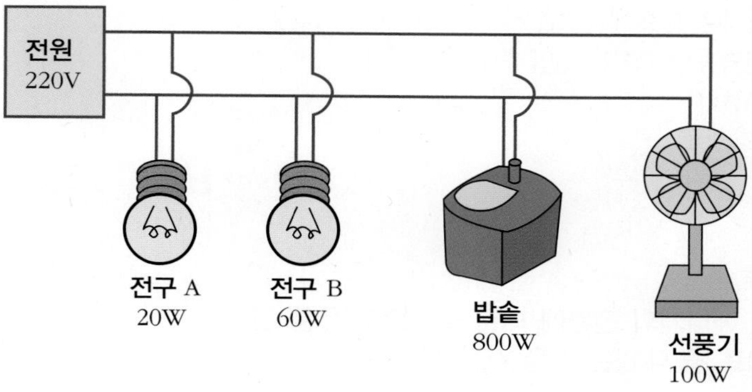


(1) 10시간 동안 위의 네 가지 전기 기구들을 모두 사용했을 때 사용한 총 전력량은 얼마인지 구해 보시오.

(2) 전원을 220V에서 110V로 바꾸어 연결하였을 때 각 전기 기구에서는 어떠한 변화들이 있을지 서술하시오.

## 스스로 실력 높이기

**01** 다음 중 전력과 전력량에 관한 설명으로 옳지 <u>않은</u> 것은?

① 1W = 1 J/s이다.
② 전력량의 단위는 W(와트)이다.
③ 전기에너지의 단위는 J(줄)이다.
④ 전력은 전기 에너지를 시간으로 나눈 값이다.
⑤ 전력량의 크기는 전압과 전류와 시간의 곱으로 구한다.

**02** 전기 에너지의 전환에 대한 설명으로 옳은 것은 O표, 옳지 않은 것은 X표 하시오.

(1) 형광등은 전기 에너지가 빛에너지로 전환된 형태이다. ( )
(2) 스피커는 전기 에너지가 운동 에너지로 전환된 형태이다. ( )
(3) 전기 오븐은 열에너지가 전기 에너지로 전환된 형태이다. ( )

**03** 정격 전력 220V−1850W를 가진 무선 전기 주전자를 전압 220V에 연결하여 2시간 동안 사용하였다. 사용한 전력량은 얼마인가?

① 3000Wh ② 3300Wh ③ 3500Wh
④ 3700Wh ⑤ 4000Wh

**04** 전기 에너지의 안전한 이용에 대한 설명으로 옳은 것은 O표, 옳지 않은 것은 X표 하시오.

(1) 누전은 전류가 전기 회로를 벗어나 다른 곳으로 흐르는 것이다. ( )
(2) 전열기에서 방전이 일어난다고 하더라도 크게 위험하지 않다. ( )
(3) 젖은 손으로 전열기를 만지면 안전 사고가 발생할 수 있다. ( )

**[05~07]** 다음 그림과 같이 4Ω, 8Ω의 니크롬선이 같은 양의 물속에 있는 열량계 A, B를 직렬 연결하였다. 다음 물음에 답하시오.

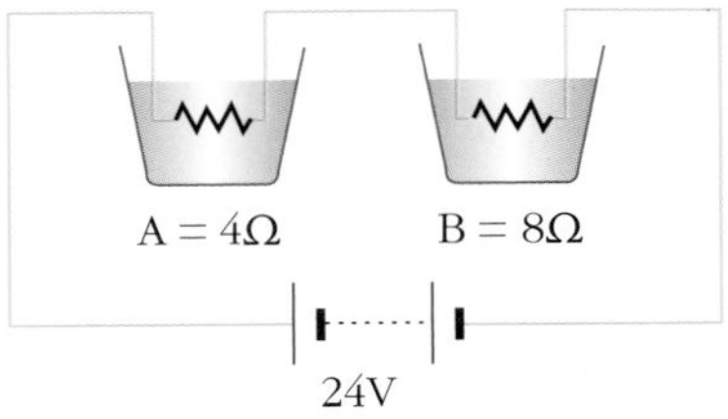


**05** 이 회로에 흐르는 전류가 2A라면 A의 전력은?

① 12W ② 16W ③ 20W
④ 24W ⑤ 30W

**06** 이 회로에 연결된 전압이 12V라면, 1시간 동안 B에서 사용한 전력량은 얼마인가?

① 4Wh ② 6Wh ③ 8Wh
④ 9Wh ⑤ 10Wh

**07** 이 회로에 연결된 전압보다 더 큰 전압을 사용할 때 나타날 수 있는 현상으로 옳은 것은?

① A, B의 저항값이 모두 증가한다.
② 회로에 흐르는 전류의 양은 변화 없다.
③ 저항 B에만 걸리는 전압이 늘어난다.
④ 저항 A, B에서 모두 발열량이 늘어난다.
⑤ 저항 A, B 가 들어있는 물이 끓어 넘치게 된다.

정답 및 해설 19쪽

**08** 다음 빈칸에 알맞은 말을 쓰시오.

> 전원에 연결된 도선이 저항을 통하지 않고 직접 연결되는 경우로 매우 큰 전류가 순식간에 흐르므로 불꽃이 튀며 화재가 발생하는 경우를 (　　　　)이라고 한다.

**09** 다음 그림과 같이 10Ω 의 저항 ab 사이에 10V 의 전압을 걸어줬더니 a 에서 b 쪽으로 전류가 흘렀다. 이때 저항에서 소비된 전력은 몇 W인가?

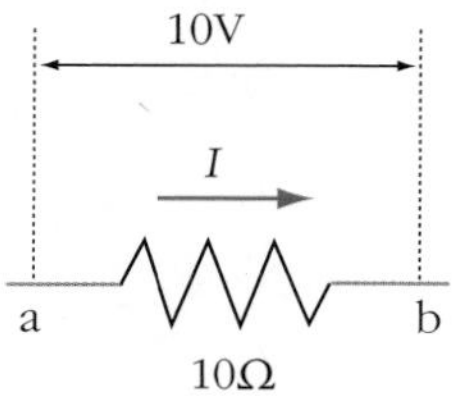


(　　　　) W

**10** 다음 그림과 같이 전구 A, B 가 병렬 연결되어 있다. 2시간 동안 전구 A, B 를 켰을 때 소비되는 에너지의 비는 얼마인가?

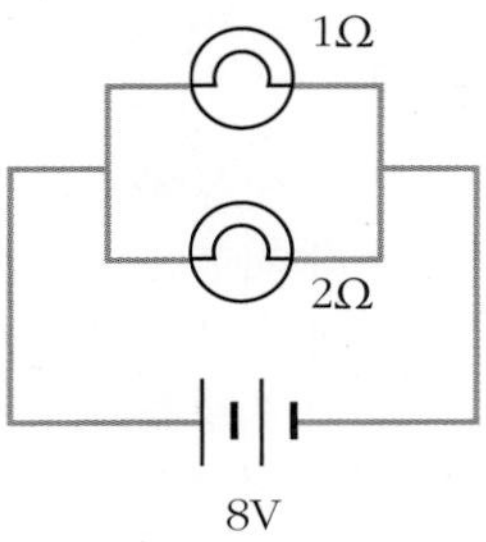


전력량 A : 전력량 B = (　　　　　　)

**11** 그림에서 이 저항에서 소비되는 전력이 24W 이고, 걸리는 전압은 12V 이다. 이때 저항에 흐르는 전류는 몇 A 인가?

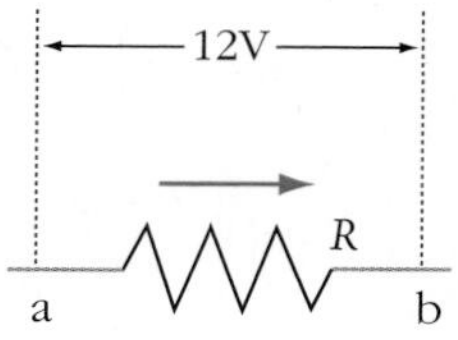


(　　　　) A

**12** 200V 의 전원을 어떤 전열기에 연결하였더니 10초 동안 4000J 의 전기 에너지가 공급되었다면 이 전열기의 저항은 얼마인가?

(　　　　) Ω

**13** 120V － 30W 의 정격전압을 가진 전구를 120V 에 30초 동안 연결하였다. 이때 전구에서 발생하는 전기 에너지는 몇 J 인가?

(　　　　) J

**14** 도선에 전류가 흐르면 열이 발생한다. 이 현상을 설명한 것으로 옳지 않은 것은?

① 발열량의 단위는 J로 나타낸다.
② 전기 에너지와 발열량은 반비례한다.
③ 발생하는 열의 양을 발열량이라고 한다.
④ 전기 에너지가 열에너지로 전환되면서 열이 발생한다.
⑤ 저항에 걸리는 전압이 클수록 저항에서의 발열량도 커진다.

# 스스로 실력 높이기

**[15~16] 다음 그림과 같이 5Ω, 10Ω의 니크롬선이 같은 양의 물속에 있는 열량계 A, B를 병렬 연결하였다. 물음에 답하시오.**

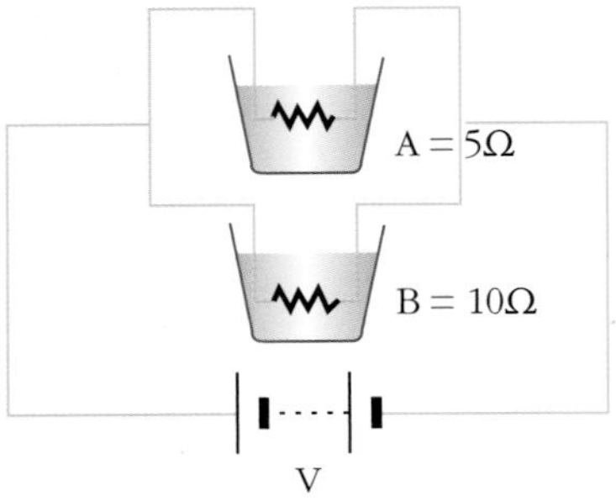


**15** **이 회로에 걸리는 전체 전압(V)이 20V 일 때 A와 B의 전력이 바르게 짝지어진 것은?**

| | A | B | | A | B |
|---|---|---|---|---|---|
| ① | 40W | 20W | ② | 40W | 40W |
| ③ | 80W | 20W | ④ | 80W | 10W |
| ⑤ | 80W | 40W | | | |

**16** **이 회로에 대한 설명으로 옳은 것은 O표, 옳지 않은 것은 X표 하시오.**

(1) 각 저항에 흐르는 전류는 각 저항의 크기에 반비례한다. (　　)

(2) 각 저항에 걸리는 전압은 각 저항의 크기에 비례한다. (　　)

(3) 발열량은 저항의 크기에 반비례한다. (　　)

**17** **전기 에너지에서 열에너지로의 에너지 전환을 실생활에 사용한 예인 것을 <u>모두</u> 고르시오.(2개)**

① 형광등　② 전기난로　③ 배터리
④ 전기 오븐　⑤ LED　⑥ 선풍기
⑦ 전기 도금　⑧ 전동차　⑨ MRI

**18** **전기 에너지의 안전한 이용에 대한 설명으로 옳지 <u>않은</u> 것은?**

① 물 묻은 손으로 전선을 만지면 안된다.
② 회로 주변에 물기가 많아지면 합선의 위험이 있다.
③ 회로에 규정된 양보다 큰 전류가 흘러도 괜찮다.
④ 접지는 누전된 전류가 안전한 곳으로 흘러가도록 전기 기구를 지면에 연결하는 것이다.
⑤ 회로에 흐르는 전류의 차이를 감지하여 자동으로 전류를 차단하는 장치를 누전 차단기라고 한다.

**[19~20] 다음 그림과 같이 2Ω의 니크롬선 4개가 각각 연결되어 있다. 두 회로의 전압은 똑같이 8V이다. 다음 물음에 답하시오.**

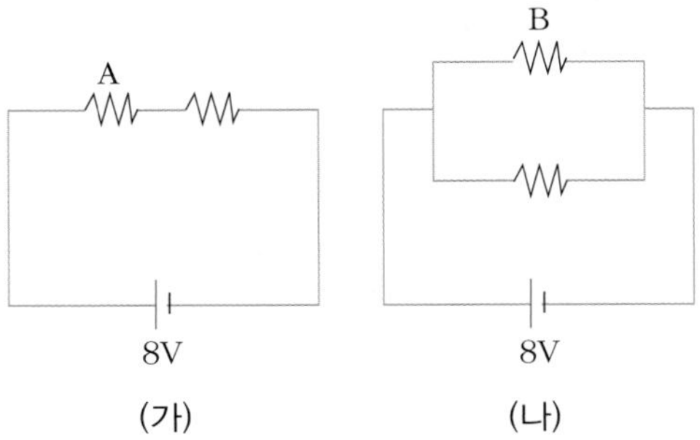


**19** **저항 A 와 B 중에서 소비되는 전력량이 많은 것은?**

**20** **다음 (가)와 (나) 회로를 설명한 것 중에서 옳지 <u>않은</u> 것은?**

① (나)에서 각 저항에 걸리는 전압은 같다.
② (가)에서 각 저항에 걸리는 전압은 다르다.
③ (가) 회로에서 각 저항에 흐르는 전류는 같다.
④ (가)와 같이 저항을 연결한 회로에서 발열량은 저항에 비례한다.
⑤ (나)회로에서 B의 저항값을 증가시키면 B 저항에서의 발열량은 감소한다.

정답 및 해설 19쪽

## 창의력 서술

**21** 다음 그림은 전구와 가변 저항 A가 직렬로 연결되어 있는 전기 회로를 나타낸 그림이다. 가변 저항이란 임의로 저항 값을 변화시킬 수 있는 저항을 의미한다. 가변 저항 A를 조절하여 저항 값을 크게 했을 경우와 작게 했을 경우 각각 전구의 밝기가 어떻게 변하는지 서술하시오.

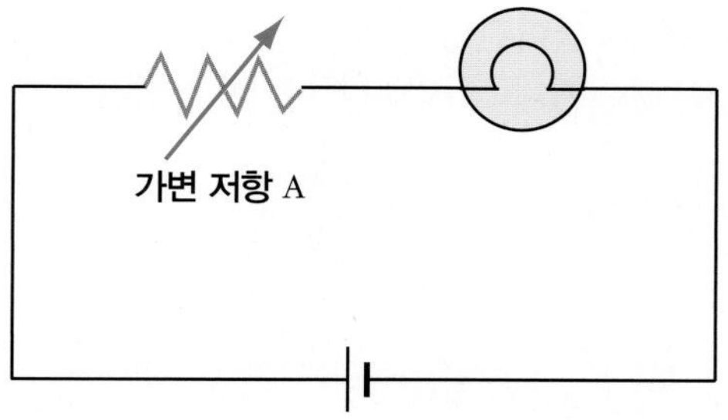


**22** 가정에 설치된 멀티탭에 연결된 어떤 장치의 플러그 하나를 뽑거나 꽂더라도, 다른 장치들이 작동하는 데 아무런 영향을 주지 않는다. 그 이유를 서술하시오.

# 16강. 전류의 자기 작용

## 1. 자기장

**(1) 자기장 :** 자석이나 전류가 흐르는 도선 주위에 생기는 자기력이 작용하는 공간

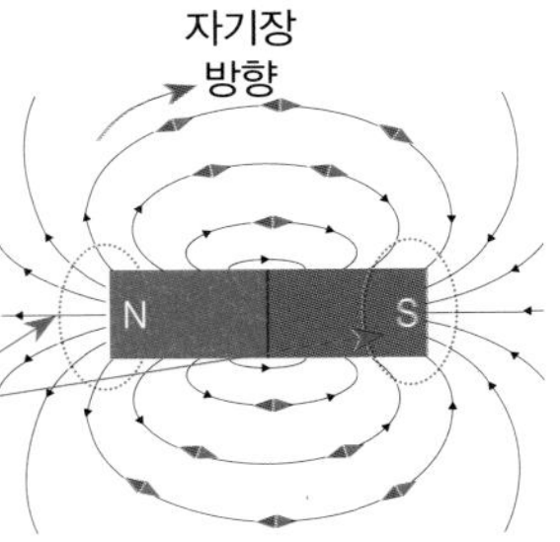


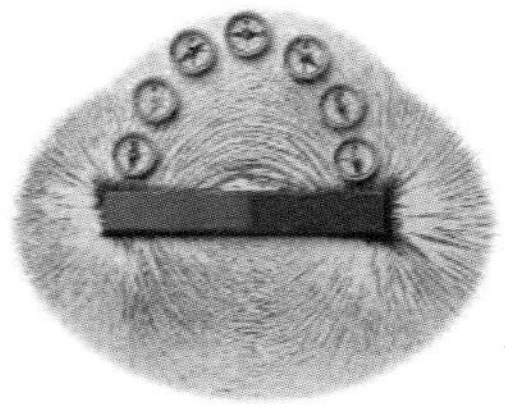

▲ 자석 주위의 자기장

**(2) 자기력선 :** 자기장의 모양을 선으로 나타낸 것이다.

① 자석의 N극에서 나와 S극으로 들어간다.
② 도중에 끊어지거나, 새로 생기거나, 갈라지거나, 자기력선끼리 서로 만나지 않는다.
③ 자기력선의 간격이 촘촘할수록 자기장이 세다.
④ 자기력선의 모양

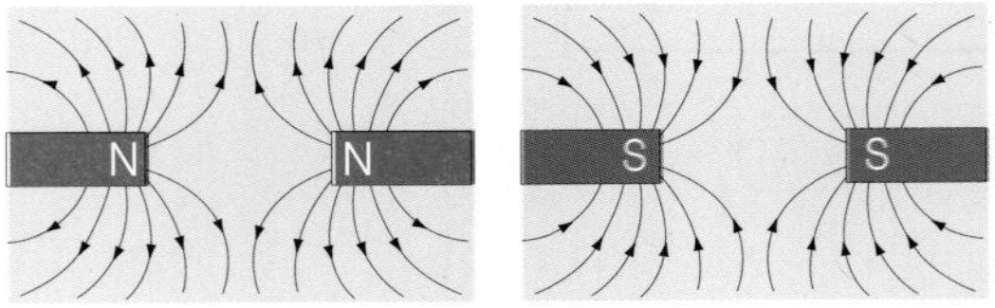


▲ 같은 극을 가까이 할 때

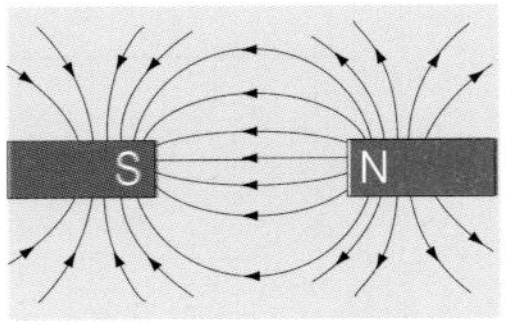


▲ 다른 극을 가까이 할 때

◉ 간단실험

자석 주위에 철가루를 뿌린 후 철가루가 배열된 모습을 관찰해 보자.

◉ 자석 주위의 자기력선

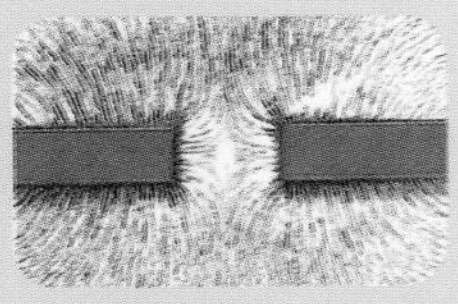

▲ 같은 극을 가까이 할 때

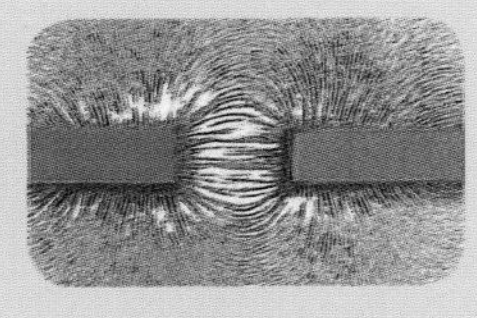

▲ 다른 극을 가까이 할 때

◉ 생각해보기★

자석 내부의 자기력선 모양은 어떻게 생겼을까?

**개념확인 1** **자기력선에 대한 설명이다. 다음 괄호 안에 알맞은 말을 순서대로 써 넣으시오.**

> 자기장의 모양을 선으로 나타낸 것을 자기력선이라고 한다. 자기력선은 자석의 (          )극에서 나와 (          )극으로 들어간다. 자기력선의 간격이 빽빽할수록 자기장의 세기가 (          ).

**확인+1** **자기장과 관련된 설명으로 옳지 않은 것은?**

① 자기력이 작용하는 공간이다.
② 자석 주위에 자기장이 생긴다.
③ 자석의 극 부분에서 자기장 세기가 가장 세다.
④ 자기장의 모양을 선으로 나타낸 것을 자기력선이라고 한다.
⑤ 자기장 속에 나침반을 놓았을 때 나침반 바늘의 S극이 가리키는 방향이 자기장의 방향이다.

## 2. 직선 전류에 의한 자기장

**(1) 자기장의 모양** : 직선 도선을 중심으로 한 동심원 모양이다.

**(2) 자기장의 방향** : 오른손 엄지손가락을 전류의 방향으로 향하게 하고 나머지 네 손가락으로 도선을 감아쥐었을 때 네 손가락이 가리키는 방향이다.

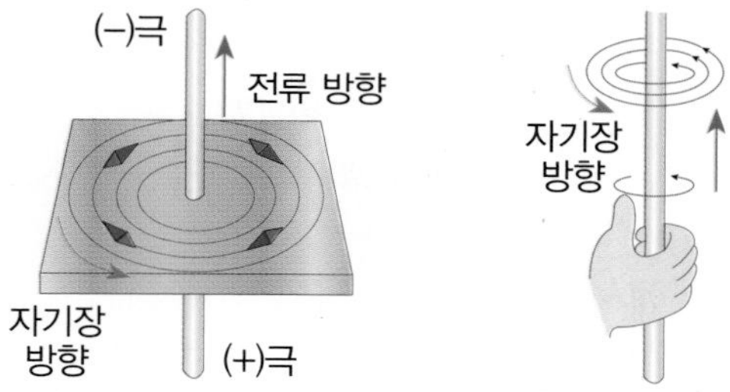

▲ 직선 전류 주위의 자기장과 그 방향

**(3) 자기장의 세기** : 도선에 흐르는 전류가 클수록 세지고, 전류가 흐르는 도선에서 멀어질수록 약해진다.

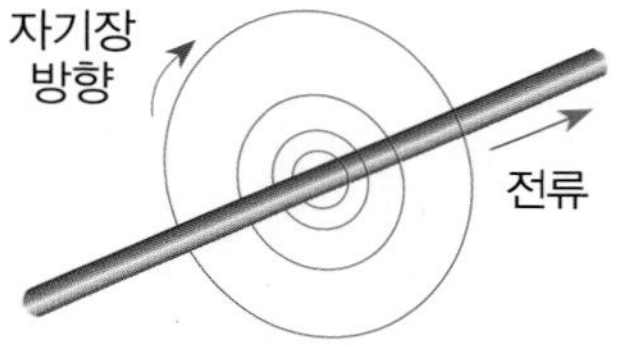

▲ 전류가 약할 때

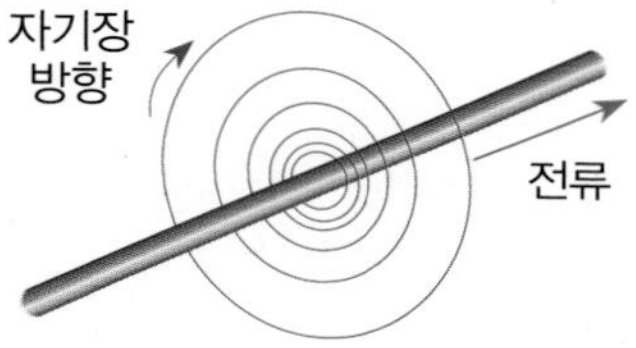

▲ 전류가 클 때

● 간단실험

전류가 흐르는 도선에 나침반을 올려 자기장의 방향을 관찰해 보자.

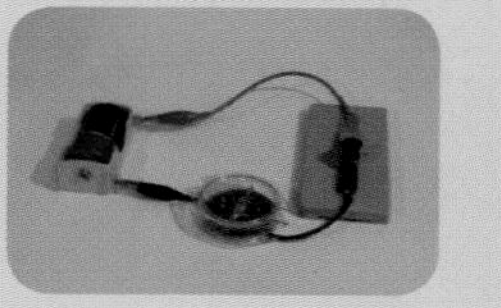

● 오른 나사를 이용한 자기장의 방향 찾기

● 외르스테드
(Oersted, H.C.1777 ~ 1851)

덴마크의 물리학자로 전류가 흐르는 도선 주위에 자기장이 생기는 현상을 발견하였다.

정답 및 해설 20쪽

**개념확인 2** **오른쪽 그림과 같이 직선 도선에 전류가 흐를 때 도선 주위에 생기는 자기장의 방향에 O표 하시오.**

(가) ( ㉠ , ㉡ )
(나) ( ㉢ , ㉣ )

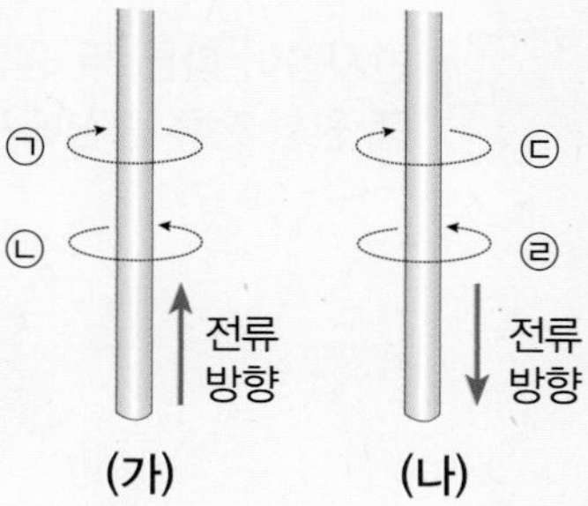


**확인 + 2**

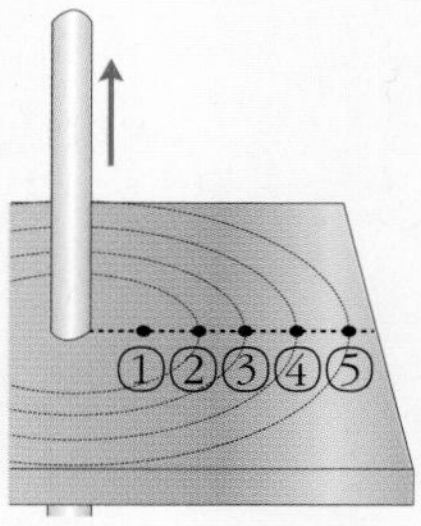


**왼쪽 그림에서 자기장이 가장 센 곳의 번호를 쓰시오.**

● 생각해보기★★

같은 크기의 전류가 흐르는 두 도선 위에 각각 나침반을 두었다. 이때 두 나침반의 N극이 가리키는 방향은 같을까?

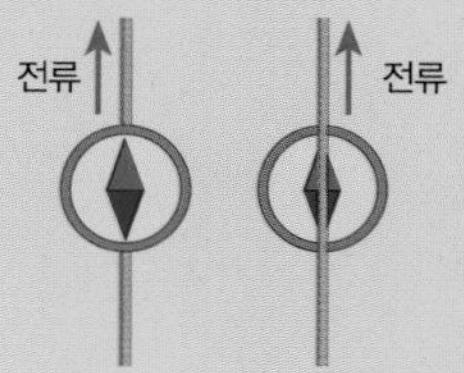


**미니사전**

동심원 [同 한가지 心 중심 圓 둥글다] 같은 중심을 가지며 반지름이 다른 두 개 이상의 원

## 3. 원형 전류에 의한 자기장

### (1) 원형 전류에 의한 자기장의 모양

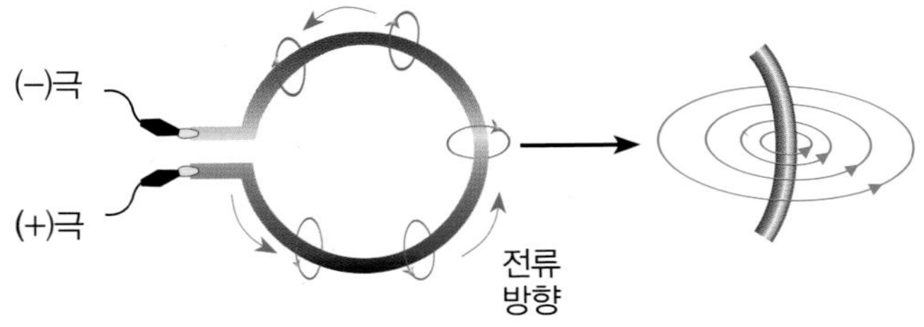


▲ 원형 도선에 흐르는 전류에 의한 자기장

### (2) 원형 전류 중심에서의 자기장의 방향

| | |
|---|---|
| 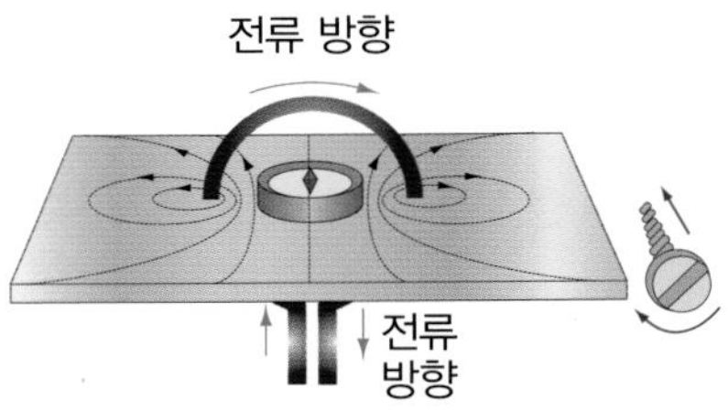  | 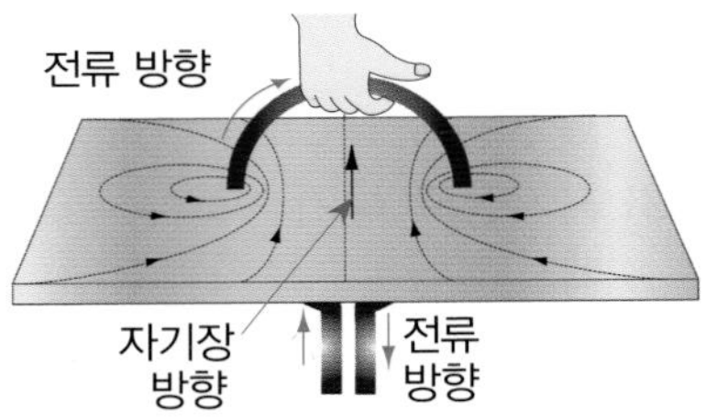  |
| 전류가 흐르는 방향으로 나사를 돌렸을 때 나사가 진행하는 방향 | 오른손의 엄지손가락을 전류의 방향으로 향하게 할 때, 네 손가락이 도선을 감아쥐는 방향 |

**(3) 원형 전류 중심에서의 자기장의 세기** : 도선에 흐르는 전류의 세기가 셀수록 세지고, 원형 도선의 반지름이 클수록 작아진다.

● 원형 전류 중심에서 자기장 방향 찾기

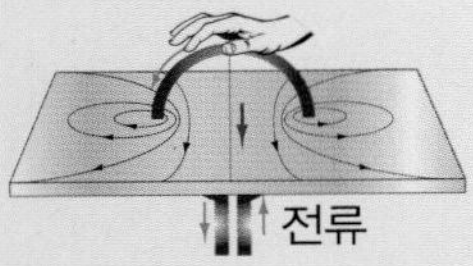


오른손의 네 손가락을 전류의 방향으로 감아쥐고, 엄지손가락을 폈을 때 엄지손가락이 가리키는 방향이 도선 안쪽에서 자기장의 방향이다.

● 원형 도선에 흐르는 전류에 의한 철가루 모양

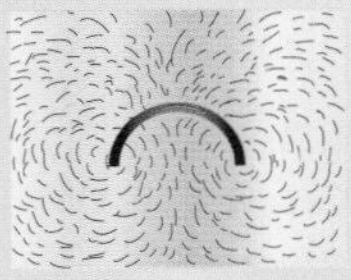

**개념확인 3** 반지름이 다른 두 원형 도선에 같은 세기의 전류를 흐르게 하였다. 두 그림 중 원형 전류 중심에서의 자기장의 세기가 더 큰 것은?

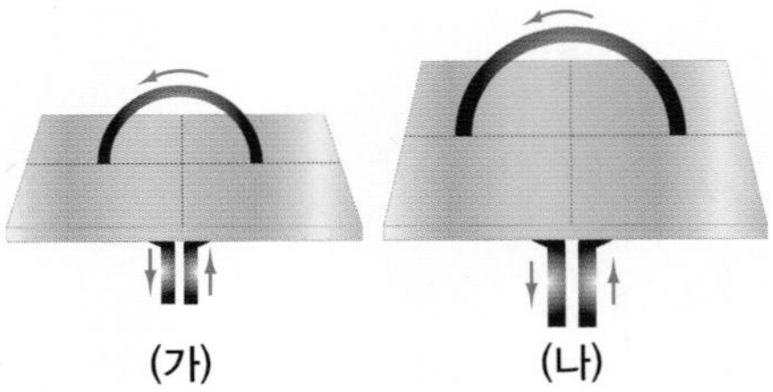


**확인 +3** 오른쪽 그림과 같이 전류가 흐르는 원형 도선의 중심에서 나침반 바늘의 N극이 가리키는 방향은?

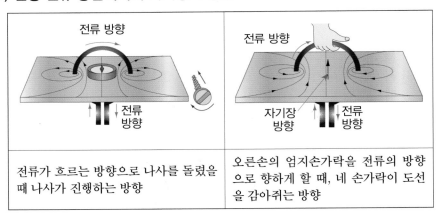

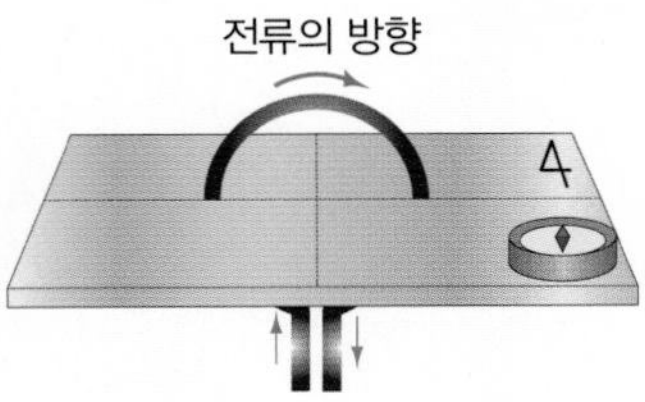


① 동쪽 ② 서쪽 ③ 남쪽
④ 북쪽 ⑤ 움직이지 않는다.

## 4. 코일(솔레노이드) 주위의 자기장

**(1) 코일(솔레노이드)** : 원형 도선을 용수철 모양으로 여러 번 감은 것이다.

**(2) 자기장의 모양** : 막대자석이 만드는 자기장과 같은 모양이다.

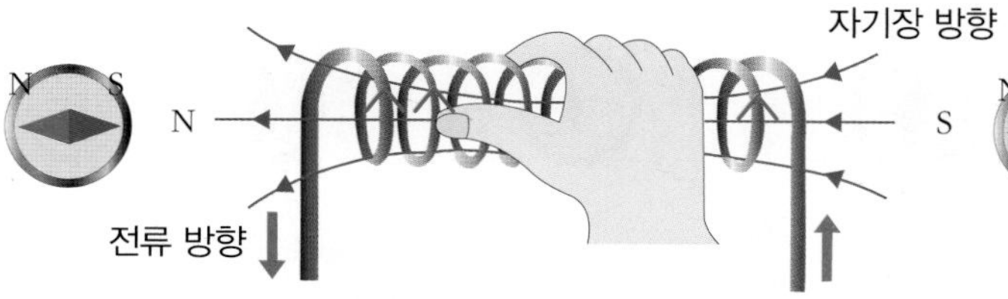

▲ 솔레노이드의 자기장의 방향

**(3) 코일 내부에 생기는 자기장의 방향** : 전류가 흐르는 방향으로 오른손을 감아쥐면 엄지손가락이 가리키는 방향이다.

**(4) 코일 내부에 생기는 자기장의 세기** : 코일에 흐르는 전류의 세기가 셀수록 세지고, 코일을 촘촘히 감을수록 세진다.

**(5) 전자석** : 코일 내부에 철심을 넣은 것이다.

① 코일에 전류가 흐를 때만 자석의 성질을 띤다.

② 전자석의 세기를 변화시킬 수 있으며, 극을 바꿀 수도 있다.

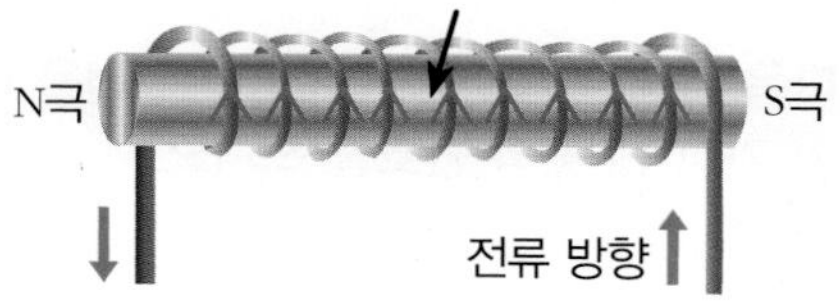

▲ 전자석

솔레노이드

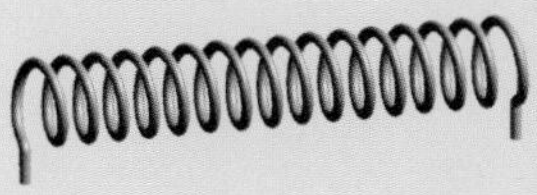

솔레노이드와 자기장

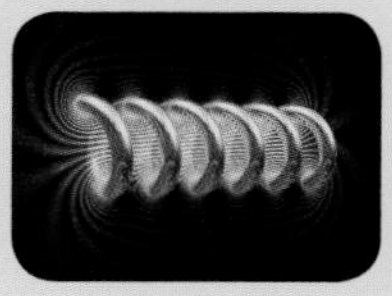

전자석의 이용

▲ 전자석 기중기

▲ 초인종

▲ 스피커

정답 및 해설 20쪽

**개념확인 4** **오른쪽 그림과 같이 전자석에 전류를 흘려보냈을 때 각각이 띠는 극을 써 보시오.**

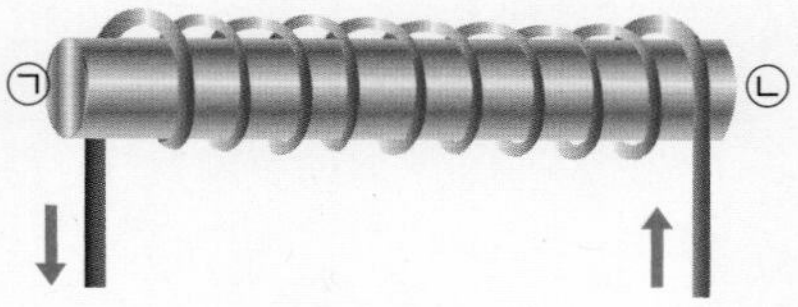


㉠ (                )극 ㉡ (                )극

**확인 + 4** **오른쪽 그림과 같이 코일에 전류를 흘려보냈을 때 오른손의 엄지손가락이 가리키는 방향으로 가장 적절한 것은?**

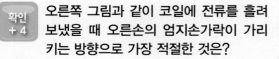

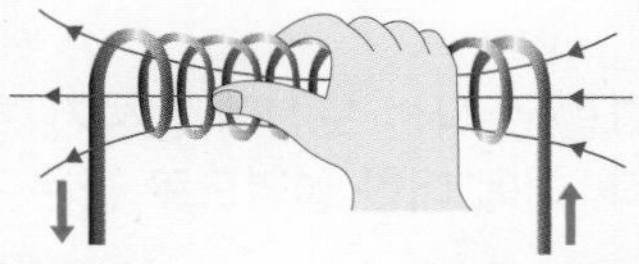


① 전류가 흐르는 방향
② 자기장의 접선 방향
③ 전자가 이동하는 방향
④ 전류가 흐르는 반대 방향
⑤ 코일 내부에 생기는 자기장의 방향

생각해보기★★★
코일 내부에 나무를 넣어도 전자석이 될까?

# 개념 다지기

**01** 다음 그림과 같이 화살표 방향으로 자기장이 형성되어 있는 곳에서 나침반 바늘의 방향이 바르게 되어 있는 것은? (단, 붉은 색이 N극이다.)

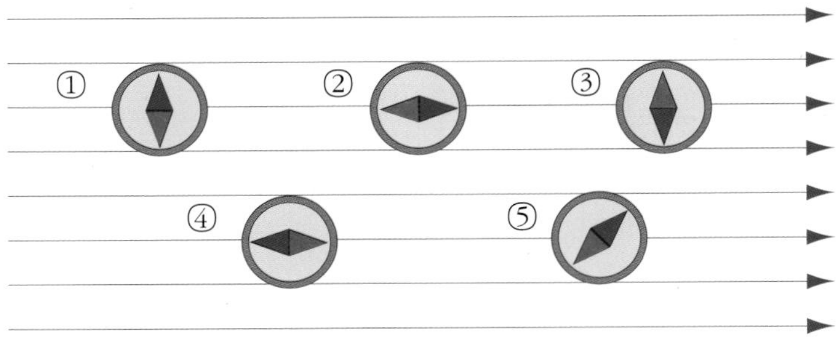


**02** 다음 그림은 막대 자석의 자기력선을 나타낸 것이다. 표시된 곳 중에서 자기장의 세기가 가장 센 곳의 번호를 쓰시오.

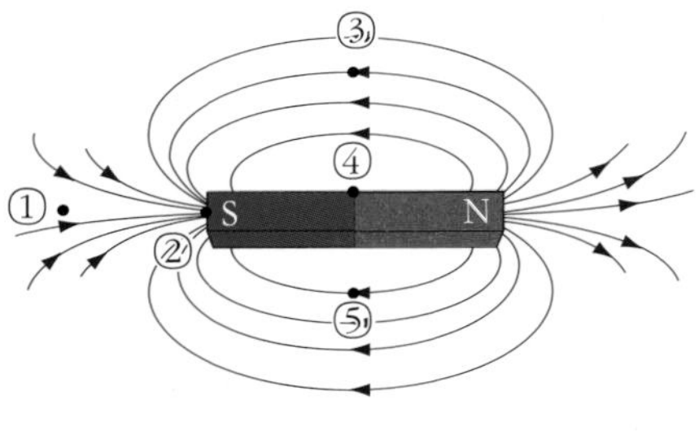


**03** 그림은 직선 도선에 전류가 흐르고 있는 모습을 나타낸 것이다. 이에 대한 설명으로 옳은 것은?

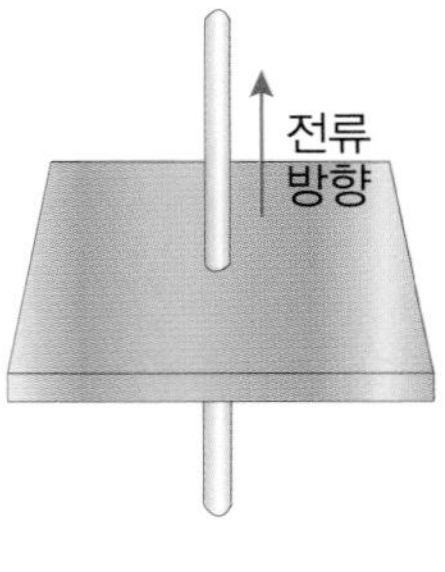


① 직선 도선의 아래쪽이 전지의 (–)극이다.
② 도선에 가까울수록 자기장의 세기가 약해진다.
③ 도선의 전류가 세질수록 자기장의 세기가 약해진다.
④ 자기장은 직선 도선을 중심으로 한 동심원 모양이다.
⑤ 자기장의 방향은 직선 도선을 중심으로 시계 방향으로 생긴다.

정답 및 해설 21쪽

## 04 다음 그림과 같은 원형 도선에 화살표 방향으로 전류가 흐르고 있다. 이에 대한 설명으로 옳은 것은?

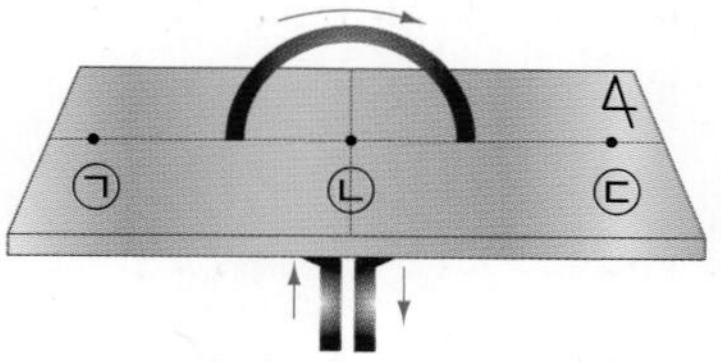


① 원형 도선 중심에서 자기장의 방향은 남쪽이다.
② ㉠ 지점에 나침반을 놓으면 나침반 바늘의 S극은 남쪽을 향한다.
③ ㉡ 지점에 나침반을 놓으면 나침반 바늘의 S극은 북쪽을 향한다.
④ 원형 도선의 반지름이 클수록 ㉡ 지점에서 자기장의 세기가 커진다.
⑤ 원형 도선에 흐르는 전류가 커질수록 ㉡ 지점에서 자기장이 커진다.

## 05 오른쪽 그림과 같이 코일에 전류가 흐르고 있다. 이때 ㉠ 위치에 나침반을 놓았을 때 나침반 바늘의 모습으로 옳은 것은?

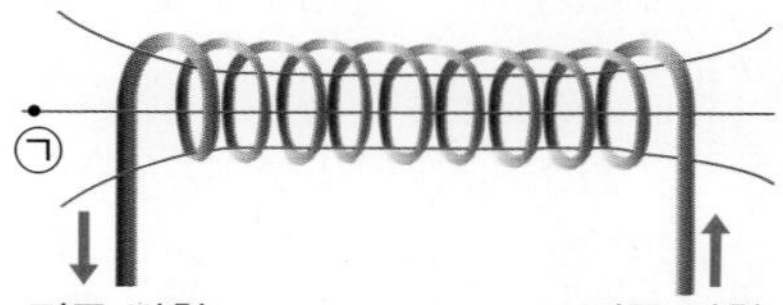


① 

② 

③ 

④ 

⑤ 

계속 회전한다.

## 06 전자석에 대한 설명으로 옳지 않은 것은?

① 전자석은 극을 바꿀 수 있다.
② 코일 내부에 철심을 넣은 것이다.
③ 전자석은 자석의 세기를 변화시킬 수 있다.
④ 극이 같은 전자석과 막대자석은 비슷한 모양의 자기력선을 갖는다.
⑤ 코일에 전류를 흘려준 후 다시 전류를 흐르지 않게 하여도 자석의 성질은 남아있다.

# 유형 익히기 & 하브루타

## [유형16-1] 자기장

다음 중 두 자석이 가까이 있을 때 생기는 자기력선의 모양으로 옳은 것은?

①
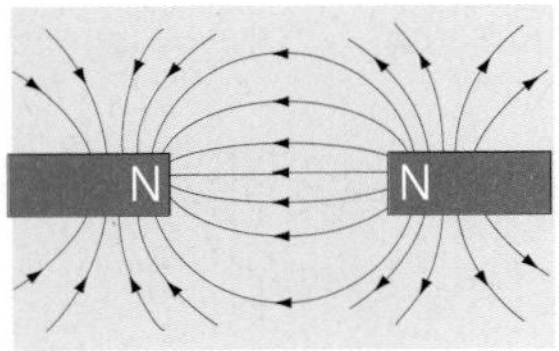


②
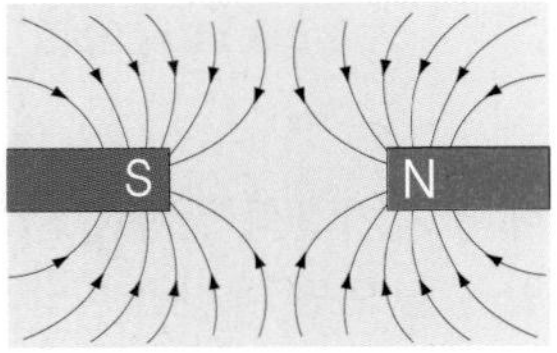


③
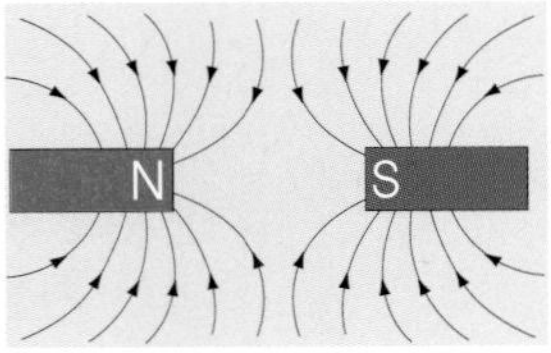


④
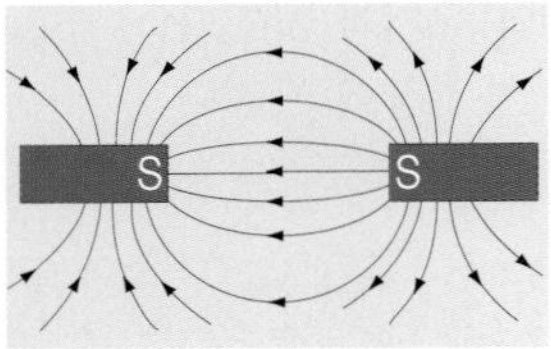


⑤
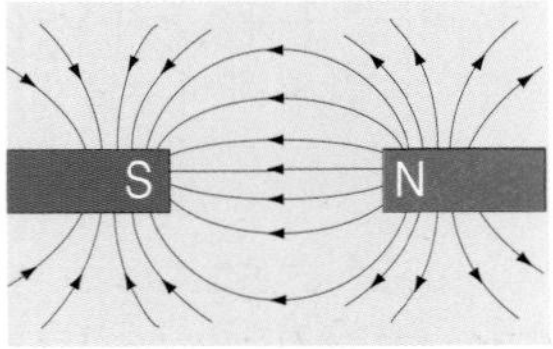


**Tip!**

**01** 오른쪽 그림은 막대 자석의 자기력선을 나타낸 것이다. 이에 대한 설명으로 옳은 것은?

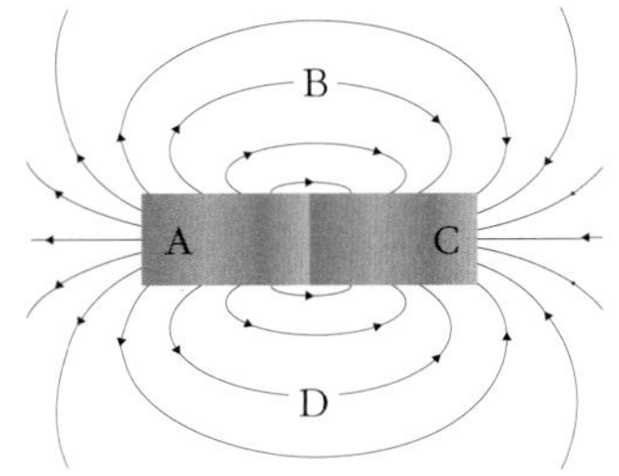


① A는 자석의 S극이다.
② B에서 자기장의 세기가 가장 크다.
③ C는 자석의 S극이다.
④ D에 나침반을 놓으면 나침반의 N극이 왼쪽을 향한다.
⑤ 이 그림에서 자기력선만 보고 자석의 극은 알 수 없다.

**02** 다음 그림에서 A에 나침반을 놓았을 때 N극이 가리키는 방향은?

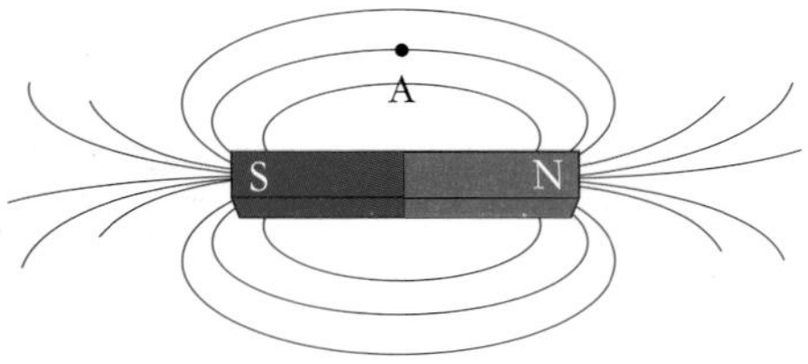


① 위쪽　② 아래쪽　③ 오른쪽
④ 왼쪽　⑤ 회전

## [유형16-2] 직선 전류에 의한 자기장

**오른쪽 그림은 전류가 흐르는 직선 전류에 의해 나침반의 바늘이 정렬한 모습이다. 이때 전류의 방향과 위에서 볼 때 자기장의 방향이 바르게 짝지어진 것은?**

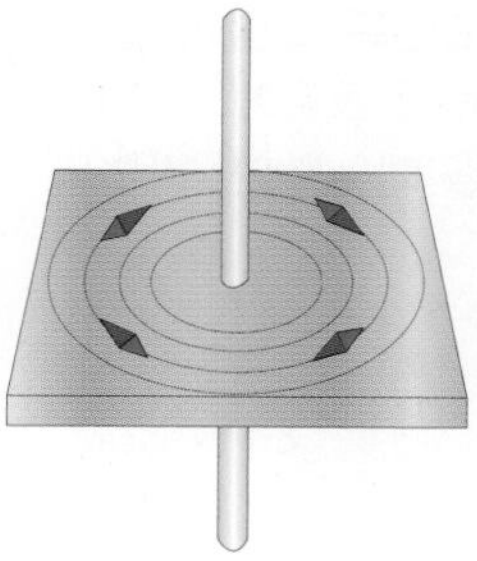

| | 전류의 방향 | 자기장의 방향 | | 전류의 방향 | 자기장의 방향 |
|---|---|---|---|---|---|
| ① | 위 → 아래 | 시계 방향 | ② | 위 → 아래 | 반시계 방향 |
| ③ | 아래 → 위 | 시계 방향 | ④ | 아래 → 위 | 반시계 방향 |
| ⑤ | 위 → 아래 | 왼쪽 → 오른쪽 | | | |

## 03

**오른쪽 그림은 직선 전류에 의한 자기장의 모습이다. 이때 전류의 방향을 반대로 바꿨을 때 변하지 않는 것을 모두 고르시오.**(2개)

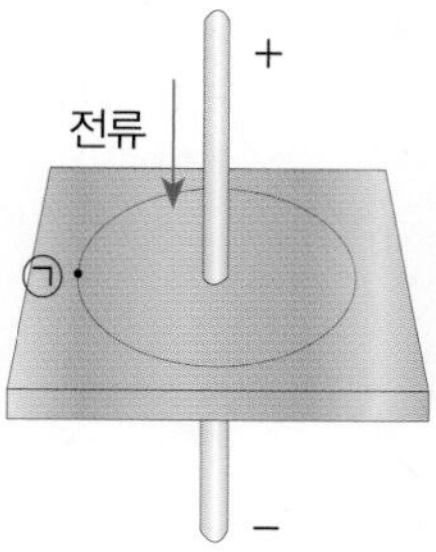


① 자기장의 모양 ② 자기장의 세기
③ 자기장의 방향 ④ 전류의 방향
⑤ ㉠에 놓여 있는 나침반의 N극이 가리키는 방향

## 04

**오른쪽 그림은 직선 전류에 의한 자기장의 모습이다. 이때 자기장이 세지는 경우는?**

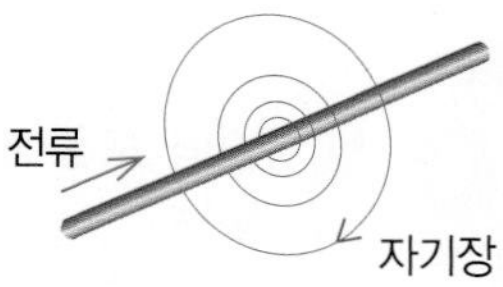


① 도선에서 멀어진다.
② 전류의 방향을 바꿔준다.
③ 전류를 흐르지 않게 한다.
④ 도선에 흐르는 전류를 크게 한다.
⑤ 같은 세기의 전류가 흐르는 두꺼운 도선으로 바꾼다.

**Tip!**

# 유형 익히기 & 하브루타

## [유형16-3] 원형 전류에 의한 자기장

오른쪽 그림과 같이 원형 도선에 (+)극과 (−)극을 연결하여 전류를 흐르게 하였다. 이때 원형 도선의 중심으로 나침반을 옮겼을 때 나침반 바늘의 N극의 방향은?

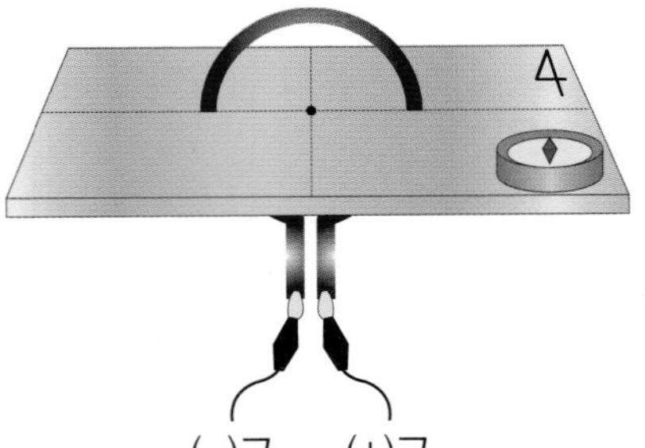


① 동쪽　② 서쪽　③ 남쪽　④ 북쪽　⑤ 움직이지 않는다.

**Tip!**

**05** 오른쪽 그림은 원형 도선에 전류가 흐르고 있는 모습이다. 이때 ㉠의 위치에서 나침반 바늘의 모습으로 옳은 것은?

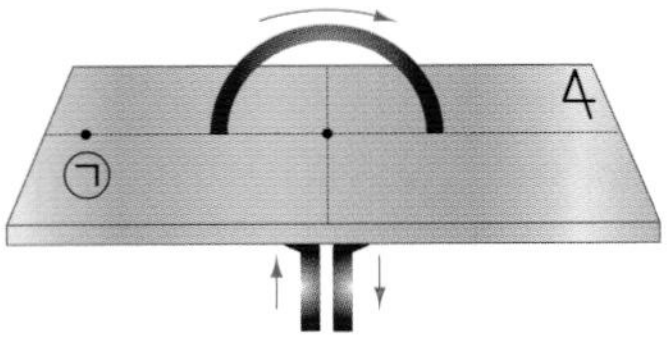


①

②

③

④

⑤

**06** 원형 도선에 전류가 흐를 때 원형 도선의 중심에서 자기장이 세지는 경우는?

① 도선에 전류를 흐르지 않게 한다.
② 원형 도선의 반지름을 작게 한다.
③ 도선에 흐르는 전류의 방향을 바꿔 준다.
④ 전류가 흐르는 도선 위에 철가루를 뿌린다.
⑤ 도선에 흐르는 전류를 약하게 한다.

## [유형16-4] 코일 주위의 자기장

다음 그림과 같이 코일에 전류가 흐르고 있다. 이때 ㉠ 위치에 나침반을 놓았을 때 나침반 바늘의 N극이 가리키는 방향은?

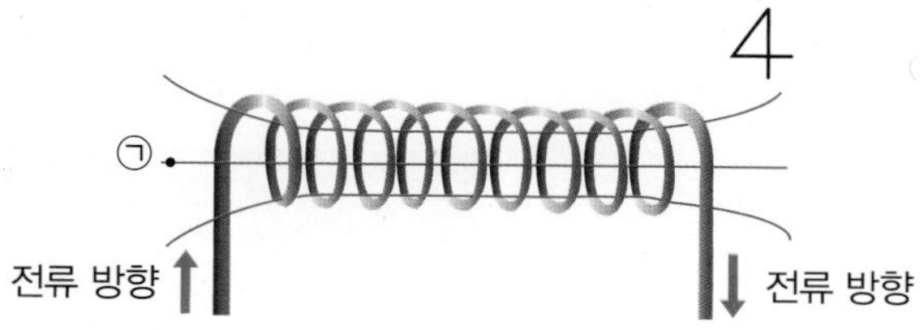


① 동쪽 ② 서쪽 ③ 남쪽 ④ 북쪽 ⑤ 움직이지 않는다.

**07** 오른쪽 그림과 같이 코일에 전류가 흐르고 있다. ㉠ 위치(코일 안쪽)에 나침반을 놓았을 때 나침반 바늘의 모습으로 옳은 것은? (단, 붉은 색이 N극이다.)

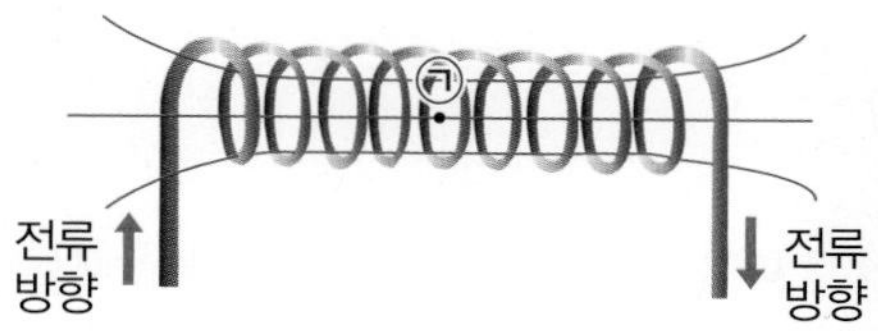


①

②

③

④
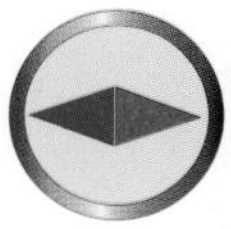
⑤
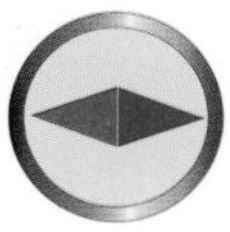

**Tip!**

**08** 코일 내부에 생기는 자기장이 세지는 경우는?

① 코일을 더 촘촘히 감는다.
② 도선에 전류를 흐르지 않게 한다.
③ 도선에 흐르는 전류의 방향을 바꿔 준다.
④ 도선에 흐르는 전류를 약하게 한다.
⑤ 코일 내부에 생기는 자기장의 세기는 변할 수 없다.

**01** 나침반은 자석으로 만든 나침반 바늘이 지구 자기장의 영향을 받아 특정 방위를 가리키는 도구이다. 자석이 N극과 S극을 띠는 이유는 자석 내부 원자의 배열이 일정한 방향으로 되어 있기 때문이다. 그렇기 때문에 자석을 아무리 쪼개도 N극만 띠거나 S극만 띠는 자석은 있을 수 없다. 하지만 외부 힘에 의하여 이 원자들의 배열을 무질서하게 만들면 자석은 자기력을 잃게 된다. 대표적인 경우가 자석 옆에 오래 둔 나침반이 망가지는 경우이다.

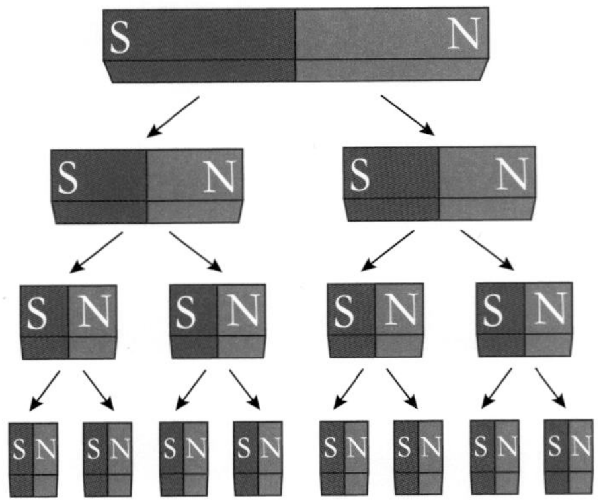


(1) 다음 나침반의 위치들 중 가장 빠른 시간 안에 나침반이 고장이 나는 곳은 어디일지 예상해 보고 그 이유를 서술하시오.

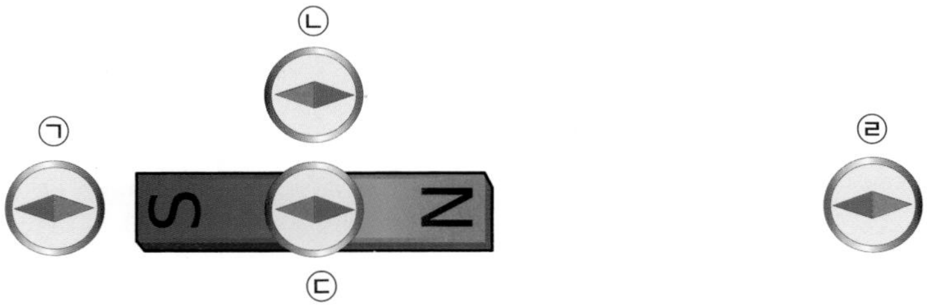


(2) 나침반을 자석 옆에 두어도 망가지지 않게 하기 위한 방법을 설명하시오.

정답 및 해설 22쪽

## 02

**전자석이란 철심 주위에 코일을 감아 전류를 흘려주면 자석의 성질을 띠는 것을 말한다. 그렇기 때문에 전자석도 막대 자석과 같이 N극과 S극을 가지고 있다. 하지만 막대 자석은 영구 자석인데 반해 전자석은 전기의 흐름을 바꿔 극을 바꿀 수도 있고, 자석의 세기도 조절할 수 있어서 다양한 곳에 활용이 되고 있다.**

▲ 전자석을 이용하여 열차를 띄우는 자기 부상 열차

▲ 전자석을 이용하여 무거운 물체를 들어올리는 기중기

(1) 철심이 아닌 막대 자석에 코일을 감고 전류를 흐르게 하면 막대 자석의 자기력은 세질 수 있을까? 자신의 생각을 이유와 함께 서술하시오.

(2) 전자석은 전류의 방향을 바꿔주면 전자석의 극이 바뀌게 된다. 그렇다면 막대 자석에 전류가흐르는 코일을, 서로 극이 일치되게 감은 상태에서 코일의 전류를 바꿔주면 막대 자석의 극이 바뀔 수 있을까? 자신의 생각을 그 이유와 함께 서술하시오.

**03** 다음 그림처럼 전류가 흐르지 않을 때 각 지점에서 나침반 바늘의 N극은 북쪽을 향하고 있었다. 전지를 연결하여 전류가 흐르는 사각형 도선의 왼쪽 ㉠ 지점에서 ㉡, ㉢, ㉣을 지나 오른쪽 ㉤까지 나침반을 옮기려고 한다.

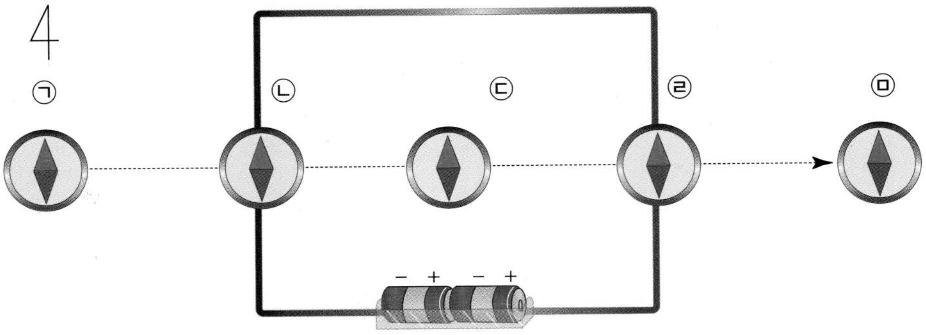


㉠에서 ㉤까지 나침반을 전선 위로 이동시킬 때와 전선 아래로 이동시킬 때의 나침반 바늘의 움직임을 비교해서 설명하시오.

**04** 덴마크의 물리학자인 외르스테드는 학생들에게 전류가 흐르면 도선이 뜨거워지는 현상을 보여 주기 위한 시범 실험을 하는 도중, 도선 옆에 놓여 있던 나침반의 바늘이 회전하는 것을 보고 전류가 흐르는 도선 주위에 자기장이 생기는 현상을 발견하였다.

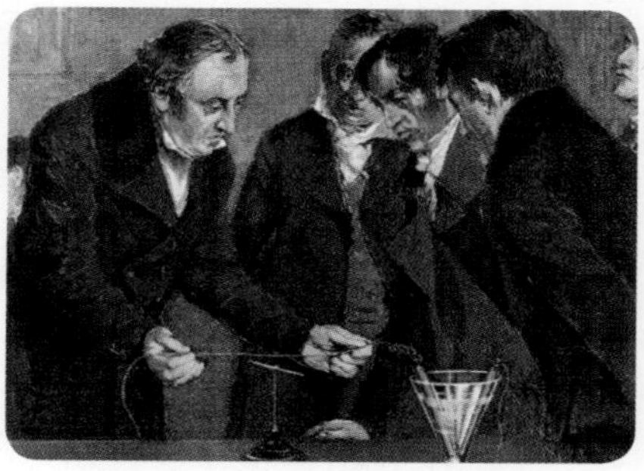

(1) 이를 보고 무한이가 외르스테드처럼 실험을 하기 위해 다음과 같이 전기 회로도를 꾸미고 나침반을 전선 위에 놓았다. 하지만 나침반의 바늘이 움직이지 않았다. 나침반의 바늘이 움직이지 않은 이유는 무엇일까?

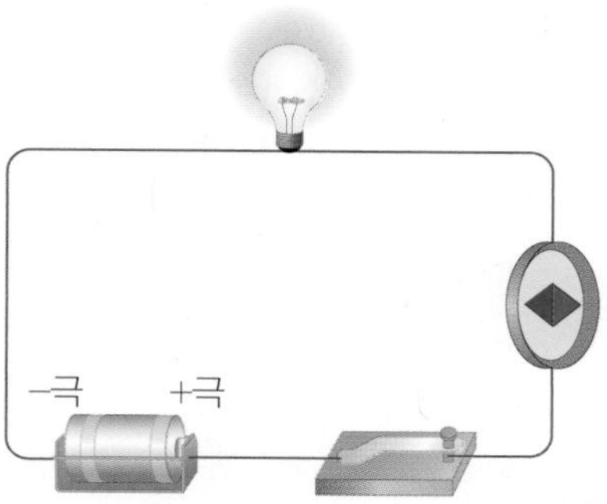


(2) 전류의 방향에 따라 나침반 바늘이 회전하는 방향이 바뀐다는 것을 확인하기 위해 무한이는 어떻게 해야 할까?

# 스스로 실력 높이기

**01** 자기력선에 대한 설명으로 옳은 것은 O표, 옳지 않은 것은 X표 하시오.

(1) 자석의 N극에서 나와 S극으로 들어간다. ( )

(2) 도중에 끊어지거나 새로 생기기도 한다. ( )

(3) 자기력선의 간격이 넓을수록 자기장의 세기가 약하다. ( )

**02** 직선 전류에 의한 자기장에 대한 설명으로 옳은 것은 O표, 옳지 않은 것은 X표 하시오.

(1) 직선 도선을 중심으로 한 동심원 모양이다. ( )

(2) 오른손을 이용하여 네 손가락을 전류의 방향으로 감아쥐었을 때 엄지손가락이 향하는 방향이 자기장의 방향이다. ( )

(3) 도선에 흐르는 전류의 세기가 셀수록 자기장의 세기가 세진다. ( )

**03** 원형 전류에 의한 자기장에 대한 설명으로 옳은 것은 O표, 옳지 않은 것은 X표 하시오.

(1) 원형 도선과 같은 모양의 동심원 모양으로 자기장이 생긴다. ( )

(2) 원형 전류 중심에서의 자기장의 방향은 전류가 흐르는 방향으로 나사를 돌렸을 때 나사가 진행하는 방향이다. ( )

(3) 원형 도선의 반지름이 작을수록 자기장의 세기가 세진다. ( )

**04** 코일 주위의 자기장과 관련된 설명으로 옳은 것은 O표, 옳지 않은 것은 X표 하시오.

(1) 코일 외부에는 직선 모양의 자기장이 생긴다. ( )

(2) 코일을 촘촘히 감을수록 코일 내부에 생기는 자기장의 세기는 약해진다. ( )

(3) 전류가 흐르는 코일 내부에 철심을 넣으면 자석의 성질을 띤다. ( )

**05** 다음 괄호 안에 알맞은 말을 순서대로 써 넣으시오.

> 자석이나 전류가 흐르는 도선 주위의 자기력이 작용하는 공간을 (          )이라고 한다. 이 공간 안에 나침반을 놓았을 때 나침반 바늘의 (     )극이 가리키는 방향이 자기장의 방향이다.

**06** 오른쪽 그림과 같이 직선 도선에 전류가 흐르고 있다. 자기장의 세기가 큰 순서대로 기호로 쓰시오.

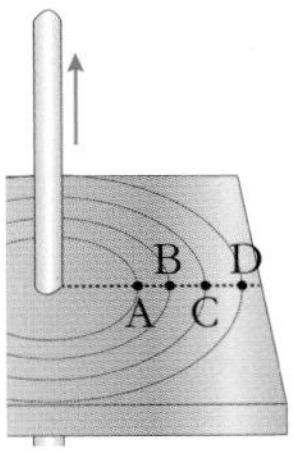


( )>( )>( )>( )

**07** 다음 그림과 같이 원형 도선에 전류가 흐르고 있다. 이때 원형 전류 중심으로 나침반을 가지고 갔을 때 나침반 바늘의 N극이 가리키는 방향은?

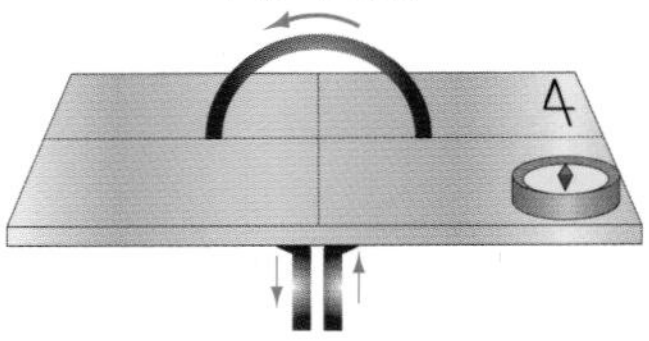


(          )쪽 방향

**08** 다음 그림과 같이 전자석과 막대 자석을 가까이 놓았다. 이때 전자석에 그림과 같이 전류를 흐르게 하였을 때 전자석과 막대 자석 사이에는 어떤 힘이 작용할까?

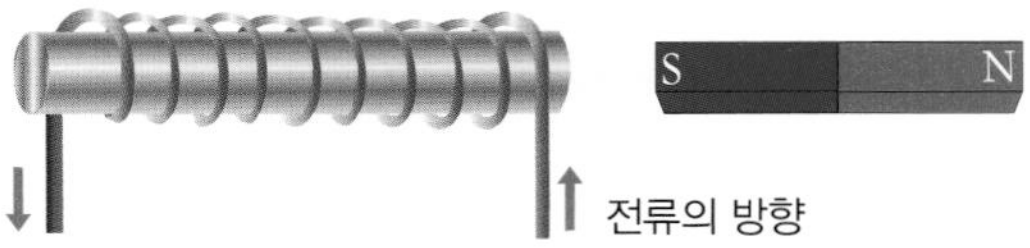


(          )

정답 및 해설 23쪽

**09** 다음 그림의 ㉠과 ㉡의 방향은 각각 무엇을 의미하는가?

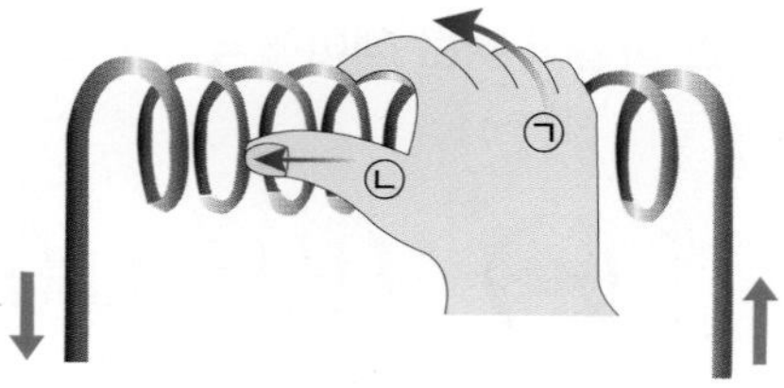


㉠ (　　　　　)가 흐르는 방향
㉡ 코일 내부의 (　　　　　) 방향

**10** 다음 괄호 안에 알맞은 말을 넣으시오.

| |
|---|
| 코일 내부에 철심을 넣어 전류를 흐르게 하면 (　　　　　　)이 된다. |

**11** 다음 그림은 막대 자석의 자기력선을 나타낸 것이다. A에 나침반을 놓았을 때 나침반 바늘의 모양으로 바른 것은?(단, 붉은 색이 N극이다.)

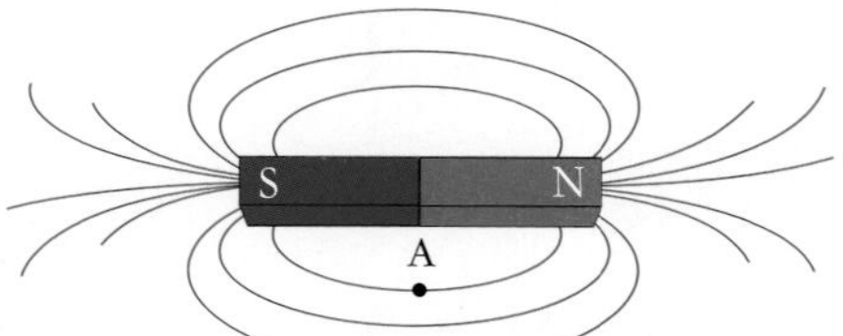


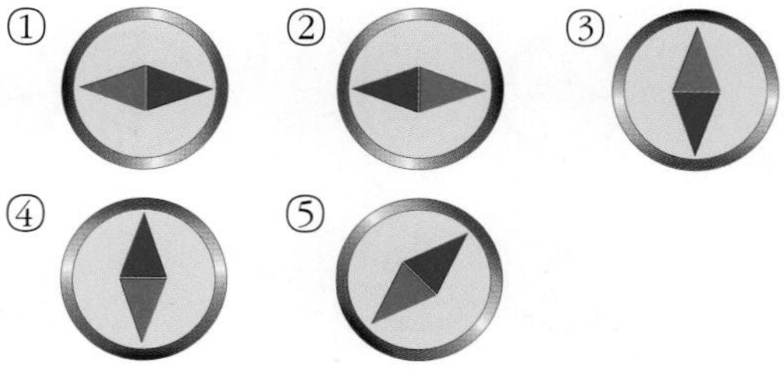


**12** 다음 그림과 같이 극을 알 수 없는 세 금속을 가까이 두고 자기력선을 관찰하였다. ㉠, ㉡, ㉢의 극이 바르게 짝지어진 것은?

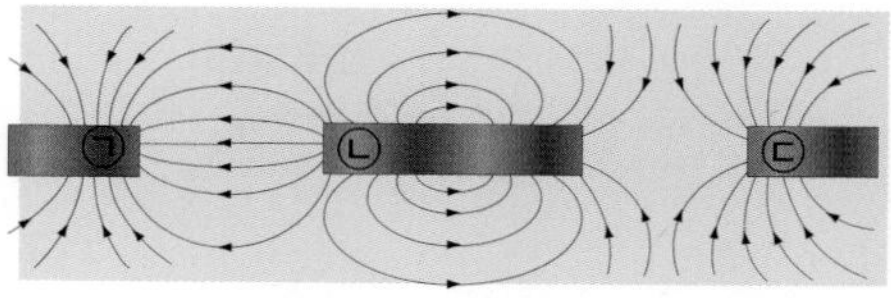


| | ㉠ | ㉡ | ㉢ |
|---|---|---|---|
| ① | N극 | N극 | N극 |
| ② | S극 | S극 | S극 |
| ③ | N극 | S극 | N극 |
| ④ | S극 | N극 | S극 |
| ⑤ | N극 | S극 | S극 |

**13** 그림과 같이 전류가 흐르는 직선 도선 주위에 나침반을 놓았을 때 나침반 바늘의 모양으로 올바른 것은? (단, 나침반 바늘의 붉은 색이 N극이다.)

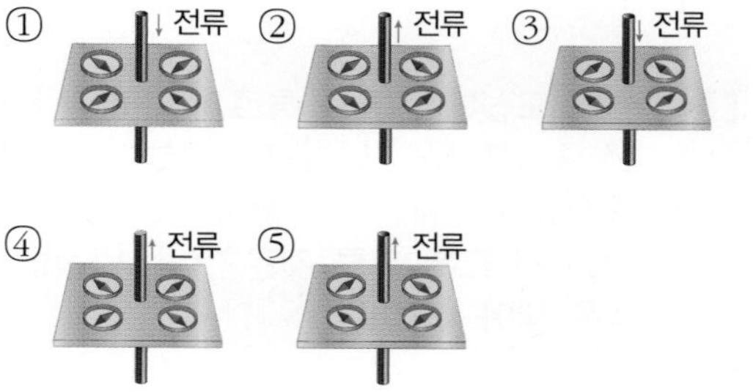


**14** 전류의 방향과 자기장의 방향이 바르게 짝지어진 것은?

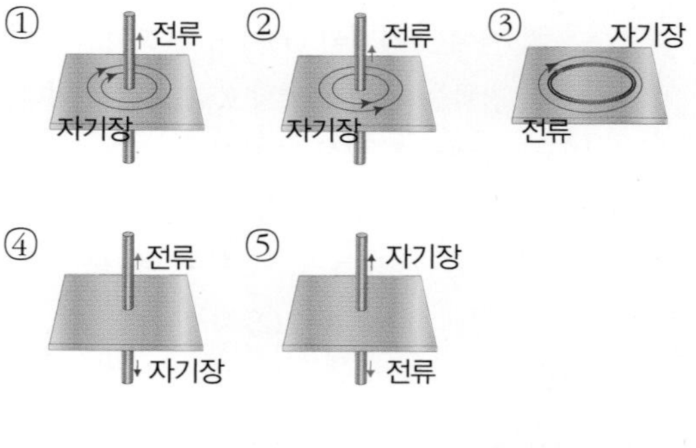

**15** 다음 그림과 같이 원형 도선에 전류를 흐르게 하였다. 이때 ㉠과 ㉡에서 나침반의 바늘 모양이 바르게 짝지어진 것은?(단, 붉은 색이 N극 이다.)

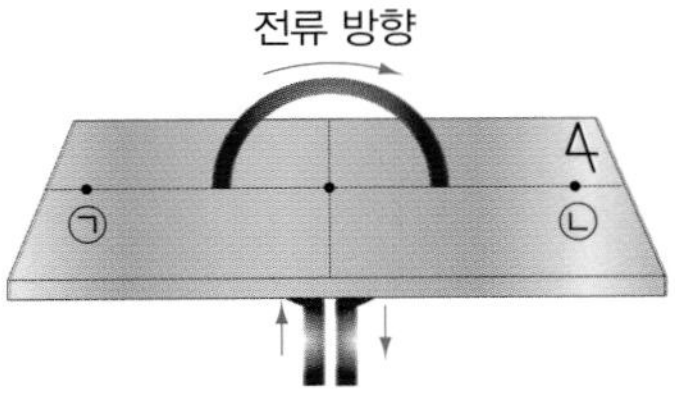


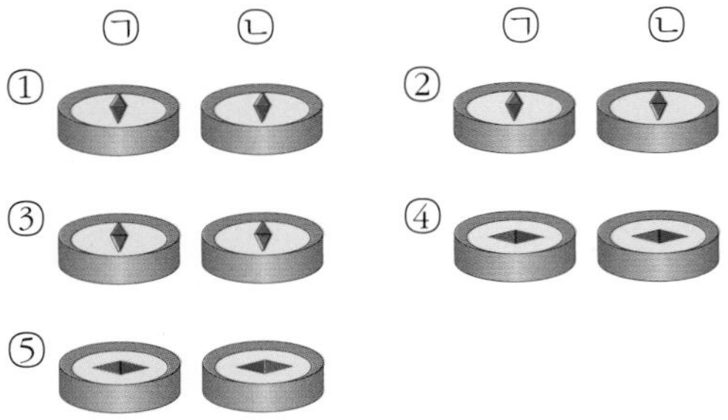


**16** 원형 도선에 전류를 흐르게 하였더니 원형 도선 중심에 있던 나침반의 바늘이 그림과 같이 움직였다. 이에 대한 설명으로 옳은 것을 〈보기〉에서 모두 고른 것은? (단, 나침반 바늘의 붉은 색이 N극이다.)

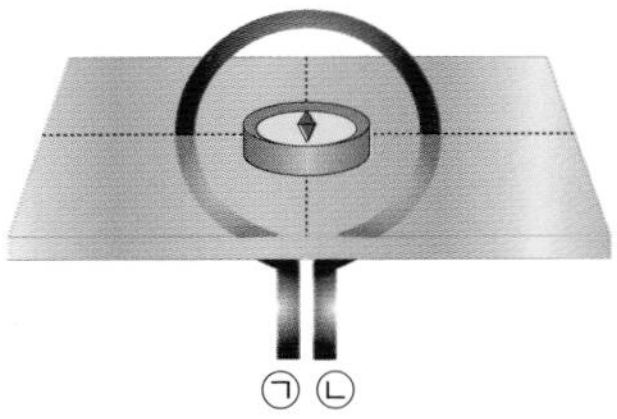


〈 보기 〉

ㄱ. ㉠에는 전지의 (+)극이 연결되어 있다.
ㄴ. 전류는 반시계 방향으로 흐르고 있다.
ㄷ. 나침반을 원형 도선의 오른쪽으로 옮겨도 나침반은 움직이지 않는다.

① ㄱ ② ㄴ ③ ㄷ
④ ㄱ, ㄴ ⑤ ㄴ, ㄷ

**17** 다음 그림과 같이 코일에 전류를 흐르게 하였더니 코일의 왼쪽 나침반 바늘이 그림과 같이 움직였다. 이에 대한 설명으로 옳은 것은?(단, 나침반 바늘의 붉은 색이 N극이다.)

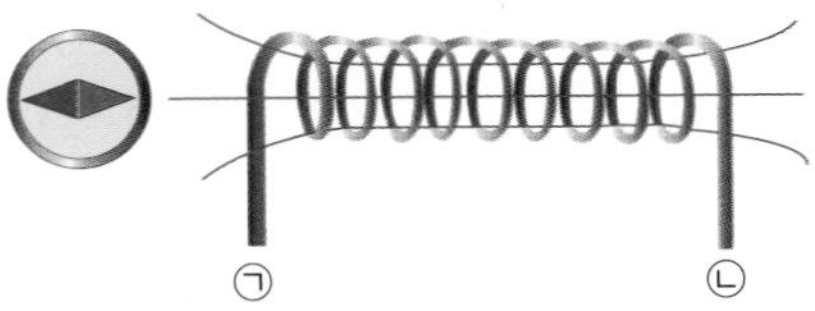


① ㉠에는 전지의 (−)극이 연결되어 있다.
② 전류는 ㉠쪽에서 들어와 ㉡쪽으로 흐르고 있다.
③ 전류는 ㉡쪽에서 들어와 ㉠쪽으로 흐르고 있다.
④ 전류의 방향을 바꿔도 나침반은 움직이지 않는다.
⑤ 나침반을 코일 내부로 옮기면 나침반의 방향은 반대로 움직인다.

**18** 다음 그림과 같이 전자석을 이용하여 회로를 만들고 전자석의 양쪽에 나침반을 놓았다. 이때 스위치를 닫아 전류를 흘려주었을 때 ㉠과 ㉡ 나침반 바늘의 모양으로 바르게 짝지어진 것은? (단, 붉은 색이 N극이다.)

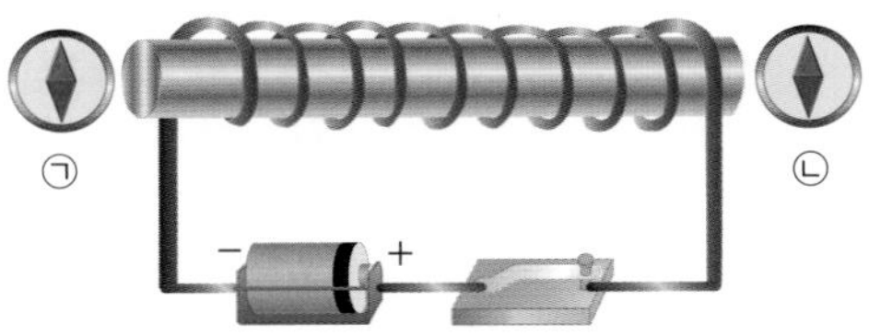


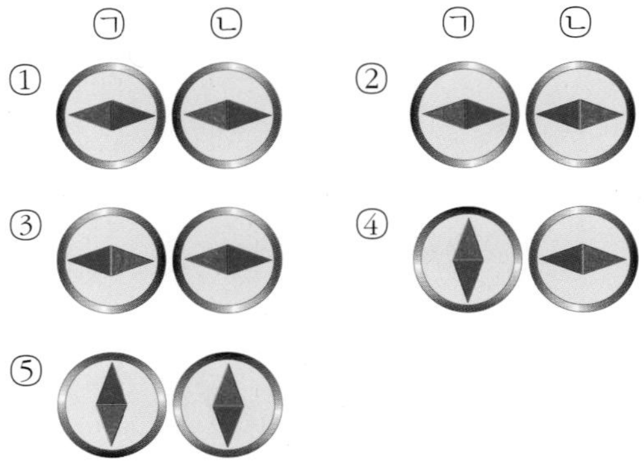

정답 및 해설 23쪽

**19** 철심에 코일을 감아 전자석을 만든 후 전원을 연결하여 전류를 흐르게 하였더니 나침반 바늘이 오른쪽 그림과 같이 움직였다. 이때 전자석에 흐르는 전류의 방향과 자기장의 방향이 옳은 것은?

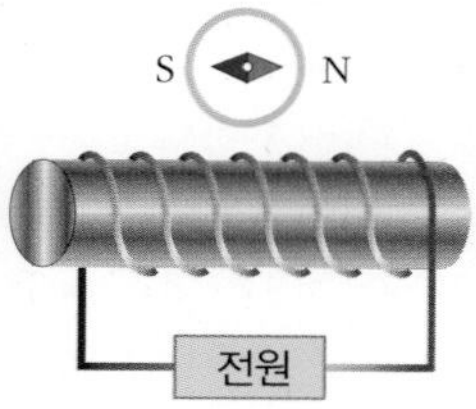


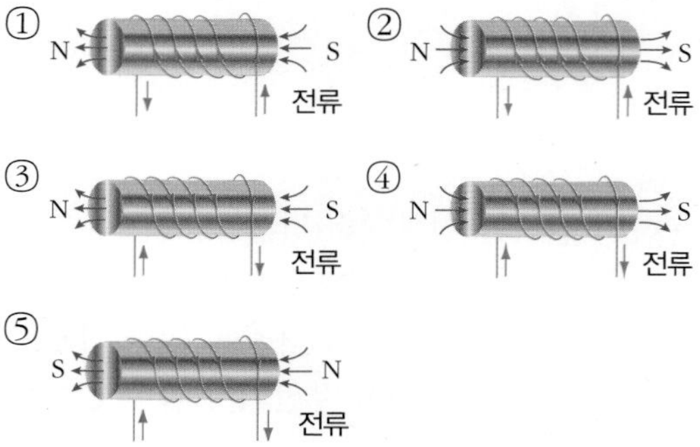


**20** 다음 그림은 전류가 흐르는 도선과 자석 주위에 생기는 자기장의 모습이다. 자기장의 방향이 바르지 <u>않은</u> 것은?

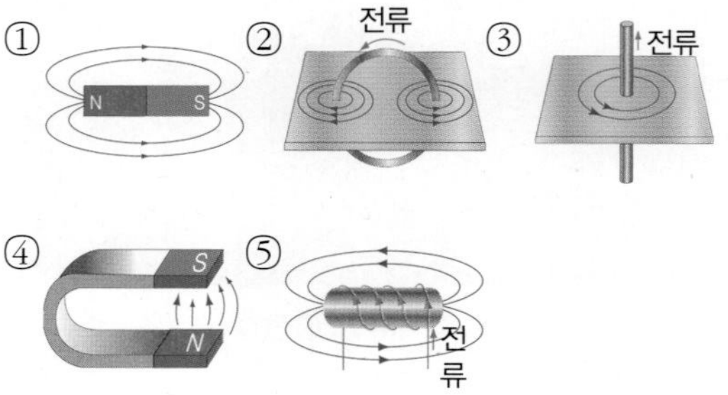


## 창의력 서술

**21** 자석 옆에 철과 구리를 놓았다. 이때 자석에 붙지 않는 것이 있을지 자신의 생각을 서술하시오.

**22** 전류가 흐르지 않을 때 나침반 ㉠의 N극은 북쪽을 향하고 있었다. 그렇다면 전류가 흐를 때 나침반 ㉠의 바늘은 어떻게 움직일까? 자신의 생각을 서술하시오.

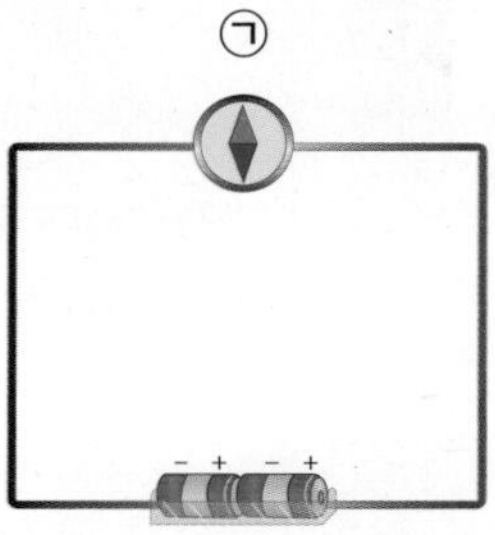

# 17강. Project - 서술

# 전자석과 자기 부상 열차

자기 부상 열차는 자석 사이의 인력과 척력을 이용하여 열차를 선로에서 약간 띄워서 운행하는 열차이다. 자기 부상 열차는 60 ~ 65dB 정도로 매우 적은 소음이 발생하고, 진동이 거의 없어 승차감이 좋으며, 평균 250km/h의 고속으로 운행할 수 있다. 또한 마찰에 의한 마모도 거의 없어 유지 및 보수 비용이 저렴하고 자석이 레일을 감싸기 때문에 탈선의 위험이 없다는 장점도 있다. 그리고 열차에 의해 가해지는 힘(무게)이 레일 전체에 분산되기 때문에 레일 구조물의 건설비가 적게 든다. 자기 부상열차의 차량 가격은 지하철의 2배이지만, 노선 1㎞ 당 건설비는 자기 부상 열차가 250억 원, 바퀴식 경전철이 300억 원, 지하철이 500억 원으로 경제적 이점이 있다. 그러나 바퀴식보다 에너지 효율이 낮고, 자기장이 인체에 미치는 효과가 아직 밝혀지지 않아 이에 대한 연구가 필요하다.

▲ 초전도체와 자석은 서로 밀어낸다.

▲ 자기부상 경전철

**01** 자기 부상 열차의 장점을 있는대로 적어 보시오.

정답 및 해설 25쪽

자기 부상 열차가 움직이기 위해서는 열차를 선로로부터 띄우는 힘과 열차를 원하는 방향으로 진행시키는 힘이 필요하다. 열차를 선로에서 띄우는 방법은 크게 자석 양극의 반발력을 이용하는 반발식과 자석과 자성체 간의 인력을 이용하는 흡인식으로 나눌 수 있다. 일반적으로 반발식은 흡인식보다 속도 조절 등이 쉽지만 저속에서는 자기력의 반발력이 충분하지 못해 열차를 띄우지 못하므로 약 100km/h 이하의 속도에서는 바퀴를 사용해야 한다. 이에 비해 흡인식 열차는 차량의 뜨는 힘을 조절하여 어느 한쪽으로 기울지 않도록 균형을 유지하는 부분이 복잡하긴 해도, 저속에서도 부상이 가능하다는 장점이 있다.

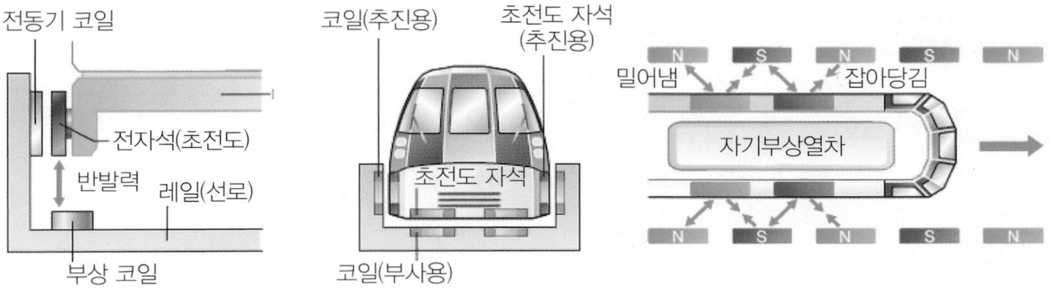


▲ 자기부상열차의 원리

자기 부상 열차가 뜨기 위해서는 강력한 자력을 가진 자석이 필요하다. 이러한 강력한 자석은 강한 전류를 코일에 흘려 주면 만들 수 있다. 그러나 도체인 코일도 작긴하지만 저항을 가지므로 전류에 의해 많은 열이 발생한다. 이 열을 발생시키지 않기 위해 특정 온도 이하에서 저항이 0이 되는 초전도체 물질을 사용한다.

**02** **강한 자석을 만드는 방법과 강한 자석을 만들기 위해 초전도체가 필요한 이유를 서술하시오.**

# Project - 탐구

## 탐구 1. 직선 전류 주위의 자기장

| |
|---|
| 준비물 전원 장치, 스위치, 집게 전선 다수, 나침반 2개 |

### 탐구 방법

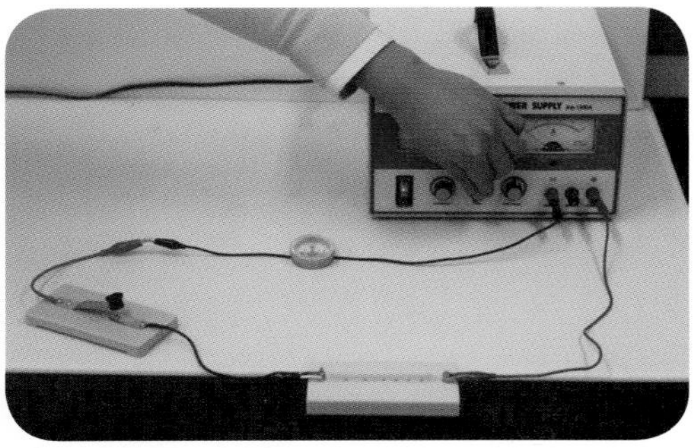

① 그림과 같이 전기 회로를 장치하고 도선 위에 나침반을 놓되 자침의 방향(북쪽)과 도선이 평행하게 놓는다

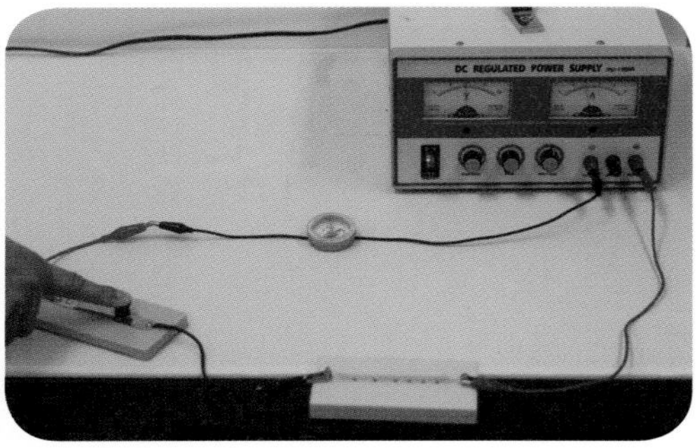


② 전원을 켜고 스위치를 닫은 다음 자침의 운동을 관찰한다.

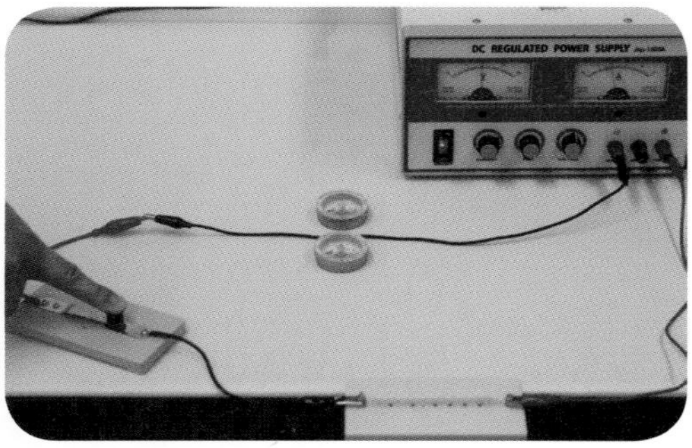


③ 도선 양쪽 옆에 자침을 놓고 스위치를 켜서 두 자침의 운동을 관찰한다.

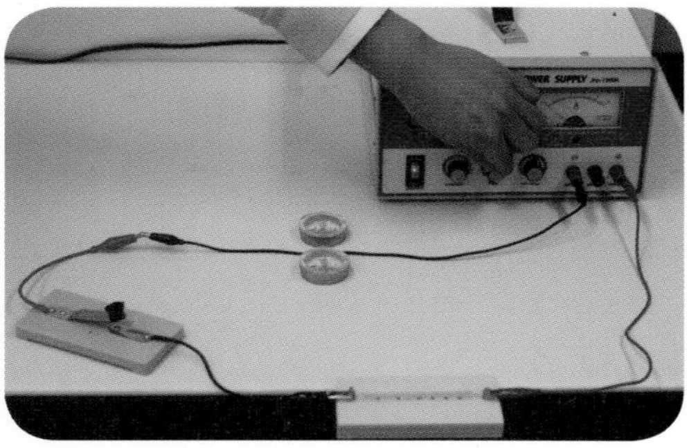

④ 도선 양쪽에 자침을 놓은 상태에서 전류의 세기를 2배로 하여 자침의 운동을 관찰한다.

정답 및 해설 25쪽

## 탐구 결과

1. 도선 위에 나침반을 올려 놓고(①) 전류를 흘려 주었을 때 도선과 자침의 모양을 그려 보시오.

2. 전류가 흐르는 도선 양쪽에 두 개의 나침반을 놓고(③) 전류를 흘려 주었을 때 도선과 자침의 모양을 그려 보시오.

3. ④에서 처럼 전류의 세기를 증가시켰을 때 자침의 모양은 어떻게 변하는지 도선과 자침의 모양을 그려 보시오.

## 탐구 문제

1. 실험 ①에서 스위치를 닫았을 때 자침의 N극(붉은 부분)이 가리키는 방향은 어느 쪽인가?

2. 전류가 흐르는 직선 도선 주위에 나침반을 놓으면 나침반의 자침의 방향이 바뀌는데 그 이유는 도선 주위에 ㉠(　　　　　)이 생기기 때문이다. 나침반의 N극을 따라가며 선을 그으면 도선을 중심으로 한 ㉡(　　　　　) 모양이 그려진다.

# Project - 탐구

## 탐구 2. 전류가 흐르는 코일 주위의 자기장

준비물 코일(쇠철심), 나침반, 스위치, 저항, 전원장치

### 탐구 방법

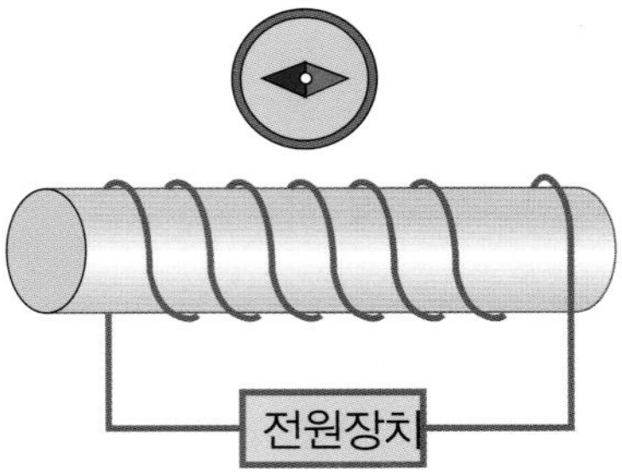


① 코일 주위에 나침반을 놓고 스위치를 연결하여 회로를 장치한다.

② 스위치를 닫지 않았을 때 나침반의 자침의 방향을 관찰한다.

③ 스위치를 닫고 전류를 흘려 주었을 때, 전류의 방향을 반대로 하였을 때 자침의 운동을 처음과 비교 관찰한다.

### 탐구 결과

**코일에 전류를 흘려 주었을 때, 전류를 더 세게 흘려 주었을 때, 전류의 방향을 반대로 하였을 때 코일의 각 위치에서 자침의 모양을 아래에 그려 보시오.**

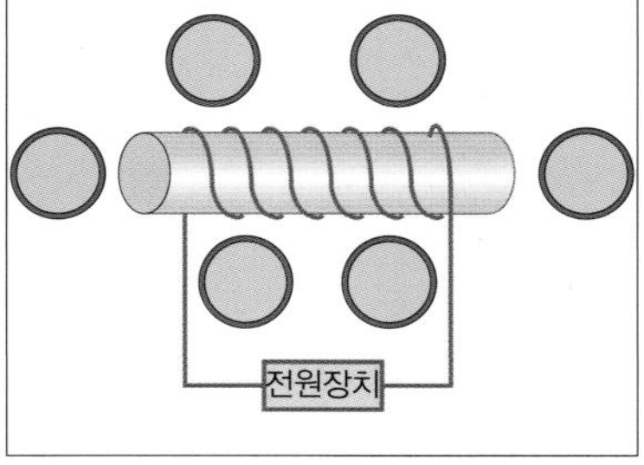


▲ 코일에 전류를 흘려 주었을 때

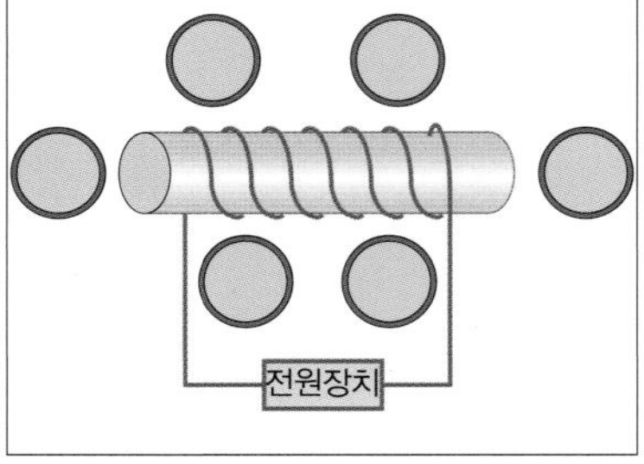


▲ 전류의 방향을 반대로 하였을 때

### 탐구 문제

**1. 스위치를 닫아 전류를 흘려 주었을 때 코일은 전자석이 된다. 그렇다면 이 전자석의 N극은 어디일지 서술해 보시오.**

정답 및 해설 26쪽

2. 다음 글을 읽고 서술형 질문에 답해 보시오.

영국 등 북유럽과 미국에서 10월 31일 귀신분장을 하고 치르는 축제인 핼러윈 데이는 원래 기원전 500년경 아일랜드 켈트족의 풍습에서 유래되었다. 켈트족에게 11월 1일은 새해 첫날인 동시에 겨울이 시작되는 날이다. 사람이 죽어도 그 영혼이 1년 동안은 다른 사람의 몸 속에 있다가 다음 생애로 간다고 믿었던 켈트족은 한 해의 마지막 날인 10월 31일에 죽은 자들이 자신들이 1년 동안 있을 상대를 선택한다고 생각하였다. 그래서 사람들이 귀신 복장을 하고 집안을 차갑게 만들어 죽은 자의 영혼이 들어오는 것을 막았던 것에서 핼러윈이 시작되었다고 한다.

▲ 핼러윈 데이 축제

▲ 잭–오–랜턴(Jack O'Lantern)

미국·유럽 등지에서는 핼러윈 데이 밤이면 마녀·해적·만화 주인공 등으로 분장한 어린이들이 "trick or treat(과자를 안주면 장난칠거야)"를 외치며 집집마다 돌아다니며 초콜릿과 사탕을 얻어가기도 한다. 또한 10월 31일이 되기 몇주 전부터 미국인들은 자신들이 살고 있는 주거지의 창문에 마녀들과 검은 고양이들의 실루엣으로 장식하거나 '잭-오-랜턴(Jack O'Lantern)'이라 불리는 속을 파낸 큰 호박에 도깨비의 얼굴을 새기고, 안에 초를 넣어 도깨비눈처럼 번쩍이는 것처럼 보이게 만든 장식품을 전시해 놓기도 한다.

우리나라에서도 10월 31일이 가까워져 오면 다양한 '핼러윈 축제'를 연다. 특정 테마파크에서는 계단과 솔레노이드(전자석), 에어, 정전 시스템 등의 특수 효과를 활용해 온몸으로 공포를 느끼는 체험 시설을 열고 12명의 전문 연기자들의 리얼한 연출과 함께 '미치광이 의사가 영원한 생명의 비밀을 알아내기 위해 수많은 사람들을 납치·감금해 금기의 실험을 한다'는 스토리를 생생하게 전달해 심리적 공포감을 높이는 체험을 할 수 있는 시설을 마련하였다.

▲ 테마파크의 핼러윈 축제

[문제] 자기만의 방법으로 핼러윈의 의미에 걸맞게 솔레노이드(전자석)로 놀이기구를 구상하여 작동 원리를 설명해 보시오.

# Ⅵ 파동과 빛

빛도 파동일까?

# 18강. 파동1

○ 간단실험

파동의 전파를 확인해 보자.

① 수조에 물을 넣고 작은 코르크 마개를 띄운다.
② 스포이트로 물을 떨어뜨려 물결을 발생시킨다.
③ 코르크 마개의 움직임을 확인한다.

○ 파동과 매질

| 파동 | 매질 |
|---|---|
| 물결파 | 물 |
| 소리 | 고체, 액체, 기체 |
| 지진파 | 땅 |
| 용수철 파동 | 용수철 |
| 빛, 전파 | 없음 |

○ 생각해보기★

바람도 없는 잔잔한 호수 중앙에 공이 떠 있다. 호수에 돌을 던져 물결파를 만들어서 공을 꺼낼 수 있을까?

**미니사전**

진동 [振 떨다 動 움직이다] 물체가 한 점을 중심으로 반복적으로 왔다 갔다 움직이는 상태

횡파 [橫 가로 波 물결] 가로파

종파 [縱 세로 波 물결] 세로파

## 1. 파동

**(1) 파동** : 한 곳의 에너지가 다른 곳으로 전달되는 과정이다.

① 파원 : 파동이 처음 발생한 지점
② 매질 : 파동을 전달하는 물질
③ 파동의 전파 : 매질이 진동하면서 에너지만 전파된다.

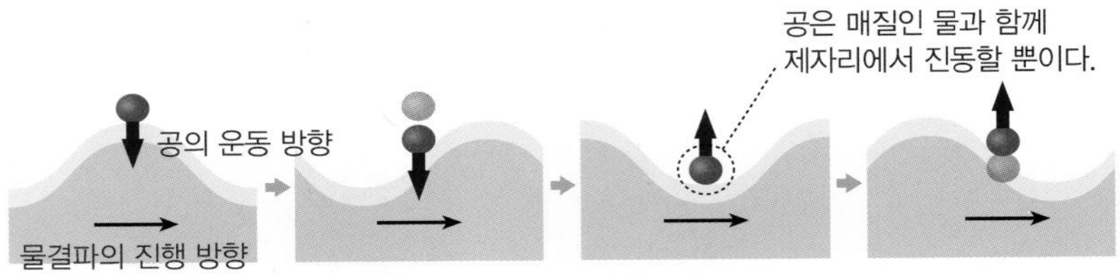


▲ 물결파의 전파와 공의 운동

**(2) 파동의 종류**

① 횡파 : 매질의 진동 방향과 파동의 진행 방향이 수직인 파동
(예) 물결파, 빛, 전파, 지진파의 S파 등

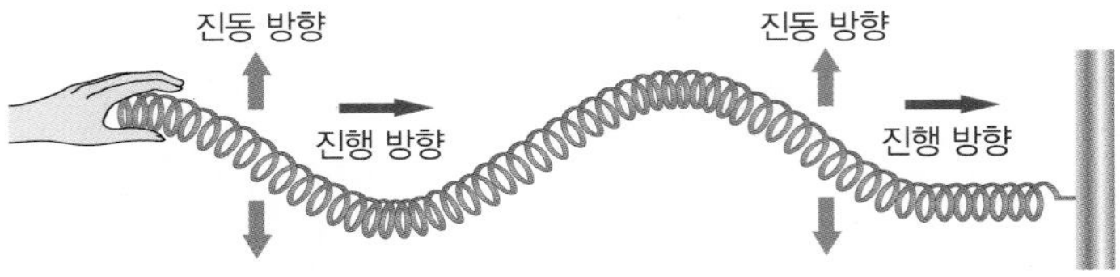


② 종파 : 매질의 진동 방향과 파동의 진행 방향이 나란한 파동
(예)음파(소리), 초음파, 지진파의 P파 등

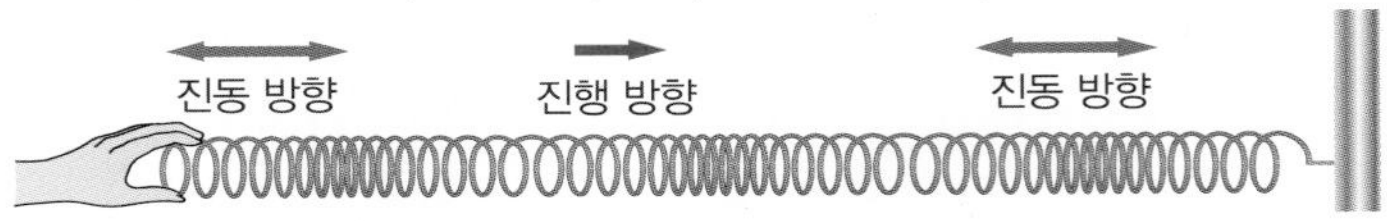


**개념확인 1** **파동에 대한 설명으로 옳은 것은 O표, 옳지 않은 것은 X표 하시오.**

(1) 파동이 처음 발생한 지점을 파원이라고 한다. (　　)
(2) 매질은 파동을 전달하는 물질이다. (　　)
(3) 매질의 이동으로 파동이 전파된다. (　　)
(4) 횡파는 매질의 진동 방향과 파동의 진행 방향이 수직인 파동이다. (　　)

**확인 +1** **다음 그림은 한쪽 끝이 벽에 고정되어 있는 용수철의 다른 한쪽을 잡고 흔들어서 생긴 파동을 나타낸 것이다. 이에 대한 설명으로 옳지 않은 것은?**

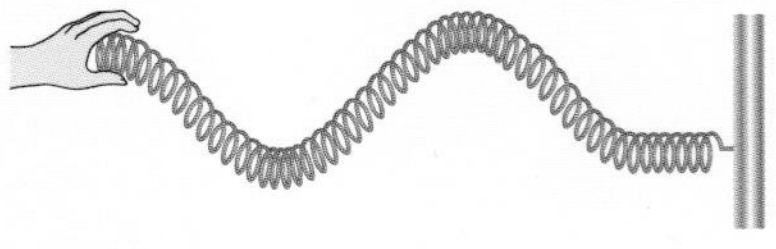

① 이 파동의 매질은 용수철이다.
② 이와 같은 파동을 횡파라고 한다.
③ 용수철은 제자리에서 위아래로 진동만 한다.
④ 매질의 진동 방향과 파동의 진행 방향이 수직이다.
⑤ 이와 같은 종류의 파동으로는 물결파와 지진파의 P파가 있다.

## 2. 소리

**(1) 소리(음파) :** 물체의 진동에 의해 발생한다.

① 소리의 전파 : 매질을 통해서 전달된다.

② 소리(음파)는 소리의 진행 방향과 매질의 진동 방향이 나란한 종파이다.

**(2) 소리의 전달 과정**

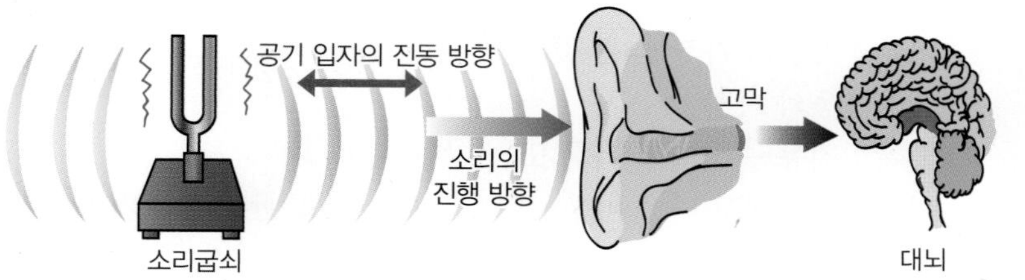


① 물체의 진동이 매질인 공기를 진동시킨다. → ② 매질의 진동이 귀 속으로 전달되어 고막을 진동시킨다. → ③ 고막의 진동이 대뇌로 전달되면 소리를 듣게 된다.

**(3) 소리의 속력 :** 매질과 온도에 따라 달라진다.

① 매질에 따른 소리의 속력 : 고체 > 액체 > 기체 순으로 빠르다.

② 온도에 따른 소리의 속력 : 온도가 높을수록 소리의 속력이 빠르다.

간단실험

공기 속에서 소리의 전달을 확인해 보자.

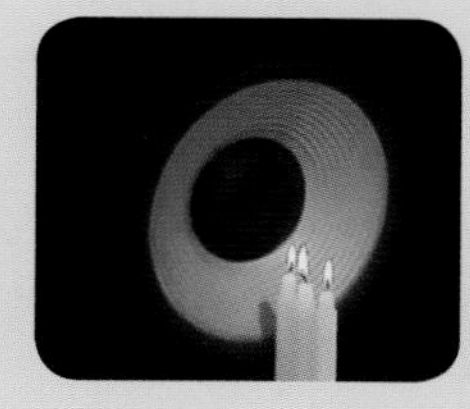

① 컴퓨터 스피커 앞에 촛불을 켜 둔다.
② 컴퓨터로 음악을 크게 재생시켜 스피커에서 소리가 나오도록 한다.
③ 촛불의 움직임을 관찰하여 소리의 전파를 확인해 본다.

매질에 따른 소리의 속력

| 매질 | 속력(m/s) |
|---|---|
| 15℃의 공기 | 340.45 |
| 30℃의 공기 | 349.45 |
| 25℃의 물 | 1493 |
| 20℃의 구리 | 3560 |

정답 및 해설 **26쪽**

**개념확인 2** **다음은 소리에 대한 설명이다. ㉠~㉢에 들어갈 알맞은 말을 쓰시오.**

(1) 물체의 ㉠(　　　　)에 의해 발생한다.
(2) 소리는 매질이 없는 ㉡(　　　　) 상태에서는 전달되지 않는다.
(3) 소리의 속력은 매질의 종류와 매질의 ㉢(　　　　)에 따라 달라진다.

생각해보기★★

진공 상태인 우주 공간에서는 소리가 들릴까?

**확인 + 2** **소리에 대한 설명으로 옳은 것은?**

① 소리는 횡파에 속한다.
② 소리의 속력은 매질이 기체일 때 가장 빠르다.
③ 소리가 진행할 때, 기온이 높을수록 소리의 속력이 빠르다.
④ 물체 분자가 매질을 지나 귀 속으로 들어와서 소리를 듣게 된다.
⑤ 소리는 소리의 진행 방향과 매질의 진동 방향이 수직인 파동이다.

**미니사전**

진공 [眞 참 空 비다] 물질이 전혀 존재하지 않는 공간
소리굽쇠 일정한 진동수의 소리를 내는 기구

## 3. 파동의 분석 1

### (1) 파동의 표시

간단실험

**횡파와 종파의 모습 관찰**

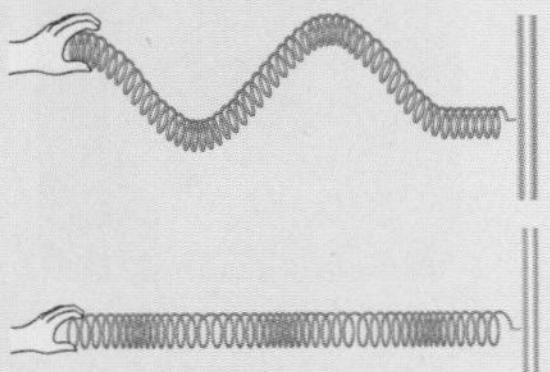

① 용수철의 한쪽 끝을 벽에 고정시킨다.
② 다른 한쪽 끝을 잡고 위아래로 흔들어 본다.
③ 이번엔 벽 쪽으로 밀었다 당겼다를 반복하며 파동의 모습을 관찰한다.

① 횡파의 표시

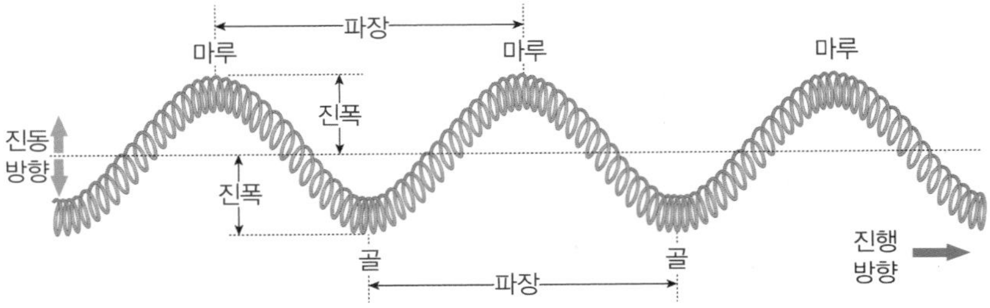


- 마루 : 파동의 가장 높은 곳
- 골 : 파동의 가장 낮은 곳
- 진폭 : 진동 중심에서 마루 또는 골까지의 거리
- 파장 : 마루에서 다음 마루, 또는 골에서 다음 골까지의 거리
- 주기 : 매질의 한 점이 1회 진동하는 데 걸리는 시간(주기의 단위 : 초)
- 진동수 : 매질의 한 점이 1초 동안 진동하는 횟수로 주기의 역수와 같다.

진동수의 단위

Hz(헤르츠)를 사용한다.
→ 10Hz : 1초에 10번 진동하는 파동의 진동수

② 종파의 표시

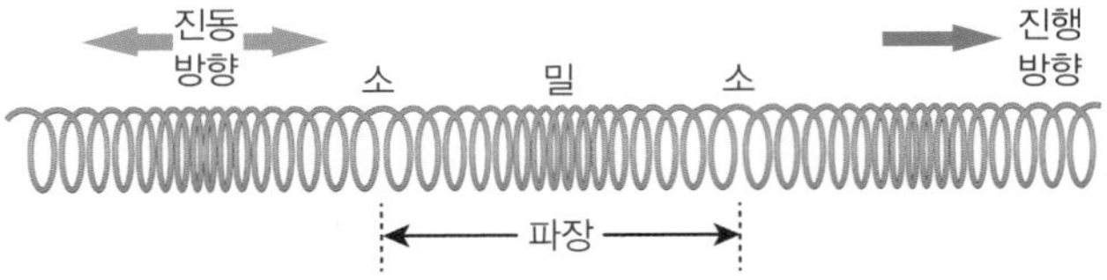


- 밀한 곳 : 파동에서 매질이 빽빽한 곳
- 소한 곳 : 파동에서 매질이 듬성듬성한 곳
- 파장 : 밀한 곳에서 다음 밀한 곳, 또는 소한 곳에서 다음 소한 곳까지의 거리

생각해보기★★★

횡파에서의 마루와 골은 종파에서 어떤 것에 해당할까?

**개념확인 3** **다음은 파동의 표시에 대한 설명이다. 각각의 설명이 무엇을 나타내는지 쓰시오.**

(1) 횡파에서 마루에서 다음 마루, 또는 골에서 다음 골까지의 거리를 말한다. (　　　　　)

(2) 횡파에서 파동의 가장 낮은 곳을 말한다. (　　　　　)

(3) 종파에서 밀한 곳에서 다음 밀한 곳, 또는 소한 곳에서 다음 소한 곳까지의 거리를 말한다. (　　　　　)

**확인 + 3** **그림에서 파동을 표시한 것으로 옳은 것을 <u>모두</u> 고르시오.**(3개)

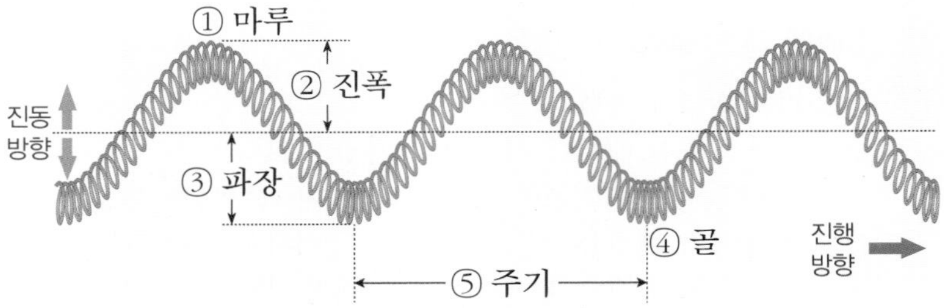


미니사전

소 [疏 드물다] 드물다
밀 [密 빽빽하다] 빽빽하다
역수 [逆 거스르다 數 수] 어떤 수와 곱해서 1이 되게 하는 수, $a$의 역수는 $\frac{1}{a}$

## 4. 파동의 분석 2

### (1) 파동을 나타내는 그래프 : 매질의 위치를 거리 또는 시간에 따라 표현한다.

① 거리에 따른 위치 그래프

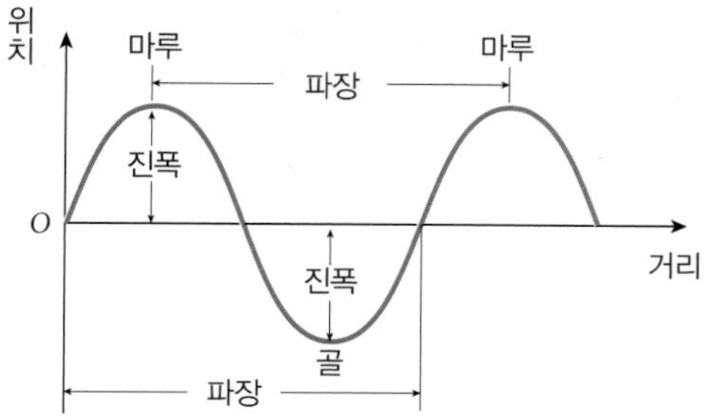


〈그래프를 통해 알 수 있는 것〉

① 진폭
② 파장(파동이 1회 진동하는 동안 이동한 거리)

② 시간에 따른 위치 그래프

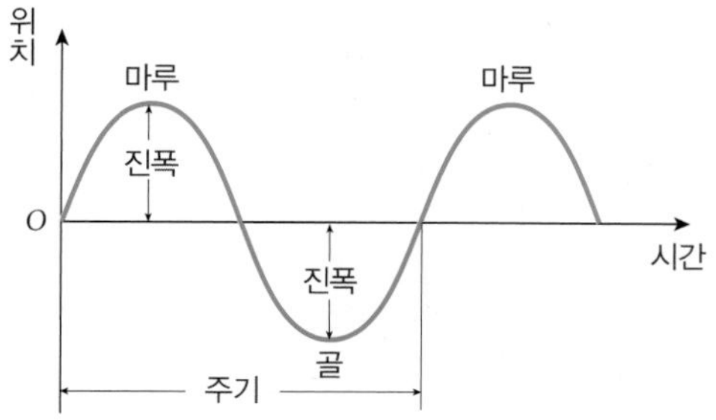


〈그래프를 통해 알 수 있는 것〉

① 진폭
② 주기(파동이 1회 진동하는 데 걸린 시간)
③ 진동수(주기의 역수)

● 파동의 주기와 속력

주기 : 매질이 1회 진동하는 시간

파동의 속력

$= \frac{\text{이동 거리}}{\text{시간}} = \frac{\text{파장}}{\text{주기}}$

$=$ 진동수 × 파장

● 매질의 진동 방향

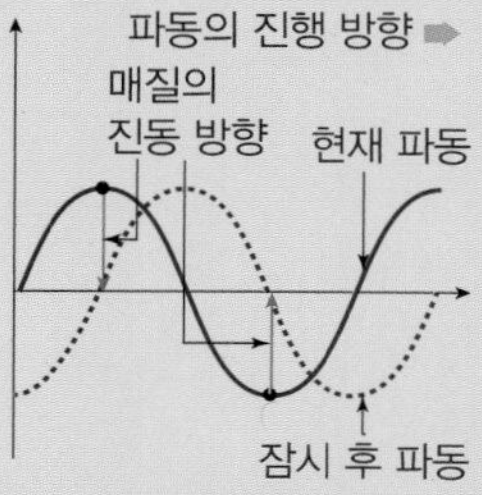


현재 파동의 모습과 잠시 후 파동의 모습을 그린 후 각 점에서 매질의 진동 방향을 화살표로 표시하면 매질의 진동 방향을 알 수 있다.

정답 및 해설 26쪽

**개념확인 4** 다음은 파동의 거리에 따른 위치 그래프이다. ㉠을 옳게 나타낸 단어를 쓰시오.

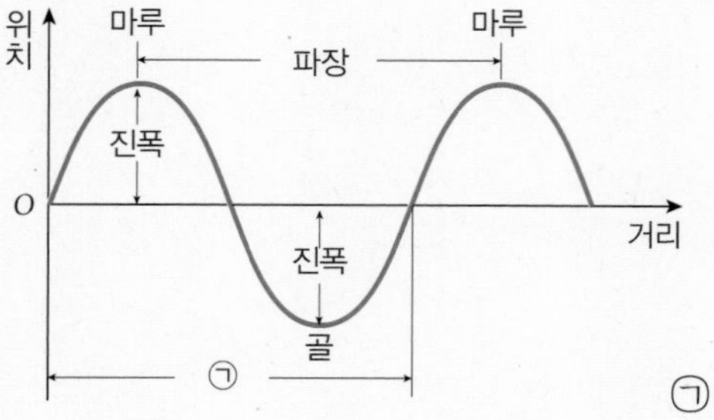


㉠ (　　　　　)

● 생각해보기★★★★

거리에 따른 위치 그래프와 시간에 따른 위치 그래프에서 공통으로 알 수 있는 것은 무엇일까?

**확인 +4** 오른쪽 그래프는 어떤 파동의 모습을 나타낸 것이다. 이 그래프를 통해 알 수 있는 것이 아닌 것은?

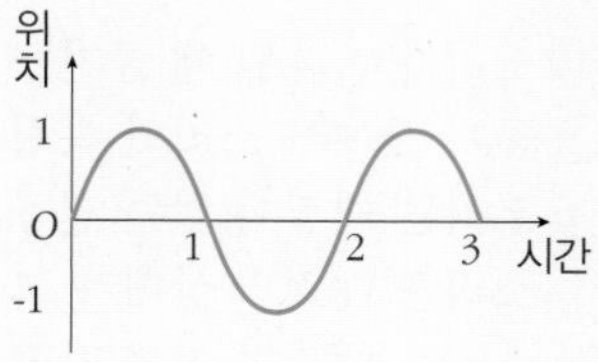


① 진폭　② 파장　③ 주기
④ 진동수　⑤ 마루의 높이

# 개념 다지기

**01** 파동에 대한 설명으로 옳지 <u>않은</u> 것은?

① 매질은 파동을 전달하는 물질이다.
② 파동이 처음 발생한 지점을 파원이라고 한다.
③ 파동이 전파될 때 매질은 제자리에서 진동만 한다.
④ 파동이 전파될 때 실제로 이동하는 것은 에너지이다.
⑤ 파동은 항상 매질의 진동 방향과 진행 방향이 수직이다.

**02** 다음 그림은 지진파의 P파를 나타낸 것이다. 매질의 진동 방향과 파동의 이동 방향에 따라 파동을 구분했을 때, 지진파의 P파와 같은 종류의 파동을 <u>모두</u> 고르시오.(2개)

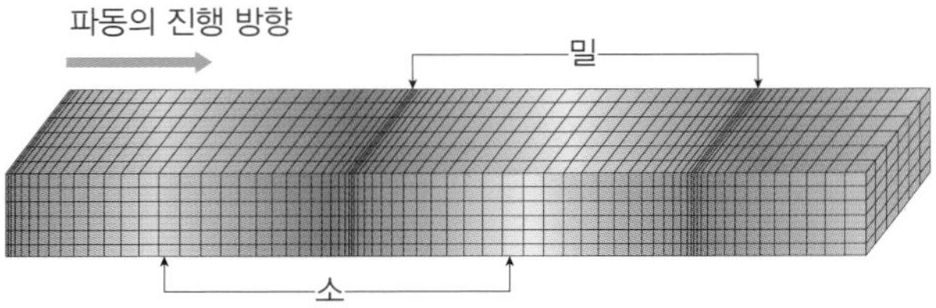


① 물결파 ② 빛 ③ 전파 ④ 소리 ⑤ 초음파

**03** 소리에 대한 설명으로 옳지 <u>않은</u> 것은?

① 소리가 전파될 때 공기는 제자리에서 진동만 한다.
② 공기 중에서 소리의 속력은 온도가 높을수록 빠르다.
③ 소리는 매질이 없는 진공 상태에서는 전달되지 않는다.
④ 소리는 매질의 상태가 고체일 때 가장 빠르게 전달된다.
⑤ 소리는 매질의 진동 방향과 파동의 진행 방향이 수직인 파동이다.

정답 및 해설 27쪽

**04** 다음 그림은 오른쪽으로 진행하는 물결파를 나타낸 것이다. 바로 다음 순간 빨간 공이 움직이는 방향은?

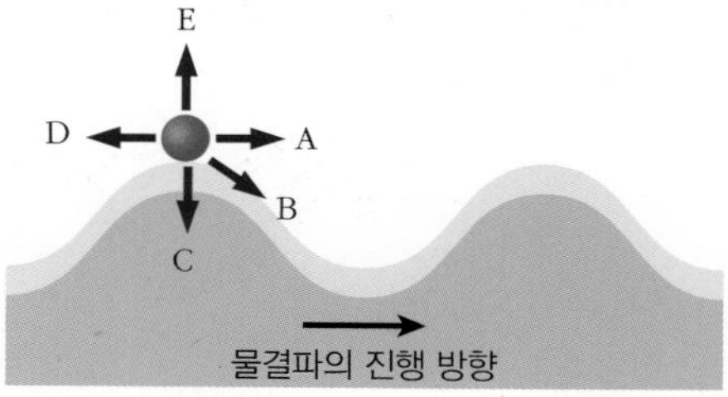


① A ② B ③ C ④ D ⑤ E

**05** 다음 그래프는 어떤 파동을 나타낸 것이다. 이에 대한 설명으로 옳은 것은?

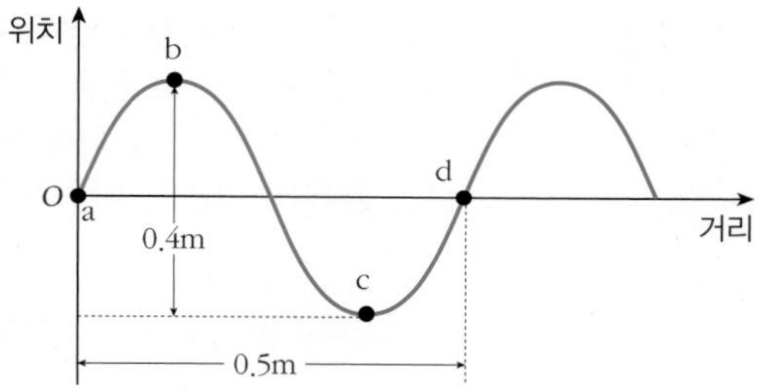


① a점은 골이다.
② c점은 마루이다.
③ 진폭이 0.4m인 파동이다.
④ 주기가 0.5m인 파동이다.
⑤ b에 있는 매질은 다음 순간 아래쪽으로 이동한다.

**06** 다음은 파동을 나타내는 그래프이다. 그래프의 가로축이 의미하는 것으로 옳은 것은?

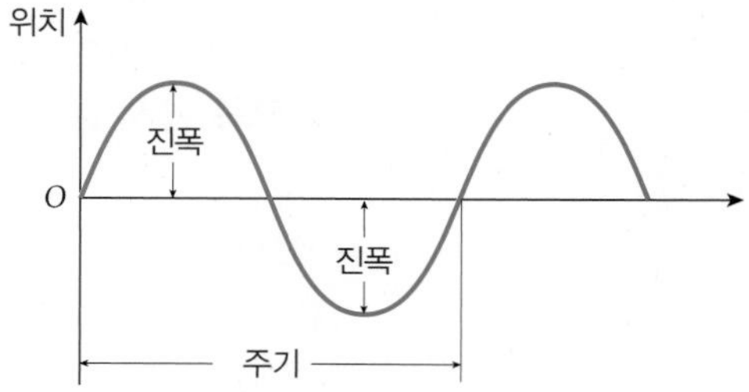


① 거리 ② 시간 ③ 파장 ④ 진동수 ⑤ 마루

# 유형 익히기 & 하브루타

**[유형18-1] 파동**

다음 그림은 용수철을 위아래로 흔들어 발생한 파동의 모습을 나타낸 것이다. 이에 대한 설명으로 옳은 것을 모두 고르시오.(2개)

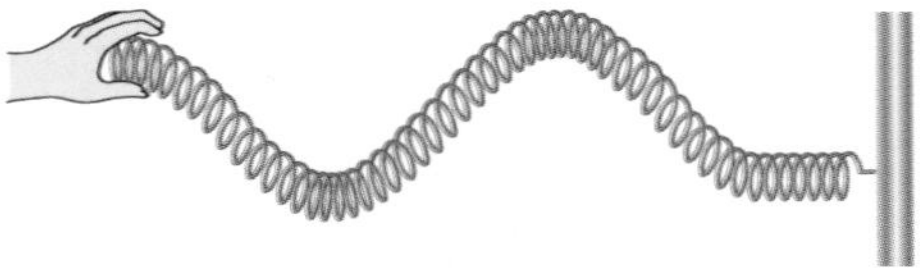

① 이 파동은 종파에 속한다.
② 이 파동의 매질인 용수철은 오른쪽으로 이동한다.
③ 이 파동의 파원은 용수철을 손으로 잡고 있는 부분이다.
④ 이와 같은 종류의 파동으로는 음파와 지진파의 P파가 있다.
⑤ 이 파동은 매질의 진동 방향과 파동의 진행 방향이 수직인 파동이다.

**Tip!**

**01** 그림 (가)는 용수철을 앞뒤로 흔들어 발생한 파동의 모습을, 그림 (나)는 용수철을 위아래로 흔들어 발생한 파동의 모습을 나타낸 것이다. 파동을 매질의 진동 방향과 파동의 이동 방향에 따라 구분했을 때 (가), (나)와 같은 종류의 파동을 바르게 짝지은 것은?

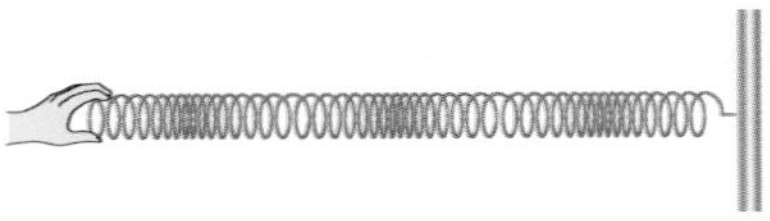

(가)

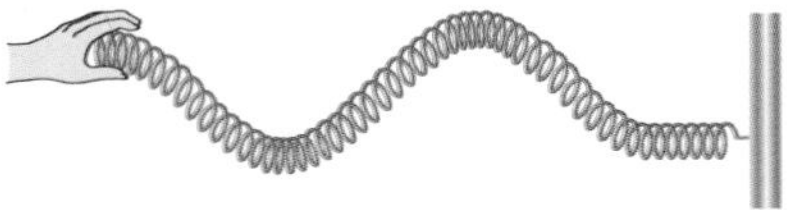

(나)

| | (가) | (나) |
|---|---|---|
| ① | 물결파 | 지진파의 P파 |
| ② | 음파 | 물결파 |
| ③ | 지진파의 S파 | 지진파의 P파 |
| ④ | 전파 | 지진파의 S파 |
| ⑤ | 물결파 | 지진파의 P파 |

**02** 오른쪽 그림은 오른쪽으로 진행하는 물결파 위에 떠 있는 공의 모습을 나타낸 것이다. 이에 대한 설명으로 옳지 않은 것은?

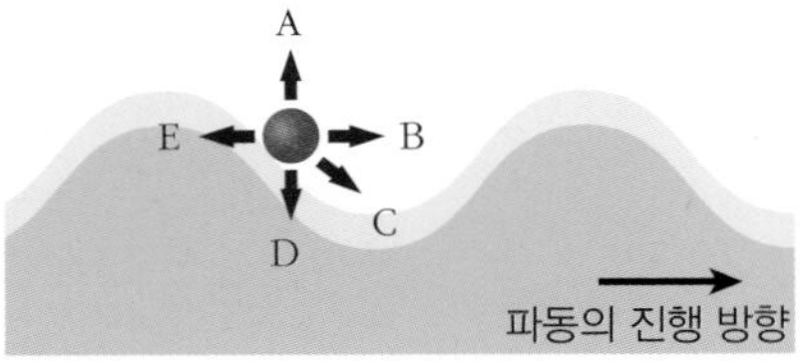


① 물결파는 횡파에 속한다.
② 물은 오른쪽으로 진행한다.
③ 에너지는 오른쪽으로 진행한다.
④ 공은 제자리에서 위아래로 진동한다.
⑤ 이 시점 이후에 공은 A방향으로 이동한다.

정답 및 해설 27쪽

## [유형18-2] 소리

**다음 그림은 소리굽쇠를 쳐서 생긴 파동이 사람의 귀에 전달되는 모습을 나타낸 것이다. 이에 대한 설명으로 옳은 것은?**

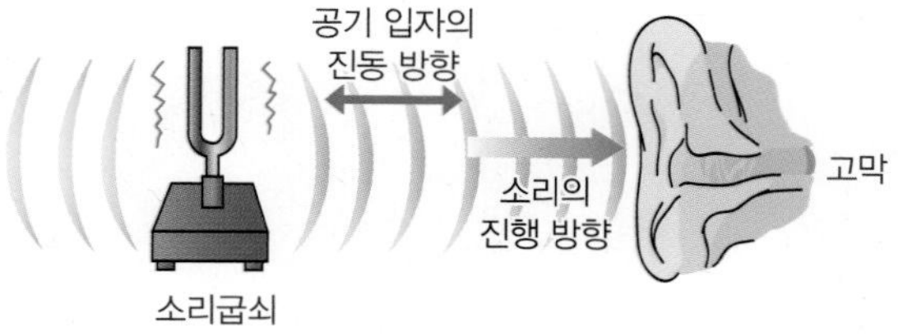


① 이 파동은 공기에 의해서만 전파된다.
② 공기의 온도가 낮을수록 소리의 속력이 빠르다.
③ 공기에는 빽빽한 부분과 듬성듬성한 부분이 생긴다.
④ 소리굽쇠가 진동하면서 공기를 위아래로 진동시킨다.
⑤ 공기 입자가 귀쪽으로 이동하여 귀의 고막과 직접 충돌한다.

## 03

**소리에 대한 설명으로 옳지 않은 것은?**

① 소리는 물체의 진동에 의해 발생한다.
② 소리는 진공 상태에서는 전달되지 않는다.
③ 소리는 매질이 고체일 때보다 기체일 때 더 빠르다.
④ 소리가 공기 중에서 진행할 때, 공기의 온도가 높을수록 빠르다.
⑤ 소리는 소리의 진행 방향과 매질의 진동 방향이 나란한 종파이다.

## 04

**오른쪽 그림과 같은 우주 공간에서는 소리가 전달되지 않는다. 그 이유로 가장 알맞은 것은?**

① 우주 공간의 온도가 너무 낮기 때문이다.
② 우주 공간의 온도가 일정하지 않기 때문이다.
③ 우주 공간에는 소리를 전달할 수 있는 매질이 없기 때문이다.
④ 우주 공간에는 소리를 전달할 수 있는 매질이 너무 많이 존재하기 때문이다.
⑤ 우주 공간에는 소리를 전달할 수 있는 매질이 모두 기체 상태이기 때문이다.

**Tip!**

## [유형18-3] 파동의 분석 1

다음 그림은 어떤 파동의 어느 순간에서의 모습을 나타낸 것이다. 이에 대한 설명으로 옳은 것은?

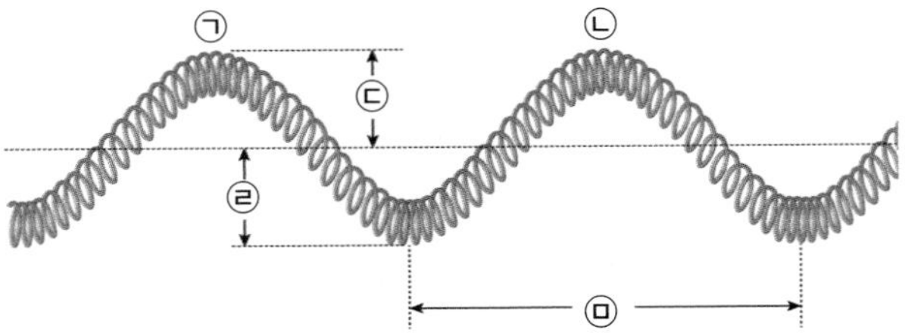


① ㉠과 ㉡은 골이다.
② ㉢은 파장을 나타낸다.
③ ㉣은 진폭을 나타낸다.
④ ㉤의 단위는 Hz이다.
⑤ ㉤의 역수는 진동수이다.

Tip!

**05** 다음 그림은 화살표 방향으로 진행하는 물결파의 모습을 나타낸 것이다. 이 파동에 대한 설명으로 옳지 않은 것은?

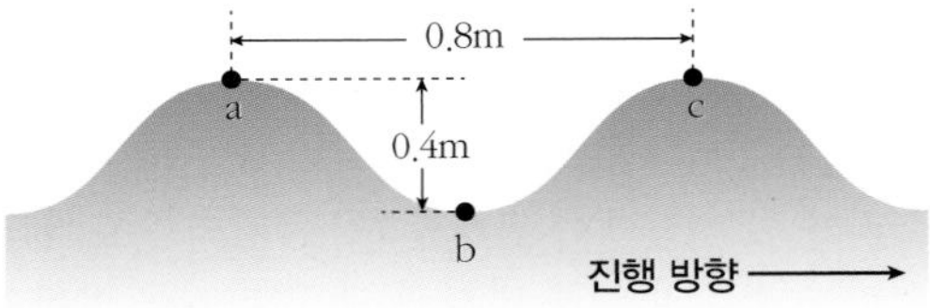


① b는 골이다.
② a와 c는 마루이다.
③ 파장은 0.8m이다.
④ 진폭은 0.4m이다.
⑤ b에 있는 매질은 다음 순간 위쪽으로 이동한다.

**06** 다음 그림은 어떤 파동의 모습을 나타낸 것이다. 이에 대한 설명으로 옳은 것을 모두 고르시오.(2개)

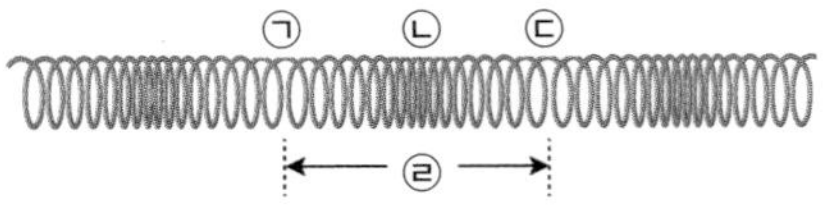


① 이 파동은 종파이다.
② ㉠은 빽빽한 부분으로 소한 곳이라고 한다.
③ ㉡은 듬성듬성한 부분으로 밀한 곳이라고 한다.
④ ㉠에서 ㉢까지의 거리를 진폭이라고 한다.
⑤ ㉣은 이 파동의 파장을 나타낸다.

정답 및 해설 27쪽

## [유형18-4] 파동의 분석 2

**다음은 줄을 이용하여 만든 파동을 나타낸 그림이다. 이 그림에 대한 설명으로 옳지 않은 것은?**

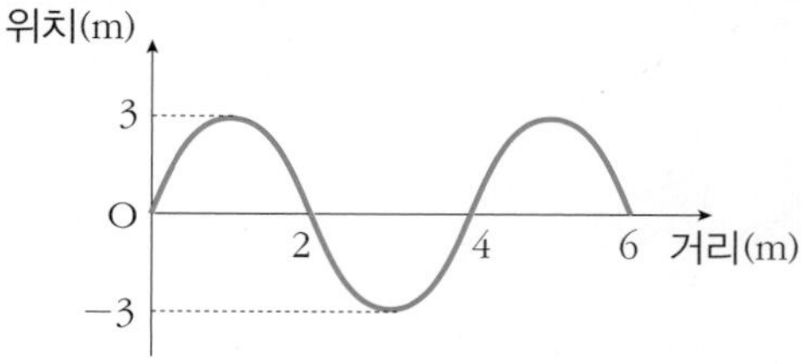


① 이 파동의 진폭은 3m이다.
② 이 파동의 파장은 6m이다.
③ 매질의 위치를 거리에 따라 표현한 그래프이다.
④ 이 그래프만으로는 이 파동의 주기를 알 수 없다.
⑤ 이 파동의 마루는 진동의 중심으로부터 3m 위에 있다.

## 07

**다음 그래프는 어떤 파동을 나타낸 것이다. 이 파동의 진폭, 주기, 진동수를 바르게 짝지은 것은?**

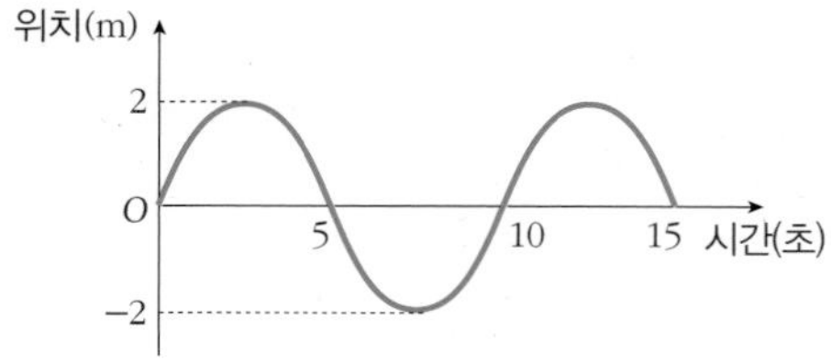


| | 진폭 | 주기 | 진동수 |
|---|---|---|---|
| ① | 4m | 5초 | 100Hz |
| ② | 2m | 5초 | 10Hz |
| ③ | 4m | 5초 | 1Hz |
| ④ | 2m | 10초 | 0.1Hz |
| ⑤ | 4m | 10초 | 0.01Hz |

## 08

**다음 그래프와 같은 파동 (가)와 (나)가 있다. 이에 대한 설명으로 옳은 것을 모두 고르시오.(3개)**

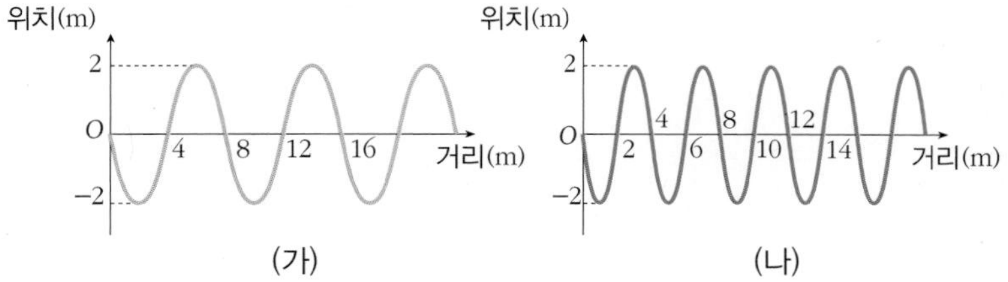


① 파동(가)의 파장은 4m이다.
② 파동(나)의 진폭은 2m이다.
③ 파동(가)와 파동(나)의 진폭은 같다.
④ 파동(가)는 파동(나)보다 파장이 더 길다.
⑤ 파동(가)는 파동(나)보다 속력이 더 빠르다.

**Tip!**

**01** 다음은 영화 그래비티 속 우주비행사들의 모습이다. 우주 공간에서는 상대방에게 말을 걸어도 상대방이 들을 수 없다. 따라서 우주비행사들은 무전기를 이용하여 대화하거나 수신호 등으로 의사소통을 한다.

(1) 우주 공간에서 직접적으로 소리내어 대화할 수 없는 이유를 설명하시오.

(2) 우주비행사들이 무전기나 수신호를 이용하지 않고 의사소통할 수 있는 방법을 서술하시오.

정답 및 해설 29쪽

**02** 파동의 속력은 파동이 1회 진동하는 동안 이동한 거리인 파장을 파동이 1회 진동하는 데 걸린 시간인 주기로 나누어 계산할 수 있다. 아래의 그래프 (가)는 같은 파동에 대해 매질의 위치를 거리에 따라 나타낸 것이고, 그래프 (나)는 매질의 위치를 시간에 따라 나타낸 것이다.

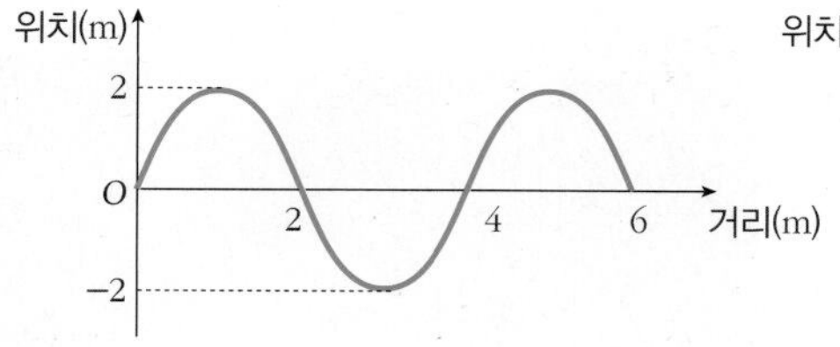

(가)

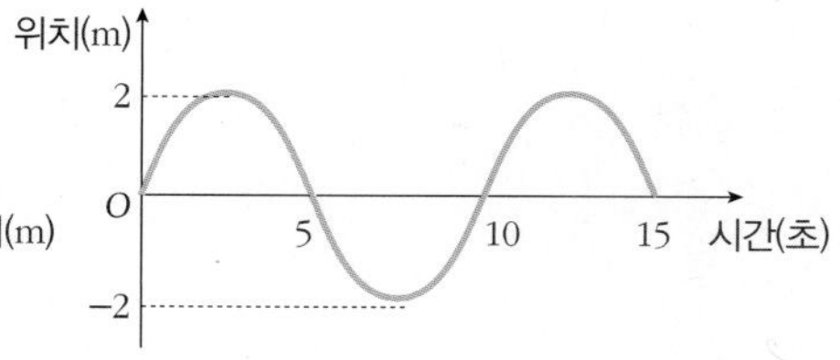

(나)

(1) 이 파동의 파장과 진폭은?

(2) 이 파동의 주기와 진동수는?

(3) 이 파동의 속력을 구하시오.

**03** 해변의 방파제에 닿아 있는 바닷물은 위아래로 상하 운동을 하며 표시를 남기므로 이를 통해 파도의 높이를 알 수 있다. 또 파도가 얼마의 주기로 높아지는 지도 측정할 수 있다.

**파도가 방파제에 남긴 표시를 관찰한 결과는 다음과 같다.**

· 파도의 최고 높이와 최저 높이의 차인 파고는 150cm이다.
· 수면이 최고점이 되었다가 10번째 최고점이 될 때까지 20초가 걸렸다.

(1) 파도의 진폭, 주기를 구하시오.

(2) 파도의 전파 속도를 구하기 위해 필요한 정보는 무엇인지 서술하시오.

정답 및 해설 29쪽

## 04

이중 유리는 2장의 판유리를 그 두께의 2배 정도로 사이를 떼어서 맞붙인 창유리로 그 사이의 공기를 빼서 단열 효과와 방음 효과가 있도록 제작한다.

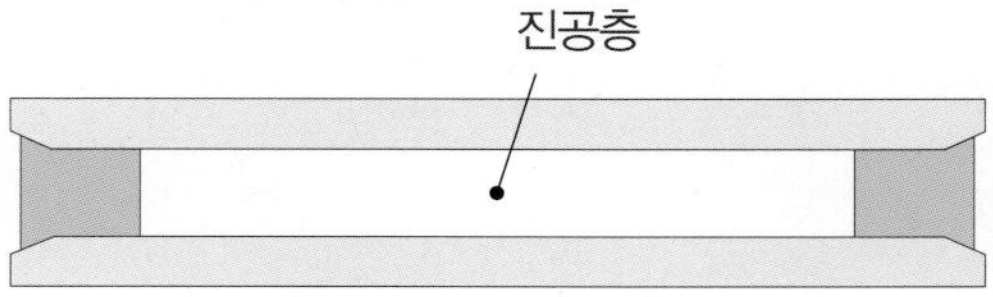


이중 유리에 방음 효과가 있는 이유를 서술하시오.

## 05

다음 그림과 같이 파도가 밀려오는 방향으로 길이가 15m인 배가 방파제에 정박되어 있다. 20초 동안 뱃머리를 지나는 파도의 수는 10개였고, 뱃머리에서 배의 꼬리까지 파면(마루와 마루 또는 골과 골처럼 동일 시각에 위상이 같은 점들은 연결한 것)이 정확하게 6개가 걸쳐져 있었다.

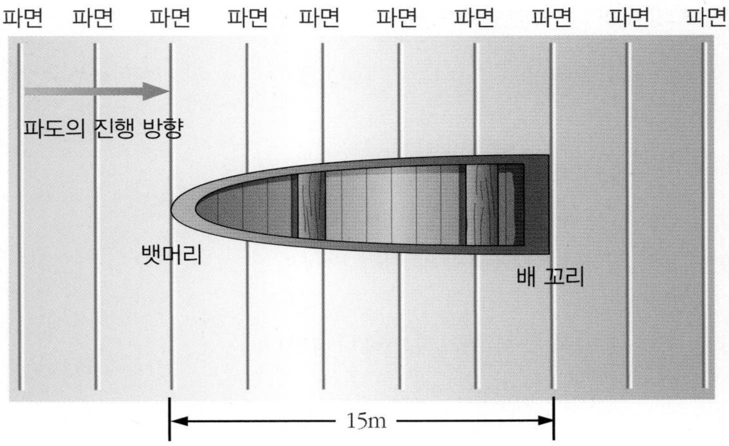


(1) 파도의 파장은 얼마인가?

(2) 파도의 전파 속도는 얼마인가?

# 스스로 실력 높이기

**01** 다음은 파동과 그 파동을 전달하는 매질을 연결한 것이다. 이에 대한 설명으로 옳은 것은 O표, 옳지 않은 것은 X표 하시오.

(1) 물결파 - 물 ( )

(2) 지진파 - 땅 ( )

(3) 빛 - 공기 ( )

(4) 전파 - 전자 ( )

**02** 다음 그림은 용수철을 위아래로 흔들어 발생한 파동의 모습을 나타낸 것이다. 이에 대한 설명으로 옳은 것은 O표, 옳지 않은 것은 X표 하시오.

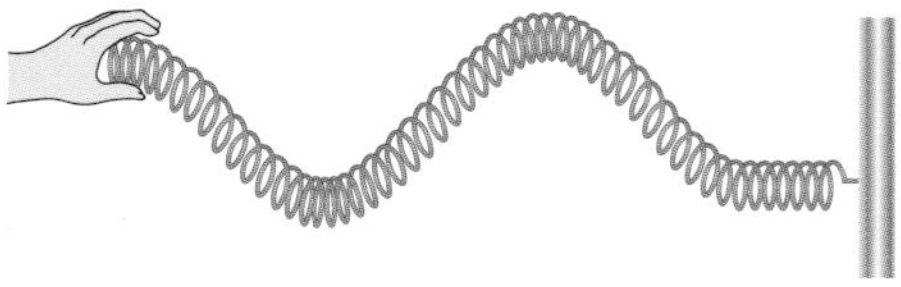

(1) 이 파동은 횡파이다. ( )

(2) 용수철은 위아래로 진동 운동한다. ( )

(3) 매질의 진동 방향과 파동의 진행 방향이 수직이다. ( )

(4) 소한 곳과 밀한 곳이 주기적으로 나타난다. ( )

**03** 다음은 횡파와 종파에 대한 설명이다. 횡파에 대한 설명에는 '횡', 종파에 대한 설명에는 '종'이라고 쓰시오.

(1) 매질의 진동 방향과 파동의 진행 방향이 나란한 파동이다. ( )

(2) 매질은 위아래 진동 운동한다. ( )

(3) 물결파, 지진파의 S파 등이 속한다. ( )

(4) 소리, 지진파의 P파 등이 속한다. ( )

**04** 다음은 소리에 대한 설명이다. 이에 대한 설명으로 옳은 것은 O표, 옳지 않은 것은 X표 하시오.

(1) 소리는 물체의 진동에 의해 발생한다. ( )

(2) 소리는 진공 상태에서 가장 빠르게 전달된다. ( )

(3) 소리의 속력은 매질이 기체일 때보다 고체일 때 더 빠르다. ( )

(4) 소리의 속력은 온도가 낮을수록 빠르다. ( )

**05** 다음 그림은 용수철을 위아래로 흔들어 발생한 파동의 모습과 명칭을 나타낸 것이다. 다음 중 '잘못된 명칭 → 바르게 고친 명칭'을 바르게 짝지은 것을 <u>모두</u> 고르시오.(2개)

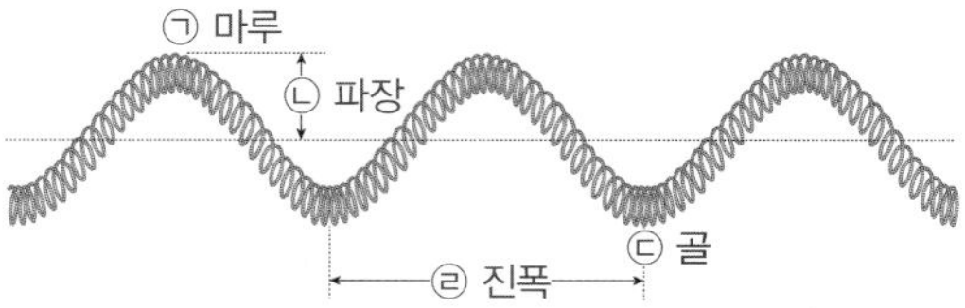


① ㉠ 마루 → 골
② ㉡ 파장 → 진폭
③ ㉢ 골 → 마루
④ ㉣ 진폭 → 파장

**06** 다음 그림은 용수철을 앞뒤로 흔들어 발생한 파동의 모습과 명칭을 나타낸 것이다. 다음 중 '잘못된 명칭 → 바르게 고친 명칭'을 바르게 짝지은 것을 <u>모두</u> 고르시오.(2개)

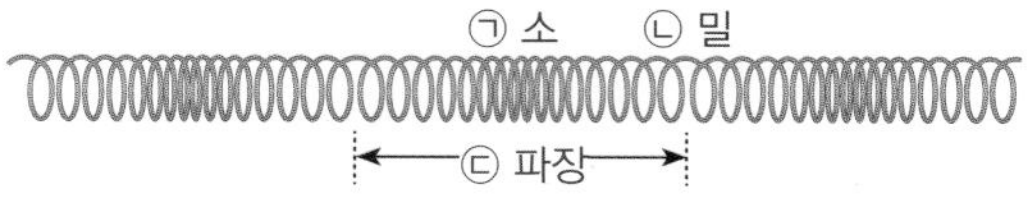


① ㉠ 소 → 밀
② ㉡ 밀 → 소
③ ㉢ 파장 → 진폭

정답 및 해설 30쪽

**[07~08]** 다음은 어떤 파동의 매질의 위치를 거리에 따라 표현한 그래프이다.

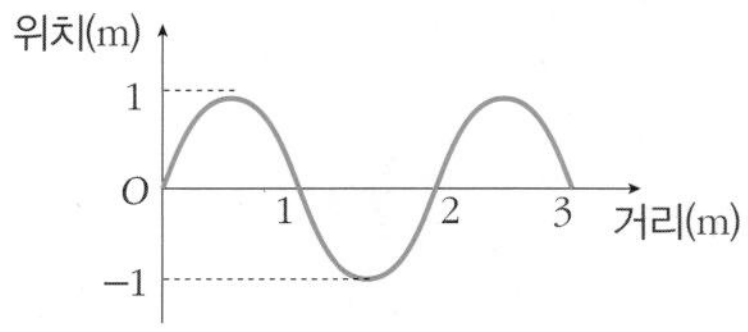


**07** 이 파동의 파장과 진폭은 각각 몇 m인가?

(1) 파장 (　　　　)m

(2) 진폭 (　　　　)m

**08** 이 파동이 1회 진동하는 데 2초가 걸렸다면, 이 파동의 속력은 몇 m/s 인가?

파동의 속력 (　　　　)m/s

**09** 다음은 어떤 파동의 매질의 위치를 시간에 따라 표현한 그래프이다. 이 그래프의 주기와 진동수를 구하시오.

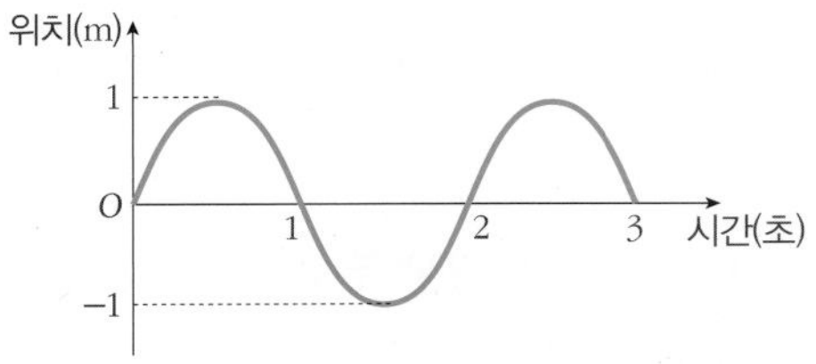


㉠ 주기 (　　　　)초

㉡ 진동수 (　　　　)Hz

**10** 다음 그림은 오른쪽으로 진행하는 물결파를 나타낸 것이다. 이 바로 다음 순간 빨간 공이 움직이는 방향을 기호로 쓰시오.

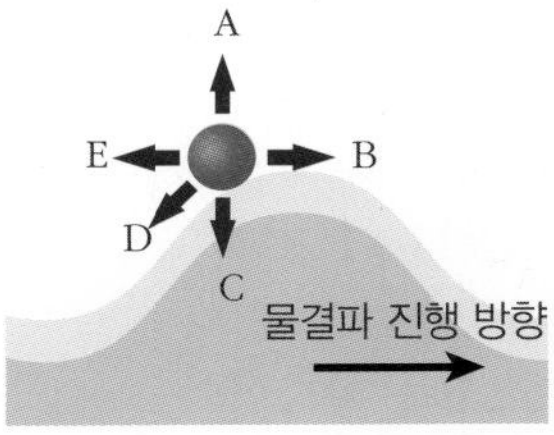


방향 (　　　　)

**11** 다음 중 파동의 예가 아닌 것은?

① 용수철의 흔들림이 퍼져 나가는 현상
② 악기의 소리를 주변에서 들을 수 있는 현상
③ 강물이 상류에서부터 하류로 흘러가는 현상
④ 먼 바다에서 해안으로 파도가 밀려오는 현상
⑤ 트럭이 건물 부근을 지나갈 때 창문이 떨리는 현상

**12** 다음 그림과 같이 수조 위에 코르크 마개가 떠 있고, 수조 한 쪽에 물방울을 떨어뜨려 물결파를 만들었다. 물결파가 코르크 마개가 있는 곳을 통과할 때 코르크 마개는 어떻게 되는가?

① 움직이지 않는다.
② 왼쪽으로 움직인다.
③ 오른쪽으로 움직인다.
④ 제자리에서 위아래로 움직인다.
⑤ 제자리에서 좌우로 반복해서 움직인다.

**13** 다음 그림은 용수철을 따라 화살표 방향으로 진행하고 있는 파동을 나타낸 것이다. 잠시 후 용수철의 A, B 지점의 운동 방향을 바르게 짝지은 것은?

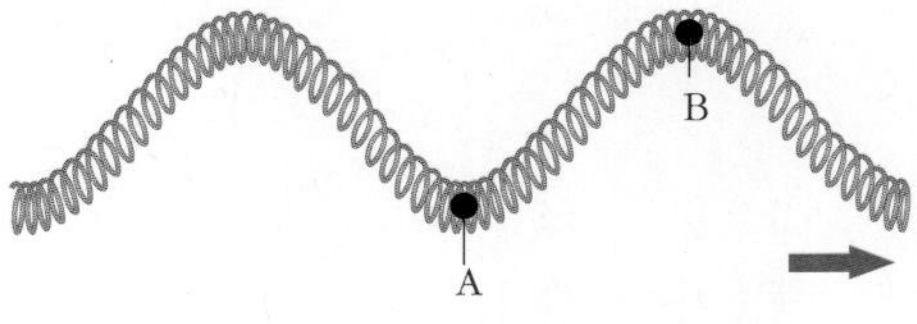


| | A 지점의 운동 방향 | B 지점의 운동 방향 |
|---|---|---|
| ① | 위쪽 | 아래쪽 |
| ② | 오른쪽 | 오른쪽 |
| ③ | 오른쪽 | 왼쪽 |
| ④ | 아래쪽 | 위쪽 |
| ⑤ | 위쪽 | 위쪽 |

**14** 다음 〈보기〉는 파동에 대한 설명이다. 설명이 옳은 것을 모두 고른 것은?

〈 보기 〉

ㄱ. 한 곳의 에너지가 다른 곳으로 전달되는 과정이다.
ㄴ. 매질이 없는 곳에서는 빛이 전달되지 않는다.
ㄷ. 파원은 파동이 처음 발생한 지점이다.

① ㄱ ② ㄴ ③ ㄱ, ㄷ
④ ㄴ, ㄷ ⑤ ㄱ, ㄴ, ㄷ

**15** 그림 (가), (나)는 용수철이 만드는 두 가지 파동을 나타낸 것이다. 이에 대한 설명으로 옳지 않은 것은?

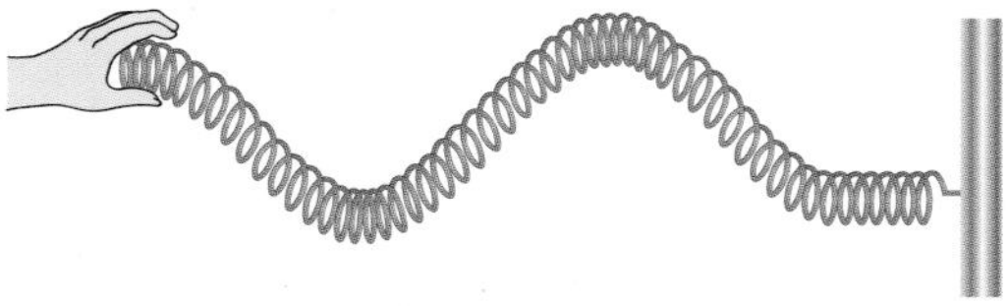

(가)

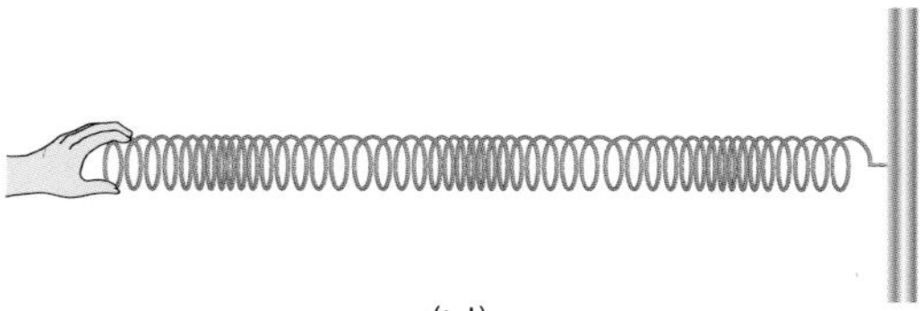

(나)

① (가)는 횡파이다.
② (나)와 같이 진행하는 파동에는 초음파가 있다.
③ (가)와 같은 파동에는 음파와 지진파의 P파가 있다.
④ (가)는 매질의 진동방향과 파동의 진행방향이 수직이다.
⑤ (나)는 매질의 진동방향과 파동의 진행방향이 나란하다.

**16** 그림 (가)와 (나)는 서로 다른 두 파동을 각각 위치-거리 그래프로 나타낸 것이다. 이 두 파동의 공통점과 차이점을 순서대로 바르게 짝지은 것은?

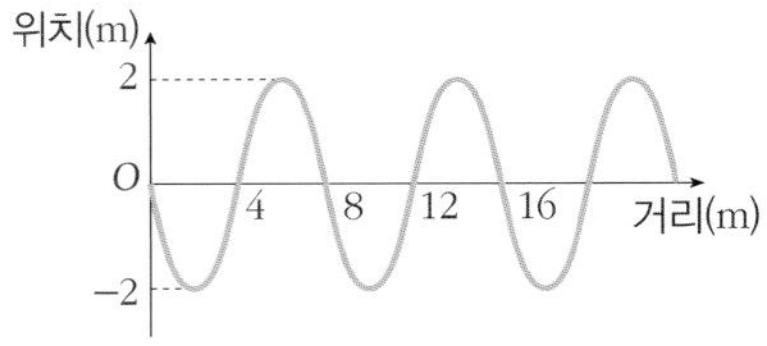


(가)

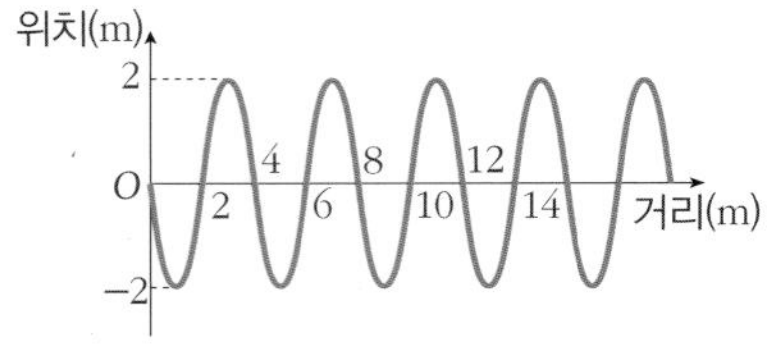


(나)

① 주기, 진폭 ② 파장, 주기
③ 파장, 진폭 ④ 진폭, 파장
⑤ 진폭, 주기

**17** 다음 그림과 같은 두 파동 A, B에 대한 설명으로 옳은 것은?

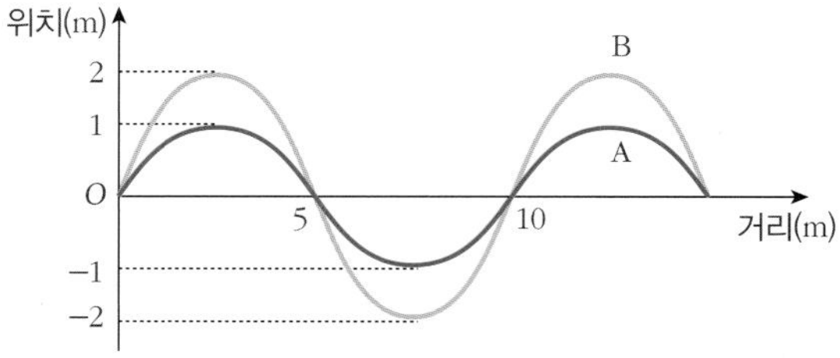


① A와 B는 진폭이 같다.
② A와 B는 파장이 같다.
③ 주기는 B가 A보다 더 크다.
④ 진동수는 A가 B보다 더 크다.
⑤ A는 종파이고, B는 횡파이다.

정답 및 해설 30쪽

**18** 파장이 같은 여러 파동의 진폭과 진동수가 다음과 같을 때 파동의 전파 속도가 가장 빠른 것은?

① 진폭 - 3 m, 진동수 - 1 Hz
② 진폭 - 2 m, 진동수 - 2 Hz
③ 진폭 - 3 m, 진동수 - 3 Hz
④ 진폭 - 2 m, 진동수 - 4 Hz
⑤ 진폭 - 1 m, 진동수 - 5 Hz

**[19~20]** 다음 그림은 오른쪽으로 진행하는 어떤 파동의 현재 모양과 2초 후의 모양을 나타낸 것이다.

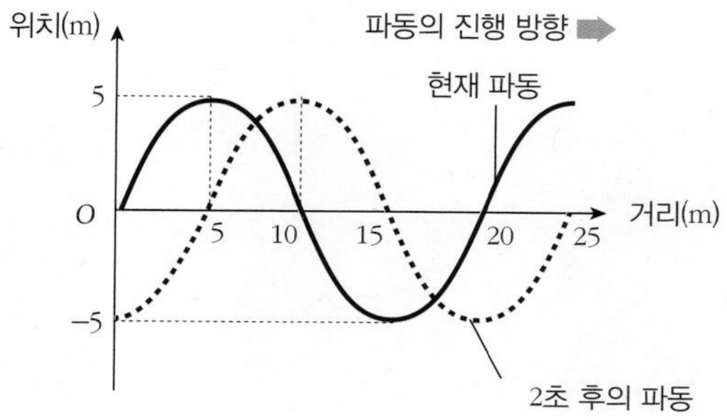


**19** 이 파동에 대한 설명으로 옳은 것을 모두 고르시오.(2개)

① 이 파동은 종파이다.
② 이 파동의 진폭은 10 m이다.
③ 이 파동은 2초 동안 5 m 진행한다.
④ 파동이 진행함에 따라 파장이 변한다.
⑤ 이 파동의 마루는 진동의 중심으로부터 5 m 위에 있다.

**20** 이 파동의 파장과 주기를 순서대로 바르게 짝지은 것은?

① 파장 - 5 m, 주기 - 2초
② 파장 - 10 m, 주기 - 2초
③ 파장 - 10 m, 주기 - 4초
④ 파장 - 20 m, 주기 - 4초
⑤ 파장 - 20 m, 주기 - 8초

## 창의력 서술

**21** 우주 공간은 진공이므로 소리가 전달되지 않는다. 그렇다면 빛은 전달될까? 자신의 생각을 이유와 함께 서술하시오.

**22** 해변의 방파제에 닿아 있는 바닷물은 위아래로 상하 운동을 하며 표시를 남기므로 이를 통해 파도의 높이를 알 수 있다. 또 파도가 얼마의 주기로 높아지는 지도 측정할 수 있다. 파도와 파도가 방파제에 남긴 표시를 관찰한 결과는 다음과 같다.

- 파도의 최고 높이와 최저 높이의 차인 파고는 200 cm이다.
- 수면이 최고점이 되었다가 10번째 최고점이 될 때까지 30초가 걸렸다.

파도의 이웃한 마루 사이의 거리가 3 m였다면, 이 파도의 진폭과 속력을 각각 구하시오.

# 19강. 파동 2

## 1. 전자기파와 빛

**(1) 전자기파 :** 전기장과 자기장의 진동을 통해 전파되는 파동이다.

① 특징 : 진공에서도 전파된다.
② 종류 : 라디오파, 마이크로파, 적외선, 가시광선, 자외선, X선 등

**(2) 빛 :** 물체를 볼 수 있는 것은 물체로부터 다양한 파장의 빛이 나오기 때문이다.

① 광원 : 스스로 빛을 내는 물체

| | 광원인 것 | 광원이 아닌 것 |
|---|---|---|
| 예 | 태양, 별, 촛불, 형광등, 텔레비전 화면, 휴대전화 화면 등 | 달, 지구, 종이, 연필, 거울, 스크린, 컵 등 |
| 보는 원리 | 광원에서 나오는 빛이 눈에 그대로 들어 온다. | 광원에서 나온 빛이 물체에 반사되어 눈에 들어 온다. |

② 빛의 직진 : 광원에서 나온 빛은 휘지 않고 똑바로 나아간다.

| 빛의 직진으로 인한 현상 | | |
|---|---|---|
|  |  |  |
| 그림자 | 일식 또는 월식 | 등대 |

○ 간단실험
빛의 직진 관찰하기
① 방에서 불을 끄고 레이저 포인터로 빛이 나아가는 모습을 관찰한다.
② 레이저 포인터를 상하좌우로 움직여 빛이 나아가는 모습을 관찰한다.

○ 빛의 속도
진공에서 빛은 1초에 약 30만 킬로미터를 진행한다.

**개념확인 1** 다음 중 광원이 아닌 것은?

① TV 화면 ② 보석 ③ 태양
④ 조명 ⑤ 촛불

**확인 +1** 다음은 광원과 광원이 아닌 것에 대한 설명이다. 옳은 것은 O표, 옳지 않은 것은 X표 하시오.

(1) 하늘에 있는 달과 별은 광원이다. ( )
(2) 스스로 빛나는 것을 광원이라고 한다. ( )
(3) 스스로 빛을 내지 않는 물체도 눈에 보인다. ( )

**미니사전**
마이크로파 진동수가 비교적 크고, 파장이 비교적 짧은 전자기파의 일종
라디오파 파장과 진동수가 다양하며 만들기도 쉽고 감지가 잘 되어 통신용으로 사용되는 전자기파의 일종

## 2. 빛의 분산

**(1) 빛의 분산 :** 빛이 여러 색으로 나누어지는 현상이다.

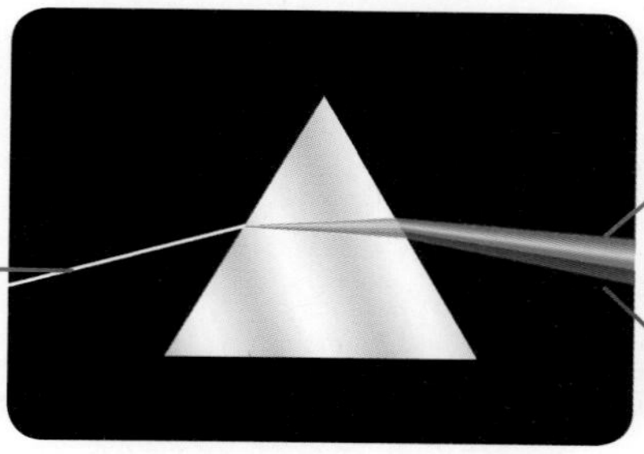
빨간색 : 조금 꺾인다.
백색광
보라색 : 많이 꺾인다.

▲ 프리즘을 통과한 백색광은 여러 가지 단색광으로 나누어진다.

**(2) 스펙트럼 :** 빛이 분산되어 생긴 여러 가지 색의 띠이다.

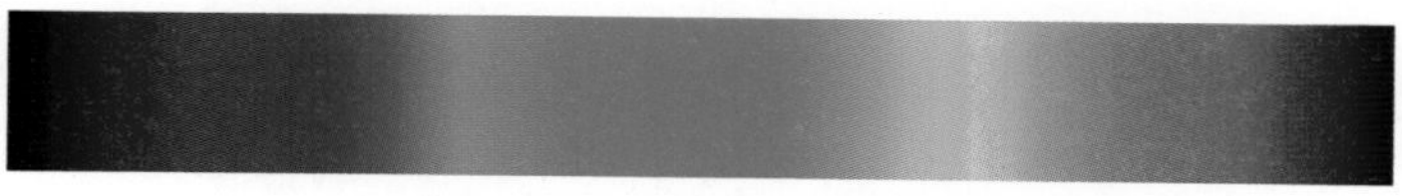

▲ 연속 스펙트럼

▲ 선 스펙트럼

→ 물질의 종류마다 스펙트럼의 모양과 색이 다르게 나타난다.

◉ 간단실험

**프리즘을 통한 빛의 굴절**

① 프리즘과 레이저 포인터를 준비한다.

② 레이저 포인터를 프리즘에 쏘며 빛의 굴절을 관찰한다.

◉ 백색광과 단색광

· 백색광 : 여러 가지 색의 빛이 섞여 있는 빛 (햇빛, 백열등 빛 등)

· 단색광 : 한 가지 색으로 보이는 빛 (레이저 빛 등)

◉ 빛의 분산으로 인한 현상

▲ 무지개

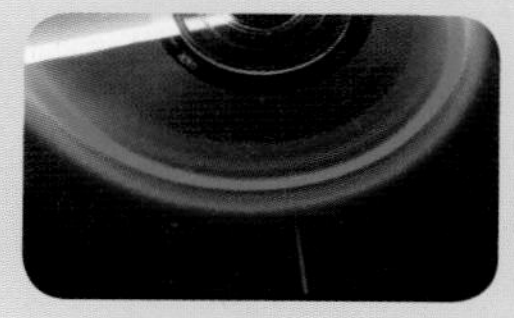

▲ CD 뒷면의 색

정답 및 해설 31쪽

**개념확인 2** 백색광이 프리즘을 통과하며 여러 가지 색의 단색광으로 나누어지는 현상을 빛의 (            )이라 한다. 괄호 안에 들어갈 말을 쓰시오.

**확인+2** 다음 그림은 프리즘을 통과하는 백색광의 모습을 나타낸 것이다. A로 표시된 맨 위의 색깔은 무엇인가? (그림의 색은 임의의 색이다.)

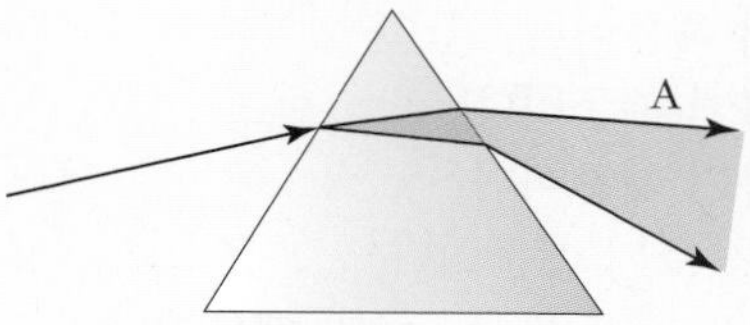
A

① 흰색
② 빨간색
③ 노란색
④ 초록색
⑤ 파란색

**미니사전**

프리즘 빛을 분산시키는 기구로 투명한 유리로 만든 삼각 기둥

빨간색 꽃

빨간색 꽃은 백색광을 비췄을 때 다른 빛은 모두 흡수하고, 빨간색 빛을 반사시키기 때문에 꽃이 빨간색으로 보인다.

흰색 물체와 검정색 물체

빛을 비추었을 때 모든 색의 빛을 흡수하는 물체의 색은 검정색이다. 반면에 모든 빛을 반사하는 물체는 흰색이다.

## 3. 빛의 3원색

**(1) 빛의 3원색 :** 빨간색, 초록색, 파란색의 세 가지 빛이다.

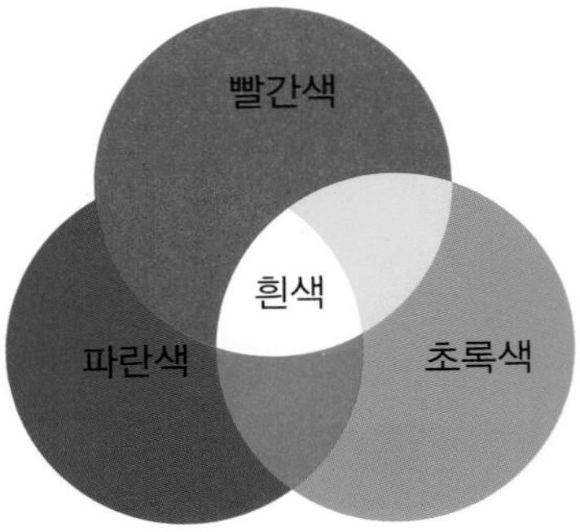


① 빛의 3원색은 더 이상 분해되지 않는다.
② 빛의 3원색을 모두 합치면 백색광이 된다.
③ 빛의 3원색 중 두 가지 또는 세 가지를 혼합하여 모든 색의 빛을 만들어 낼 수 있다.

**(2) 물감의 3원색 :** 빨간색, 노란색, 파란색이며 모두 섞으면 검정색이 된다.

**(3) 물체의 색 :** 물체가 반사하는 빛의 색이 물체의 색이다.

| 물체의 색 | | |
|---|---|---|
|  |  |  |
| 빨간색 빛을 반사하는 종이컵 | 초록색 빛을 반사하는 개구리 | 파란색 빛을 반사하는 수첩 |

**개념확인 3** **다음 문장에 들어갈 알맞은 말을 쓰시오.**

빨간색, 초록색, 파란색의 세 가지 색의 빛은 빛의 3원색이라고 한다. 이 빛의 3원색을 모두 합치면 (　　　　　　)광이 된다.

**확인 +3** **빨간 사과가 빨갛게 보이는 이유는 무엇인가?**

① 사과가 모든 빛을 반사하기 때문이다.
② 사과가 빨간색 빛만 반사하기 때문이다.
③ 사과가 빨간색 빛만 흡수하기 때문이다.
④ 우리 눈에서 나간 빨간 빛을 보기 때문이다.
⑤ 사과가 초록색, 파란색, 노란색 빛을 흡수하기 때문이다.

## 4. 빛의 합성

**(1) 빛의 합성 :** 색이 다른 두 가지 이상의 빛을 합하는 것을 말한다.

**(2) 빛의 3원색의 합성 :** 빛은 합할수록 밝아진다.

① 빨간색 + 초록색 = 노란색
② 초록색 + 파란색 = 청록색
③ 파란색 + 빨간색 = 자홍색
④ 빨간색 + 초록색 + 파란색 = 백색

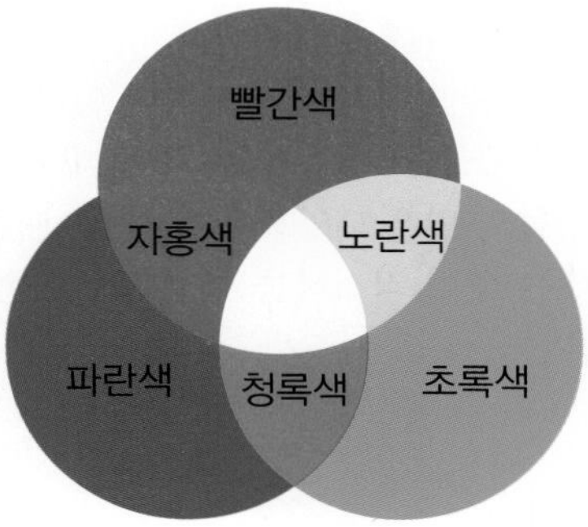


**(3) 빛의 합성의 이용 :** 빛의 3원색을 합성하여 다른 색의 빛을 만들어 이용한다.

| 빛의 합성을 이용하는 예 | | |
|---|---|---|
| 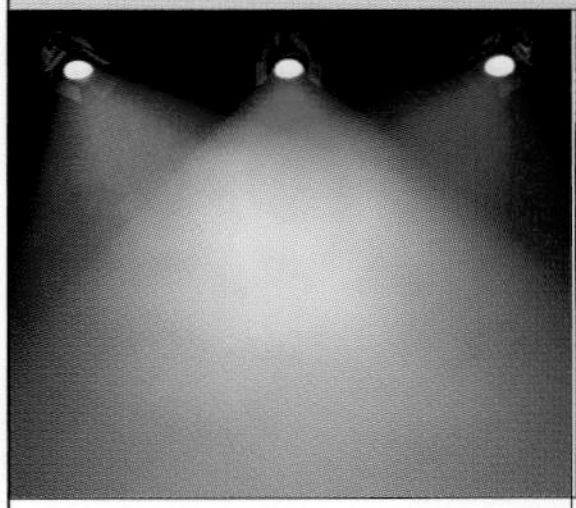 | 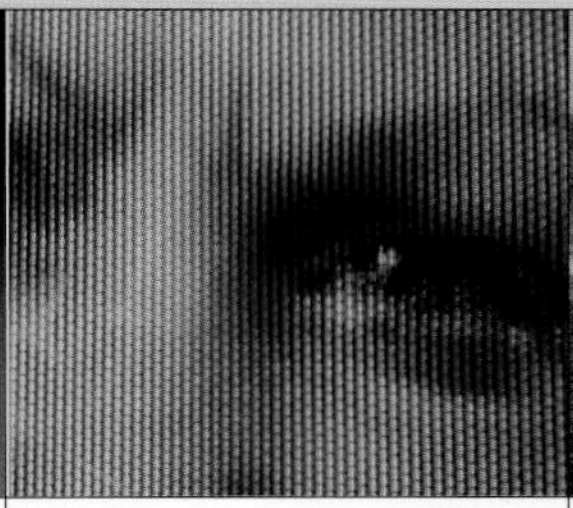 |  |
| 3원색의 빛을 합성하여 다른 색의 빛을 표현하는 무대 조명 | 3원색의 빛을 사용하여 색을 표현하는 TV 화면 | 각각 다른 색의 점들을 찍어 멀리서 봤을 때 합성된 빛의 색으로 보이도록 하는 점묘화 |

간단실험

빛을 합성해 보기

준비물 : 빨간색, 파란색, 초록색 셀로판지를 각각 씌운 손전등 3개

① 빨간색 빛과 초록색 빛을 동시에 흰 벽에 비추어 본다.
② 초록색 빛과 파란색 빛, 초록색 빛과 빨간색 빛에 대해서도 각각 같은 실험을 한다.
③ 세 가지 빛을 동시에 벽에 비춰 본다.
④ 각각의 경우 합성된 빛의 색을 관찰한다.

정답 및 해설 31쪽

개념확인 4 **다음은 빛의 합성 그림이다. ⓐ, ⓑ, ⓒ, ⓓ에 해당하는 빛의 색을 쓰시오.**

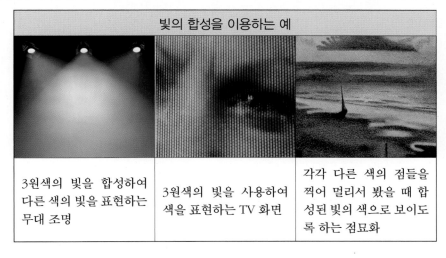

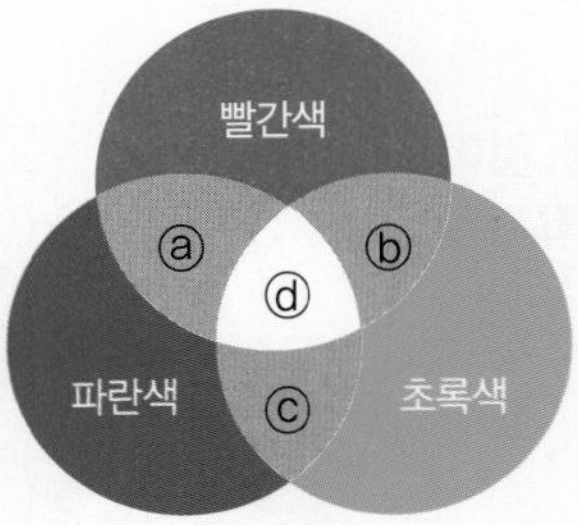


ⓐ (　　　　)색
ⓑ (　　　　)색
ⓒ (　　　　)색
ⓓ (　　　　)색

확인 + 4 **TV화면에서 최소로 필요한 세 가지 색깔을 바르게 짝지은 것은?**

① 빨간색, 노란색, 초록색
② 빨간색, 노란색, 파란색
③ 빨간색, 초록색, 파란색
④ 노란색, 파란색, 초록색
⑤ 자홍색, 노란색, 청록색

**미니사전**

조명 [照 비추다 明 밝다] 어두운 곳을 비추거나, 빛을 이용한 효과를 주기 위해 설치하는 기구

점묘화 [點 점 描 그리다 畵 그림] 수많은 점을 찍어서 색깔을 표현하는 그림

# 개념 다지기

**01** **빛에 대한 설명으로 옳지 않은 것은?**

① 빛은 전자기파의 일종이다.
② 빛은 똑바로 나아가는 성질이 있다.
③ 광원은 스스로 빛을 내는 물체이다.
④ 밤하늘의 별은 태양빛을 반사하여 빛난다.
⑤ 등대는 빛이 직진하는 성질을 이용한 것이다.

**02** **다음은 햇빛을 프리즘에 통과시키는 모습을 간단히 표현한 것이다. 다음 물음에 답하시오.**

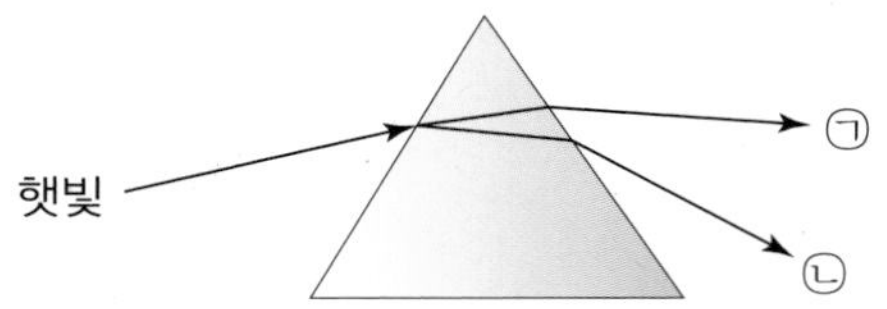


(1) ㉠, ㉡에 들어갈 빛의 색깔을 각각 쓰시오.

㉠ : (                    )색
㉡ : (                    )색

(2) 이처럼 빛이 여러 가지 색깔로 나누어지는 현상을 무엇이라 하는가? (네 글자로 쓰시오.)

**03** **오른쪽 그림은 빛의 3원색의 합성을 나타낸 것이다. A~C에 들어갈 색을 순서대로 바르게 짝지은 것은?**

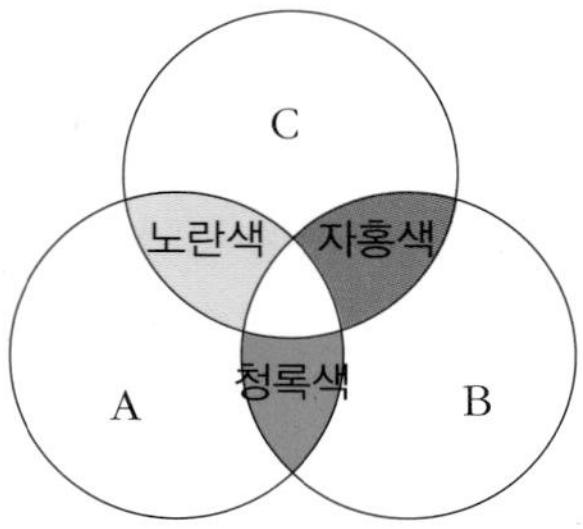


| | A | B | C |
|---|---|---|---|
| ① | 흰색 | 회색 | 검은색 |
| ② | 빨간색 | 파란색 | 흰색 |
| ③ | 빨간색 | 초록색 | 파란색 |
| ④ | 초록색 | 파란색 | 빨간색 |
| ⑤ | 파란색 | 초록색 | 빨간색 |

**04** 다음 중 빛과 물체의 색에 대한 설명으로 옳지 않은 것은?

① 초록색 공은 초록색 빛을 흡수한다.
② 빨간색 사과에서는 빨간색 빛이 반사된다.
③ 모든 색의 빛을 반사하면 물체는 흰색으로 보인다.
④ 석탄은 모든 색깔의 빛을 흡수하기 때문에 검은색으로 보인다.
⑤ 다른 색을 모두 흡수하고 빨간색 빛과 파란색 빛을 반사하면 자홍색으로 보인다.

**05** 다음 중 빛의 합성을 이용한 것이 아닌 것은?

① 무대 조명 ② LED 전광판 ③ 무지개
④ 휴대 전화의 화면 ⑤ TV 화면

**06** 우리가 시청하는 컬러 TV 모니터에 쓰이는 빛의 기본 색깔을 〈보기〉에서 모두 고른 것은?

〈 보기 〉

ㄱ. 빨간색 ㄴ. 노란색 ㄷ. 자홍색
ㄹ. 초록색 ㅁ. 파란색 ㅂ. 청록색

① ㄱ, ㄴ, ㄷ ② ㄱ, ㄴ, ㅁ ③ ㄱ, ㄴ, ㄹ
④ ㄱ, ㄹ, ㅁ ⑤ ㄴ, ㄷ, ㄹ

# 유형 익히기 & 하브루타

## [유형19-1] 전자기파와 빛

광원은 스스로 빛을 내는 물체를 말한다. 다음 〈보기〉 중에서 광원인 것을 모두 고른 것은?

〈 보기 〉

| | | |
|---|---|---|
| ㄱ. 금 | ㄴ. 별 | ㄷ. 태양 |
| ㄹ. 연필 | ㅁ. 극장 스크린 | ㅂ. 스마트폰 화면 |

① ㄱ, ㄴ, ㄷ　② ㄱ, ㄷ, ㅂ　③ ㄴ, ㄷ, ㄹ
④ ㄴ, ㄷ, ㅂ　⑤ ㄴ, ㄷ, ㅁ

**Tip!**

**01** 다음 중 광원이 아닌 것은?

① 태양　② 지구　③ 반딧불이
④ 레이저　⑤ 번개

**02** 다음 중 우리가 태양 빛에 의해 사과를 보는 빛의 경로를 바르게 나타낸 것은?

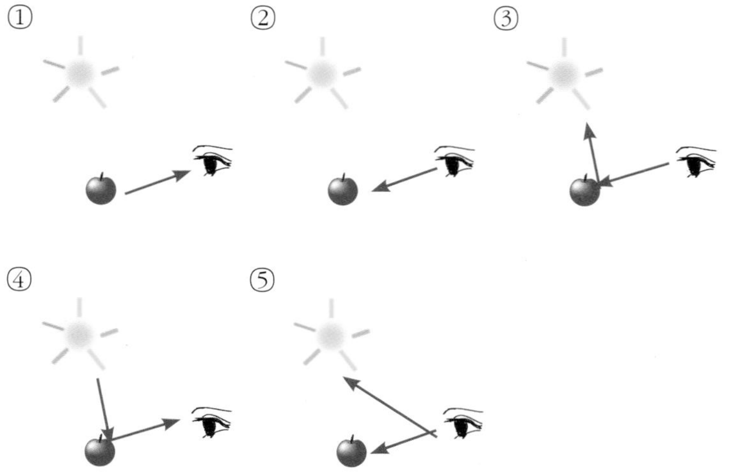

정답 및 해설 32쪽

## [유형19-2] 빛의 분산

햇빛을 그림과 같이 프리즘에 통과시켰더니 여러 가지 색으로 나누어졌다. 이때 나타나는 현상에 대한 설명으로 옳지 않은 것은?

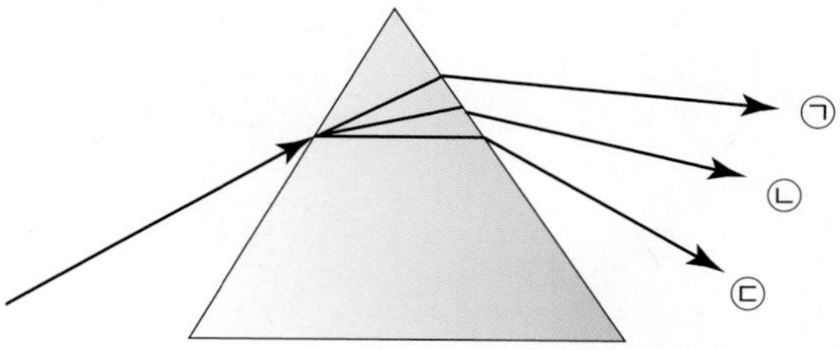


① ㉢에 나타나는 빛의 색은 보라색이다.
② ㉠, ㉡, ㉢은 각각 한가지 색으로 된 단색광이다.
③ 하늘의 무지개도 이와 같은 원리로 보이는 현상이다.
④ 햇빛은 여러 가지 색의 빛이 혼합되어 있음을 알 수 있다.
⑤ 레이저 빛을 프리즘에 통과시켰을 때도 같은 현상이 나타난다.

**03** 다음 중 프리즘을 통과했을 때 나누어질 수 없는 빛의 색은 무엇인가?

① 백색 ② 빨간색 ③ 노란색
④ 청록색 ⑤ 자홍색

**Tip!**

**04** 오른쪽 그림은 햇빛이 프리즘을 통과하여 여러 가지 색깔로 나누어지는 현상을 나타낸 것이다. 이에 대한 설명으로 옳은 것은 무엇인가?

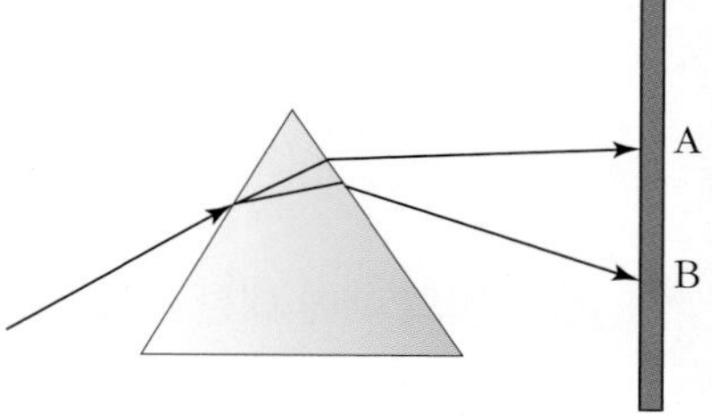


① A광선은 B광선과 같은 색깔이다.
② 이러한 현상을 빛의 합성이라고 한다.
③ A광선은 보라색, B광선은 빨간색이다.
④ A부터 B까지의 빛을 다시 합치면 백색광이 된다.
⑤ 단색광을 프리즘에 통과시키면 여러 가지 색깔로 나누어진다.

# 유형 익히기 & 하브루타

## [유형19-3] 빛의 3원색

다음 그림은 빛의 3원색을 나타낸 것이다. 이에 대한 설명으로 옳지 않은 것은?

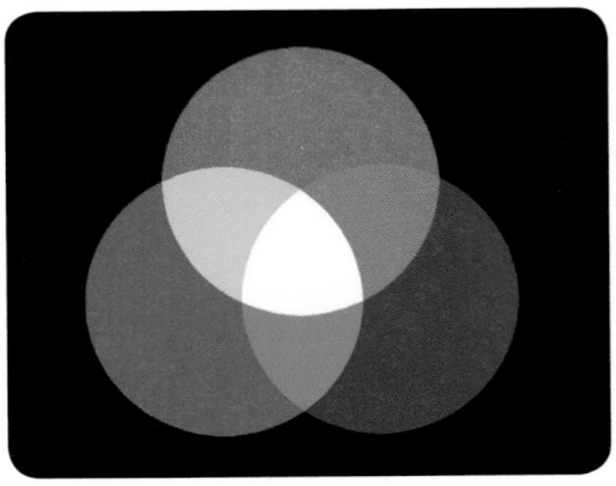

① 빛은 합칠수록 밝아진다.
② 빛의 3원색 각각은 단색광이 아니다.
③ 빛의 3원색과 물감의 3원색은 다르다.
④ 빛의 3원색을 모두 합치면 백색광이 된다.
⑤ 빛의 3원색은 빨간색, 파란색, 초록색이다.

Tip!

**05** 오른쪽 그림과 같은 색종이에 백색광을 비추었을 때, 색종이가 반사하는 빛의 색은 무엇인가?

① 노란색　② 빨간색　③ 흰색
④ 초록색　⑤ 파란색

**06** 빛의 색에 대한 다음 설명 중 옳은 것은?

① 빛의 색을 합성하면 밝기가 더 어두워진다.
② 모든 색의 빛을 전부 흡수하는 색은 흰색이다.
③ 빛이 우리 눈에서 반사되기 때문에 물체를 볼 수 있다.
④ 빛의 3원색을 적절히 합하면 모든 색의 빛을 만들 수 있다.
⑤ 컴퓨터의 모니터는 빨간색, 노란색, 파란색의 빛으로 모든 색을 만든다.

정답 및 해설 32쪽

## [유형19-4] 빛의 합성

흰색 바탕의 컴퓨터 화면을 확대경으로 들여다볼 때, 확대경에 나타난 모습으로 옳은 것은?

①

②
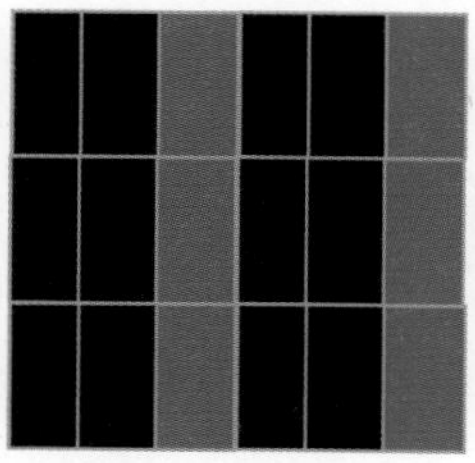
③
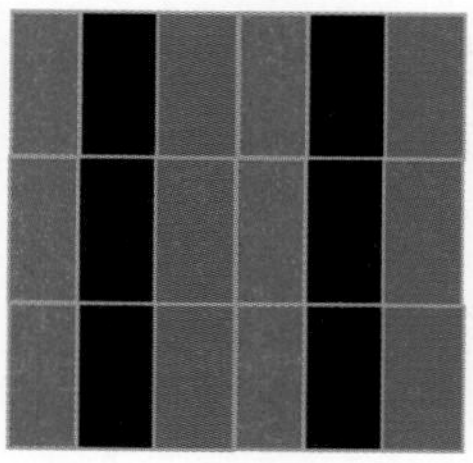
④
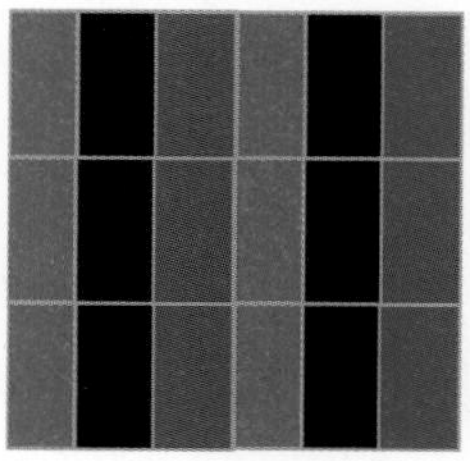
⑤

## 07 다음 문장의 괄호 안에 들어갈 말로 알맞은 것은?

| |
|---|
| 두 가지 이상의 빛을 합하였을 때 처음과 다른 색깔의 빛으로 보이는 현상을 빛의 (　　　　　　　)이라 한다. |

① 직진　　② 분산　　③ 합성
④ 진동　　⑤ 흡수

## 08 무대에서 흰색의 조명을 만들기 위해서 반드시 필요한 색의 빛을 모두 고르시오.(3개)

① 빨간색　　② 파란색　　③ 노란색
④ 초록색　　⑤ 청록색

Tip!

## 01

빨간색 셀로판지는 빨간색 빛을 통과시키고, 파란색 셀로판지는 파란색 빛을 통과시킨다. 다음 그림과 같이 빨간색 장미에 여러 가지 색깔의 조명을 비추고 노란색 셀로판지를 통해서 장미를 관찰하였을 때 보이는 장미의 색깔을 각각 쓰시오.

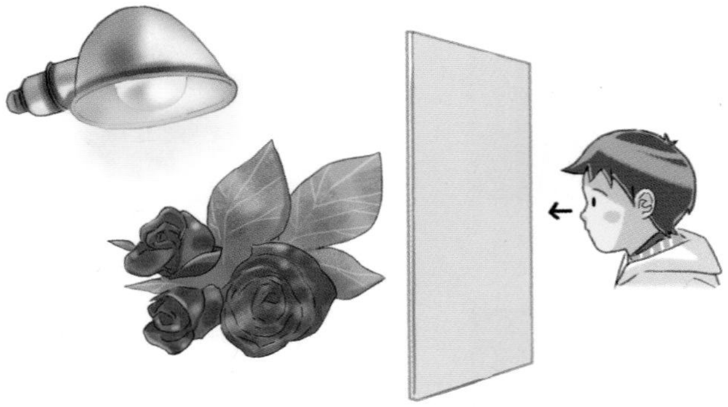


| 조명색 | 보이는 장미의 색 |
|---|---|
| 흰색 | |
| 빨간색 | |
| 파란색 | |
| 초록색 | |
| 자홍색 | |
| 노란색 | |
| 청록색 | |

정답 및 해설 32쪽

**02** 인상파 이전의 서양 화가들은 여러 가지 원색의 물감을 섞어 그림을 그렸는데, 물감을 섞으면 색이 탁해지고 어두워졌다. 이러한 문제를 해결하고자 일부 인상파 화가들은 점묘화를 그렸다. 점묘화는 원색의 물감들을 서로 분리된 점으로 찍어 그린 그림이다. 점묘화를 가까이에서 보면 원색의 점들이 보이지만 멀리 떨어져서 보면 전체적으로 밝게 보인다. 그 이유는 무엇인지 서술하시오.

**03** 무지개는 공중에 떠 있는 물방울에 햇빛이 꺾이고, 반사되어 생긴다. 아침이나 저녁 무렵, 비가 온 뒤 등 물방울이 공기 중에 많이 떠 다닐 때 햇빛을 등지고 보면 무지개를 볼 수 있다. 여기서 신기한 점은 무지개가 언제 어떤 장소에서 생겨도 가장 아래쪽에 있는 색깔은 보라색이라는 것이다. 왜 그런지 이유에 대하여 서술하시오.

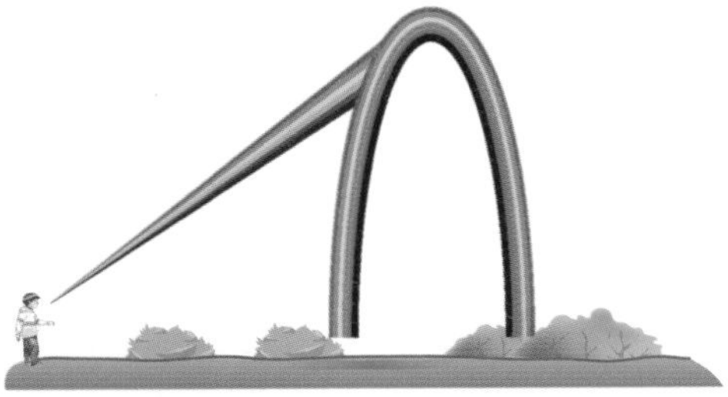

**04** 더운 여름이 되었을 때 우리 주변에서 어두운 색의 옷보다는 밝은 색의 옷을 많이 입는다는 것을 쉽게 관찰할 수 있다. 그리고 추운 겨울이 되었을 때 입는 코트나 점퍼 등은 밝은 색보다는 어두운 색으로 된 경우가 많다. 이렇게 계절에 따라 옷 색깔의 차이가 나는 이유가 무엇인지 서술하시오.

정답 및 해설 33쪽

**05** 무한이는 오늘 저녁거리를 사기 위해 엄마와 함께 정육점을 갔다. 그런데 정육점의 조명이 다 빨간색이라는 사실을 깨닫고 궁금한 마음이 생겼다. 정육점에서 사용하는 조명이 일반적으로 사용하는 조명인 하얀색이나 노란색 조명이 아닌 빨간색 조명을 사용하는 이유는 무엇인지 서술하시오.

## 스스로 실력 높이기

**01** 다음 빈칸에 알맞은 말을 쓰시오.

> 물체가 보이는 이유는 ㉠ (　　　)에서 나온 빛이 물체에서 ㉡ (　　　)되어 우리 눈에 들어오기 때문이다.

**02** 다음 빈칸에 알맞은 말을 쓰시오.

> 빛이 분산하여 생긴 색의 띠를 (　　　　　)이라고 한다.

**03** 다음은 여러 가지 색의 빛을 합성한 것이다. 빈칸에 알맞은 말을 쓰시오.

(1) 빨간색 + 초록색 = (　　　　)색 빛

(2) 초록색 + 파란색 = (　　　　)색 빛

(3) 파란색 + 빨간색 = (　　　　)색 빛

(4) 빨간색 + (　　　　)색 + 파란색 = 백색 빛

**04** 다음 그림은 프리즘에 백색광을 비추었을 때의 모습이다. ㉠, ㉡에 나타나는 빛의 색을 쓰시오.

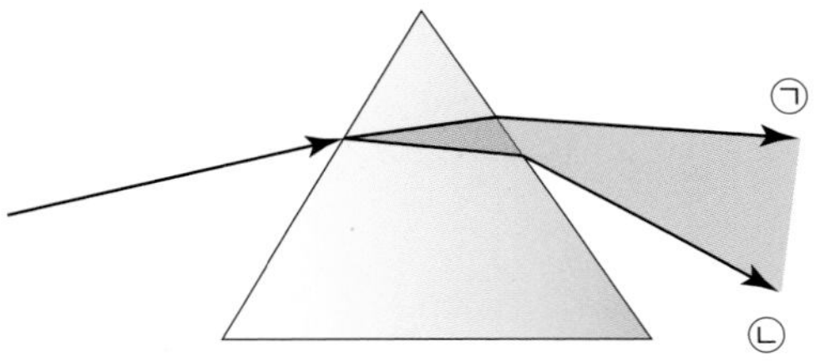


㉠ : (　　　　　)색
㉡ : (　　　　　)색

**05** 다음은 빛에 대한 설명이다. 옳은 것은 O표, 옳지 않은 것은 X표 하시오.

(1) 등대는 빛의 분산을 이용하는 것이다. (　　)

(2) 일식과 월식은 빛의 직진 때문에 관찰할 수 있는 현상이다. (　　)

**06** 프리즘을 통과하는 백색광이 여러 가지 색으로 분산되는 것을 통해 알 수 있는 것은 O표, 알 수 없는 것은 X표 하시오.

(1) 백색광 안에는 여러 가지 색의 단색광들이 섞여 있다. (　　)

(2) 프리즘이 빛의 색을 바꿔 준다. (　　)

**07** 빛의 여러 가지 성질을 보여주는 경우 중 빛의 직진이면 '직', 분산이면 '분', 합성이면 '합' 이라고 쓰시오.

(1) 여러 색의 점들을 찍어 멀리서 봤을 때 새로운 색으로 보이도록 하는 점묘화 (　　)

(2) 빛이 있는 반대쪽에 물체 모양으로 생기는 그림자 (　　)

(3) CD 뒷면에 보이는 무지개색 무늬 (　　)

**08** 다음 설명에 해당하는 것은 어떤 파동인지 쓰시오.

> 진공에서도 전파되며, 라디오파, 마이크로파, 적외선, 가시광선, 자외선, X선 등이 이에 해당한다.

( )

**09** 다음 〈보기〉에서 광원인 것과 광원이 아닌 것을 찾아 각각 쓰시오.

〈 보기 〉
ㄱ. 연필　　ㄴ. 거울
ㄷ. TV화면　　ㄹ. 형광등

(1) 광원인 것 ( , )

(2) 광원이 아닌 것 ( , )

**10** 백색광을 프리즘에 통과시키면 여러 가지 색깔의 단색광들로 나누어진다. 이를 설명하는 다음 문장에서 빈칸에 알맞은 말을 쓰시오.

> 백색광을 분산시켰을 때 나오는 단색광들은 무지개처럼 보인다. 이때 가장 많이 꺾이는 색은 ( )색이다.

**11** 우리가 눈으로 물체를 볼 수 있는 것에 대한 설명으로 가장 적절한 것은?

① 사람의 눈에서 나온 빛이 물체에 닿으므로
② 광원에서 나온 빛이 물체를 비추고 있으므로
③ 물체에서 나온 빛이 사람의 눈으로 들어오므로
④ 광원에서 나온 빛이 물체에 반사되어 눈에 들어오므로
⑤ 광원과 사람의 눈에서 나온 빛이 물체에서 합쳐지므로

**12** 다음 중 광원이 아닌 물체를 보는 방법에 대한 설명으로 옳은 것은?

① 물체에서 나온 빛을 본다.
② 거울을 통해서 볼 수 있다.
③ 물체가 반사하는 빛을 본다.
④ 눈에서 나오는 빛으로 물체를 본다.
⑤ 물체가 빛나지 않으므로 볼 수 없다.

**13** 빛의 분산에 의해 일어나는 현상으로 옳은 것은?

① 점묘화　② 무지개
③ 등대의 불빛　④ 사과의 빨간색
⑤ 텔레비전 화면의 색깔

**14** 흰색 옷을 입고 있는 사람의 옷을 청록색으로 보이게 하기 위해 함께 비추어야 하는 조명의 색을 모두 고르시오.(2개)

① 빨간색 ② 파란색 ③ 초록색
④ 노란색 ⑤ 주황색

**15** 다음 중 빛의 3원색과 3원색의 빛이 합성되었을 때 나타나는 색으로 알맞은 것은?

① 빨강 + 파랑 + 초록 = 흰색
② 빨강 + 파랑 + 노랑 = 흰색
③ 빨강 + 파랑 + 초록 = 검은색
④ 빨강 + 파랑 + 노랑 = 검은색
⑤ 빨강 + 노랑 + 초록 = 무지개색

**16** 다음 중 거의 모든 색의 빛을 반사하는 물체는 무엇인가?

① 
② 
③ 
④ 
⑤ 

**17** 빨간색 빛과 파란색 빛을 흡수하고, 다른 빛은 모두 반사하는 옷을 햇빛에 비추었을 때 어떤 색으로 보이겠는가?

① 빨간색 ② 파란색 ③ 초록색
④ 노란색 ⑤ 자홍색

정답 및 해설 33쪽

**18** 다음 그림은 햇빛이 프리즘을 통과하는 모습을 나타낸 것이다. 이에 대한 설명으로 옳지 <u>않은</u> 것은?

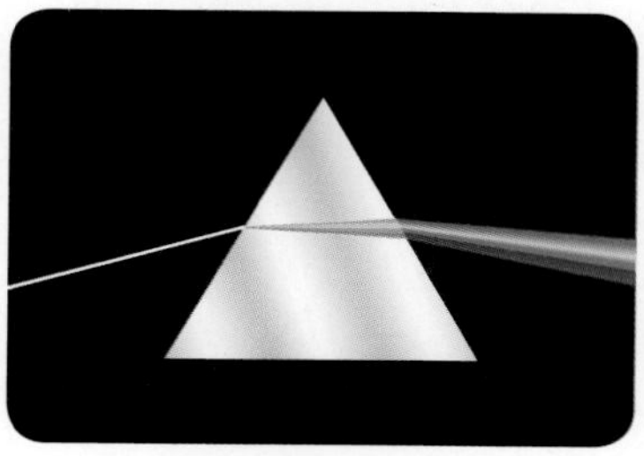

① 프리즘에서 햇빛은 두 번 꺾인다.
② 프리즘에서 나온 빛은 각각 단색광이다.
③ 색깔이 다른 빛은 꺾이는 정도가 다르다.
④ 햇빛에는 여러 가지 색의 빛이 섞여 있다.
⑤ 단색광을 프리즘에 통과시켜도 결과는 같다.

**19** 다음 그림은 초록색, 빨간색, 파란색 빛이 나오는 손전등이다. 세 가지 손전등의 색을 합성하여 만들 수 <u>없는</u> 빛의 색은?

① 노란색 ② 청록색 ③ 자홍색
④ 흰색 ⑤ 검정색

**20** 다음 그림은 윗면을 빨간색과 초록색으로 색칠한 팽이이다. 물체의 색은 물체가 반사하는 빛의 색이므로, 이 팽이를 돌리면 두 가지 색이 합성되어 보일 것이다. 팽이를 돌리면 어떤 색으로 보이겠는가?

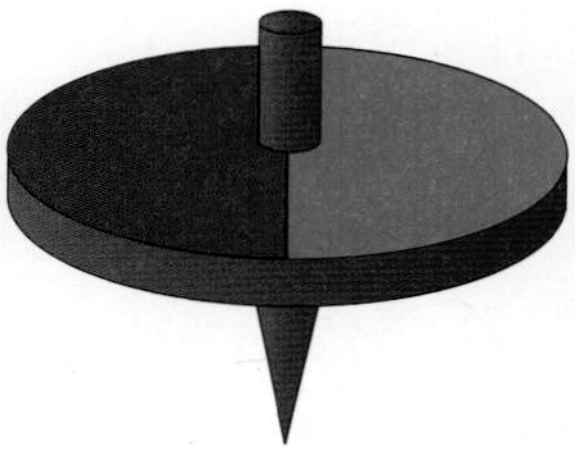

① 빨간색 ② 초록색 ③ 파란색
④ 노란색 ⑤ 청록색

## 창의력 서술

**21** 노란색 옷을 입고 빨간 조명 아래에서 무한이가 춤을 추고 있다. 무한이의 옷 색깔은 어떻게 보일지 서술하시오.

**22** 밝은색 옷과 어두운색 옷 중 어느 색 옷이 빛을 더 많이 흡수할까? 그 이유와 함께 서술하시오.

# 20강. 파동 3

## 1. 빛의 반사 1

**(1) 빛의 반사 :** 빛이 진행하다가 장애물을 만나 되돌아 나오는 현상으로 빛이 반사될 때 파장, 진동수, 속력은 변하지 않는다.

법선 : 반사되는 면에 수직으로 그은 선
입사각 : 입사광과 법선이 이루는 각
반사각 : 반사광과 법선이 이루는 각

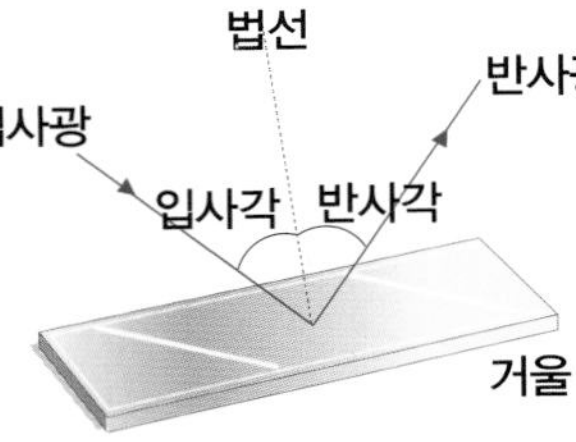


**(2) 반사의 법칙**

① 입사광과 반사광은 같은 평면에 있다.
② 빛이 반사될 때 입사각과 반사각의 크기는 서로 같다.

**(3) 정반사와 난반사**

| | | |
|---|---|---|
| 정반사 | 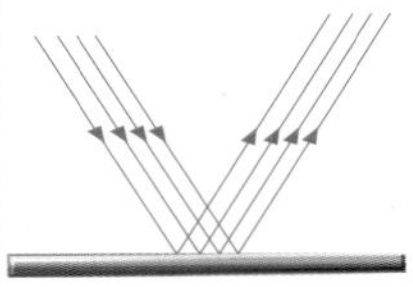 | - 매끄러운 면에서 빛이 일정한 방향으로 반사<br>- 물체를 반사 광선이 있는 방향에서만 볼 수 있음<br>- 물체 표면 등에서 다른 물체가 비춰 보인다. |
| 난반사 | 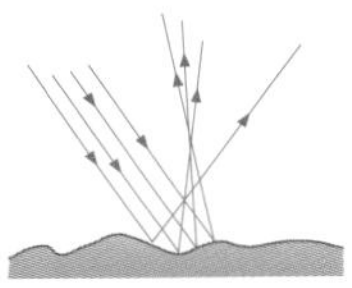 | - 거친 표면에서 빛이 여러 방향으로 반사<br>- 물체를 어느 방향에서나 볼 수 있음 |

**간단실험**

① 거울에 레이저 포인터를 비추어 빛이 반사되는 것을 관찰한다.
② 레이저 포인터와 거울과의 각도를 변화시켜 가면서 빛이 반사되는 경로를 비교해 본다.

**생각해보기★**

잔잔한 수면에는 얼굴이 비치지만 물속도 잘 보인다. 왜 그럴까?

**개념확인 1** 다음 그림은 거울에 빛이 반사되고 있는 모습을 나타낸 것이다. 다음 빈칸에 알맞은 말을 쓰시오.

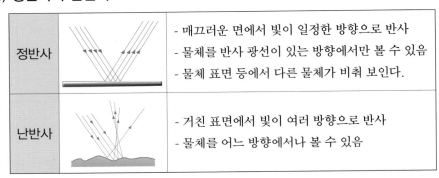

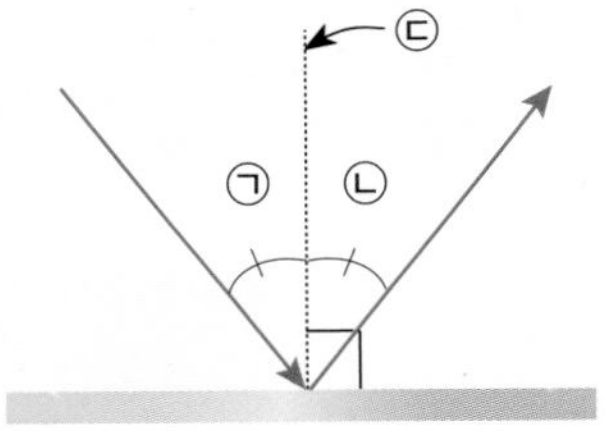


㉠ (　　　　　　), ㉡ (　　　　　　), ㉢ (　　　　　　)

**확인 +1** 빛의 반사에 대한 설명으로 옳은 것은?

① 빛의 입사각과 반사각의 크기는 서로 같다.
② 빛이 반사되면 빛의 속력이 느려진다.
③ 빛이 반사되는 면과 입사광이 이루는 각이 입사각이다.
④ 물체를 사방에서 볼 수 있는 이유는 빛의 정반사 때문이다.
⑤ 빛이 장애물을 만나면 더 이상 진행하지 못하는 현상을 말한다.

## 2. 빛의 반사 2

### (1) 평면 거울에서의 빛의 반사

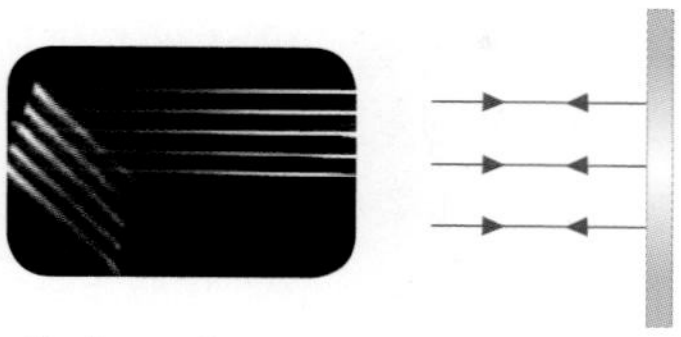

① 빛이 평행하게 나아감

② 거울에서 물체까지의 거리 = 거울에서 상까지의 거리

③ 상의 모습 : 실물과 크기는 같고 좌우가 바뀐 모양

### (2) 볼록 거울과 오목 거울에서의 빛의 반사

| 구분 | 볼록 거울 | 오목 거울 | |
|---|---|---|---|
| 모양 | 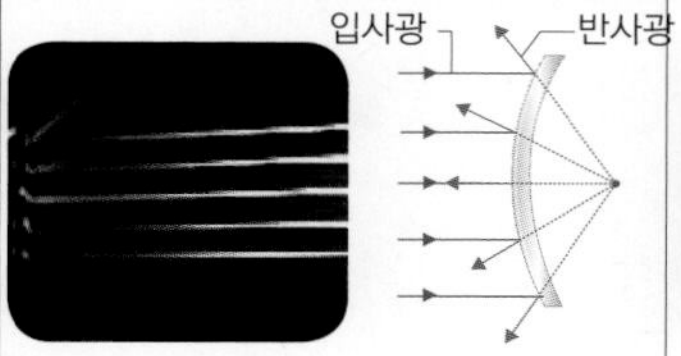 | 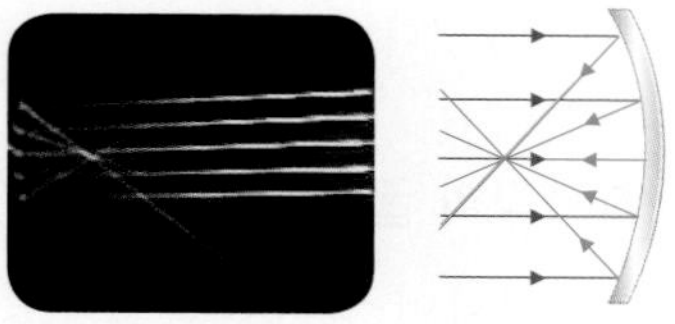 | |
| 빛의 진행 | 빛이 퍼져서 나아감 | 빛이 한 점에 모인 후 퍼져서 나아감 | |
| 특징 | 넓은 범위를 볼 수 있음 | 초점에서 나온 빛을 한 방향으로 멀리까지 나아가게 함 | |
| 상의 모습 | 거울과의 거리와 관계 없이 항상 실물보다 작고 바로 선 상 | 거울과의 거리가 가까우면 실제보다 크고 바로 선 상 | 거울과의 거리가 멀면 실제보다 작고 거꾸로 선 상 |
| 이용 | 자동차 측면 거울<br>편의점 감시 거울 | 자동자 전조등의 반사경<br>치과용 거울 | |

정답 및 해설 35쪽

**개념확인 2** **거울과 거울에 의한 상의 모습을 바르게 연결하시오.**

(1) 평면 거울 ·　　· ㉠ 항상 실물보다 작고 바로선 모양

(2) 오목 거울 ·　　· ㉡ 실물과 크기가 같고 좌우가 바뀐 모양

(3) 볼록 거울 ·　　· ㉢ 거리가 가까우면 실제보다 크고 바로 선 모양

**확인 + 2** **거울에서의 빛의 반사에 대한 설명으로 옳지 않은 것은?**

① 반사의 법칙이 성립한다.
② 볼록 거울은 넓은 범위를 볼 수 있다.
③ 오목 거울은 빛을 멀리까지 나아가게 한다.
④ 가운데가 볼록한 거울에서 반사된 빛은 퍼져서 나간다.
⑤ 거울면이 평평한 거울에서 반사된 빛은 한 점에 모인다.

간단실험

숟가락의 앞면과 뒷면을 이용하여 내 모습을 관찰해 보자.

평면 거울에 의한 상

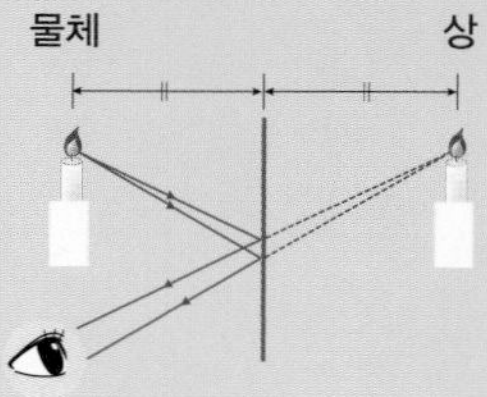


볼록 거울에 의한 상

오목 거울에 의한 상

▲ 크고 바로 선 모양

▲ 작고 거꾸로 선 모양

**미니사전**

상 [像 모양] 빛이 거울이나 렌즈에 의해 반사나 굴절한 뒤에 다시 모여서 생기는 원래 물체의 형상

간단실험
① 컵 속에 동전을 보이지 않게 넣는다.
② 물을 채우면서 변화를 관찰해 보자.

매질에 따른 빛의 속력

| | |
|---|---|
| 공기 | 300,000 |
| 물 | 225,000 |
| 유리 | 200,000 |
| 다이아몬드 | 125,000 |

단위 : km/s

빛의 굴절에 의한 현상

▲ 물속 연필이 꺾여 보임

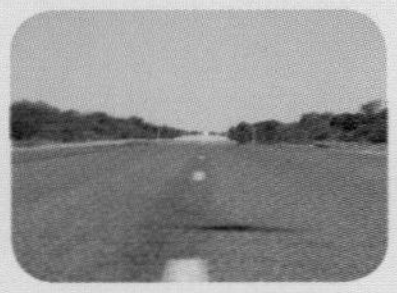
▲ 아지랑이

▲ 별의 반짝거림

생각해보기★★
모든 물질에서 빛의 속력이 같다면 어떻게 될까?

미니사전
굴절각 [屈 굽다 折 꺾다 -각] 굴절한 빛의 진행 방향과 법선이 이루는 각

## 3. 빛의 굴절 1

(1) **빛의 굴절** : 빛이 어느 한 물질에서 다른 물질로 진행할 때 경계면에서 진행 방향이 꺾이는 현상이다.

(2) **빛이 굴절하는 이유**
① 매질에 따라 빛의 속력이 달라지기 때문이다.
② 빛은 속력이 느린 물질일수록 경계면에서 법선쪽으로 더 많이 굴절하여 굴절각이 작아진다.

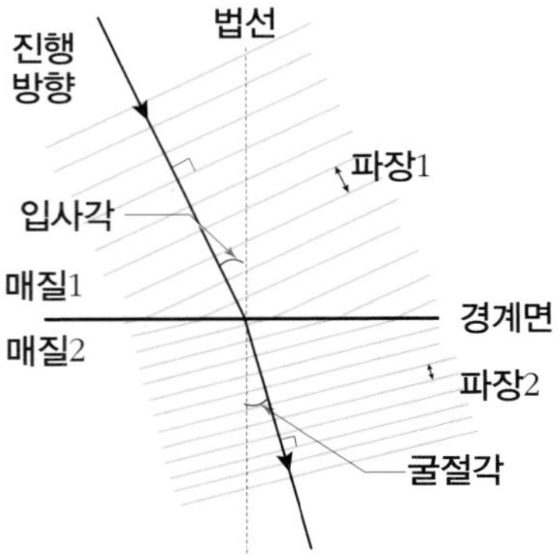

▲ 파동의 속력 : 매질1 > 매질2

(3) **입사각과 굴절각의 관계**
① 입사각이 커지면 굴절각도 커진다.
② 빛이 굴절하는 정도는 물질의 종류에 따라 다르다.

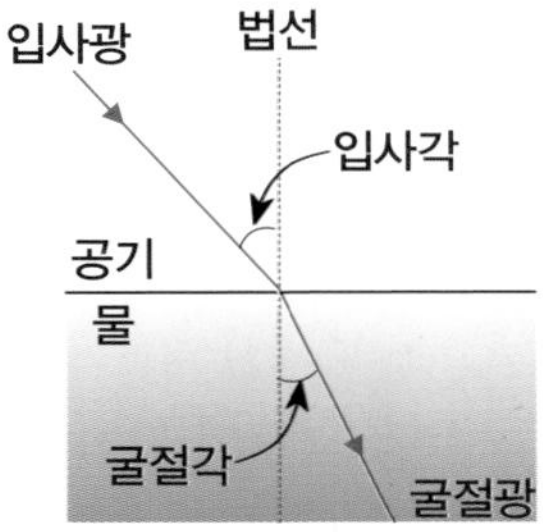

▲ 빛이 공기에서 물로 진행
입사각 > 굴절각

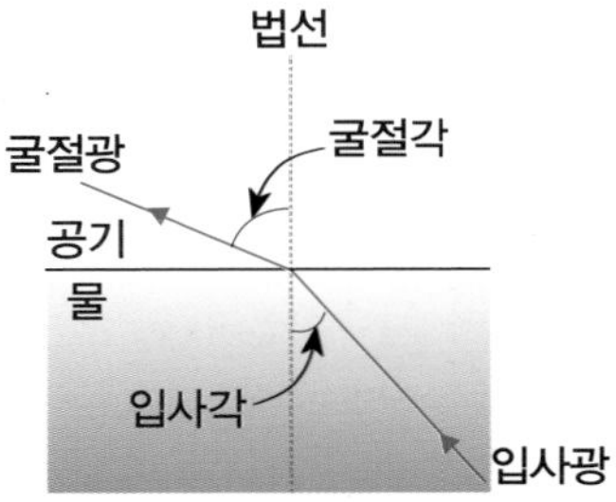

▲ 빛이 물에서 공기로 진행
입사각 < 굴절각

개념확인 3 **다음 빈칸에 알맞은 말을 순서대로 쓰시오.**

빛이 어느 한 물질에서 다른 물질로 진행할 때 경계면에서 진행 방향이 꺾이는 현상을 빛의 (            )이라고 하며, 이는 매질에 따라 빛의 (            )이 달라지기 때문이다.

확인 + 3 **빛의 굴절에 대한 설명으로 옳은 것은?**

① 입사각과 굴절각은 항상 같다.
② 빛이 굴절하는 정도는 물질마다 다르다.
③ 같은 매질을 통과할 때 일어나는 현상이다.
④ 빛의 굴절 현상으로 거울에 비친 내 모습을 볼 수 있다.
⑤ 매질에 따라 빛의 진동수가 달라지기 때문에 일어나는 현상이다.

## 4. 빛의 굴절 2

**(1) 렌즈에 의한 빛의 굴절** : 렌즈를 통과한 빛은 두꺼운 쪽으로 굴절한다.

**(2) 볼록 렌즈** : 가운데가 두꺼운 렌즈

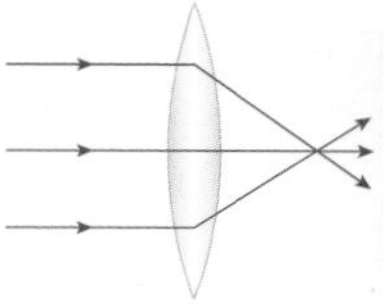

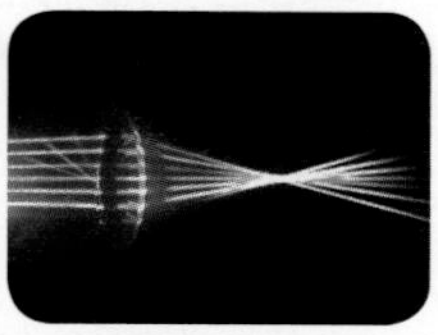

① 빛을 한 점에 모은다.

② 상의 모습

| 물체가 렌즈 가까이 있을 때 | 물체가 렌즈 멀리 있을 때 |
|---|---|
| 실제 크기보다 크고 바로 선 모양 | 거꾸로 선 모양 |

**(3) 오목 렌즈** : 가운데가 얇은 렌즈

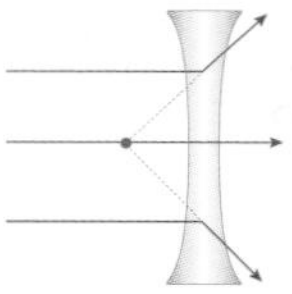

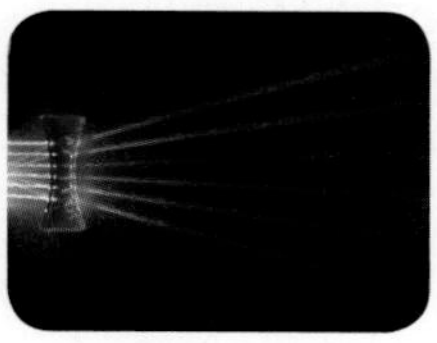

① 빛을 퍼지게 한다.

② 상의 모습 : 물체와 렌즈 사이의 거리와 상관없이 항상 실제 크기보다 작고 바로 선 모양

**(4) 렌즈의 이용**

| 볼록 렌즈 | 오목 렌즈 |
|---|---|
| 원시 교정 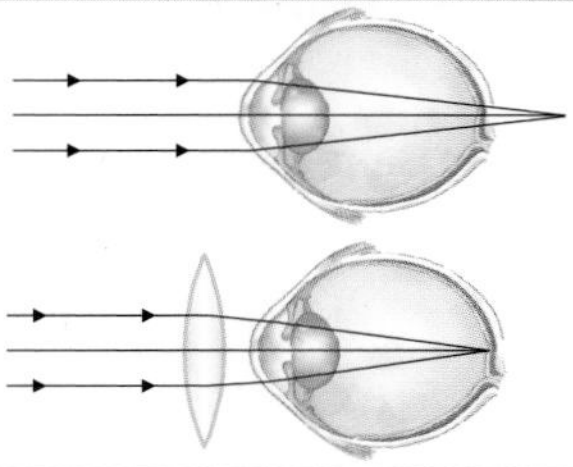 | 근시 교정 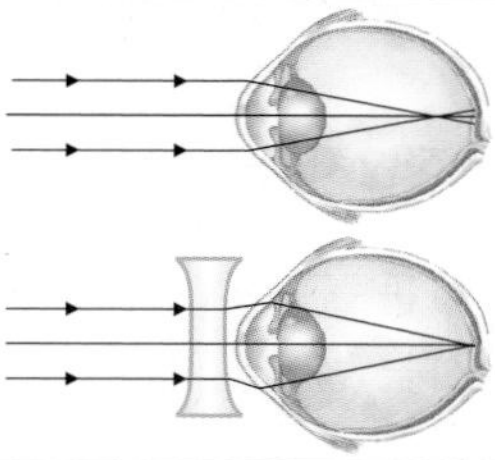 |
| 상이 망막 뒤에 맺히므로 빛을 모아 상이 망막에 맺히게 함 | 상이 망막 앞에 맺히므로 빛을 퍼뜨려 상이 망막에 맺히게 함 |

간단실험

볼록 렌즈에 레이저 포인터 빛을 통과시켜 빛의 굴절을 관찰해 보자.

여러 가지 렌즈

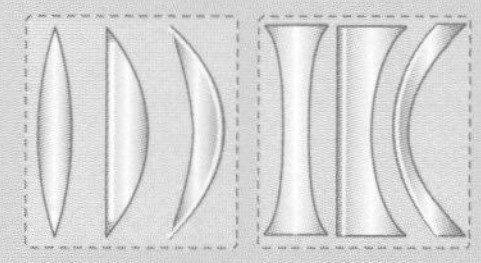

볼록 렌즈 오목 렌즈

볼록 렌즈에 의한 상

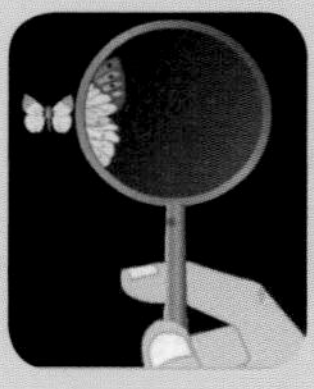

▲ 크고 바로 선 모양

오목 렌즈에 의한 상

▲ 작고 바로 선 모양

정답 및 해설 35쪽

**개념확인 4** **렌즈와 렌즈에 의한 상의 모습을 바르게 연결하시오.**

(1) 오목 렌즈 · · ㉠ 거리와 상관 없이 항상 실제 크기보다 작고 바로 선 모양

(2) 볼록 렌즈 · · ㉡ 물체가 멀리 있을 때 거꾸로 선 모양

**확인 + 4** **렌즈에서의 빛의 굴절에 대한 설명으로 옳은 것은?**

① 볼록 렌즈는 빛을 퍼지게 한다.

② 오목 렌즈는 빛을 한 점에 모은다.

③ 렌즈를 통과한 빛은 렌즈의 얇은 쪽으로 꺾인다.

④ 원시를 교정하기 위해서는 볼록 렌즈를 이용한다.

⑤ 볼록 렌즈와 물체가 가까이 있을 때는 거꾸로 선 모양으로 보인다.

**미니사전**

원시 [遠 멀다 視 보다] 가까이 있는 물체를 잘 볼 수 없는 것

근시 [近 가깝다 視 보다] 멀리 있는 물체를 잘 볼 수 없는 것

# 개념 다지기

**01** 오른쪽 그림은 거울에 빛이 반사되고 있는 것을 나타낸 것이다. 이에 대한 설명 중 옳은 것은?

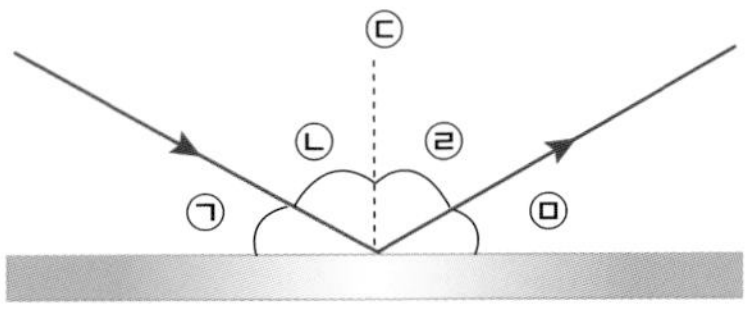


① ㉠은 입사각이다.
② ㉡이 45°이면 반사각도 45°이다.
③ ㉢은 입사하는 빛의 진행 방향에 수직이다.
④ ㉣과 ㉠은 항상 같다.
⑤ ㉤은 반사각이다.

**02** 다음 중 정반사와 난반사에 대한 설명 중 옳지 않은 것은?

① 난반사는 물체의 거친 표면에서 일어난다.
② 난반사는 반사의 법칙이 성립하지 않는다.
③ 난반사는 물체를 사방에서 볼 수 있게 해 준다.
④ 정반사하는 경우 특정 방향에서만 물체를 볼 수 있다.
⑤ 정반사는 거울이나 잔잔한 수면 등에서 일어나는 반사이다.

**03** 오른쪽 그림은 어떤 거울 면에서 빛이 각각 반사되는 모습이다. 이에 대한 설명으로 옳은 것은?

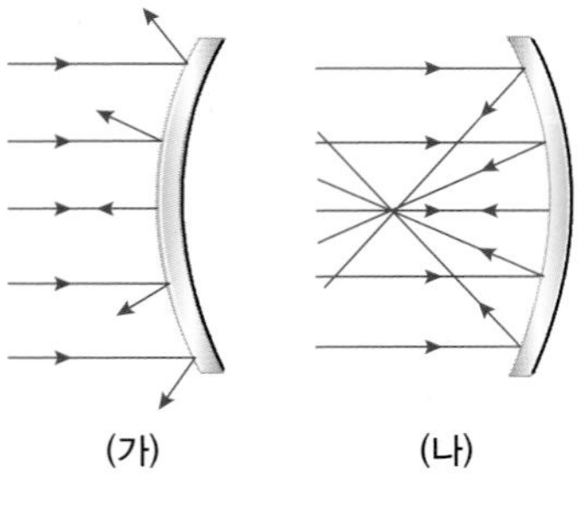


① (가)는 오목 거울이다.
② (나)는 볼록 거울이다.
③ (가)는 항상 작고 바로 선 모양의 상이 생긴다.
④ (나)는 항상 작고 거꾸로 선 모양의 상이 생긴다.
⑤ 두 거울은 빛의 반사의 법칙이 성립하지 않는다.

정답 및 해설 35쪽

**04** 오른쪽 그림은 공기 중에서 물속으로 빛이 진행하는 모습을 나타낸 것이다. 이에 대한 설명으로 옳은 것은?

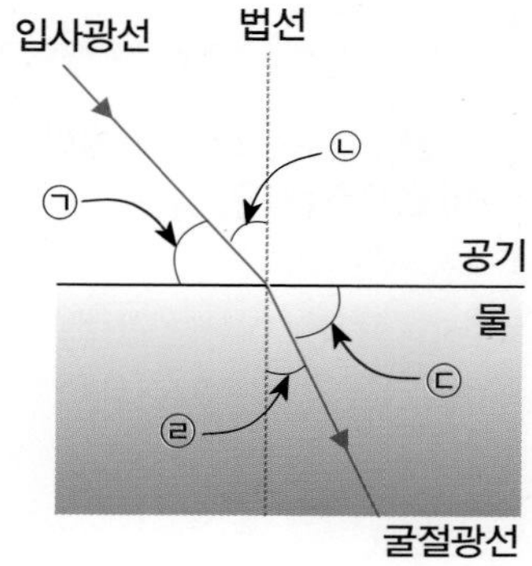


① ㉠은 입사각이다.
② ㉡이 커지면 ㉣도 커진다.
③ ㉢은 굴절각이다.
④ ㉣이 30°면 ㉡도 30°이다.
⑤ 공기와 물에서 빛의 속력은 같다.

**05** 다음 중 렌즈를 통과한 빛의 진행 경로를 바르게 나타낸 것은?

①
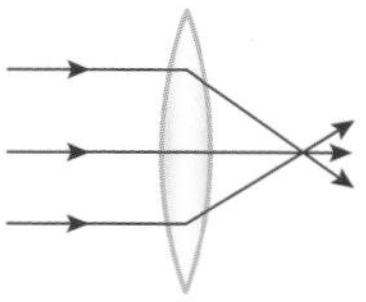
②
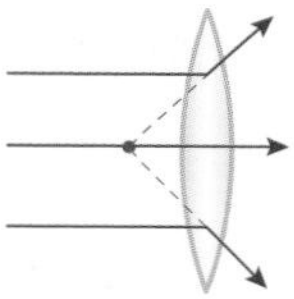
③
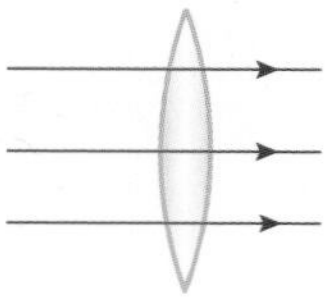
④
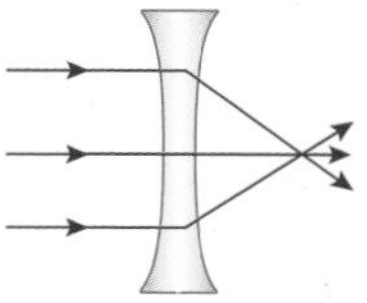
⑤
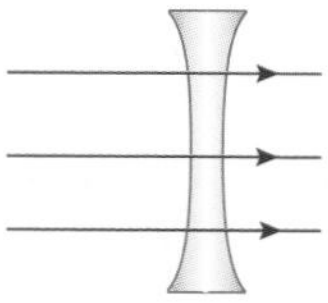

**06** 오른쪽 그림은 어떤 렌즈 앞에 물체를 놓았을 때 생긴 상의 모습이다. 이 렌즈에 대한 설명으로 옳지 <u>않은</u> 것은?

① 빛을 퍼지게 한다.
② 가운데가 두꺼운 렌즈이다.
③ 근시 교정용 안경에 사용된다.
④ 빛의 굴절 현상을 관찰할 수 있다.
⑤ 항상 실물보다 작고 바로 선 모양의 상이 맺힌다.

# 유형 익히기 & 하브루타

[유형20-1] 빛의 반사 1

다음 그림은 평면 거울에 빛이 왼쪽에서 비스듬히 입사하여 반사하고 있는 모습이다. 반사각과 그 크기를 바르게 짝지은 것은?

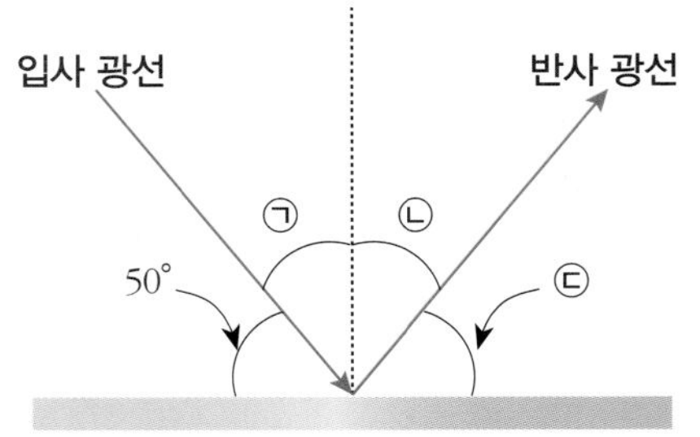


① ㉠ - 50°　② ㉠ - 40°　③ ㉡ - 50°　④ ㉡ - 40°　⑤ ㉢ - 50°

Tip!

**01** 다음 그림은 평행하게 진행하던 빛이 거울면과 흰 종이에서 반사되는 모습을 순서없이 나타낸 것이다. 이에 대한 설명으로 옳은 것은?

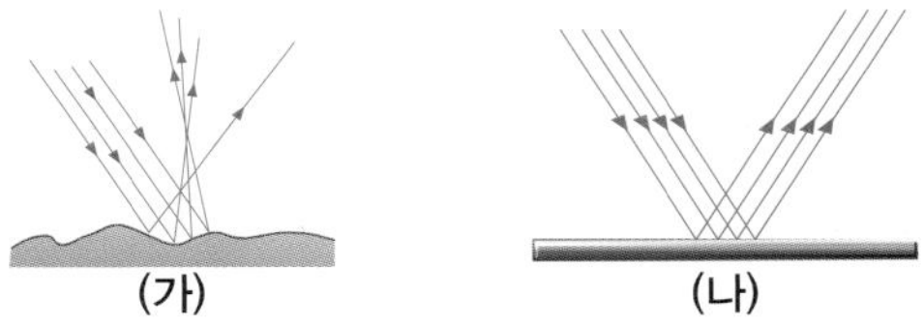


① (가)에서 입사 광선의 입사각은 모두 같다.
② (가)에서 각각의 입사각과 반사각의 크기는 다르다.
③ (나)가 흰종이에서 반사되는 빛의 진행 모습을 나타낸 것이다.
④ (나)와 같이 빛이 진행하는 경우 물체를 반사 광선의 방향에서만 볼 수 있다.
⑤ (가)와 (나)에서 빛의 반사 법칙은 성립되지 않는다.

**02** 잔잔하던 수면에 물결이 생기면 얼굴이 제대로 비치지 않는다. 그 이유에 대하여 바르게 설명한 것은?

① 수면에서 빛이 반사되지 않기 때문이다.
② 수면에서 모든 빛이 흡수되기 때문이다.
③ 수면에서 모든 빛이 반사되기 때문이다.
④ 물결 치는 수면에서 정반사가 일어나기 때문이다.
⑤ 물결치는 수면은 빛을 여러 방향으로 반사시키기 때문이다.

정답 및 해설 36쪽

## [유형20-2] 빛의 반사 2

**과학** 글자를 평면 거울에 비춰 보았다. 이때 평면 거울에 보이는 것으로 옳은 것은?

① **과학** ②  ③  ④  ⑤ 

## 03

평면 거울, 오목 거울, 볼록 거울을 얼굴 가까이에 놓고 비춰볼 때 거울에 나타나는 상의 크기로 옳은 것은?

| | 평면 거울 | 오목 거울 | 볼록 거울 |
|---|---|---|---|
| ① | 얼굴과 같다 | 얼굴보다 작다 | 얼굴보다 크다 |
| ② | 얼굴과 같다 | 얼굴보다 크다 | 얼굴보다 작다 |
| ③ | 얼굴과 같다 | 얼굴보다 작다 | 얼굴보다 작다 |
| ④ | 얼굴과 같다 | 얼굴보다 크다 | 얼굴보다 크다 |
| ⑤ | 얼굴과 같다 | 얼굴과 같다 | 얼굴과 같다 |

## 04

오른쪽 그림은 자동차 측면 거울이다. 이 거울에 대한 설명으로 옳은 것은?

① 거울 가운데가 오목한 거울이다.
② 반사된 빛이 입사 광선과 평행하게 나아간다.
③ 평행한 광선이 입사되면 빛이 한 점에 모인다.
④ 거울에서 물체까지의 거리와 거울에서 상까지의 거리가 같다.
⑤ 거울과 물체와의 거리와 관계없이 항상 실제보다 작고 바로 선 상이 생긴다.

Tip!

# 유형 익히기 & 하브루타

## [유형20-3] 빛의 굴절 1

다음 그림은 빛이 공기 중에서 물속으로 들어갈 때의 모습이다. 물속에서 빛이 진행하는 방향은?

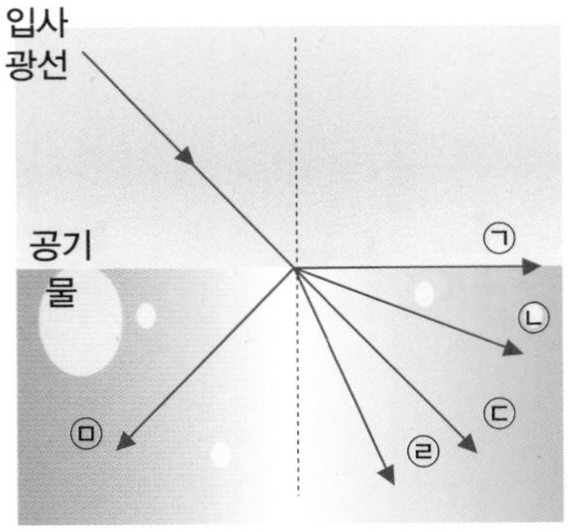


① ㉠　② ㉡　③ ㉢　④ ㉣　⑤ ㉤

Tip!

**05** 오른쪽 그림은 빛이 공기 중에서 물속으로 들어갈 때의 모습이다. 이때 입사각의 크기와 굴절각을 나타내는 기호가 바르게 짝지어진 것은?

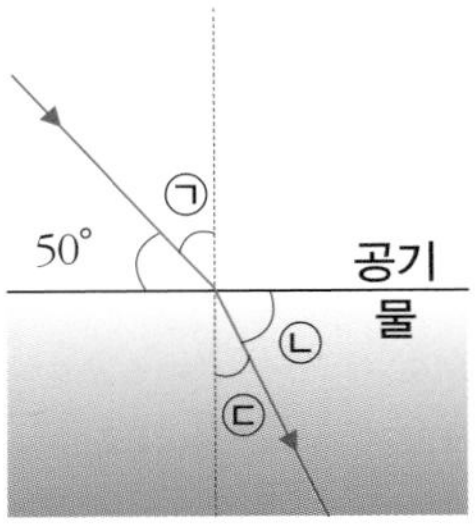


① 50° - ㉠　② 50° - ㉡
③ 40° - ㉠　④ 40° - ㉡
⑤ 40° - ㉢

**06** 동전이 든 컵에 물을 부었더니 보이지 않던 동전이 눈에 보이게 되었다. 다음 중 빛의 진행 경로가 옳은 것은?

①
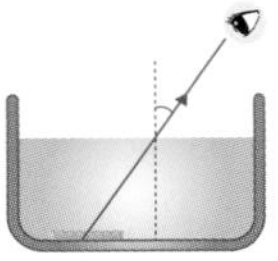
②
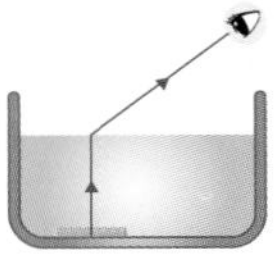
③
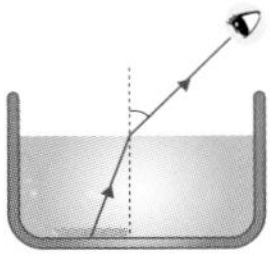
④
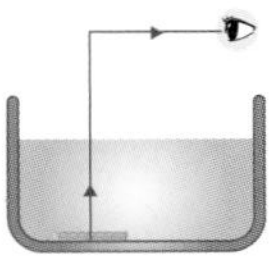
⑤
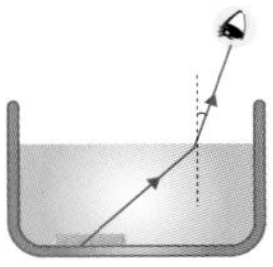

정답 및 해설 36쪽

## [유형20-4] 빛의 굴절 2

**상상이는 돋보기를 이용하여 검은 종이에 불을 붙였다. 이와 관련된 설명으로 옳지 않은 것은?**

① 빛의 굴절 현상을 이용한 것이다.
② 빛을 한 점에 모아서 불을 붙였다.
③ 가운데가 두꺼운 렌즈를 사용하였다.
④ 돋보기로 물체를 가까이에서 보면 거꾸로 선 모양으로 보인다.
⑤ 원시 교정용 안경에도 돋보기에 사용된 것과 같은 렌즈를 사용한다.

**07** 평행한 빛이 어떤 렌즈를 통과한 후 오른쪽 그림과 같이 진행하였다. 이때 사용된 렌즈로 알맞은 것을 모두 고르시오.(2개)

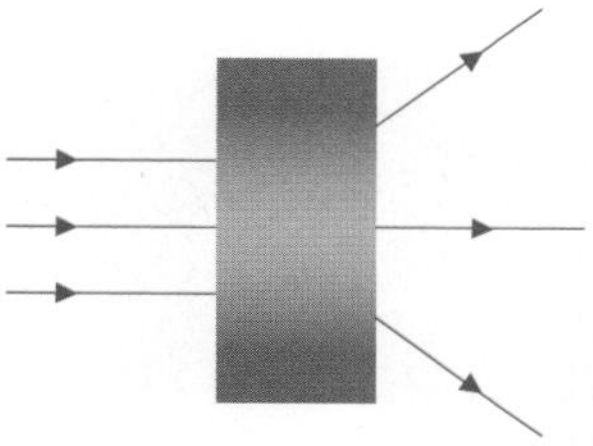

①

②

③

④

⑤

**Tip!**

**08** 무한이는 멀리 있는 칠판 글씨가 보이지 않아 교정 안경을 맞췄다. 이때 교정 안경에 사용된 렌즈에 대한 설명으로 옳은 것은?

① 빛을 한 점에 모을 수 있다.
② 가운데가 볼록한 렌즈이다.
③ 항상 크고 바로 선 모양으로 보인다.
④ 물체가 렌즈에 멀리 있을 때는 거꾸로 선 모양으로 보인다.
⑤ 물체와 렌즈의 거리와 상관 없이 항상 실제 크기보다 작게 보인다.

# 창의력 & 토론마당

**01** 다음 그림과 같이 물속에 보이는 물고기를 작살과 레이저를 이용해서 잡으려고 한다. 이때 작살과 레이저를 어느 방향으로 겨냥해야 하는지 각각 고르고 그 이유를 서술하시오.

**02** 외국의 구급차에는 다음 그림과 같이 알파벳이 이상하게 써 있는 경우가 있다. 이와 같은 모양으로 알파벳을 써 놓은 이유는 무엇일지 서술하시오.

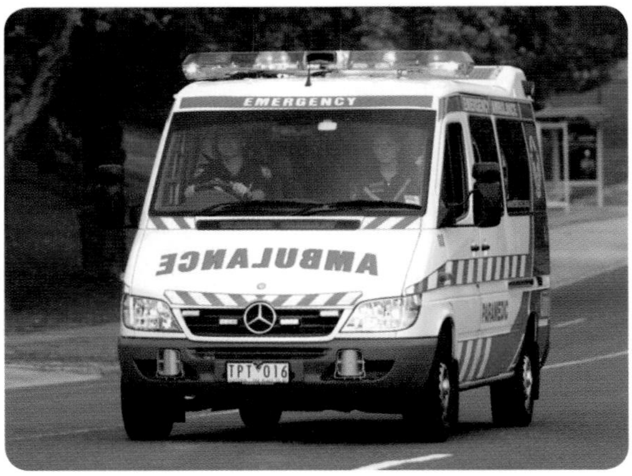

정답 및 해설 36쪽

**03** 다음 그림은 뜨거운 사막에 사람과 야자수가 서있는 것을 나타낸 것이다. 사람의 눈은 빛이 직진한 것으로 인식하므로 A의 관측자는 C 위치에 있는 나무가 B 위치에 있는 것으로 착각하게 된다. 이와 같은 신기루 현상은 뜨거운 사막에서 주로 일어난다. 그 이유는 무엇인지 서술하시오.

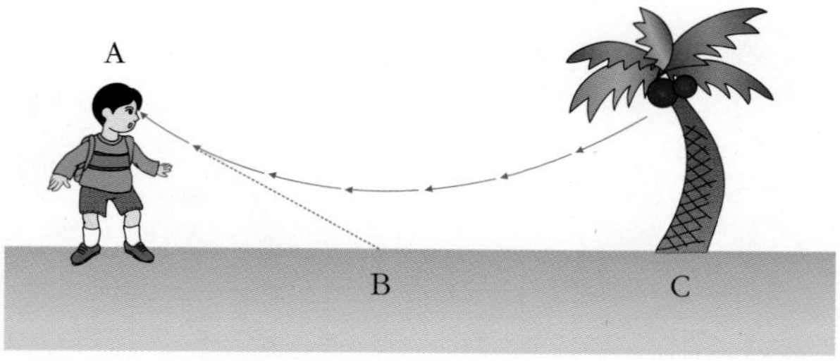

**04** 다음 그림은 해수욕장에서 조난당한 피서객을 나타낸 것이다. 인명 구조원은 그림에 그려진 경로대로 A지점에서 B지점까지 가야 조난자를 가장 빠르게 구할 수 있다고 한다. 그 이유를 공기 중에서 물속으로 빛이 입사할 때 일어나는 굴절 현상과 연관지어서 설명하시오.

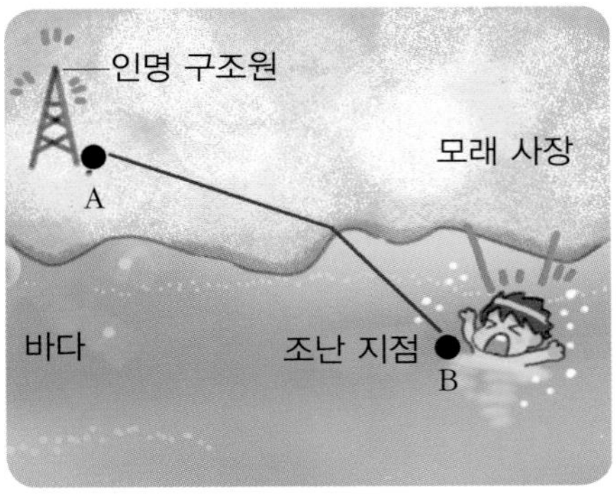

정답 및 해설 37쪽

**05** 상상이는 졸린 눈을 비비며 일어나 엄마가 차려 주는 아침밥을 먹기 위해 식탁에서 기다리고 있었다. 그러던 중 앞에 놓여 있는 숟가락에 자신의 모습이 비치는 것을 보고 신기해하며 멀리 비추어 보기도 하고 가까이 비추어 보기도 하며 가지고 놀았다. 그러던 중에 상상이는 갑자기 크게 보이는 자신의 모습에 깜짝 놀랐다. 상상이가 숟가락의 어떤 면을 어떤 거리에서 봤기 때문에 이러한 일이 일어났는지 서술하시오.

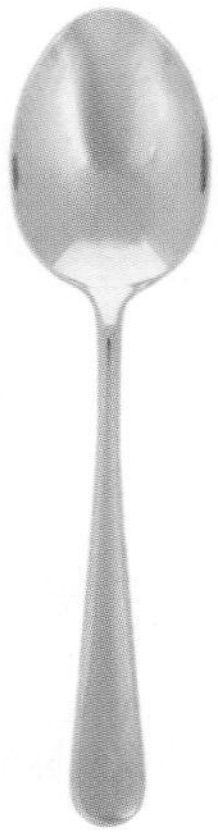

# 스스로 실력 높이기

**01** 정반사에 대한 설명에는 '정', 난반사에 대한 설명에는 '난'을 쓰시오.

(1) 매끄러운 면에서 빛이 일정한 방향으로 반사된다. ( )

(2) 거친 표면에서 빛이 사방으로 반사된다. ( )

(3) 물체를 사방에서 볼 수 있다. ( )

**02** 빛의 반사에 대한 설명으로 옳은 것은 O표, 옳지 않은 것은 X표 하시오.

(1) 빛이 진행하다가 장애물을 만나 되돌아 나오는 현상을 말한다. ( )

(2) 입사광과 반사광은 서로 수직인 평면에 있다. ( )

(3) 빛이 반사될 때 입사각과 반사각은 항상 같다. ( )

**03** 빛의 굴절에 대한 설명으로 옳은 것은 O표, 옳지 않은 것은 X표 하시오.

(1) 매질에 따라 빛의 속력이 달라지기 때문에 빛의 굴절이 일어난다. ( )

(2) 입사각이 커지면 굴절각은 작아진다. ( )

(3) 빛이 굴절하는 정도는 모든 물질 사이에서 같다. ( )

**04** 오목 렌즈에 대한 설명에는 '오', 볼록 렌즈에 대한 설명에는 '볼'을 쓰시오.

(1) 가운데가 더 두꺼워서 빛을 한 점에 모아 준다. ( )

(2) 렌즈를 통과한 빛을 퍼지게 한다. ( )

(3) 물체와 렌즈와의 거리에 관계없이 항상 실제 크기보다 작고 바로 선 상이 보인다. ( )

**05** 다음 그림은 빛이 거울로 진행하는 모습이다. 입사각과 반사각의 크기를 쓰시오.

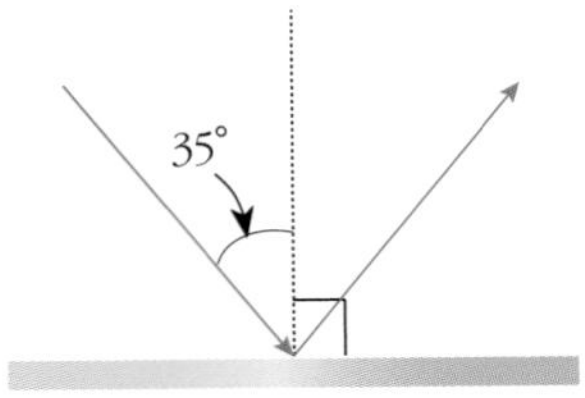


㉠ 입사각 ( ), ㉡ 반사각 ( )

**06** 다음 그림은 빛이 진행하는 모습이다. 각각의 반사를 무엇이라고 하는지 이름을 쓰시오.

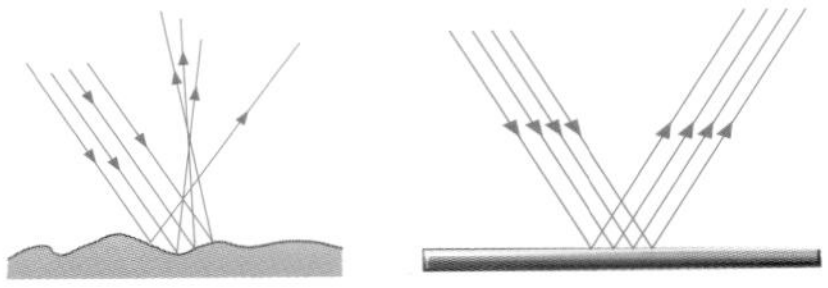

㉠ ( ) ㉡ ( )

**07** 다음 그림은 빛이 공기 중에서 물속으로 진행하고 있는 모습이다. 입사각과 굴절각에 해당하는 알맞은 기호를 각각 쓰시오.

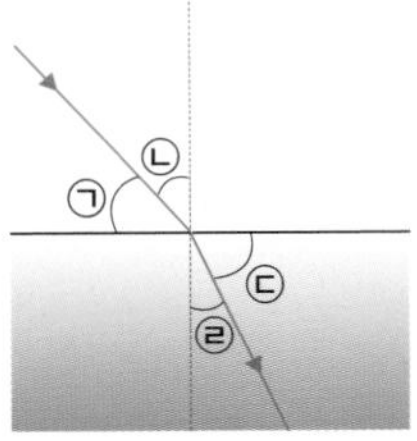


입사각 ( ), 반사각 ( )

**08** 다음 빈칸에 알맞은 말을 순서대로 쓰시오.

> 빛이 어느 한 물질에서 다른 물질로 진행할 때 진행 방향이 꺾이는 현상을 빛의 ( )이라고 한다. 이는 매질에 따라 빛의 ( ) 이 달라지기 때문이다.

**09** 다음 〈보기〉에서 설명하는 거울은 무슨 거울인가?

〈 보기 〉
- 넓은 범위를 볼 수 있다.
- 거울과의 거리와 상관없이 항상 실물보다 작고 바로 선 모양이 보인다.

**10** 다음 빈칸에 알맞은 말을 〈보기〉에서 고르시오.

렌즈를 통과한 빛은 렌즈의 (        ) 쪽으로 굴절을 한다. 가운데가 (        ) 렌즈는 빛을 한 점에 모으고, 가운데가 (        ) 렌즈는 빛을 퍼지게 한다.

〈 보기 〉
ㄱ. 두꺼운　　　ㄴ. 얇은

**11** 다음 그림과 같이 빛을 평면 거울에 반사시켰다. 이때 입사각과 반사각은 각각 몇 도인가?

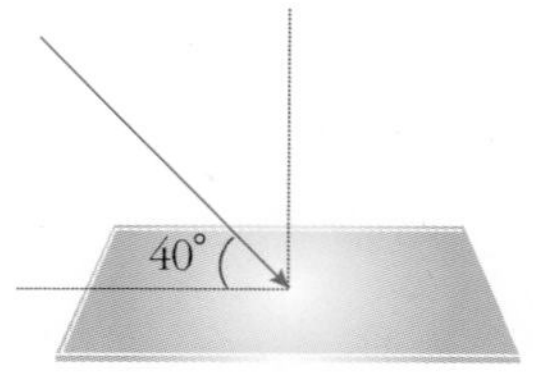


| | 입사각 | 반사각 |
|---|---|---|
| ① | 40° | 40° |
| ② | 40° | 50° |
| ③ | 50° | 40° |
| ④ | 50° | 50° |
| ⑤ | 90° | 180° |

**12** 다음 그림과 같이 레이저 빛을 평면 거울에 반사시켰다. 이 빛이 반사되는 곳의 방향은?

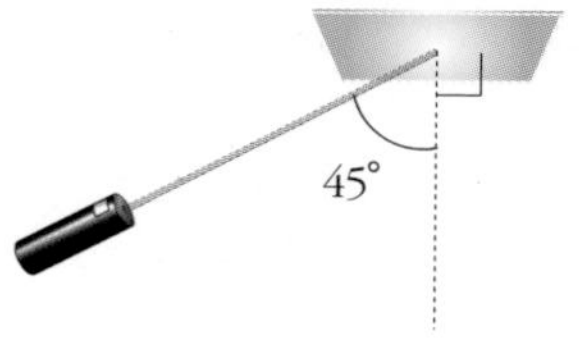


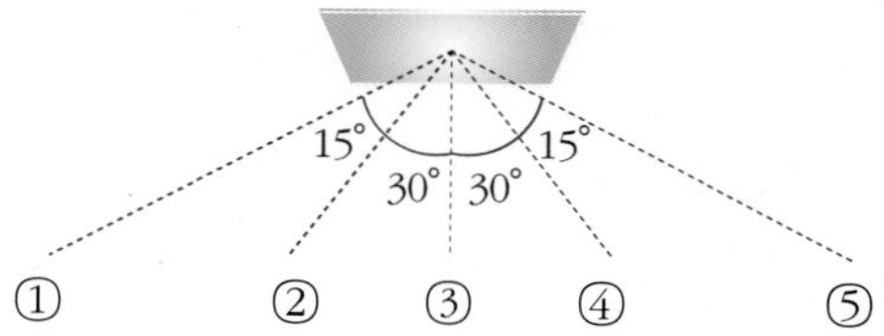


**13** 평면 거울에 대한 설명 중 옳은 것을 〈보기〉에서 모두 고른 것은?

〈 보기 〉
ㄱ. 평면 거울에 의한 상은 실물과 크기가 같고, 좌우가 바뀌지 않는다.
ㄴ. 거울에 반사된 빛은 퍼져서 나아간다.
ㄷ. 거울에 반사될 때 입사 광선, 법선, 반사 광선은 같은 평면 상에 있다.

① ㄱ　② ㄴ　③ ㄷ
④ ㄱ, ㄷ　⑤ ㄴ, ㄷ

**14** 다음 〈보기〉 중 실물보다 작게 보이는 경우를 모두 고른 것은?

〈 보기 〉
ㄱ. 볼록 거울로 먼 곳에 있는 친구를 비추었다.
ㄴ. 오목 거울을 이용하여 먼 곳에 있는 친구를 비추었다.
ㄷ. 오목 거울을 이용하여 가까운 곳에 있는 친구를 비추었다.

① ㄱ　② ㄱ, ㄴ　③ ㄱ, ㄷ
④ ㄴ, ㄷ　⑤ ㄱ, ㄴ, ㄷ

**15** 다음 중 거울에서 빛이 진행하는 모습으로 옳은 것을 모두 고르시오.(2개)

①
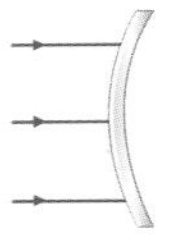
②
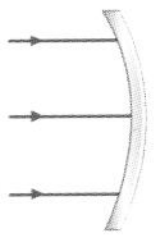
③
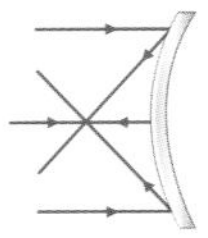
④
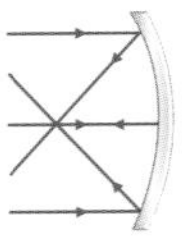
⑤
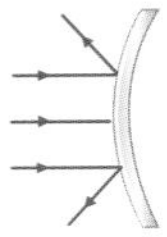

**16** 오른쪽 그림은 빛이 물속에서 공기 중으로 진행하고 있는 모습을 나타낸 것이다. 이에 대한 설명으로 옳은 것은?

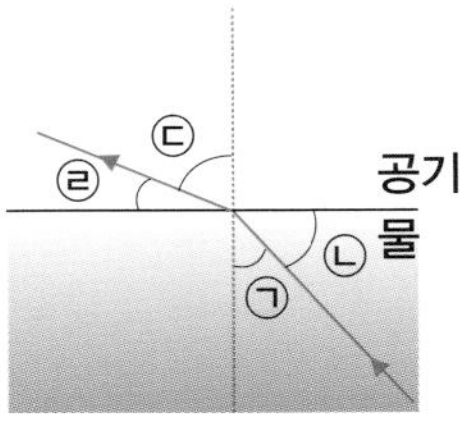


① ㉠과 ㉣은 항상 크기가 같다.
② ㉡이 빛의 입사각이다.
③ ㉢이 ㉠보다 크다.
④ ㉣이 굴절각이다.
⑤ 빛의 속력은 공기에서보다 물속에서 더 빠르다.

**17** 다음 그림은 물질의 종류에 따른 빛의 굴절 정도를 나타낸 것이다. 빛이 진행할 때 속력이 빠른 순서대로 바르게 나열한 것은?

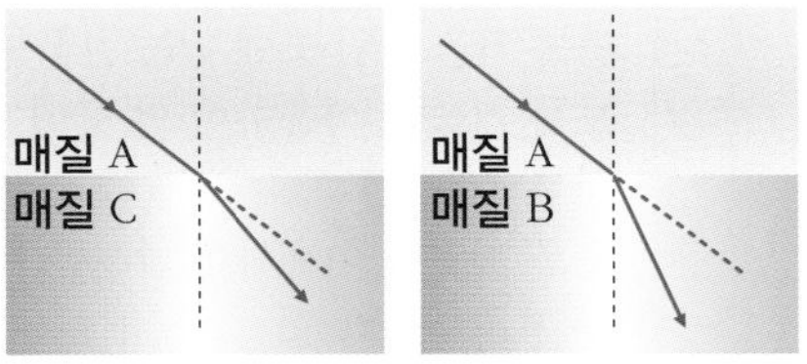


① 매질 A>B>C　② 매질 A>C>B
③ 매질 B>A>C　④ 매질 B>C>A
⑤ 매질 C>B>A

**18** 다음 중 빛의 굴절과 관계가 없는 현상은?

① 시력 교정을 위해 안경을 쓴다.
② 음료수에 꽂아 둔 빨대가 꺾여 보인다.
③ 고요한 수면에 주변 경치가 비쳐 보인다.
④ 볼록 렌즈로 개미를 관찰하면 크게 보인다.
⑤ 수영장 물의 깊이가 실제보다 얕아 보인다.

**19** 다음 중 빛을 모아주는 역할을 하는 물체끼리 바르게 짝지어진 것은?

① 오목 렌즈, 오목 거울
② 오목 렌즈, 볼록 거울
③ 볼록 렌즈, 오목 거울
④ 볼록 렌즈, 볼록 거울
⑤ 오목 렌즈, 평면 거울

**20** 평행한 빛이 어떤 렌즈를 통과한 후 오른쪽 그림과 같이 진행하였다. 이때 사용된 렌즈로 알맞은 것을 모두 고르시오.(2개)

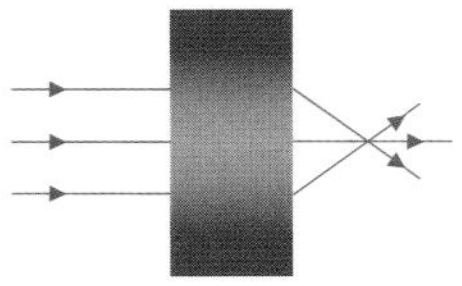

①

②
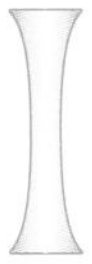
③

④

⑤

정답 및 해설 37쪽

## 창의력 서술

**21** 물속의 물체가 떠 보이거나 물속에 다리를 담그면 다리가 짧아지는 것은 빛의 어떠한 성질 때문인지 서술하시오.

**22** 잔잔한 수면에 얼굴을 가까이하면 얼굴도 비치고 물속도 잘 보인다. 얼굴이 비치고, 물속이 보일 때 각각 빛이 어떻게 진행하는지를 빛의 성질을 이용하여 설명하시오.

# 홀로그램(hologram)

우리가 사용하는 신용카드에는 위조 방지를 위하여 홀로그램을 붙인다. 홀로그램은 빛의 회절과 간섭 현상을 이용하기 때문에 똑같은 홀로그램을 위조하여 만들어내기는 사실상 불가능하다.

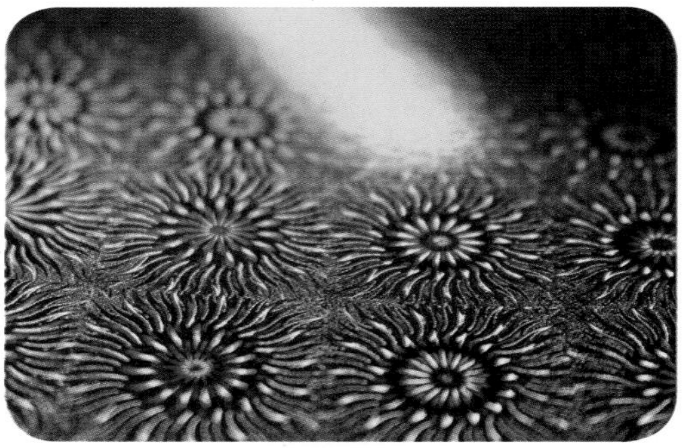

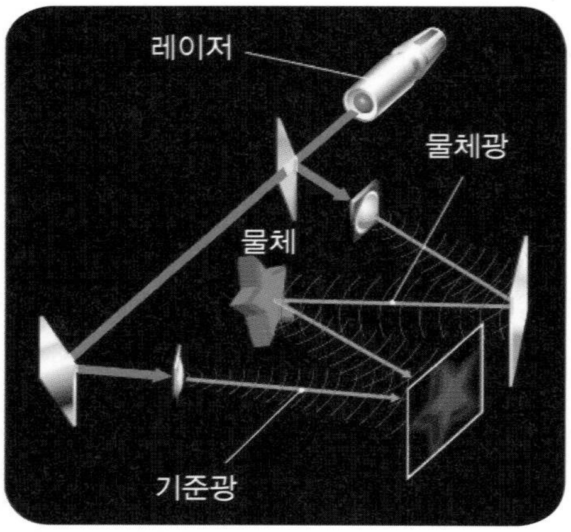


홀로그램(hologram)은 실물과 똑같이 입체적으로 보이는 3차원 영상 사진으로 홀로그래피의 원리를 이용하여 만든다. 우선 레이저에서 나온 광선을 2개로 나눠 하나의 빛(기준광)은 직접 스크린을 비추게 하고, 다른 하나의 빛(물체광)은 우리가 보려고 하는 물체에 비추는 것이다. 물체광은 물체의 각 표면에서 반사되어 나오는 빛이므로 물체 표면에 따라 위상차가 각각 다르게 나타난다. 이때 변형되지 않은 기준광이 물체광과 간섭을 일으키며 이때의 간섭 무늬가 스크린에 저장되는 것이다. 이러한 간섭 무늬가 저장된 필름을 홀로그램이라고 한다.

**01** **홀로그램이 들어간 신용카드를 위조하기는 불가능하다. 그 이유를 서술하시오.**

정답 및 해설 38쪽

홀로그램의 용도와 가능성

주변에서 가장 쉽게 볼 수 있는 것은 신용카드에 붙어 있는 홀로그램이다. 신용카드에는 위조 방지를 위하여 반사형 홀로그램이 붙어 있다. 그것을 통해 카드의 고유한 문양을 표현한 3차원 입체 영상을 눈으로 확인할 수 있다.

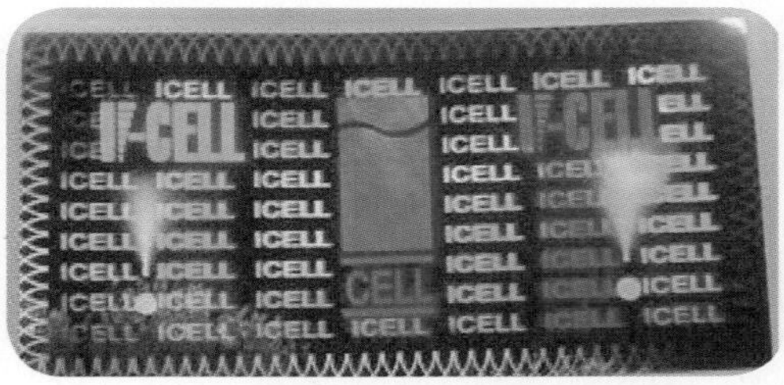

▲ 반사형 홀로그램

▲ 3차원 입체 영상–입체영상의 재현, 3차원 구조물

연속적인 영상을 재현하는 방법에 대한 연구가 이루어진다면 홀로그램을 이용한 영화 제작도 가능하며 사람의 골격 구조를 입체적으로 관찰할 수 있으므로 의학적 용도로도 사용 가능하다.

이밖에도 건축, 자동차 설계 등 각 분야에서 다양하게 활용이 가능하며, 저장 매체로도 사용되고 있다.

홀로그램은 평면의 정보를 한 점에 기록하는 것이기 때문에 창문을 통하여 방안을 들여다 보듯이 홀로그램의 작은 조각으로도 전체 홀로그램의 모습을 재현할 수 있다. 홀로그램에 저장된 정보는 오염이나 파손에 매우 잘 견딜 수 있고, 용량면에서도 다른 저장 매체에 비해 우수한 장점이 있다.

**02** 홀로그램을 어디에 사용할 수 있을지 서술하시오.

# Project - 탐구

## 탐구 1. 빛의 3원색과 광원에 따른 물체의 색

준비물 손전등 3개, 빨강, 파랑, 초록색 셀로판지, 고무밴드

### 탐구 방법

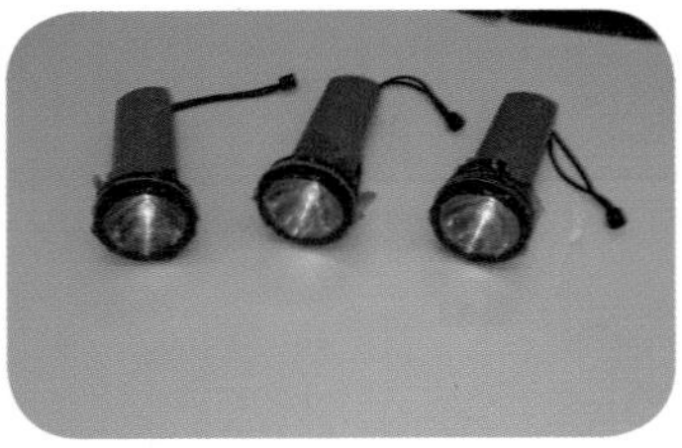

① 그림과 같이 3개의 손전등에 빨강, 파랑, 녹색 셀로판지를 씌우고 고무밴드로 고정한다.

② 주위를 캄캄하게 만든 다음 세 개의 손전등을 모두 켜고 같은 곳을 비춰서 빛의 색을 관찰한다.

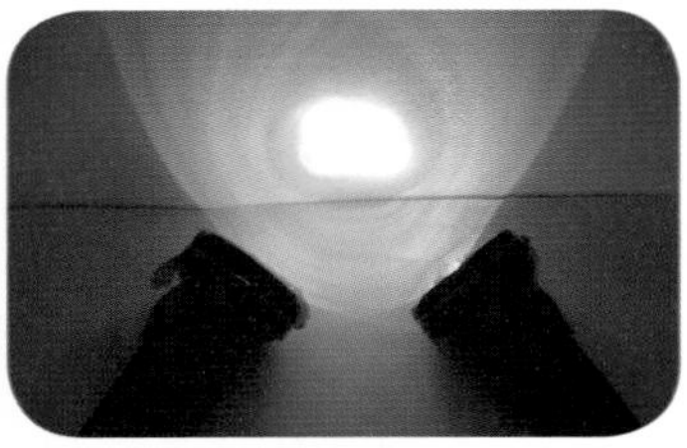

③ 빨강색 전등과 파란색 전등을 한 곳에 비추고 빛의 색을 관찰한다.

④ 빨강색 전등과 초록색 전등을 한 곳에 비추고 빛의 색을 관찰한다.

⑤ 파란색 전등과 초록색 전등을 한 곳에 비추고 빛의 색을 관찰한다.

정답 및 해설 40쪽

## 탐구 결과

1. 다음은 빛의 합성을 나타낸 그림이다. (ㄱ), (ㄴ), (ㄷ), (ㄹ)의 색을 그림에 직접 쓰시오.

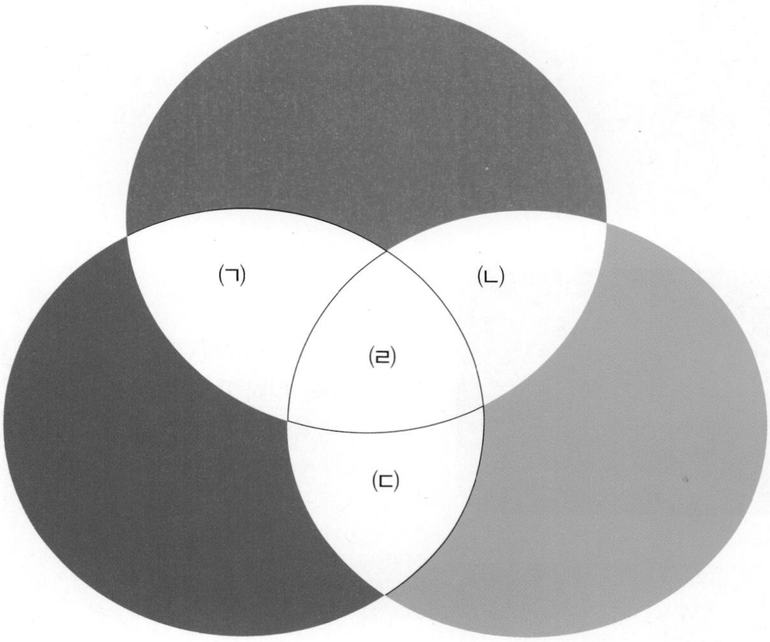


## 탐구 문제

1. 백색광은 어떤 빛인지 설명하시오.

2. 조명을 받고 있는 무대 위에서 노란색 옷을 입은 사람을 돋보이게 하는 방법은 무엇이겠는가?

# Project - 탐구

## 탐구 2. 광원에 따른 물체의 색

준비물 손전등, 빨강, 파랑, 초록색 셀로판지, 고무밴드, 여러 가지 색깔의 물체

① 그림과 같이 3개의 손전등에 빨강, 파랑, 녹색 셀로판지를 씌우고 고무밴드로 고정한다.

② 빨간색, 파란색, 노란색 등 다양한 색의 물체를 준비하고 주위를 캄캄하게 한 후 각 물체에 백색광을 비추고 색을 관찰한다.

③ 각 물체에 셀로판지를 씌운 손전등을 각각 비추고 물체의 색을 관찰한다.

### 탐구 결과

1. 다음은 색이 다른 여러 물체에 서로 다른 색의 광원을 비추었을 때 보이는 색을 정리한 표이다. 빈칸을 채워 보시오.

| 비추는 전등 / 물체 | 초록셀로판지 | 파란셀로판지 | 빨간셀로판지 |
|---|---|---|---|
| 초록색 | | | |
| 파란색 | | | |
| 빨간색 | | | |
| 노란색 | | | |

정답 및 해설 39쪽

2. 각 색깔의 셀로판지를 통과할 수 있는 빛은 어떤 빛인가?

## 탐구 문제

1. 캄캄한 방에서 빨간색 장미에 표와 같이 다른 색깔의 빛을 비추었을 때 보이는 장미의 색을 쓰시오.

| 조명색 | 보이는 장미의 색 |
|---|---|
| 흰색 | |
| 빨간색 | |
| 파란색 | |
| 초록색 | |
| 자홍색(magenta) | |
| 노란색(yellow) | |
| 청록색(cyan) | |

2. 그림과 같이 캄캄한 방에서 빨간색 장미에 여러 가지 색깔의 빛을 비추고 자홍(magenta)색 셀로판지를 통해서 장미를 관찰하였을 때 보이는 장미의 색깔을 쓰시오.

| 조명색 | 보이는 장미의 색 |
|---|---|
| 흰색 | |
| 빨간색 | |
| 파란색 | |
| 초록색 | |
| 자홍색(magenta) | |
| 노란색(yellow) | |
| 청록색(cyan) | |

3. 노란색 셀로판지를 눈에 대고 초록색 나뭇잎을 보면 무슨 색으로 보이는가?

# Ⅶ 열에너지

물보다 비열이 큰 물체도 있을까?

# 22강. 열과 비열

## 1. 온도

### (1) 온도 : 물체의 차갑고 뜨거운 정도를 숫자로 표현한 것이다.

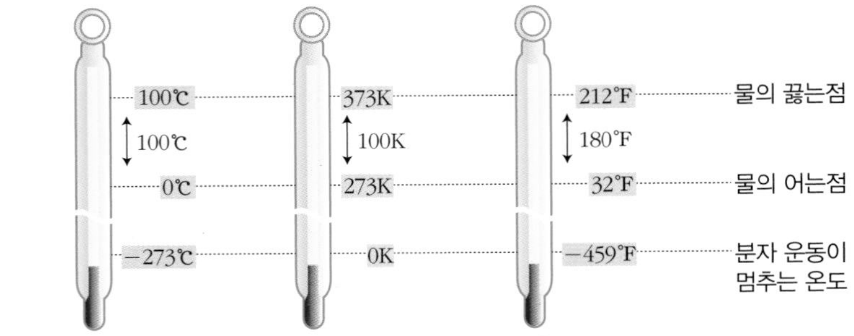


### (2) 온도와 분자 운동

① 분자 운동 : 물질을 이루는 분자는 끊임없이 운동하고 있다.

② 온도와 분자 운동 : 온도가 높을수록 분자 운동(열운동)이 활발하다.

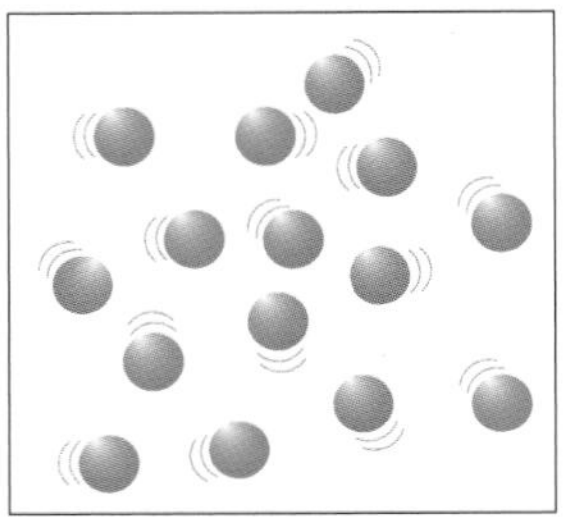

▲ 온도가 낮은 물질의 분자 운동

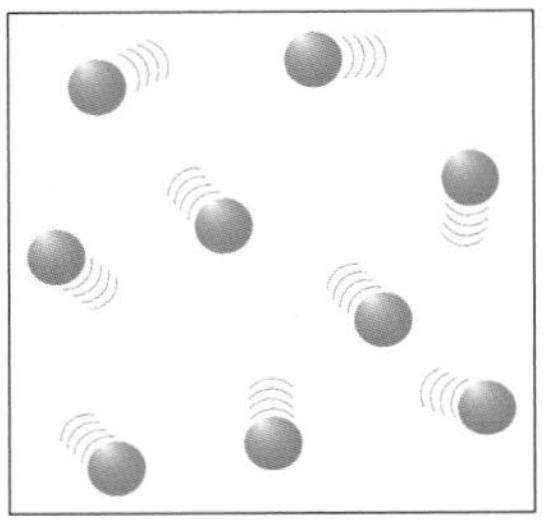

▲ 온도가 높은 물질의 분자 운동

간단실험

온도를 측정해 보자.

① 비커에 뜨거운 물과 차가운 물을 담는다.

② 온도계를 이용하여 각각의 온도를 측정한 후 비교해 본다.

절대온도

물체를 이루는 분자 운동의 활발한 정도를 나타내는 온도

절대영도 0 K

물질의 온도를 계속 낮추면 분자 운동이 느려지다가 결국은 멈추게 되는데 이때의 온도가 절대온도 0K(−273℃)이다.

생각해보기★

섭씨온도와 절대온도 중 학술적으로 많이 사용하는 온도는 무엇일까?

개념확인 1

**온도에 대한 설명으로 옳은 것은 O표, 옳지 않은 것은 X표 하시오.**

(1) 온도는 물체의 차갑고 뜨거운 정도를 숫자로 표현한 것이다. (　　)

(2) 온도가 높을수록 분자 운동이 활발하다. (　　)

(3) 물이 어는 온도를 0℃로 나타낸 것이 섭씨온도이다. (　　)

확인+1

**오른쪽 그림은 같은 물질로 이루어진 두 물체의 분자 운동 상태를 나타내는 그림이다. 이에 대한 설명 중 옳은 것은?**

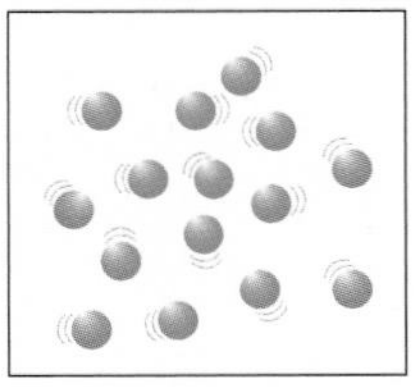

(가)

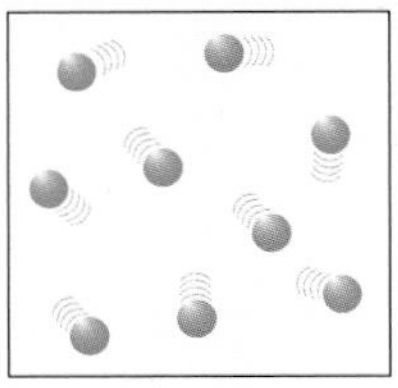

(나)

① (가)의 온도는 0K보다 낮은 온도이다.

② (가)의 분자가 (나)의 분자보다 활발히 운동한다.

③ (가)와 (나)의 분자 모두 끊임없이 운동하고 있다.

④ 기압이 같다면 (가)는 (나)보다 온도가 높은 상태이다.

⑤ (나)의 경우 온도가 0K이 되어도 분자 운동은 활발하다.

미니사전

분자 [分 나누다 −자] 물질의 성질을 잃지 않는 가장 작은 입자

## 2. 열, 열량

**(1) 열 :** 온도 차이에 의해 물체 사이에서 이동하는 에너지이다.

① 열은 온도가 높은 물체에서 낮은 물체로 이동한다.

② 열을 잃은 물체는 온도가 낮아지고, 열을 얻은 물체는 온도가 높아진다.

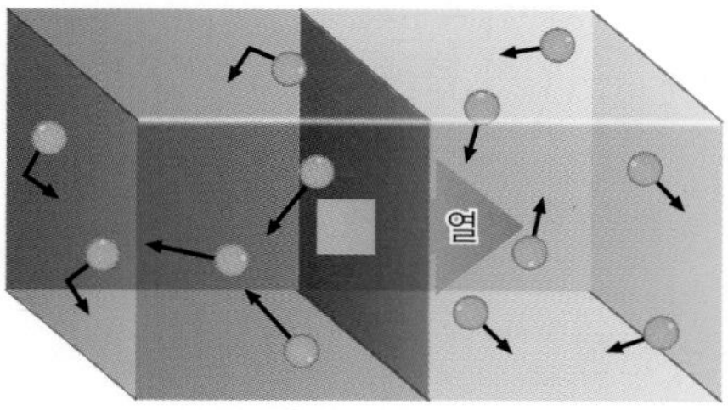


▲ 열의 이동

**(2) 열량 :** 온도가 서로 다른 물체 사이에서 이동하는 열의 양이다.

얻거나 잃은열량 = 물질의 비열 × 물질의 질량 × 물질의 온도 변화

① 물질의 질량이 클수록 가열하기 위해서 더 많은 열량이 필요하다.

② 물질의 온도 변화를 크게 하기 위해서는 더 많은 열량이 필요하다.

③ 물질의 종류에 따라 온도 변화 정도에 차이가 있다.

④ 열이 고온의 물체에서 저온의 물체로 이동할 때, 빠져 나가는 열이 없다면, 고온의 물체가 잃은 열량은 저온의 물체가 얻은 열량과 같다.

⑤ 단위 : cal(칼로리), kcal(킬로칼로리), J(줄) 등을 사용한다.

1cal

물 1g의 온도를 1℃ 올리는 데 필요한 열량이다.

1 cal = 4.2 J

정답 및 해설 39쪽

개념확인 2

**다음은 열에 대한 설명이다. ㉠~㉢에 들어갈 알맞은 말을 쓰시오.**

(1) 열은 ㉠(　　　　) 차이에 의해 물체 사이에서 이동하는 에너지이다.

(2) 열은 온도가 ㉡(　　　　) 물체에서 온도가 ㉢(　　　　) 물체로 이동한다.

생각해보기★★

열량의 단위는 cal와 J을 모두 사용한다. 일의 단위인 J이 열량의 단위로도 사용될 수 있는 이유는 무엇일까?

확인 + 2

**열량에 대한 설명으로 옳지 않은 것은?**

① 온도가 서로 다른 물체 사이에서 이동하는 열의 양이다.

② 1cal는 물 1g의 온도를 1℃ 올리는 데 필요한 열량으로 4.2J과 같다.

③ 물체의 질량이 클수록 가열하기 위해서 더 많은 열량이 필요하다.

④ 두 물체 사이에서 열이 이동했을 때, 고온의 물체가 잃은 열량은 저온의 물체가 얻은 열량보다 크다.

⑤ 물체의 질량이 같고, 온도 변화가 같았더라도 물질의 종류가 다르면 가해진 열량에는 차이가 있다.

미니사전

비열 [比 견주다 熱 -열] 어떤 물질 1g의 온도를 1℃만큼 올리는 데 필요한 열량

## 3. 비열

**(1) 비열 :** 어떤 물질 1kg(1g)의 온도를 1℃ 높이는 데 필요한 열량이다.

$$\text{비열} = \frac{\text{열량}}{\text{질량} \times \text{온도 변화}}$$

① 단위 : kcal/(kg · ℃), cal/(g · ℃)

② 비열과 온도 변화 : 비열이 큰 물질일수록 온도가 천천히 변하고, 비열이 작은 물질일수록 온도가 빨리 변한다.

③ 비열의 특징 : 물질의 종류에 따라 고유한 값을 가지는 물질의 특성이다.

● 여러 가지 물질의 비열

| 물질 | 비열 (kcal/(kg · ℃) |
|---|---|
| 물 | 1.00 |
| 식용유 | 0.40 |
| 콘크리트 | 0.22 |
| 알루미늄 | 0.21 |
| 모래 | 0.19 |
| 철 | 0.11 |
| 구리 | 0.09 |
| 납 | 0.03 |

● 물보다 비열이 더 큰 물질

액체 암모니아, 액체 수소, 액체 리튬 등은 물보다 비열이 더 크다.

### (2) 비열 차이에 의한 현상

① 해륙풍

▲ 해풍 : 낮에는 차가운 바다에서 따뜻한 육지로 바람이 분다.

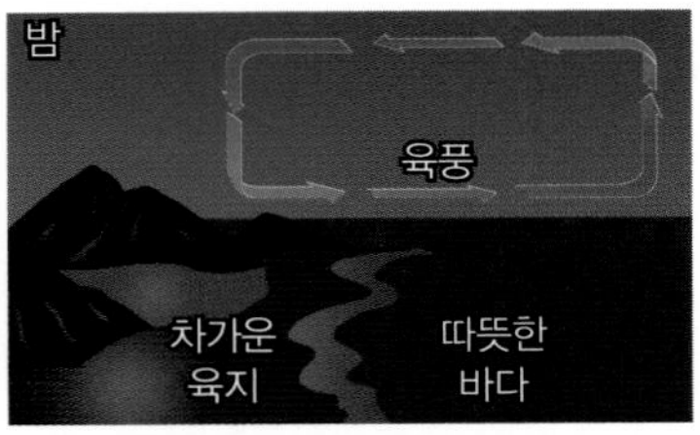


▲ 육풍 : 밤에는 차가운 육지에서 따뜻한 바다로 바람이 분다.

② 사막 기후 : 모래는 비열이 작아 빨리 식고, 빨리 가열되므로 낮과 밤의 기온 차(일교차)가 매우 크다.

● 생각해보기★★★

같은 양의 물과 식용유를 가열하면 어떤 것이 더 빨리 뜨거워질까?

**개념확인 3** 다음 설명 중 옳은 것은 O표, 옳지 않은 것은 X표 하시오.

(1) 비열이란 어떤 물질 1kg의 온도를 1℃ 높이는 데 필요한 열량이다. (　　)

(2) 비열은 물질의 종류에 따라 고유한 값을 가지는 물질의 특성이다. (　　)

(3) 해풍은 밤에 육지에서 바다로 향하여 부는 바람이다. (　　)

**확인 +3** 다음은 낮의 해안가를 나타낸 그림이다. 이에 대한 설명으로 옳은 것은?

① 바다보다 육지의 비열이 더 크다.
② 바다에서 육지로 육풍이 불어온다.
③ 육지의 온도가 바다의 온도보다 더 낮다.
④ 상대적으로 따뜻한 바다의 공기가 상승한다.
⑤ 육지와 바다의 비열 차이에 의해 바람이 분다.

**미니사전**

해풍 [海 바다 風 바람] 바다에서 육지로 불어오는 바람

육풍 [陸 뭍 風 바람] 육지에서 바다로 향하여 부는 바람

## 4. 열용량

**(1) 열용량 :** 물질을 1℃ 높이는 데 필요한 열량이다.

열용량 = 비열 × 질량

① 단위 : kcal/℃, cal/℃

② 질량이 다른 물을 가열하는 경우 : 비열이 같으므로 질량이 클수록 열용량이 크다. 따라서 물의 질량이 클수록 천천히 가열된다.

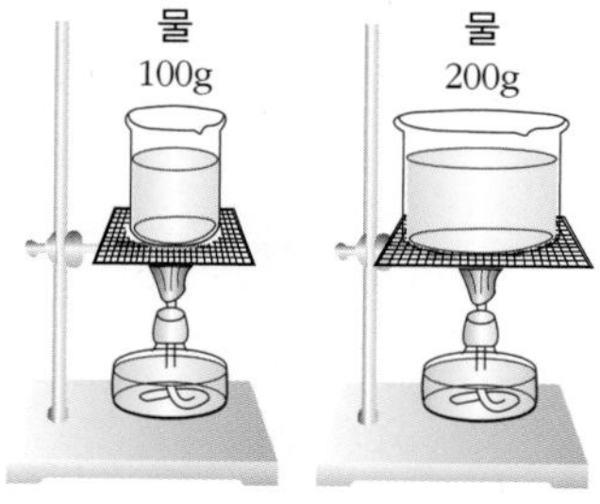


▲ 열용량 : (가) < (나)

③ 질량이 같은 물과 식용유를 가열하는 경우 : 질량이 같다면 비열이 더 큰 물질일수록 열용량이 크다. 따라서 비열이 더 큰 물이 식용유보다 천천히 가열된다.

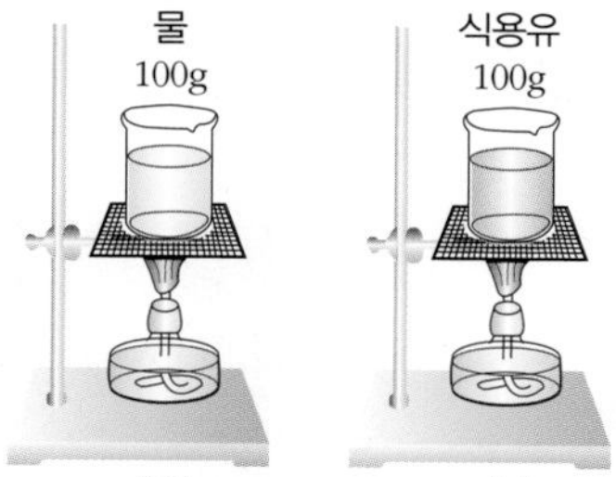


▲ 열용량 : (가) > (나)

● 열용량과 우리 생활

① 라면을 끓일 때는 양은 냄비를 사용하면 더 빨리 끓는다.

② 돌솥을 사용하면 잘 식지 않으므로 음식을 오랫동안 따뜻하게 먹을 수 있다.

③ 100℃ 이상의 사우나실에서도 화상을 입지 않는다.

정답 및 해설 **39쪽**

**개념확인 4** **물 1 kg의 열용량은 얼마인가? (단, 물의 비열은 1kcal/kg·℃이다.)**

( ) kcal

● 생각해보기★★★★

비열이 큰 물체는 열용량도 클까?

**확인 +4** **오른쪽 그림은 질량이 다른 물을 가열하여 온도를 높이는 모습을 나타낸 그림이다. 이에 대한 설명으로 옳지 않은 것은?**

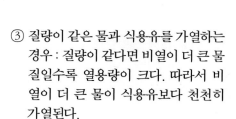

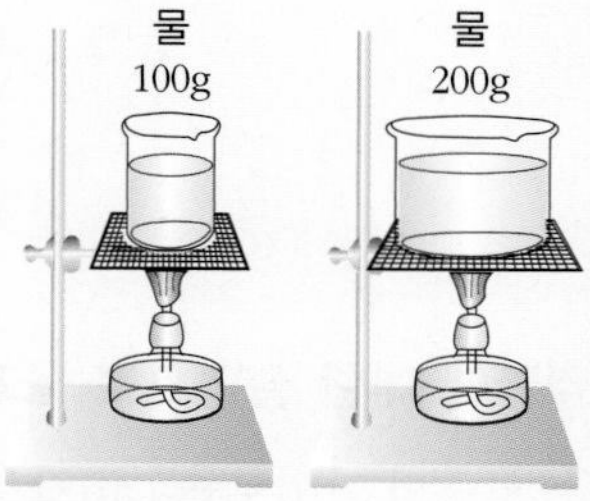


① (가)와 (나)의 비열은 같다.
② (가)의 열용량이 (나)의 열용량보다 작다.
③ (가)가 (나)보다 온도 변화가 더 빠르게 일어난다.
④ (가)가 (나)보다 온도를 높이는 데 더 많은 열이 필요하다.
⑤ 가열을 멈추면 (가)의 온도가 (나)의 온도보다 더 빨리 낮아진다.

**미니사전**

열용량 [熱 열 容 담다 量 헤아리다] 어떤 물체의 온도를 1℃ 높이는 데 필요한 열량. 물체의 온도가 얼마나 쉽게 변하는가를 나타냄

# 개념 다지기

**01** **온도에 대한 설명으로 옳지 않은 것은?**

① 온도란 물체의 차갑고 뜨거운 정도를 숫자로 표현한 것이다.
② 어떤 물체의 섭씨온도가 1℃ 증가하면 절대온도는 2.73℃ 증가한다.
③ 섭씨온도는 물이 어는 온도를 0℃, 끓는 온도를 100℃로 정한 온도이다.
④ 절대온도는 물체를 이루는 분자 운동의 활발한 정도를 나타내는 온도이다.
⑤ 온도가 높은 물질의 분자 운동은 활발하고, 온도가 낮은 물질의 분자 운동은 둔하다.

**02** **다음 그림은 열의 이동을 나타낸 것이다. 이에 대한 설명으로 옳은 것을 모두 고르시오.(2개)**

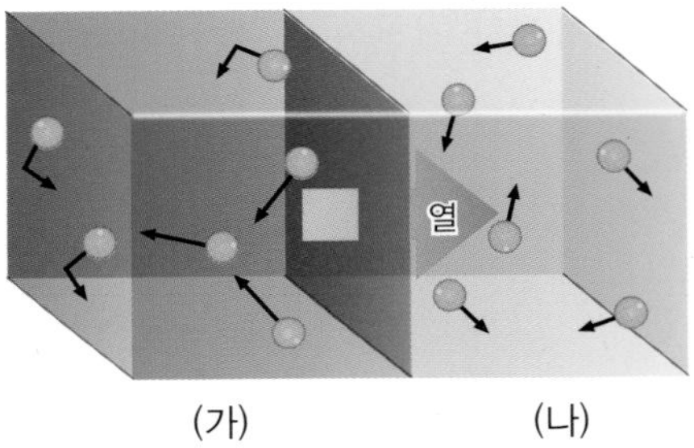


① (가)의 온도는 높아진다.
② (가)는 (나)보다 고온이다.
③ (가)와 (나)의 온도 차이에 의해 열이 이동한다.
④ (가)의 분자 운동이 (나)의 분자 운동보다 느리다.
⑤ 열은 온도가 낮은 물체에서 온도가 높은 물체로 이동한다.

**03** **열량에 대한 설명으로 옳지 않은 것은?**

① 열량의 단위로는 cal(칼로리), J(줄) 등이 있다.
② 온도가 서로 다른 물체 사이에서 이동하는 열의 양이다.
③ 물질의 질량이 같으면 온도를 높이기 위해 가하는 열량이 동일하다.
④ 물체의 온도를 더 많이 높이기 위해서는 더 많은 열량이 필요하다.
⑤ 물체의 질량이 클수록 가열하기 위해서 더 많은 열량이 필요하다.

정답 및 해설 40쪽

**04** **비열에 대한 설명으로 옳은 것은?**

① 물질의 비열은 질량에 따라 달라진다.
② 비열이 큰 물질일수록 열에 의한 온도 변화가 크다.
③ 어떤 물질의 온도를 1℃ 높이는데 필요한 열량이다.
④ 비열은 물질마다 다르므로 물질을 구별하는 특성이 된다.
⑤ 바닷가에서 낮에 모래가 바닷물보다 더 뜨거운 것은 모래의 비열이 크기 때문이다.

**05** **다음은 해륙풍을 나타낸 그림이다. 이에 대한 설명으로 옳은 것은?**

① 낮에는 바다에서 육지로 육풍이 불게 된다.
② 밤에는 육지에서 바다로 해풍이 불게 된다.
③ 바다와 육지의 비열 차이에 의한 현상이다.
④ 밤에는 상대적으로 따뜻한 육지의 공기가 상승한다.
⑤ 낮에는 바다의 온도가 육지의 온도보다 빨리 올라간다.

**06** **다음은 물 200g과 식용유 100g에 같은 세기의 열을 가하는 모습을 나타낸 그림이다. 이에 대한 설명으로 옳지 <u>않은</u> 것은? (단, 물의 비열은 1cal/(g · ℃)이고, 식용유의 비열은 0.4cal/(g · ℃)이다.)**

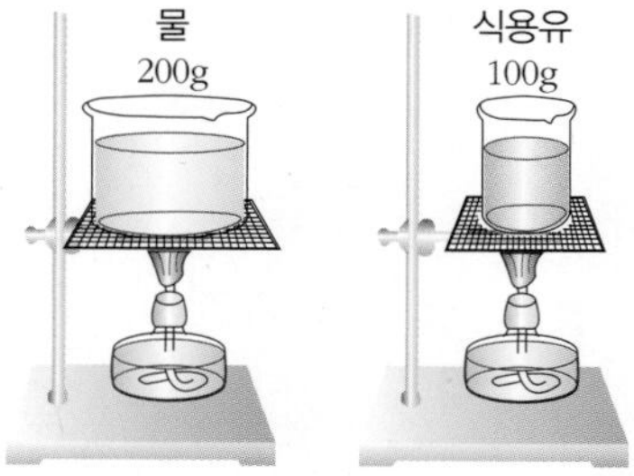


① 열용량은 물 200g이 식용유 100g보다 크다.
② 물 200g이 식용유 100g보다 온도가 빨리 변한다.
③ 물과 식용유의 질량이 같다면 식용유의 온도 변화가 더 빠르다.
④ 물 200g이 식용유 100g보다 온도를 높이는데 더 많은 열이 필요하다.
⑤ 물과 식용유의 질량이 100g으로 같다면 물의 열용량이 식용유의 열용량보다 크다.

# 유형 익히기 & 하브루타

## [유형22-1] 온도

오른쪽 그림은 같은 물질로 이루어진 두 물체의 분자 운동 상태를 나타낸 것이다. 이에 대한 설명으로 옳지 <u>않은</u> 것은? (단, 기압은 동일하다.)

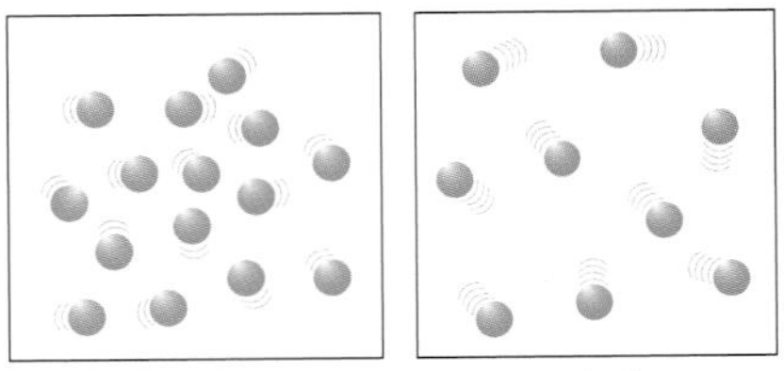

(가)　　(나)

① (가)는 (나)보다 온도가 낮다.
② (나)는 (가)보다 분자 운동이 활발하다.
③ (가)의 상태가 액체라면 (나)의 상태는 고체이다.
④ 절대온도 0K에서는 (가)와 (나) 모두 분자 운동을 멈춘다.
⑤ (나)의 온도가 (가)와 동일해지면 (나)의 분자 운동 정도와 (가)의 분자 운동 정도가 같아진다.

**Tip!**

## 01

다음은 섭씨온도와 절대온도를 비교한 표이다. ㉠~㉢에 들어갈 값을 바르게 나열한 것은?

| 섭씨온도 | 절대온도 |
|---|---|
| ㉠ | 273K |
| 10℃ | 283K |
| 50℃ | ㉡ |
| 100℃ | 373K |
| 273℃ | ㉢ |

| | ㉠ | ㉡ | ㉢ |
|---|---|---|---|
| ① | 0℃ | 300K | 273K |
| ② | 0℃ | 323K | 546K |
| ③ | 1℃ | 350K | 573K |
| ④ | 1℃ | 373K | 573K |
| ⑤ | 5℃ | 380K | 600K |

## 02

온도와 분자 운동에 대한 설명으로 옳지 <u>않은</u> 것은?

① 온도가 높을수록 물질의 분자 운동은 활발해진다.
② 물체의 차갑고 뜨거운 정도를 숫자로 표현한 것이 온도이다.
③ 화씨온도는 물이 어는 온도를 32℉, 끓는 온도를 212℉로 한 온도이다.
④ 섭씨온도는 물이 어는 온도를 0℃, 물이 끓는 온도를 100℃로 한 온도이다.
⑤ 물체를 이루는 분자 운동의 활발한 정도를 나타낼 때는 화씨온도를 사용한다.

## [유형22-2] 열, 열량

**오른쪽 그림은 온도가 서로 다른 물체 사이에서 열이 이동하는 모습을 나타낸 것이다. 이에 대한 설명으로 옳은 것을 모두 고르시오.(2개)**

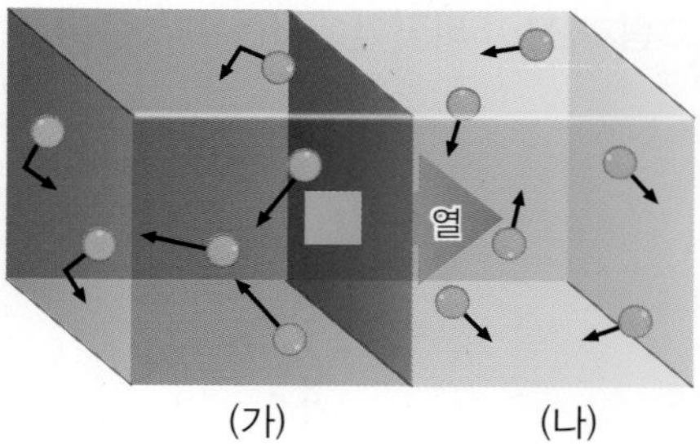


① (가)의 온도는 (나)의 온도보다 낮다.
② (가)의 분자 운동은 점점 더 활발해질 것이다.
③ (나)는 (가)로부터 열을 얻어 온도가 높아진다.
④ (나)의 분자 운동이 (가)의 분자 운동보다 활발하다.
⑤ 열은 두 물체 사이에서 온도 차이에 의해 이동하는 에너지이다.

## 03

**질량이 같은 물질 A, B, C의 온도를 각각 1℃씩 올리려고 할 때, 가하는 열과 열량에 대한 설명으로 옳지 않은 것은?**

① 물질의 종류에 따라 가하는 열량은 차이가 있다.
② 열량은 가열하고자 하는 물질의 비열에 비례한다.
③ 열량의 단위로는 cal, kcal, J을 사용하고, 4.2cal = 1J 과 같다.
④ 온도 차이에 의해 물체 사이에서 이동하는 에너지를 열이라고 한다.
⑤ 온도가 서로 다른 물체 사이에서 이동하는 열의 양을 열량이라고 한다.

**Tip!**

## 04

**오른쪽 그래프는 온도가 다른 두 물체 A와 B를 접촉시켰을 때 시간에 따른 온도 변화를 나타낸 것이다. 이에 대한 설명으로 옳지 않은 것은?**

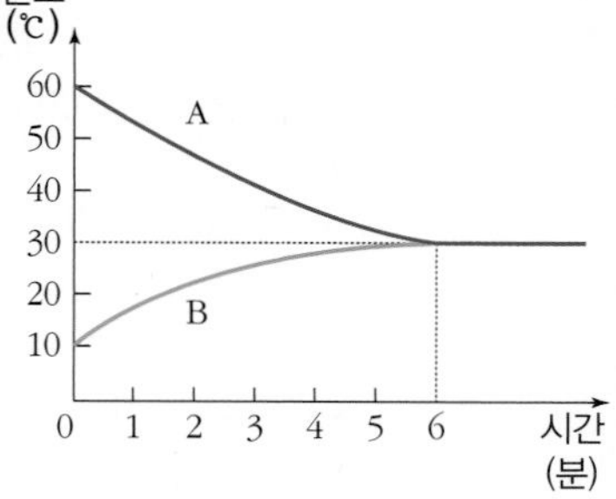


① 처음에 A의 온도가 B의 온도보다 높다.
② A가 잃은 열량은 B가 얻은 열량의 2배이다.
③ B의 분자 운동은 A와 접촉 전보다 더 활발해진다.
④ 두 물체를 접촉시켰을 때 열은 A에서 B로 이동했다.
⑤ 접촉 전 A의 분자 운동은 B의 분자 운동보다 활발하다.

## [유형22-3] 비열

그림과 같이 바닷가에서는 해륙풍이 분다. 이와 같은 현상이 나타나는 원인으로 가장 적절한 것은?

▲ 해풍

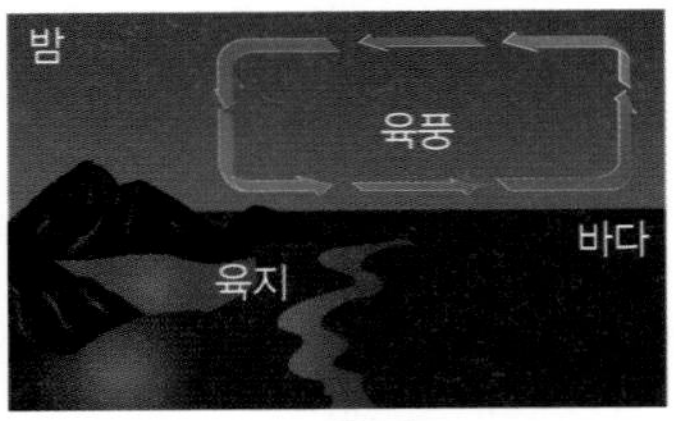

▲ 육풍

① 밤과 낮의 기온이 다르기 때문이다.
② 바다와 육지의 비열이 다르기 때문이다.
③ 바다와 육지의 면적이 다르기 때문이다.
④ 바다와 육지가 받는 햇빛의 양이 다르기 때문이다.
⑤ 바다는 태양 에너지를 육지보다 더 많이 흡수하기 때문이다.

Tip!

**05** 오른쪽 그림은 사막의 모습을 나타낸 것이다. 사막의 일교차는 매우 크다. 사막의 일교차가 큰 이유에 대한 설명으로 옳지 않은 것은?

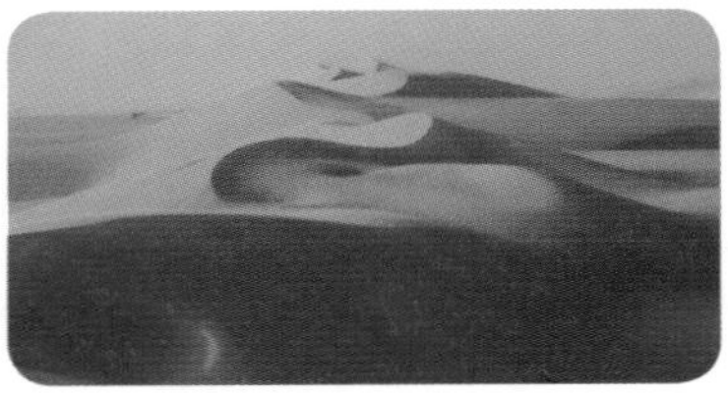

① 사막 모래의 비열이 물보다 크다.
② 낮에는 햇빛에 의해 모래가 빨리 가열된다.
③ 햇빛이 없는 밤에는 모래가 빨리 식어버린다.
④ 만약 사막에 물이 많아진다면 일교차는 줄어들 것이다.
⑤ 모래의 비열은 0.19kcal/(kg · ℃)이고, 물은 1kcal/(kg · ℃)이다.

**06** 오른쪽 표는 여러 가지 물질의 비열을 나타낸 것이다. 이에 대한 설명으로 옳은 것을 모두 고르시오.(2개)

| 물질 | 비열 (kcal/(kg · ℃) |
|---|---|
| 물 | 1.00 |
| 식용유 | 0.40 |
| 콘크리트 | 0.22 |
| 알루미늄 | 0.21 |
| 모래 | 0.19 |
| 철 | 0.11 |
| 구리 | 0.09 |
| 납 | 0.03 |

① 같은 열량을 가할 때 가장 온도 변화가 작은 것은 납이다.
② 1kg의 온도를 1℃ 높이는 데 필요한 열량은 물이 가장 크다.
③ 질량이 같은 물과 식용유에 같은 열량을 가해준다면 물의 온도가 더 빠르게 높아진다.
④ 질량이 같은 식용유와 모래에 같은 열량을 가해준다면 식용유의 온도가 더 빠르게 높아진다.
⑤ 온도와 질량이 같은 콘크리트와 철을 같은 환경에서 식혀준다면 철이 더 빠르게 식는다.

정답 및 해설 40쪽

## [유형22-4] 열용량

**오른쪽 그림은 질량이 다른 물을 가열하는 모습을 나타낸 것이다. 이에 대한 설명으로 옳지 않은 것은?**

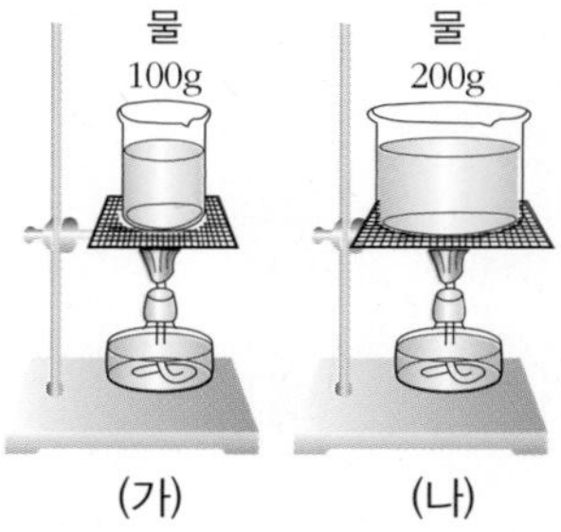


① (가)와 (나)의 비열은 같다.
② (가)와 (나)의 열용량은 같다.
③ (가)의 물이 (나)의 물보다 더 빨리 온도가 증가한다.
④ 물이 끓기까지 걸리는 시간은 (가)가 (나)보다 더 짧다.
⑤ (나)의 물이 (가)의 물보다 온도를 높이는데 더 많은 열이 필요하다.

## 07

**오른쪽 그림은 질량이 같은 물과 식용유를 가열하는 모습을 나타낸 것이다. 이에 대한 설명으로 옳지 않은 것은? (단, 물의 비열은 1cal/(g · ℃)이고, 식용유의 비열은 0.4cal/(g · ℃)이다.)**

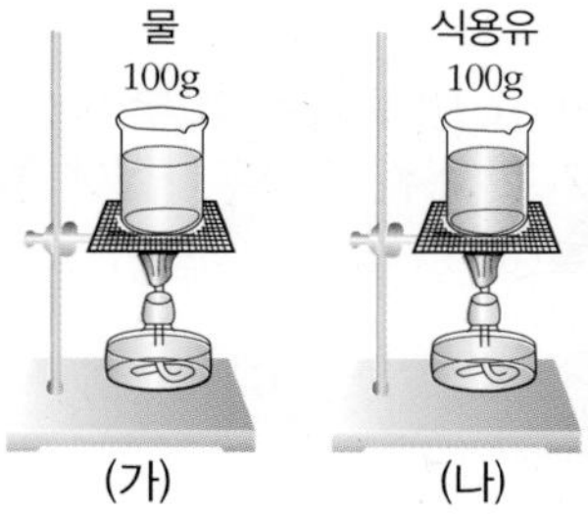


① 열용량은 (가)가 (나)보다 크다.
② 온도 변화는 (나)가 (가)보다 크다.
③ (가)가 (나)보다 온도를 높이는데 더 많은 열이 필요하다.
④ 질량이 같으므로 물질 1℃를 높이는데 필요한 열량은 같다.
⑤ (나)의 양을 3배로 늘리면 (나)의 열용량이 (가)보다 더 크다.

## 08

**다음은 물과 식용유의 질량을 달리하여 가열하는 모습을 나타낸 그림이다. 같은 열량을 가했을 때, 온도 변화가 큰 순서대로 알맞게 나열한 것은? (단, 물의 비열은 1 cal/g · ℃ 이고, 식용유의 비열은 0.4 cal/g · ℃ 이다.)**

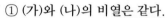

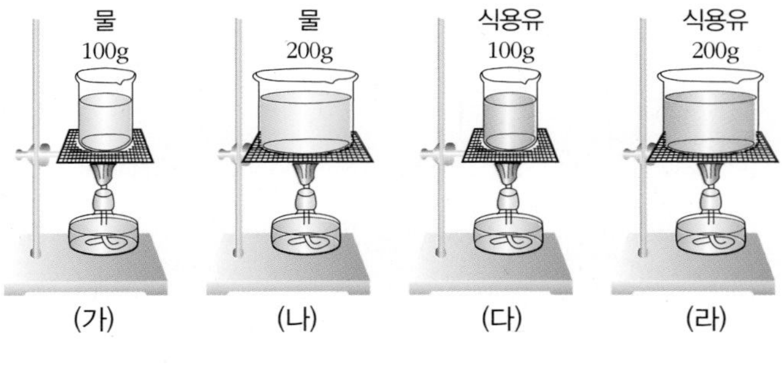


① (다) > (라) > (가) > (나)
② (나) > (가) > (라) > (다)
③ (가) > (나) > (다) > (라)
④ (다) > (가) > (라) > (나)
⑤ (라) > (나) > (다) > (가)

Tip!

# 창의력 & 토론마당

**01** 온도가 40℃ 정도인 욕조의 물은 매우 뜨겁게 느껴진다. 그러나 온도가 100℃가 넘는 수증기로 채워진 사우나실은 온도가 40℃인 욕조의 물보다 상대적으로 덜 뜨겁게 느껴진다.

▲ 40℃ 정도인 탕

▲ 100℃가 넘는 사우나실

100℃의 물에는 피부가 살짝만 닿아도 화상을 입는다. 그러나 100℃가 넘는 수증기로 채워진 사우나실에 들어가 앉아 있어도 화상을 입지 않는다. 그 이유는 무엇일까?

정답 및 해설 41쪽

**02** 튀김 요리를 맛있게 하기 위해서는 기름의 온도를 일정하게 유지해 주어야 한다. 어패류는 180 ~ 190℃가 적당하며, 채소류는 170 ~ 180℃가 적당하다.

기름의 온도를 일정하게 유지하기 위해 어떤 방법을 사용하는 것이 좋을지 열용량과 관련지어 서술하시오.

## 03

화씨온도는 1기압 하에서 물의 어는점을 32, 끓는점을 212로 정하고 두 점 사이를 180등분한 온도 눈금이다. 단위는 ℉ 를 사용하며, 파렌하이트(Fahrenheit)가 만든 온도라고 하여, 화씨(華氏)온도라고 한다. 화씨온도와 섭씨온도의 변환식은 다음과 같다.

$$섭씨온도 = (화씨온도 - 32) \times \frac{5}{9}$$

$$화씨온도 = (섭씨온도 \times \frac{9}{5}) + 32$$

(1) 섭씨 30℃를 화씨로 변환하면 몇 ℉인가?

(2) 파렌하이트(Fahrenheit)가 화씨온도를 만든 것과 같이 물의 어는점과 끓는점, 그리고 그 온도를 몇 등분할지를 자유롭게 정하여 자신만의 온도를 만들어서 현재의 기온을 자신이 만든 온도로 표현해 보시오.

**04** 우리나라는 그림과 같이 대륙과 해양이 만나는 경계 부근에 있기 때문에 계절풍이 큰 영향을 미친다.

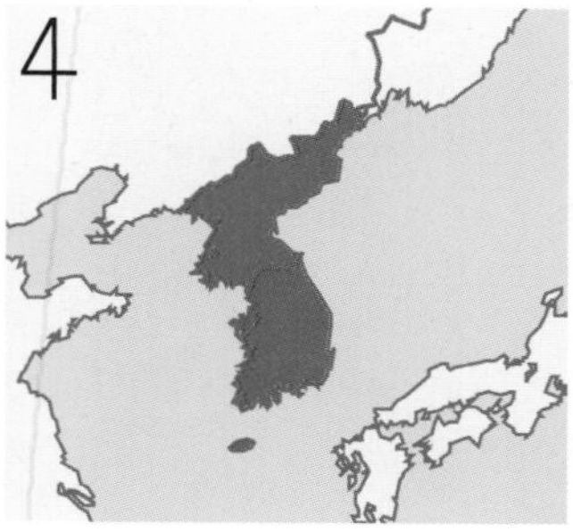

대륙과 해양의 비열과 계절풍을 관련지어 겨울철 우리나라에 부는 계절풍은 어디서 어느 쪽으로 부는 바람인지 서술하시오.

**05** 무더운 여름날 무한이는 너무 더워서 물을 마시려고 봤더니 정수기가 고장난 상태였고, 그나마 마실 수 있는 물은 어머니가 방금 전에 끓여 놓은 주전자에 들어 있는 물뿐이었다. 물의 온도를 재어보니 온도가 70℃였다. 주전자에 들어 있는 물을 최대한 빨리 식히려면 무한이가 어떻게 하는 것이 좋을지 최대한 여러 가지 방법을 서술하시오.

# 스스로 실력 높이기

**01** 다음은 여러 가지 온도를 온도계에 나타낸 그림이다. 각각의 온도계는 무슨 온도를 나타내는지 쓰시오.

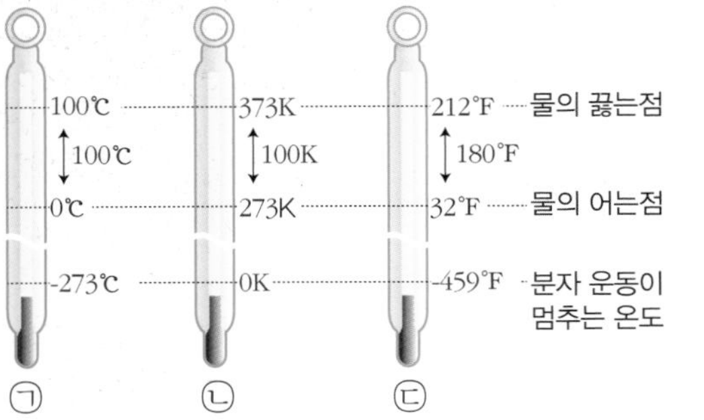


㉠ (                ) 온도
㉡ (                ) 온도
㉢ (                ) 온도

**02** 온도에 대한 설명으로 옳은 것은 O표, 옳지 않은 것은 X표 하시오.

(1) 절대온도와 섭씨온도의 눈금 간격은 같다. (     )

(2) 온도가 높은 물체는 분자 운동이 둔하다. (     )

(3) 절대온도 0K은 섭씨온도 273℃이다. (     )

**03** 다음은 같은 물질로 이루어진 두 물체의 분자 운동 상태를 나타내는 그림이다. 이에 대한 설명으로 옳은 것은 O표, 옳지 않은 것은 X표 하시오.

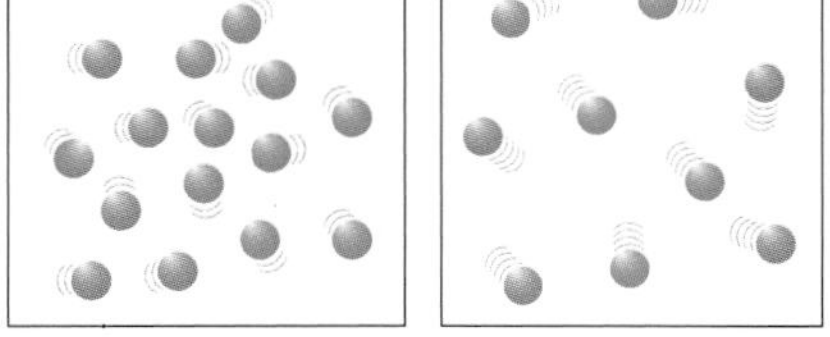


(1) (가)는 (나)보다 온도가 높은 상태이다. (     )

(2) (가)와 (나)를 접촉시키면 (가)의 분자 운동은 둔해진다. (     )

**04** 다음 그림과 같이 온도가 다른 두 물체 A, B를 접촉시켰다. 이에 대한 설명으로 옳은 것은 O표, 옳지 않은 것은 X표 하시오.

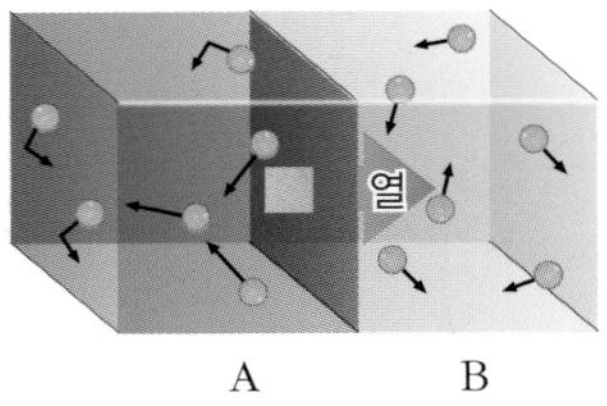


(1) 처음에는 A의 온도가 B의 온도보다 더 높다. (     )

(2) 열은 고온인 A에서 저온인 B로 이동한다. (     )

(3) B의 분자 운동은 둔해진다. (     )

**05** 다음 그래프는 온도가 다른 두 물체 A와 B를 접촉시켰을 때 시간에 따른 온도 변화를 나타낸 것이다.

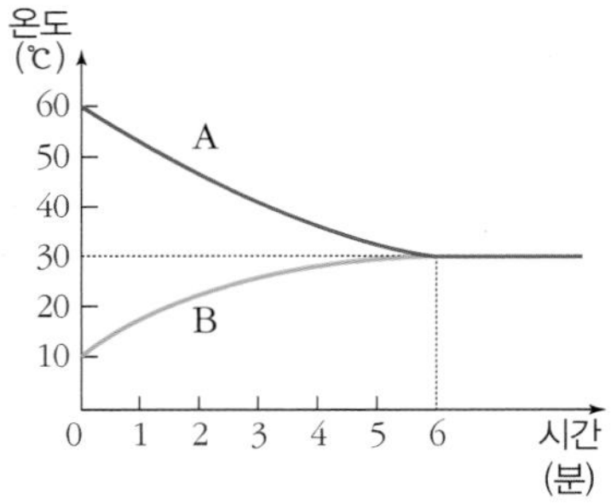


(1) 처음에 온도가 높은 물체는 무엇인가? (        )

(2) 접촉 후 6분까지 A가 잃은 열량이 100kcal라면, 이때까지 B가 얻은 열량은 몇 kcal인가? (        )kcal

**06** 다음 설명이 무엇을 의미하는지 쓰시오.

온도가 서로 다른 물체 사이에서 이동하는 열의 양

**07** 다음은 비열에 대한 설명이다. 이에 대한 설명으로 옳은 것은 O표, 옳지 않은 것은 X표 하시오.

(1) 비열은 $\dfrac{\text{열량}}{\text{질량} \times \text{온도 변화}}$ 이다. ( )

(2) 비열이 큰 물질일수록 온도가 빨리 변한다. ( )

(3) 비열은 물질의 종류에 따라 다른 값을 갖는다. ( )

**08** 다음 그림은 바닷가에 부는 바람을 낮과 밤을 구분하여 나타낸 것이다. 낮과 밤에 해변에서는 각각 어떤 바람이 부는지 쓰시오.

㉠ 낮 : ㉡ 밤 :

**09** 다음 정의에 해당하는 용어를 쓰시오.

(1) 어떤 물질 1kg의 온도를 1℃ 높이는 데 필요한 열량 ( )

(2) 물질을 1℃ 높이는 데 필요한 열량 ( )

**10** 물 3kg을 1℃ 높이는 데 필요한 열량은 얼마인가? (단, 물의 비열은 1kcal/(kg · ℃)이다.)

( ) kcal

**11** 다음 그림은 같은 물질로 이루어진 (가)와 (나)를 접촉시켜 놓은 모습을 나타낸 것이다. 이에 대한 설명으로 옳지 않은 것은?

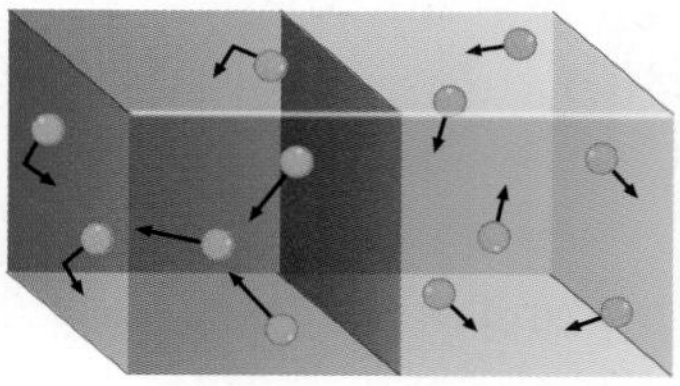

(가) : 고온 (나) : 저온

① (가)에서 (나)로 열이 이동한다.
② (가)의 분자 운동은 점차 둔해진다.
③ (나)의 분자 운동은 점차 활발해진다.
④ (가)와 (나)의 온도 차이에 의해 열이 이동한다.
⑤ 열의 이동이 끝나면 (나)의 분자 운동이 (가)의 분자 운동보다 활발해진다.

**12** 온도와 질량이 다른 물 (가)와 (나)가 있다. (가)의 질량은 100g이고, (나)의 질량은 300g이다. (가)와 (나)를 가열하여 각각의 온도를 3℃씩 증가시키려고 할 때 필요한 열량을 바르게 짝지은 것은? (단, 물의 비열은 1cal/(g · ℃)이다.)

| | (가)에 필요한 열량 | (나)에 필요한 열량 |
|---|---|---|
| ① | 50cal | 100cal |
| ② | 100cal | 300cal |
| ③ | 200cal | 600cal |
| ④ | 300cal | 900cal |
| ⑤ | 400cal | 1000cal |

**13** 오른쪽 표는 여러 가지 물질의 비열을 나타낸 것이다. 이에 대한 설명으로 옳은 것을 모두 고르시오. (2개)

| 물질 | 비열 (kcal/(kg · ℃) |
|---|---|
| 물 | 1.00 |
| 식용유 | 0.40 |
| 콘크리트 | 0.22 |
| 알루미늄 | 0.21 |
| 모래 | 0.19 |
| 철 | 0.11 |
| 구리 | 0.09 |
| 납 | 0.03 |

① 물질의 종류마다 비열이 다르다.
② 같은 열량을 가해준다면 납의 온도 변화가 가장 작다.
③ 같은 열량을 가해준다면 물보다 구리의 온도 변화가 더 작다.
④ 1kg의 온도를 1℃ 높이는 데 필요한 열량은 납이 가장 크다.
⑤ 온도와 질량이 같은 물과 모래를 같은 환경에서 식혀 준다면 모래가 더 빨리 식는다.

**14** 다음 〈보기〉에서 비열 차이에 의한 현상을 모두 고른 것은?

〈 보기 〉
ㄱ. 바닷가에서는 낮에 해풍이 불고, 밤에 육풍이 분다.
ㄴ. 사막은 낮과 밤의 일교차가 매우 크다.
ㄷ. 여름보다 겨울에 정전기가 많이 발생한다.

① ㄱ ② ㄴ ③ ㄷ
④ ㄱ, ㄴ ⑤ ㄱ, ㄴ, ㄷ

**15** 열용량에 대한 설명으로 옳지 않은 것은?

① 열용량이 클수록 온도가 천천히 변한다.
② 질량이 같다면 비열이 클수록 온도가 빠르게 변한다.
③ 같은 물질이라면 질량이 클수록 온도가 천천히 변한다.
④ 같은 물질에 같은 열량을 가해주었을 때 질량이 작은 물질의 온도가 더 빨리 높아진다.
⑤ 질량이 같은 물과 식용유에 같은 열량을 가해준다면 식용유의 온도가 더 빨리 높아진다.

**16** 온도가 다른 네 물체 (가)~(라) 중 두 개씩 짝지어 접촉시켰더니 다음 표와 같이 열이 이동하였다. 물체 (가)~(라)의 처음 온도를 바르게 비교한 것은?

| 접촉한 물체 | 열의 이동 |
|---|---|
| (가)와 (나) | (가) → (나) |
| (나)와 (다) | (다) → (나) |
| (다)와 (라) | (다) → (라) |
| (가)와 (다) | (가) → (다) |
| (나)와 (라) | (나) → (라) |

① (가) > (다) > (나) > (라)
② (다) > (가) > (나) > (라)
③ (가) > (다) > (라) > (나)
④ (다) > (나) > (가) > (라)
⑤ (라) > (가) > (다) > (나)

**17** 다음은 같은 물질로 이루어진 두 물체의 분자 운동 상태를 나타내는 그림이다. 이에 대한 설명으로 옳은 것은?

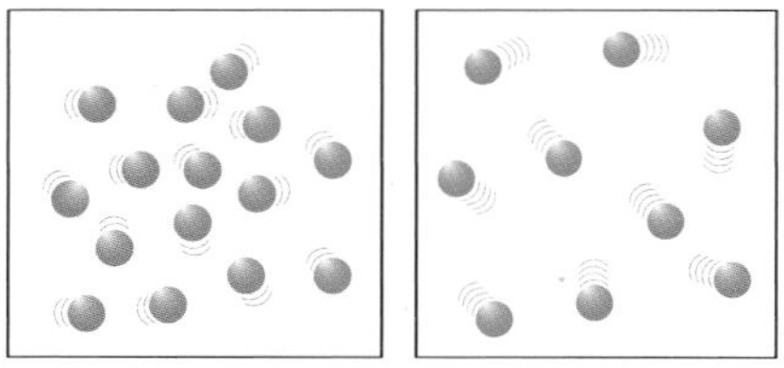
(가) (나)

① (가)의 온도는 (나)보다 고온이다.
② (나)는 절대 온도 0K보다 낮은 온도이다.
③ (가)가 액체라면 (나)는 액체 또는 기체이다.
④ (가)와 (나)를 접촉시키면 열은 (가)에서 (나)로 이동한다.
⑤ (가)와 (나)를 접촉시키면 (가)의 분자 운동은 둔해진다.

**[18~20]** 다음은 물과 식용유의 질량을 달리하여 가열하는 모습을 나타낸 그림이다. (단, 물의 비열은 1cal/(g · ℃)이고, 식용유의 비열은 0.4cal/(g · ℃)이다.)

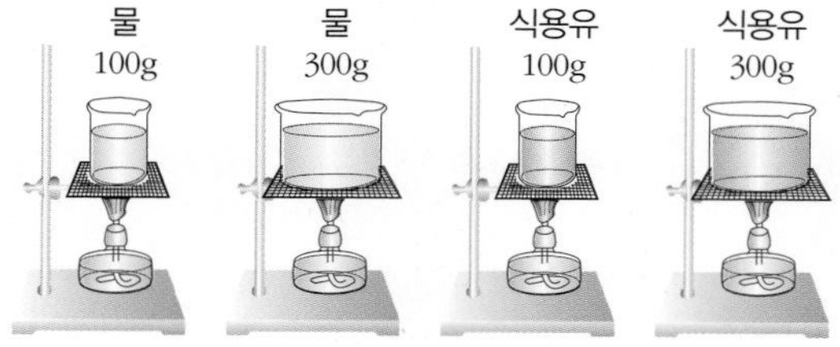


**18** (가)~(라)의 열용량을 각각 구하시오.

(가) (　　　　　　) cal/℃
(나) (　　　　　　) cal/℃
(다) (　　　　　　) cal/℃
(라) (　　　　　　) cal/℃

**19** (가)~(라)의 온도를 각각 5℃씩 높이려고 할 때, 필요한 열량을 각각 구하시오.

(가) (　　　　　　) cal
(나) (　　　　　　) cal
(다) (　　　　　　) cal
(라) (　　　　　　) cal

**20** (가)~(라)에 같은 열량을 가했을 때, 온도 변화가 큰 순서대로 알맞게 나열한 것은?

① (가) > (다) > (라) > (나)
② (나) > (가) > (라) > (다)
③ (가) > (나) > (다) > (라)
④ (다) > (가) > (라) > (나)
⑤ (라) > (나) > (다) > (가)

## 창의력 서술

**21** 목욕탕의 탕 속 물과 사우나실 중 상대적으로 덜 뜨겁게 느껴지는 사우나실 온도가 실제로는 훨씬 더 높다. 사우나실 온도가 덜 뜨겁게 느껴지는 이유는 무엇일까? 자신의 생각을 서술하시오.

**22** 낮에 산 속 계곡은 산봉우리보다 훨씬 시원하다. 이때 바람은 계곡에서 산봉우리로 불까? 아니면 그 반대로 불까? 그 이유와 함께 자신의 생각을 서술하시오.

# 23강. 열평형

## 1. 열평형 1

(1) **열평형** : 온도가 높은 물체와 낮은 물체를 접촉시키면 얼마 후 두 물체의 온도가 같아지는 현상이다.

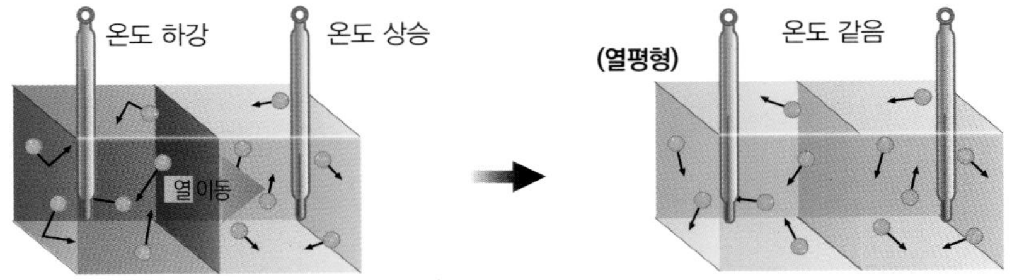


온도가 높은 물질
: 분자 운동 활발

온도가 낮은 물질
: 분자 운동 느림

온도가 같아서 열 이동이 없다.
: 분자 운동 속도가 같아진다.

### (2) 열평형이 일어나는 과정에서의 변화

| 물체 | 열 | 온도 | 분자 운동 |
|---|---|---|---|
| 저온의 물체 | 얻는다 | 올라간다 | 빨라진다 |
| 고온의 물체 | 잃는다 | 내려간다 | 느려진다 |

· (다른 곳으로 열이 빠져나가지 않을 때)
저온의 물체가 얻은 열량 = 고온의 물체가 잃은 열량

**분자 운동과 온도**

온도가 높은 물질을 구성하는 분자의 운동은 활발하고, 온도가 낮은 물질을 구성하는 분자의 운동은 느리다.

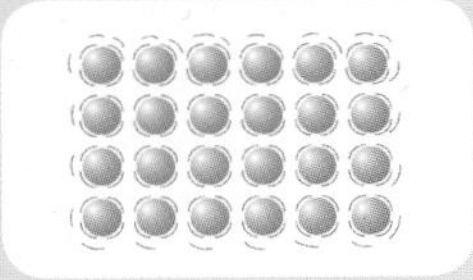

낮은 온도일 때

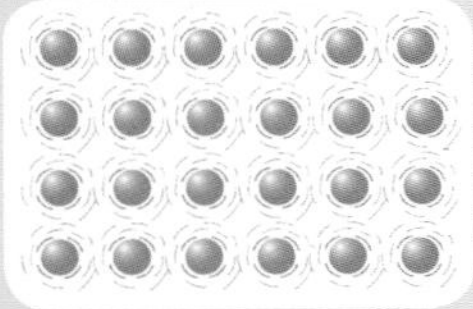

높은 온도일 때

▲ 고체 분자의 열운동 모형

**지구의 열평형**

지구의 극지방은 온도가 낮고, 적도 지방은 온도가 높으므로 적도 지방에서 극지방으로 열을 이동시키기 위해 대기와 해수의 순환이 일어난다.

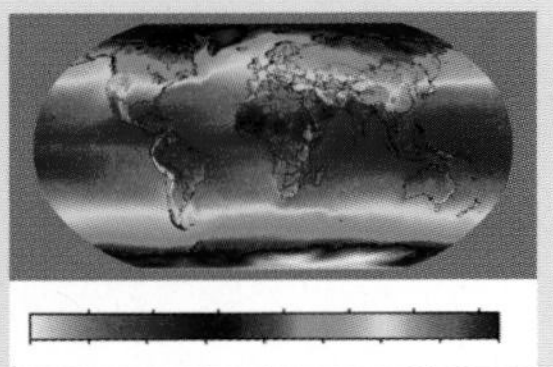

▲ 지구의 연평균 기온 분포도

**생각해보기★**

뜨거운 여름날 해변가의 모래와 물은 온도가 같을까, 다를까?

**미니사전**

접촉 [接 잇다 觸 닿다] 서로 맞닿음

**개념확인 1** 다음 괄호 안에 알맞은 말을 쓰시오.

(1) 차가운 컵을 따뜻한 손으로 만지면 열은 ㉠(　　　)에서 ㉡(　　　)로 이동한다.

(2) 열을 얻은 물체는 ㉢(　　　)가 높아지고 열을 잃은 물체는 ㉣(　　　)가 낮아진다.

**확인 +1** 다음 그림과 같이 온도가 다른 두 물체 A(저온), B(고온)를 접촉시켰다. 외부로 빠져나가는 열은 없다고 할 때, 이에 대한 설명으로 옳은 것은?

① 열은 A에서 B로 이동한다.
② A의 분자 운동은 점점 느려진다.
③ B의 분자 운동은 점점 빨라진다.
④ A의 온도는 높아지고, B의 온도는 낮아진다.
⑤ 시간이 지나면 A의 온도가 B의 온도보다 높아진다.

## 2. 열평형 2

**(1) 더운물과 찬물의 열평형** : 더운물과 찬물을 접해 두고 온도 변화를 측정하면 두 물의 온도가 같아진다. 이때의 온도가 열평형 온도이다.

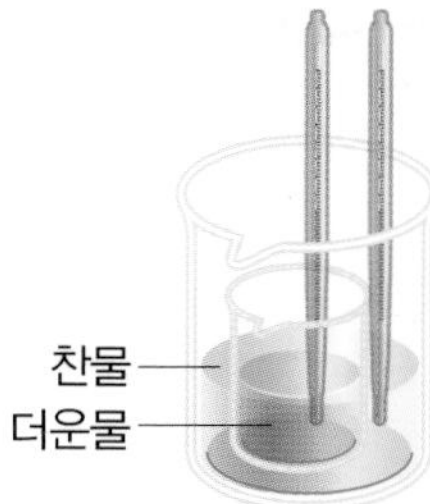


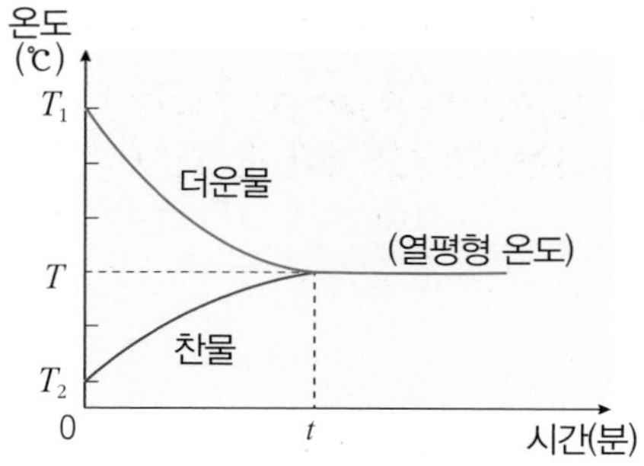


▲ 더운 물과 찬물의 열평형 그래프

- 시간이 지나면 더운물과 찬물의 온도가 같아진다. → 열평형 상태
- 열평형에서의 온도 : 높은 온도와 낮은 온도의 중간이 아니라 더운물과 찬물의 양에 따라서 달라진다.
- 찬물이 얻은 열량 = 더운물이 잃은 열량

**(2) 우리 생활에서 열평형의 이용**

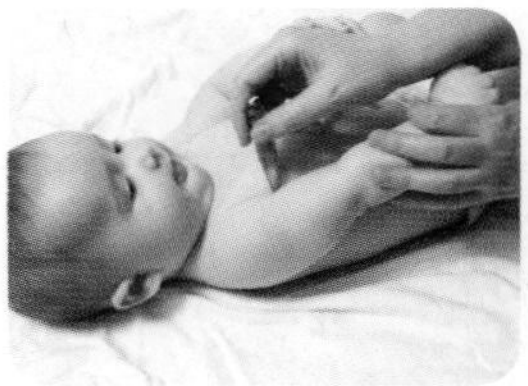

▲ 체온 측정

▲ 얼음물

▲ 냉장고 내부 물체

간단실험

**얼음물의 열평형**

① 비커에 물과 얼음을 담는다.

② 온도계를 넣어 더이상 온도가 변하지 않을 때의 온도를 읽는다.

정답 및 해설 44쪽

**개념확인 2** **다음 그래프는 80℃의 더운물이 담긴 비커를 10℃의 찬물이 담긴 수조에 담근 후 시간에 따른 온도 변화를 나타낸 것이다. 열평형이 이루어졌을 때의 온도는 몇 ℃인지 쓰시오.(외부와의 열출입은 없다.)**

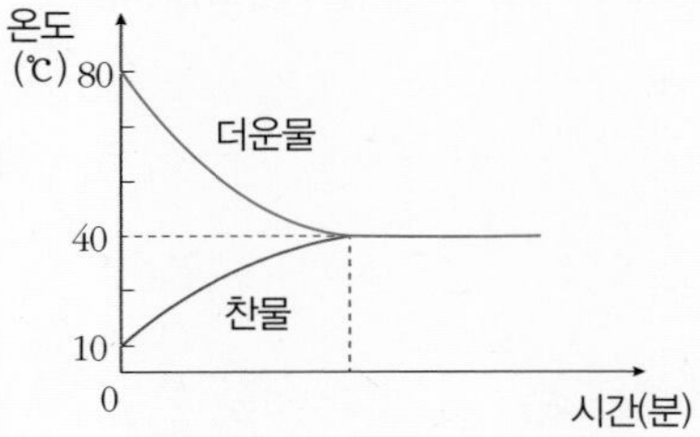


(　　　)℃

**확인 + 2** **일상 생활에서 열평형 현상이 적용된 예로 옳은 것을 <u>모두</u> 고르시오.(2개)**

① 난로불 옆에 있으면 따뜻해진다.
② 국자의 손잡이는 나무나 플라스틱으로 만든다.
③ 얼음에 음료수병을 넣어 두면 음료수가 시원해진다.
④ 에어컨은 방의 위쪽에 난방기는 방의 아래쪽에 둔다.
⑤ 체온을 잴 때 입안이나 겨드랑이에 체온계를 꽂고 한참 있다가 체온을 잰다.

생각해보기★★

냉장고 안에 금속으로 된 그릇과 유리 그릇을 오랫동안 넣어 두었다. 손으로 만졌을 때 금속이 훨씬 차갑게 느껴진다. 이 두 그릇은 열평형 상태일까, 아닐까?

**미니사전**

체온 [體 몸 溫 따뜻하다] 몸의 온도

## 3. 열의 이동

**(1) 열의 이동** : 열에너지는 열평형이 될 때까지 온도가 높은 물질에서 낮은 물질로 이동한다.

**(2) 열의 이동 방법**

① 전도 : 분자가 이동하지 않고 열에너지만 전달된다.

- 뜨거운 국에 담가둔 숟가락이 뜨거워진다.
- 삶은 감자에 꽂아둔 젓가락이 뜨거워진다.

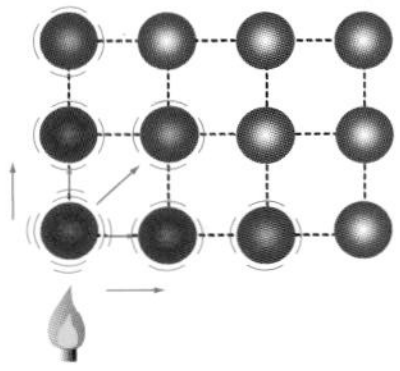

▲ 고체의 열전도 모형

② 대류 : 분자가 직접 이동하면서 열이 전달된다.

- 냄비에 물을 넣고 바닥만 가열해도 물 전체가 따뜻해진다.
- 에어컨이나 난로를 켜면 방 전체가 시원하거나 따뜻해진다.

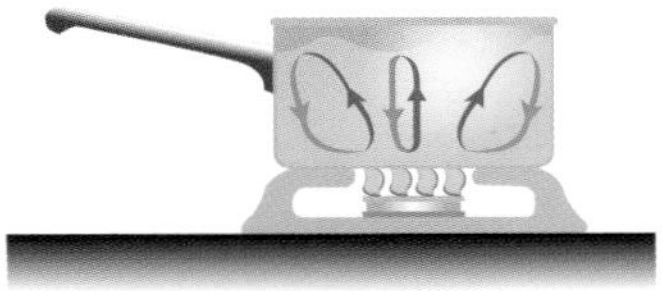

▲ 액체의 대류

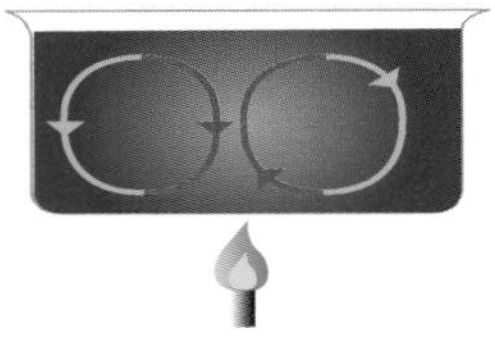

▲ 기체의 대류

| 뜨거워진 액체(기체)는 위로, 차가워진 액체(기체)는 아래로 이동하면서 열을 전달 |
|---|

③ 복사 : 열이 물질을 통하지 않고 빛이나 전자기파의 형태로 직접 전달된다.

- 햇빛을 쬐거나 난로불 옆에 있으면 따뜻하다.
- 태양 복사 에너지와 지구 복사 에너지

**개념확인 3** 다음 〈보기〉의 현상을 전도, 대류, 복사로 나누어 기호를 쓰시오.

〈보기〉

ㄱ. 추운날 장작불을 쬐면 따뜻하다.
ㄴ. 주방 기구의 손잡이는 나무로 만든다.
ㄷ. 추운 날 방 한쪽에 불을 피우면 방 전체가 따뜻해진다.

전도 : (          ), 대류 : (          ), 복사 : (          )

**확인 + 3** 다음 여러 가지 도구 중 열이 잘 이동할 수 있도록 만든 것은?

① 프라이팬 바닥 ② 냄비 손잡이 ③ 주방 장갑
④ 소방관의 방열복 ⑤ 튀김 요리용 나무 젓가락

---

간단실험

**구리판의 열전도**

① 구리판에 양초(버터나 마가린도 가능)를 고르게 바른다.
② 한쪽 끝을 집게로 잡고 반대편 끝을 가열한다.

③ 구리판의 양초 등이 녹는 모습을 관찰한다.

**열전도 차이를 이용한 예**

금속 물질이 비금속 물질보다 열을 잘 전달한다. 밥솥이나 주전자 몸체는 금속으로 열을 잘 전달하고, 나무 주걱이나 주전자 손잡이는 열을 잘 전달하지 않는다.

▲ 나무 주걱

▲ 주전자 손잡이

**미니사전**

전도 [傳 전하다 導 인도하다] 열이나 전기가 물체 속에서 이동하는 것
대류 [對 대하다 流 흐르다] 물질이 직접 이동하여 열 전달
복사 [輻 바퀴살 射 쏘다] 물체로부터 사방으로 바퀴살처럼 나오는 열이나 전자기파

## 4. 열팽창

### (1) 열팽창 : 물질에 열을 가하면 물질의 길이 또는 부피가 증가하는 현상이다.

### (2) 열팽창이 일어나는 과정

물질의 온도 증가 → 분자 운동이 활발해짐 → 분자 사이 거리 증가 → 부피 팽창

### (3) 고체와 액체의 열팽창

① 고체의 열팽창 : 금속이 비금속보다 열팽창이 잘된다.

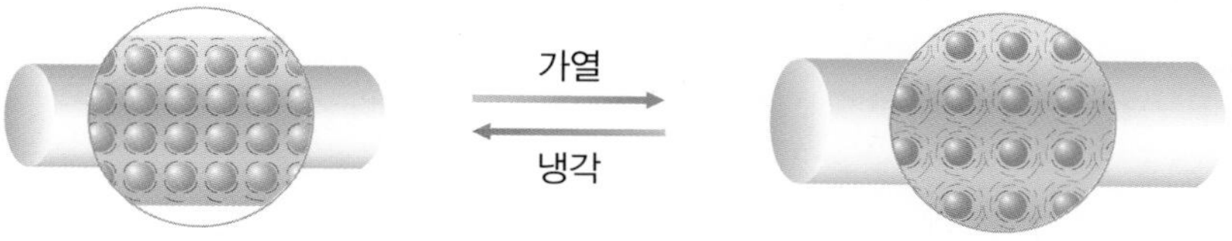


분자 사이의 거리가 가깝다　　　　분자 사이의 거리가 멀다

② 액체의 열팽창 : 고체보다 열팽창이 잘된다.

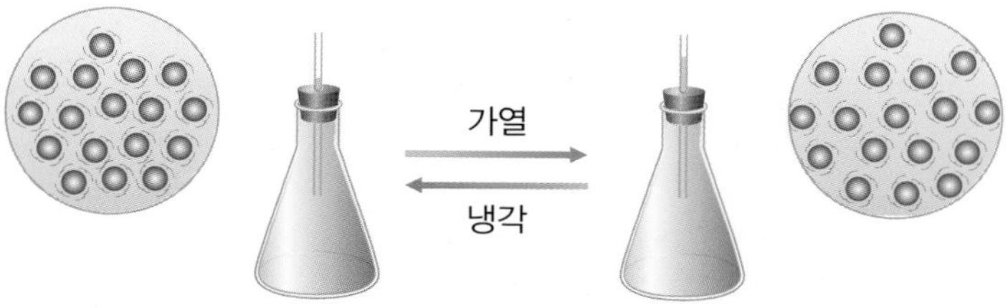


분자 사이의 거리가 가깝다　　　　분자 사이의 거리가 멀다

정답 및 해설 **44쪽**

**개념확인 4** **유리병 입구를 바깥으로 막은 금속 뚜껑이 잘 열리지 않는 경우 따뜻한 물속에 뚜껑을 담갔다 빼면 잘 열린다. 이것은 뚜껑의 어떤 현상을 이용한 것인지 쓰시오.**

고체의 (　　　　　　)

**확인 + 4** **다음은 생활에서 볼 수 있는 열팽창과 관련된 현상들이다. 이 현상들이 고체, 액체의 열팽창 중 무엇과 관련이 있는지 고체, 액체 중 한 가지로 각각 답하시오.**

(1) 알코올 온도계를 사용하여 체온을 잰다. (　　　)

(2) 구리로 된 전깃줄이 더운 여름날 길게 늘어진다. (　　　)

(3) 큰 물통에 채운 물이 여름철 한낮이 되면 넘쳐 흐른다. (　　　)

(4) 반지가 손가락에서 빠지지 않아 손을 뜨거운 물에 담근 후에 반지를 뺀다. (　　　)

● 생활에서 열팽창 현상을 이용하는 예

· 유리병 뚜껑 : 뚜껑이 열리지 않을 때 뚜껑 부분을 따뜻하게 한다.

· 온도계 : 알코올이나 수은 온도계는 액체의 부피가 온도에 따라 팽창하거나 수축하는 성질을 이용한다.

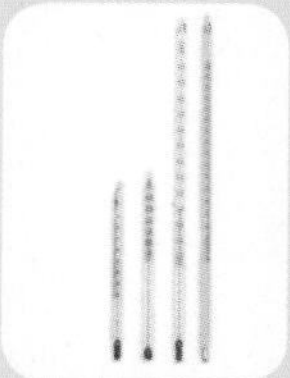

▲ 온도계

● 생각해보기★★★

삼각플라스크에 물을 넣고 가열하면 물의 부피가 팽창하여 유리관 안의 물의 높이가 높아진다. 물이 팽창할 때 삼각플라스크(유리)는 팽창할까, 팽창하지 않을까?

**미니사전**

팽창 [膨 부풀다 脹 부풀다] 부풀어서 부피가 커지는 것

# 개념 다지기

**01** 뜨거운 물체와 차가운 물체를 서로 접촉시켜 놓았을 때 일어나는 현상이 아닌 것은?

① 뜨거운 물체에서 차가운 물체로 열이 이동한다.
② 뜨거운 물체의 온도는 내려가고 차가운 물체의 온도는 올라간다.
③ 뜨거운 물체의 분자 운동은 점점 느려지고, 차가운 물체는 점점 빨라진다.
④ 열평형에 도달하면 뜨거운 물체보다 차가운 물체의 분자 운동이 더 활발해진다.
⑤ 두 물체의 온도가 같아지면 열은 이동하는 양이 같아져서 이동하지 않는 것처럼 보인다.

**02** 오른쪽 그래프는 온도가 서로 다른 두 물체 A, B를 접촉시킨 후 시간에 따른 온도 변화를 나타낸 것이다. 이에 대한 설명으로 옳지 않은 것은?

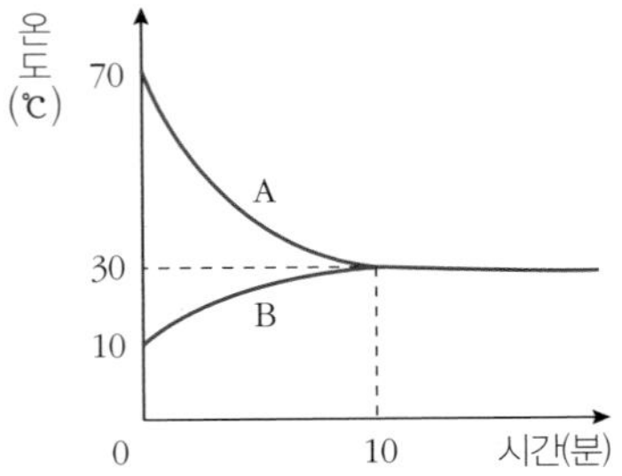


① 열은 물체 A에서 물체 B로 이동하였다.
② 열평형에 도달하는 데는 10분이 걸린다.
③ 물체 A의 질량이 물체 B의 질량보다 작다.
④ 물체 A가 잃은 열량은 물체 B가 얻은 열량과 같다.
⑤ 물체 A의 분자 운동은 느려지고, 물체 B의 분자 운동은 활발해진다.

**03** 다음 〈보기〉는 일상 생활에서 열을 이용하는 현상들이다. 이 중 열평형이 적용된 것을 모두 골라 기호로 쓰시오.

〈보기〉

ㄱ.
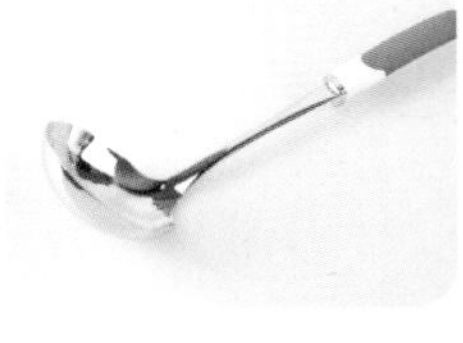
주방에서 쓰는 국자의 손잡이는 나무나 플라스틱으로 만든다.

ㄴ.

음료수에 얼음을 넣어 두면 음료수가 시원해진다.

ㄷ.
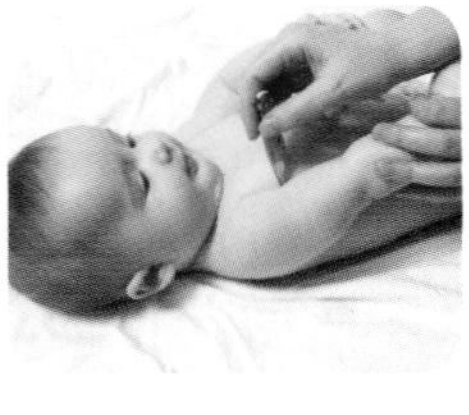
체온을 잴 때 입안이나 겨드랑이에 체온계를 꽂고 한참 있다가 체온을 잰다.

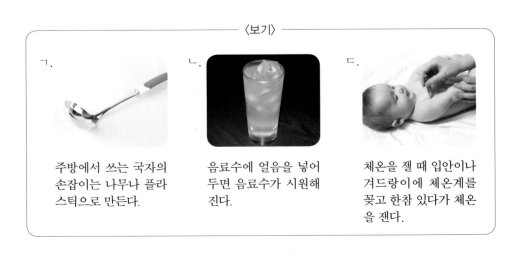

## 04 다음 설명은 전도, 대류, 복사 중 무엇인지 각각 쓰시오.

(1) 액체나 기체 상태의 분자가 직접 이동하면서 열을 전달하는 현상이다. (　　　)

(2) 분자가 이동하지 않고 제자리에서 진동하면서 주변 분자와 충돌하여 열이 전달되는 현상이다. (　　　)

(3) 열이 물질을 통하지 않고 전자기파의 형태로 고온의 물체에서 저온의 물체로 직접 전달되는 현상이다. (　　　)

## 05 다음 그림과 같이 쇠막대 위에 같은 간격으로 촛농을 이용하여 이쑤시개를 세워 놓은 후 알코올램프로 쇠막대의 한쪽 끝을 가열하였다. A~F 중 가장 먼저 떨어지는 이쑤시개는 무엇인지 기호로 쓰시오.

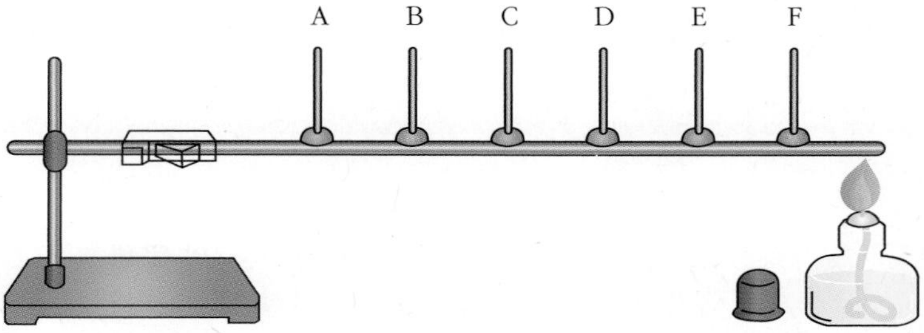


(　　　)

## 06 다음 〈보기〉 중 열팽창과 관련된 설명으로 옳은 것을 모두 고른 것은?

〈보기〉

ㄱ. 온도가 올라가면 분자 운동이 활발해진다.
ㄴ. 분자의 거리가 멀어지면 물질의 부피가 커진다.
ㄷ. 고체의 경우 금속이 금속이 아닌 경우보다 열팽창이 잘된다.

① ㄱ　② ㄴ　③ ㄱ, ㄴ
④ ㄱ, ㄷ　⑤ ㄱ, ㄴ, ㄷ

# 유형 익히기 & 하브루타

**[유형23-1]** 열평형 1

다음 그림은 같은 물질로 이루어진 두 물체 A, B의 분자 운동 상태를 나타낸 것이다. 이에 대한 설명으로 옳지 <u>않은</u> 것은?

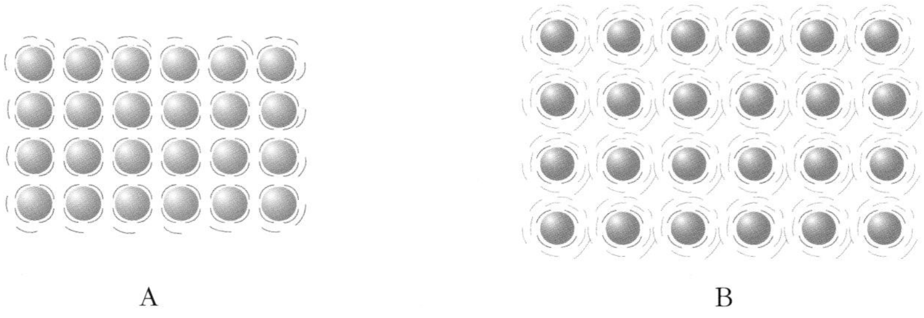


① B는 A보다 온도가 높은 상태이다.
② A의 분자가 B의 분자보다 움직임이 활발하다.
③ 두 물체를 접촉시키면 A는 열을 얻고, B는 열을 잃는다.
④ 두 물체를 접촉시키면 A의 온도는 올라가고, B의 온도는 내려간다.
⑤ 두 물체를 접촉시키면 열평형에 도달한 후에 둘의 온도는 같아진다.

Tip!

**01** 다음은 서로 다른 세 물체 A ~ C 중 두 물체씩 접촉시켰을 때 열의 이동 방향을 화살표로 나타낸 것이다. 온도가 높은 물체로부터 낮은 물체까지 순서대로 바르게 나열한 것은?

〈 보기 〉

ㄱ. A → B　　ㄴ. C → A

① C, B, A　② C, A, B　③ A, B, C
④ B, C, A　⑤ B, C, A

**02** 뜨거운 물체와 차가운 물체를 접촉시켜 놓았을 때 일어나는 현상으로 옳은 것은?

〈 보기 〉

ㄱ. 뜨거운 물체는 온도가 낮아진다.
ㄴ. 차가운 물체는 분자 운동이 둔해진다.
ㄷ. 시간이 지나면 두 물체의 온도는 같아진다.

① ㄱ　② ㄴ　③ ㄷ
④ ㄱ, ㄷ　⑤ ㄴ, ㄷ

## [유형23-2] 열평형 2

그림 (가)와 같이 물 B가 담긴 비커에 물 A가 담긴 비커를 넣고 시간의 흐름에 따라 온도를 측정하니 그래프 (나)와 같이 되었다. 외부로 열이 빠져나가지 않는다고 할 때 그래프 (나)에 대한 설명으로 옳은 것은?

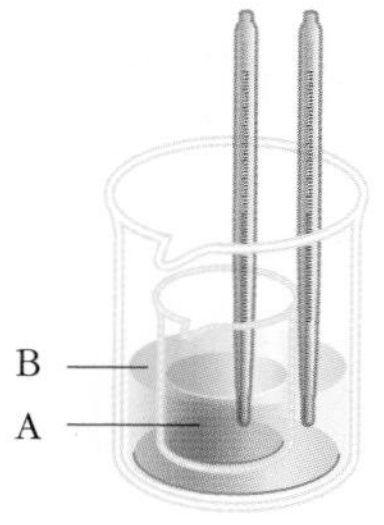


(가)

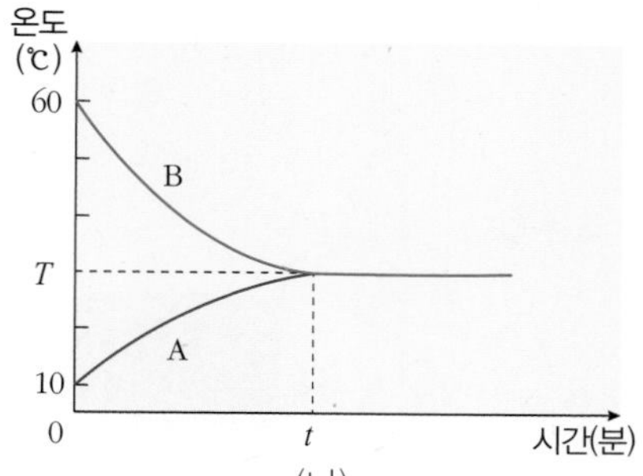


(나)

① B는 분자 운동이 점점 활발해진다.
② A는 계속 열을 얻지만 온도는 변하지 않는다.
③ 물의 양이 달라져도 열평형 온도는 변하지 않는다.
④ 열평형이 될 때까지 B가 잃은 열량과 A가 얻은 열량은 같다.
⑤ 열평형이 될 때까지 A에서 B로 이동한 열이 B에서 A로 이동한 열보다 많다.

**03** 오른쪽 그래프는 더운 물이 담긴 비커에 찬물이 담긴 비커를 넣어 두고 평형이 될 때까지 시간에 따른 온도 변화를 기록한 것이다. 다음 〈보기〉 중에서 찬물이 더운 물보다 더 큰 값을 갖는 것은?

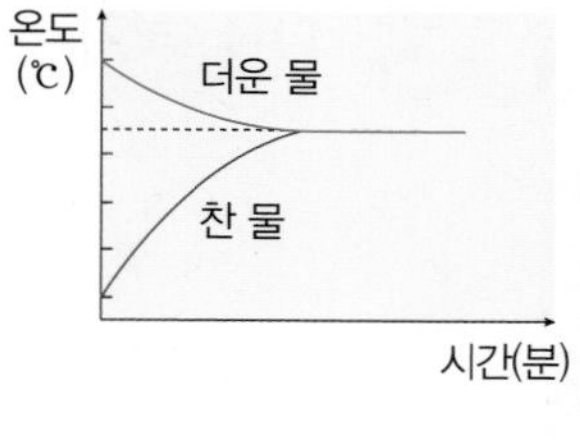


〈 보기 〉

ㄱ. 온도 변화　　ㄴ. 열용량　　ㄷ. 잃거나 얻은 열량

① ㄱ　　② ㄴ　　③ ㄷ
④ ㄱ, ㄴ　　⑤ ㄱ, ㄴ, ㄷ

**Tip!**

**04** 온도가 다른 두 물체가 접촉해 있을때 열평형 상태에 도달할 때까지 낮은 온도의 물체가 얻은 열량이 100kcal 였다면 높은 온도의 물체가 잃은 열량은 얼마인가?

(　　　　　)kcal

[유형23-3] 열의 이동

열이 이동할 때 전도, 대류, 복사가 함께 이루어지는 경우가 많다. 다음 그림과 같이 열이 이동할 때 열의 이동 방법은 무엇인지 빈칸에 알맞은 말을 쓰시오.

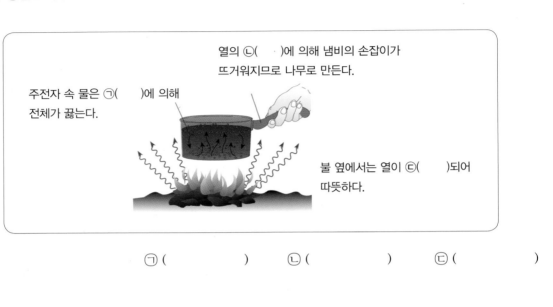

열의 ㉡(　　)에 의해 냄비의 손잡이가 뜨거워지므로 나무로 만든다.
주전자 속 물은 ㉠(　　)에 의해 전체가 끓는다.
불 옆에서는 열이 ㉢(　　)되어 따뜻하다.


㉠ (　　　　　)　㉡ (　　　　　)　㉢ (　　　　　)

Tip!

**05** 다음 〈보기〉의 설명 중 전도에 관한 것은?

〈보기〉

ㄱ. 열이 빛 등 전자기파의 형태로 전달된다.
ㄴ. 분자가 이동하지 않고 사방으로 열을 전달한다.
ㄷ. 뜨거운 액체는 위로 차가운 액체는 아래로 전달된다.

① ㄱ　② ㄴ　③ ㄷ
④ ㄱ, ㄴ　⑤ ㄴ, ㄷ

**06** 에어컨을 틀어놓으면 방 전체가 시원해진다. 다음 중 에어컨과 같은 방법으로 열이 이동하는 방식을 모두 고르시오.(2개)

① 삶은 감자에 꽂아둔 젓가락이 따뜻하다.
② 손바닥을 뺨에 가까이 했더니 따뜻하다.
③ 난로를 켜 놓았더니 방 전체가 훈훈하다.
④ 주전자 아래를 가열했더니 물 전체가 뜨거워졌다.
⑤ 난로에서 멀리 있을 때보다 가까이 있을 때 더 따뜻하다.

## [유형23-4] 열팽창

다음 그림과 같이 삼각 플라스크에 잉크를 탄 물을 가득 채우고 가느다란 유리관을 꽂은 마개로 막은 다음 뜨거운 물이 담긴 수조에 넣었다.

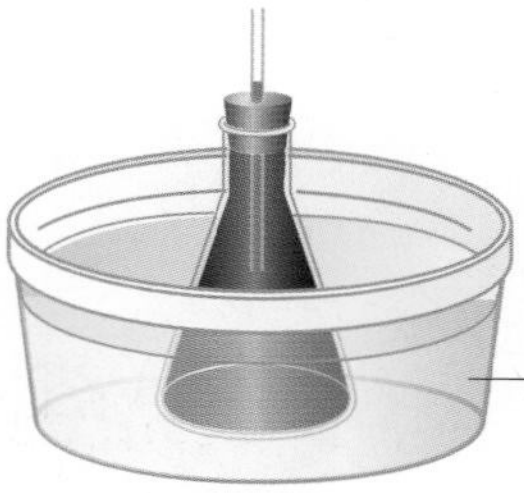


이에 대한 설명으로 옳지 않은 것은?

① 삼각 플라스크 안의 물의 온도는 올라간다.
② 삼각 플라스크 안의 물의 부피는 증가한다.
③ 더 가는 유리관을 사용하면 물이 더 높이 올라간다.
④ 처음에 유리관의 수면이 약간 내려갔다가 다시 올라간다.
⑤ 수조 속 물의 온도를 더 높이더라도 유리관의 수면의 높이는 변동이 없다.

**07** 유리병의 금속 뚜껑이 잘 열리지 않을 경우 병을 따뜻한 물속에 넣으면 뚜껑이 잘 열린다. 따뜻한 물속에서 유리병과 금속 뚜껑이 모두 열팽창한다면 어떤 물질이 더 크게 팽창할 것인지 (　　) 안에 부등호(>, =, <)를 이용하여 나타내시오.

금속 (　　　) 유리

**08** 다음 〈보기〉 중 물질의 열팽창 현상을 이용한 것을 모두 고른 것은?

〈보기〉

ㄱ. 수은 온도계를 이용하여 기온을 잰다.
ㄴ. 금속 후라이팬의 손잡이는 플라스틱으로 하는 것이 편리하다.
ㄷ. 손가락에서 반지가 빠지지 않는 경우 따뜻한 물에 담근 후에 뺀다.

① ㄱ　　② ㄴ　　③ ㄷ
④ ㄱ, ㄷ　　⑤ ㄴ, ㄷ

Tip!

# 창의력 & 토론마당

## 01

다음 그림과 같이 준정이는 휴지 조각을 나무 막대에 매단 다음, 냉장고 문을 열고 냉장고 문의 위쪽과 아래쪽에서 휴지 조각이 움직이는 모습을 관찰하였다. ○ 안에 휴지 조각이 움직이는 방향을 화살표로 나타내고, 그렇게 움직이는 까닭을 쓰시오.

## 02

다음 그림과 같이 시험관에 얼음을 넣고 철솜으로 막은 후 물을 넣고 철솜 윗부분을 가열하였다. 잠시 후 물이 끓기 시작했는데 시험관 아랫부분의 얼음은 녹지 않고 그대로 있었다. 그 이유는 무엇일까?

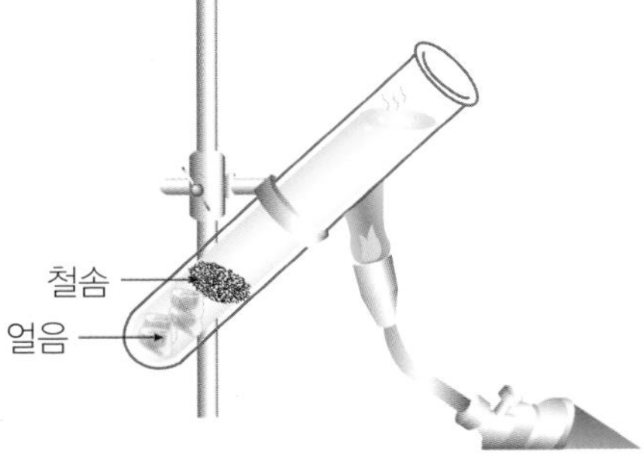

**03** 단열이란 열의 이동을 막는 것을 말한다. 단열은 전도, 대류, 복사에 의한 열의 이동을 모두 막아야 효과적이다. 이중창을 하면 겨울철에는 차가운 공기가 안으로 들어오지 못하고, 실내의 따뜻한 공기는 바깥으로 빠져나가지 못한다. 또한 여름철에는 뜨거운 공기가 안으로 들어오는 것을 막아 준다. 후라이팬의 손잡이는 사람의 손에 프라이팬의 열이 잘 전달되지 않도록 하는 기능을 한다.

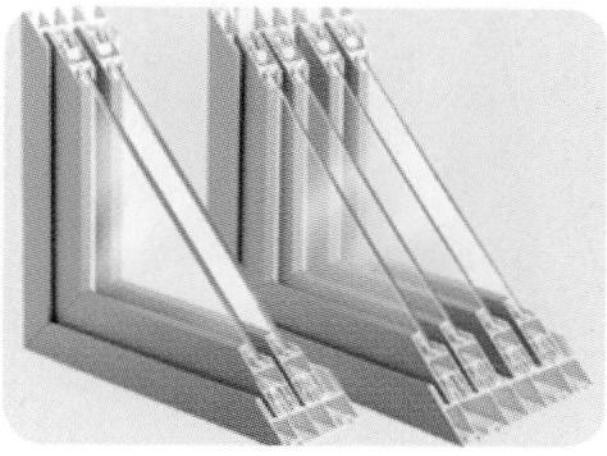

다음 그림은 따뜻한 물이 들어 있는 보온병의 내부를 나타낸 것이다. 따뜻한 물이 오랫동안 식지 않을 수 있는 원리를 보온병 각 부분에서의 열의 이동 방식과 단열 방법으로 각각 쓰시오.

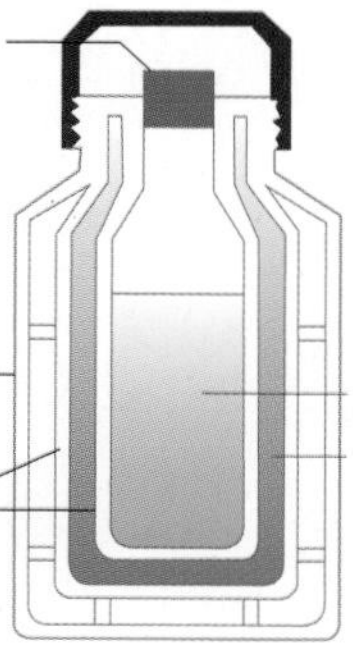


| | 열 이동 방식 | 단열 방법 |
|---|---|---|
| 마개 | 대류 | 대류로 인해 안쪽의 열이 위쪽으로 빠져 나가는 것을 막는다. |
| 진공 | | |
| 은도금 | | |
| 이중 유리 | | |

**04** 다리를 지나다 보면 다음 그림 (가)와 같이 지그재그 형태의 틈을 볼 수 있다. 또 기차가 지나가는 철길을 보면 하나로 연결되어있지 않고 그림 (나)와 같이 중간 중간 철로가 끊어져 있는 것을 볼 수 있다.

(가)

(나)

다리나 철로의 중간 이음새에 틈을 벌려 놓은 이유는 무엇인지 설명하시오.

**05** 구리 금속판을 가열하면 다음 그림과 같이 부피가 커진다. 구리 금속판에 열을 가하면 구리를 이루는 입자의 움직임이 활발해지면서 서로의 거리가 멀어져 부피가 팽창하는 것이다.

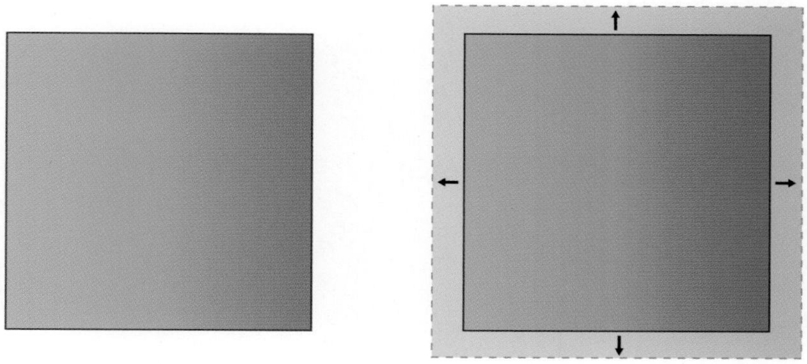

다음 그림과 같이 구리 금속판의 가운데에 구멍을 내고 가열하면 이 구멍의 크기는 커질까, 작아질까? 선택하고, 그 이유를 쓰시오.

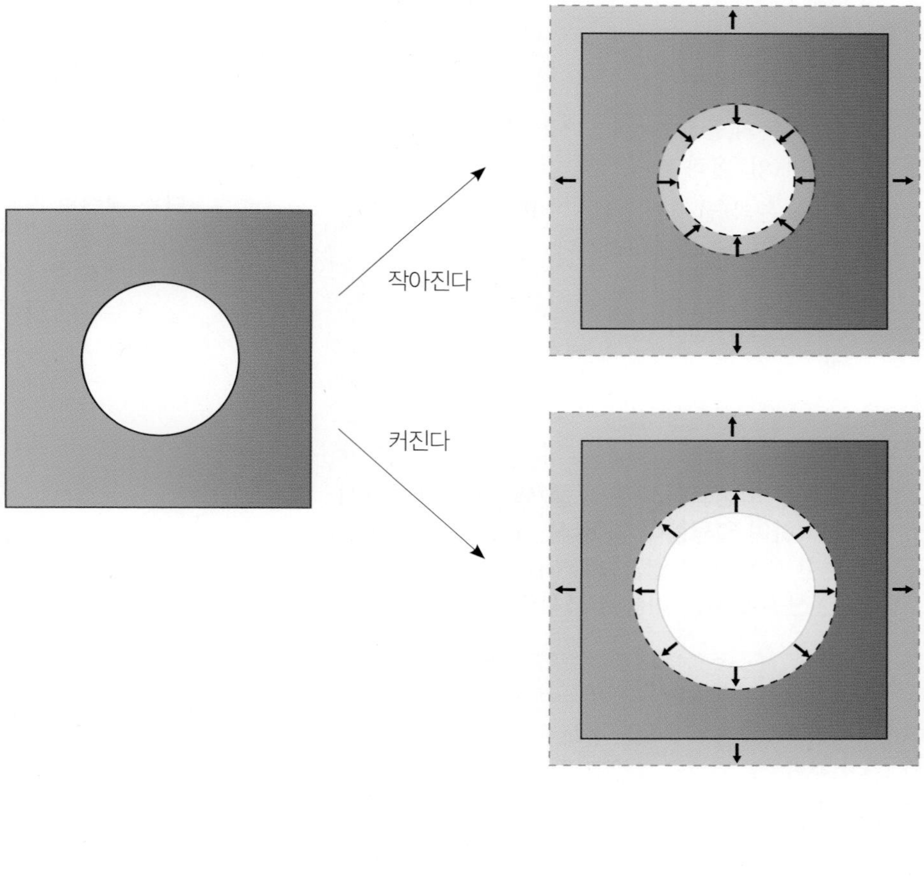

# 스스로 실력 높이기

**01** 다음 모형은 고체 입자의 분자 운동(열운동)을 나타낸 것이다. (가)와 (나) 중 온도가 더 높은 것은?

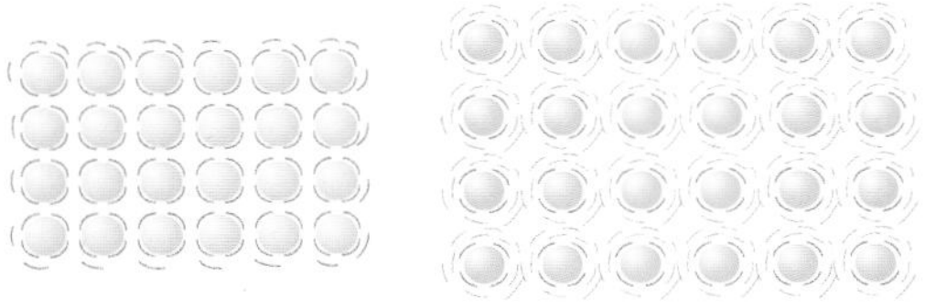

(가) (나)

**02** 다음은 저온의 물체와 고온의 물체가 접촉하여 열평형이 일어나는 과정에 대한 설명이다. 빈칸 ㉠~㉣에 들어갈 알맞은 단어를 〈보기〉에서 골라 쓰시오.

〈 보기 〉

열　　온도　　분자운동

(1) 저온의 물체는 ㉠(　　)을(를) 얻어, ㉡(　　) 가(이) 올라 간다.

(2) 고온의 물체는 ㉢(　　)이(가) 느려지고, ㉣(　　)는(은) 내려간다.

**03** 다음은 학생들이 저온의 물체와 고온의 물체가 접촉하여 열평형이 일어나는 과정에 대해서 토론한 내용이다. 열평형에 대해 옳지 <u>않은</u> 말을 한 친구를 골라 이름을 쓰시오.

철수 : 저온의 물체는 열을 얻어.
영희 : 고온의 물체는 온도가 내려가.
수지 : 고온의 물체는 분자 운동이 활발해져.
지은 : 저온의 물체가 얻은 열량과 고온의 물체가 잃은 열량은 같아.

**[04~05]** 다음은 같은 질량의 찬물과 더운 물을 섞은 후 시간에 따른 온도 변화를 나타낸 그래프이다. 다음 물음에 답하시오.

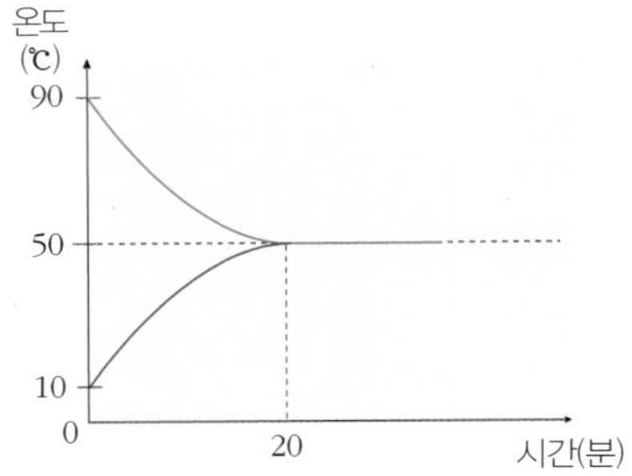


**04** 찬물과 더운 물이 평형에 도달한 시간과 열평형 상태의 온도를 각각 쓰시오.

㉠ 평형에 도달한 시간 : (　　　) 분 후

㉡ 열평형 상태에서의 온도 : (　　　) ℃

**05** 더운 물의 양은 변함없고, 찬물의 양이 늘어났다면 열평형 상태에서의 온도는?

① 50℃로 같다.
② 50℃보다 낮아진다.
③ 50℃보다 높아진다.

**06** 다음 중 열의 이동에 대한 설명으로 옳은 것은 O표, 옳지 않은 것은 X표 하시오.

(1) 열의 이동은 전도, 대류, 복사의 세 가지 형태로 나타난다. (　　)

(2) 열이 매질을 통하지 않고 빛의 형태로 직접 전달되는 것을 전도라고 한다. (　　)

(3) 물을 담은 냄비의 바닥만 가열해도 물 전체가 데워지는 것은 대류에 의한 현상이다. (　　)

**07** 다음 중 대류에 대한 설명에는 '대', 전도에 대한 설명은 '전', 복사에 대한 설명은 '복'이라고 쓰시오.

(1) 난로를 방바닥에 켜두면 방 전체가 따뜻해진다. ( )

(2) 주전자의 아래 부분을 가열하면 주전자 안에 물 전체가 뜨거워진다. ( )

(3) 뜨거운 물에 숟가락을 넣고 나서 손으로 만질 때 뜨거움을 느낀다. ( )

**08** 태양에서 내보내는 열은 물질을 통하지 않고 직접 지구로 전달된다. 태양열이 지구로 전달되는 것과 같은 열의 전달 방법을 무엇이라 하는지 쓰시오.

( )

**09** 다음 그림은 장작불 주위에서 열이 전도, 대류, 복사의 방법으로 이동하는 모습을 나타낸 것이다. 열의 이동 방법은 무엇인지 각각 쓰시오.

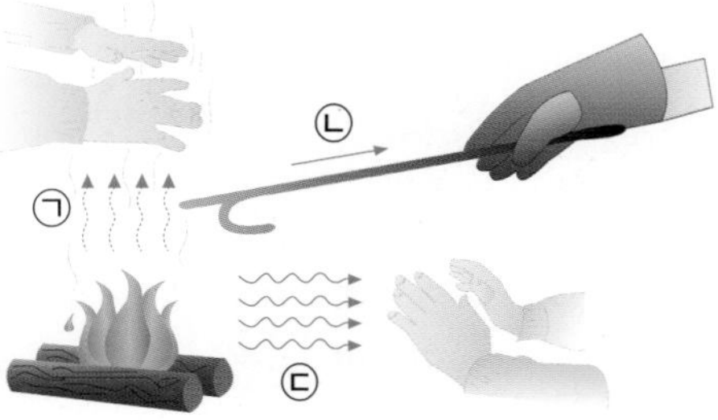


㉠ ( ) ㉡ ( )
㉢ ( )

**10** 다음은 열팽창이 일어나는 과정을 나타낸 것이다. 빈칸에 알맞은 말을 각각 쓰시오.

물질의 ㉠( ) 증가 → 분자 운동이 활발해짐 → 분자 사이 ㉡( ) 증가 → 부피 팽창

㉠ ( ) ㉡ ( )

**11** 뜨거운 물체와 차가운 물체를 오른쪽 그림과 같이 접촉시켰다. 이에 대한 설명으로 옳은 것을 〈보기〉에서 모두 고른 것은?

〈 보기 〉

ㄱ. 고온의 물체는 온도가 올라간다.
ㄴ. 뜨거운 물체에서 차가운 물체로 열이 이동한다.
ㄷ. 저온의 물체의 분자들은 운동 속도가 점점 느려진다.

① ㄱ ② ㄴ ③ ㄷ
④ ㄱ, ㄷ ⑤ ㄴ, ㄷ

**12** 다음은 네 가지의 서로 다른 물체 A~D를 두 가지씩 접촉시켰을 때의 열의 이동 방향을 화살표로 나타낸 것이다. 온도가 가장 낮은 물체부터 가장 높은 물체까지 순서대로 바르게 나타낸 것은?

· B → D · A → C · D → A

① B<D<A<C ② B<A<C<D
③ A<C<B<D ④ C<A<D<B
⑤ C<D<A<B

**13** 오른쪽 그림은 음료수에 얼음을 넣은 것이다. 이에 대한 설명으로 옳은 것을 <보기>에서 모두 고른 것은?

〈 보기 〉

ㄱ. 음료수는 시원해진다.
ㄴ. 얼음은 온도가 내려 간다.
ㄷ. 열평형 현상을 이용한 예이다.

① ㄱ ② ㄴ ③ ㄷ
④ ㄱ, ㄷ ⑤ ㄴ, ㄷ

**14** 다음 그림은 시험관에 물을 넣고 토치로 가열하는 모습을 나타낸 것이다. 물의 가열 과정에서 나타나는 변화에 대한 설명으로 옳은 것을 <u>모두</u> 고르시오.(2개)

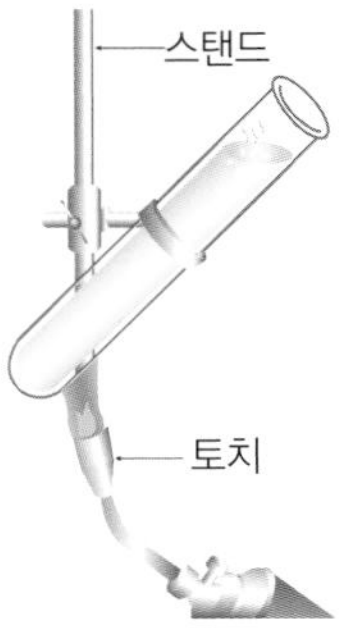


① 물은 열을 잃는다.
② 물은 부피가 늘어난다.
③ 물의 온도는 점점 올라 간다.
④ 물의 분자 운동은 점점 느려진다.
⑤ 물이 얻은 열량이 불이 잃은 열량보다 크다.

**15** 다음 <보기> 중 열평형 상태에 있는 물체를 모두 고른 것은?

〈 보기 〉

ㄱ. 체온 측정할 때 체온과 온도계
ㄴ. 냉장고 내부와 냉장고 내부 물체
ㄷ. 얼음을 물에 넣었을 때 물과 얼음

① ㄱ ② ㄴ ③ ㄱ, ㄷ
④ ㄴ, ㄷ ⑤ ㄱ, ㄴ, ㄷ

**16** 다음 그림과 같이 금속 막대 위에 촛농을 이용하여 나무 막대를 세운 후 금속 막대의 한쪽 끝을 알코올 램프로 가열하였다.

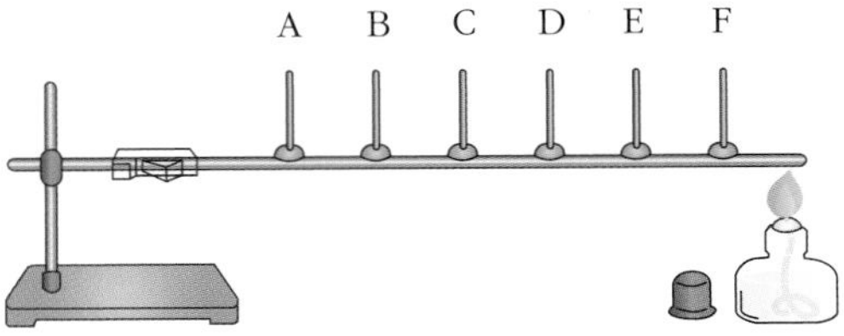


이 실험에 대한 설명으로 옳은 것은?

① 금속 막대를 통해 열이 전달된다.
② A의 나무 막대가 가장 빨리 떨어진다.
③ 나무막대가 A부터 F까지 순서대로 떨어진다.
④ 금속 막대에서 열이 전달되는 방법은 복사이다.
⑤ 나무 막대가 떨어지는 것은 나무 막대가 분자 운동에 의해서 떨리기 때문이다.

**17** 오른쪽 그림은 주전자에 물을 넣고 끓이는 것을 나타낸 것이다. <보기>에서 물을 끓이는 과정에 대해 바르게 말한 친구를 모두 고르면?

〈 보기 〉

철수 : 물의 온도는 점점 올라가.
영희 : 물은 아래쪽만 뜨거워져.
은지 : 물이 데워지는 현상은 대류로 설명할 수 있어.

① 철수 ② 영희 ③ 철수, 영희
④ 철수, 은지 ⑤ 영희, 은지

**18** 다음 중 열의 대류 현상과 관련 있는 것을 모두 고르시오.(3개)

① 햇빛을 쬐면 따뜻해진다.
② 에어컨은 위 쪽에 설치한다.
③ 환기시킬 때는 창문을 모두 연다.
④ 보일러를 켜면 방 전체가 따뜻해진다.
⑤ 뜨거운 물에 손을 넣으면 뜨겁게 느껴진다.

**19** 유리병의 금속 뚜껑이 잘 열리지 않을 경우 병을 따뜻한 물 속에 넣으면 뚜껑이 잘 열린다. 그 이유를 설명한 것으로 옳은 것으로 가장 적절한 것은?

① 물 때문에 유리병의 표면이 미끄러워지기 때문이다.
② 따뜻한 물이 물과 금속 뚜껑 사이로 스며 들어가서 팽창하기 때문이다.
③ 유리병과 금속 뚜껑 둘 다 팽창하지만 금속 뚜껑이 더 많이 팽창하기 때문이다.
④ 유리병과 금속 뚜껑이 달라 붙어 있으므로 물이 스며 들어가 떼어 놓기 때문이다.
⑤ 따뜻해지면 유리는 팽창하지 않으나 금속 뚜껑은 팽창하여 지름이 커지기 때문이다.

**20** 다음 그림과 같이 음료수 병에는 음료수를 가득 넣지 않고 위쪽에 약간의 공간을 둔다. 이렇게 하는 이유와 가장 관계가 깊은 것은?

① 난로 가까이 있으면 따뜻하다.
② 알코올 온도계로 온도를 측정한다.
③ 난방기는 방의 아래쪽에 설치한다.
④ 한여름 낮에 바닷가 모래는 바닷물보다 빨리 뜨거워진다.
⑤ 뜨거운 국을 푸는 국자의 손잡이는 플라스틱으로 되어 있다.

## 창의력 서술

**21** 여름날 폭염이 지속되면 철로가 휘어서 열차가 탈선하는 사고가 나기도 한다.

여름철에 철로가 휘는 이유와 철로가 휘는 것을 방지할 수 있는 방법을 쓰시오.

**22** 나무로 된 의자와 철로 된 의자 중 어디에 앉을 때 더 차갑게 느껴질까? 그 이유와 함께 자신의 생각을 서술하시오.

# 사막에서 살아남기

사막에 사는 사람 중 가장 널리 알려진 것이 베드윈족이다. 베드윈족은 양이나 염소를 방목하면서 산다. 사막 지역이라도 물과 풀이 자라는 곳이 있기에 사막에서 유목 생활을 하면서 살 수 있는 것이다. 반면 사하라 사막처럼 물과 풀이 없는 지역에서는 유목이 안되기 때문에 무역업으로 살아간다.

▲ 베드윈족의 염소 방목

유목민이라면 양고기나 염소고기와 젖을 먹으며, 사하라에서는 낙타젖을 함께 먹는다. 물이 귀하지만 깨끗하지는 않기 때문에 홍차로 끓여 마시는 지역도 있다.

이들은 밀을 이용한 빵을 구워 먹는다. 밀은 고대 아프리카에서 생산이 가능한 곡식 중 하나로 지금도 북아프리카 및 중동 전역에서 먹는 대표적인 음식이다.

하지만 사막에 사는 사람들이 빵의 재료인 밀가루를 구하는 방법은 밀가루를 생산하는 지역 사람들과 물물교환하는 것 뿐이었다. 그들은 사막 땅 위 소금광산에서 얻을 수 있던 소금을 채취해서 그것을 낙타에 싣고 밀을 생산하는 지역까지 가서

▲ 빵굽기

**01** 사막에 사는 사람들이 밀가루를 구하는 방법을 서술해 보시오.

정답 및 해설 **48쪽**

밀을 얻거나 양이나 염소를 팔아서 밀을 얻었다.

사막에 사는 이들은 낙타를 주된 이동 수단으로 삼는다. 낙타는 물을 먹지 않고 사막에서 1주일 이상 버티지만 말이나 당나귀는 하루도 못 버티고 죽는다. 따라서 주요 이동 수단은 낙타이며 낙타도 물을 안 먹으면 죽기 때문에 며칠을 걸어가서 오아시스가 있는 곳을 찾아가야 한다.

▲ 사막에서 주된 이동 수단인 낙타

▲ 오아시스

▲ 물물교환하러 가는 모습

사막은 대부분 돌이나 모래로 되어 있다. 돌의 특성은 열을 받으면 빨리 데워지고, 빨리 식는다는 것이다. 낮에 사막은 햇볕을 많이 받고 대부분 돌로 되어 있으므로, 급격히 데워지게 된다. 돌로만 이루어진 사막은 그 데워지는 속도가 빠르기 때문에 낮에는 매우 덥다. 그에 비해 밤에는 급속히 식는다. 사막은 돌로만 이루어져 있고, 다른 식물이 없으므로 열을 붙잡아 줄 것이 없다. 따라서 열은 계속 빠져나가게 되고 밤에는 매우 추운 것이다. 그래서 베드윈족의 옷은 낮과 밤에 모두 입고 다니기 위해서 위아래가 트이고 헐렁한 독특한 모양을 하고 있다.

**02** **사막에 사는 베드윈족의 의상은 위아래가 트이고 헐렁한 모양을 하고 있어 독특하다. 이러한 독특한 의상을 입는 이유를 사막의 기후와 연관지어 서술해 보시오.**

# Project - 탐구

## 탐구 1. 열용량 실험

준비물 작은 비커(50ml) A, 큰 비커(200ml) B, 온도계, 스탠드

### 탐구 방법

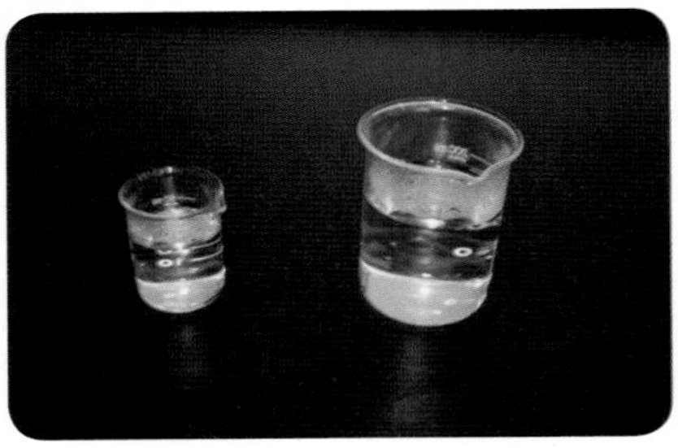

① 60℃로 데운 물을 50ml 비커 A와 200ml 비커 B에 각각 $\frac{2}{3}$정도 채운다.

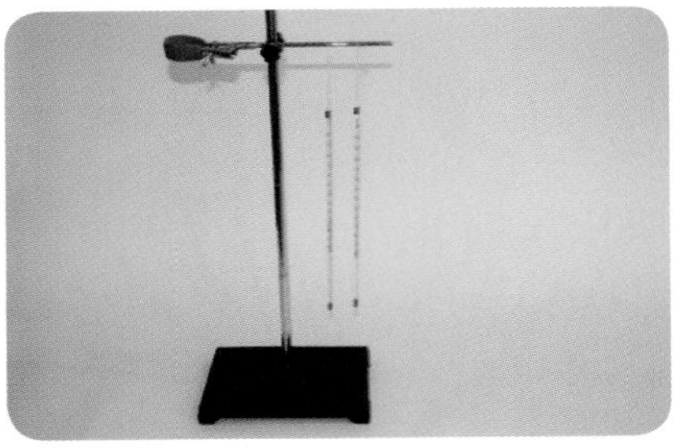

② 스탠드에 온도계 2개를 매단다.

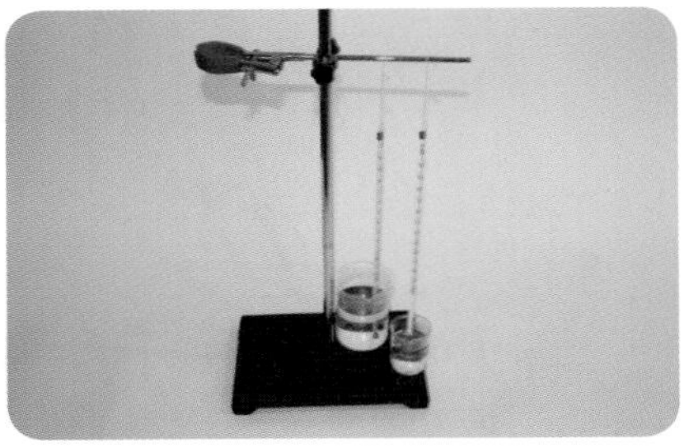

③ 비커 A와 비커 B 속에 각각 온도계를 넣고 온도를 측정할 준비를 한다.

④ 1분마다 온도를 측정하여 표에 기록하고, 그 그래프를 그린다.

### 탐구 결과

| 시간(분) | 0 | 1 | 2 | 3 | 4 | 5 |
|---|---|---|---|---|---|---|
| 비커A | | | | | | |
| 비커B | | | | | | |
| 시간(분) | 6 | 7 | 8 | 9 | 10 | |
| 비커A | | | | | | |
| 비커B | | | | | | |

〈 비커 A, B 의 시간에 따른 온도 변화 〉

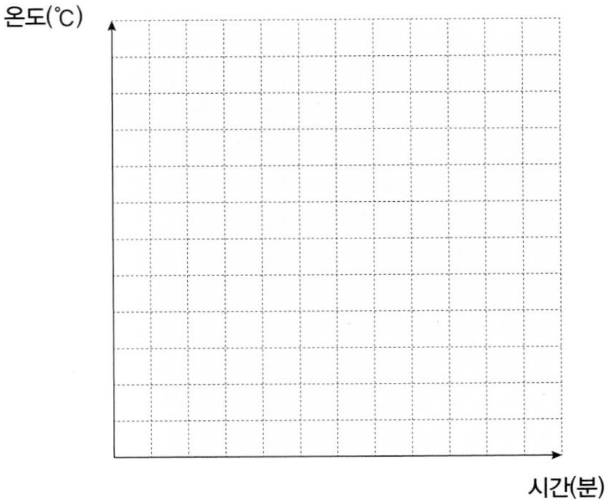

정답 및 해설 48쪽

## 탐구 문제

1. 비커 A의 물과 비커 B의 물 중 어느 것이 비열이 더 큰가?

· 그 이유 :

2. 비커 A의 물과 비커 B의 물 중 어느 것이 열용량이 더 큰가?

· 그 이유 :

3. 다음 문제를 풀어 보자.

전기 오븐은 내부의 전열기를 이용하여 고기를 익히는 가전 제품이다. 다음은 전기 오븐의 설명서에 제시된 표이다. 물음에 답하시오.

| 쇠고기의 양(kg) | 내부 온도(℃) | 익히는 시간(분) |
|---|---|---|
| 1.5 | 180 | 60 |
| 3.0 | 160 | 80 |

(1) 설명서에서 같은 온도에서 익히는 시간을 제시하지 않고 쇠고기의 양에 따라 서로 다른 온도에서 익히는 시간을 짧거나 길게 제시한 이유는 무엇인가?

① 양이 많을수록 열을 덜 흡수하기 때문에
② 양이 많을수록 쇠고기의 열용량이 커지기 때문에
③ 고기 전체가 비슷한 비율로 가열되게 하기 위해서
④ 양이 많을수록 쇠고기의 열전도율이 작아지기 때문에
⑤ 쇠고기의 양이 많으면 오븐 내의 공간이 줄어 공기의 대류가 잘 일어나지 않기 때문에

(2) 표에서 3.0kg의 쇠고기를 익히는 데 시간이 더 오래 걸리는 주된 이유는?

① 시간당 열 흡수량이 더 크다.
② 열전도율이 더 작다.
③ 비열이 더 작다.
④ 열용량이 더 크다.

## 탐구 2. 열평형 실험

준비물 시험관, 비커(200ml), 온도계 2개, 스탠드

### 탐구 방법

① 물을 60℃ 정도로 데워 200ml 비커 A에 $\frac{2}{3}$정도 채운다.

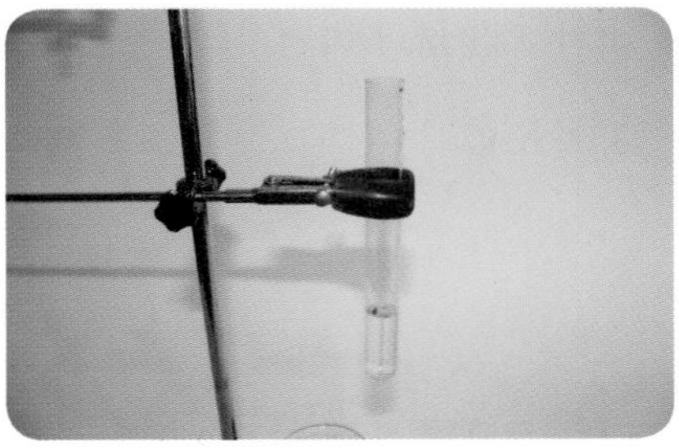

② 시험관에 상온의 물 30ml를 넣는다.

③ 비커 속의 물에 시험관을 담그고 비커와 시험관의 온도를 측정할 수 있도록 스탠드에 온도계를 설치한다.

④ 1분마다 비커와 시험관의 온도를 측정하여 표에 기록하고, 그 그래프를 그린다.

### 탐구 결과

| 시간(분) | 0 | 1 | 2 | 3 | 4 | 5 |
|---|---|---|---|---|---|---|
| 비커 | | | | | | |
| 시험관 | | | | | | |
| 시간(분) | 6 | 7 | 8 | 9 | 10 | |
| 비커 | | | | | | |
| 시험관 | | | | | | |

〈 비커와 시험관 속 물의 시간에 따른 온도 변화 〉

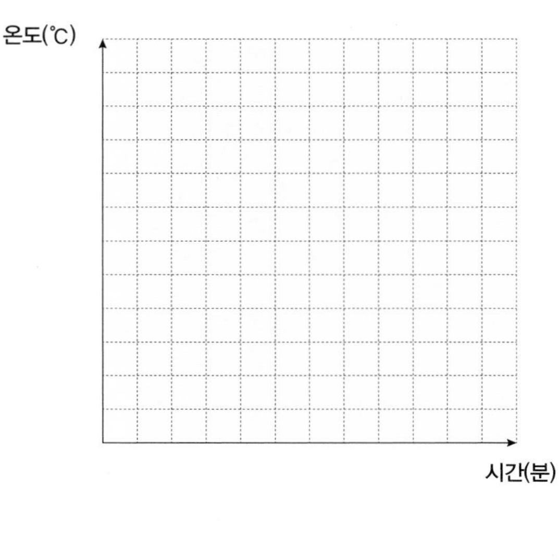

정답 및 해설 48쪽

## 탐구 문제

1. 비커의 물과 시험관의 물 중 어느 것이 열용량이 더 큰가?

· 그 이유 :

2. 비커의 물의 온도와 시험관의 물의 온도가 같아져서 열평형 상태에 도달하는 이유를 '열의 이동 현상'이라는 말을 넣어서 설명해 보시오.

3. 다음 문제를 풀어 보자.

그림처럼 90℃의 물이 든 비커에 같은 질량의 10℃의 식용유가 든 시험관을 담갔다. 외부로 유출되는 열은 무시할 수 있다고 할 때 물과 식용유의 시간에 따른 온도 변화를 잘 나타낸 그래프는 어느 것인가? 물의 비열은 1cal/g · ℃, 식용유의 비열은 0.5cal/g · ℃로 한다.

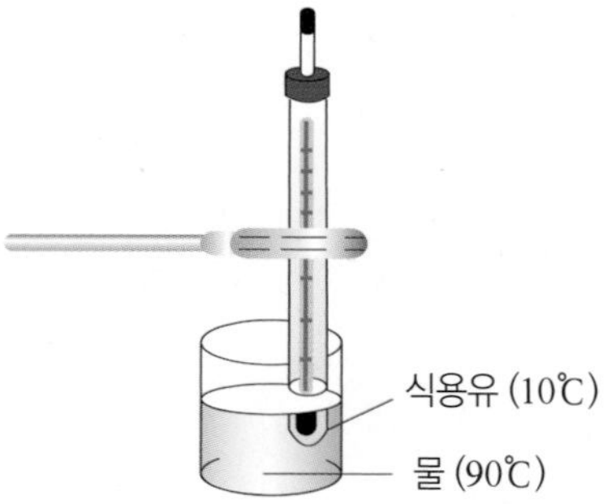


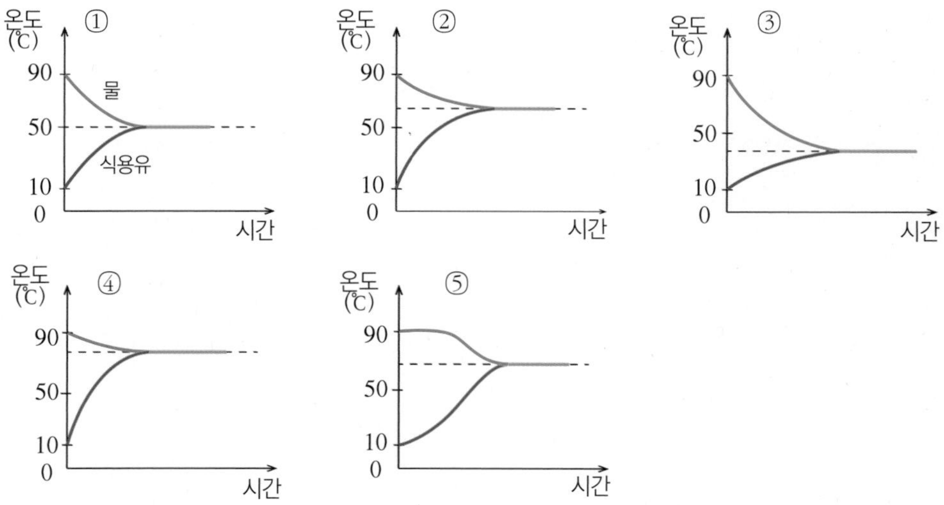

# 무한 상상하는 법

1. 고개를 숙인다.

2. 고개를 든다.

3. 뛰어간다.

4. 무한상상한다.

무한상상

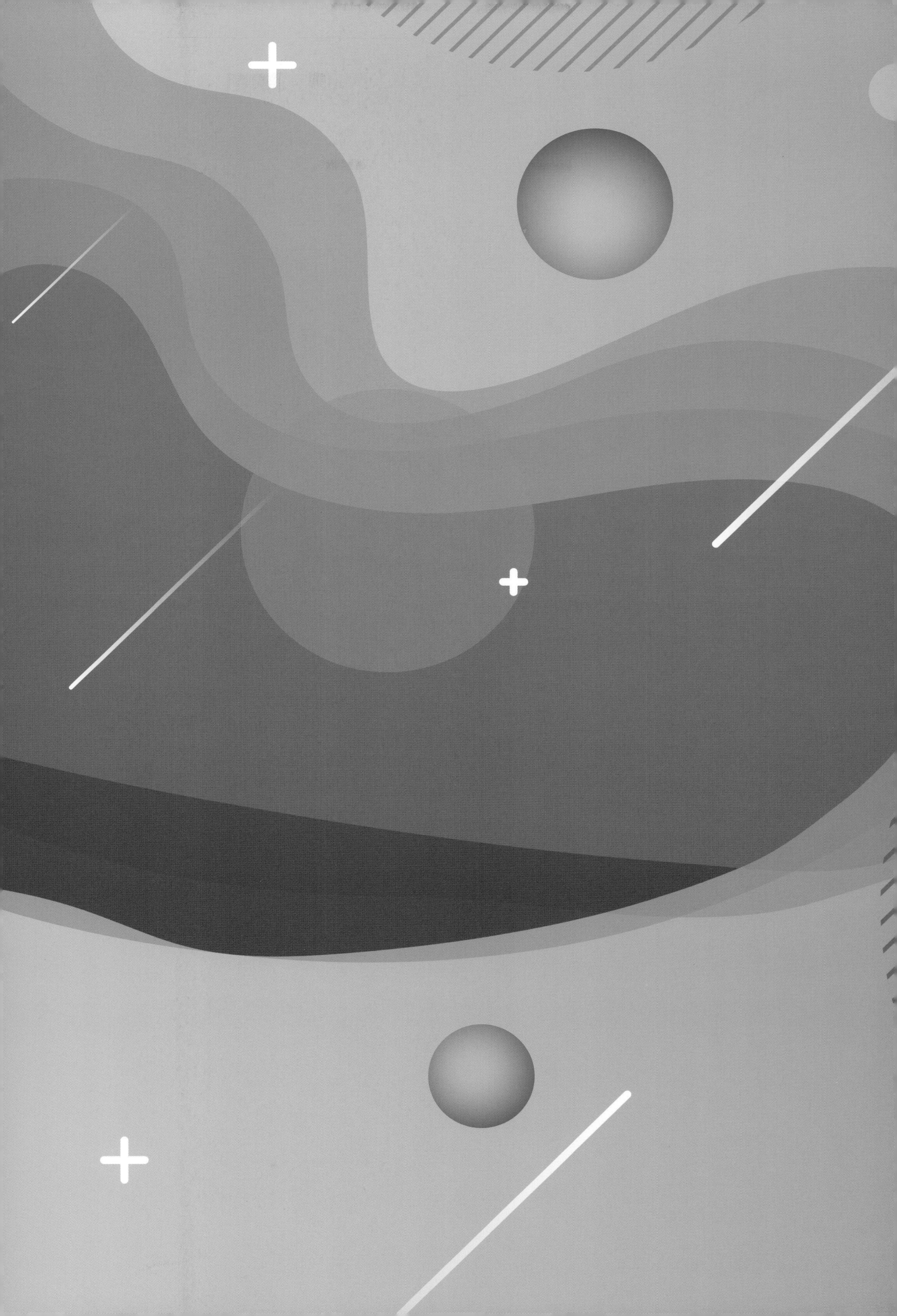

창의력과학

# 세페이드

개정판

1F. 물리학(하)

## 정답과 해설

윤찬섭
무한상상 과학교육 연구소

무한상상

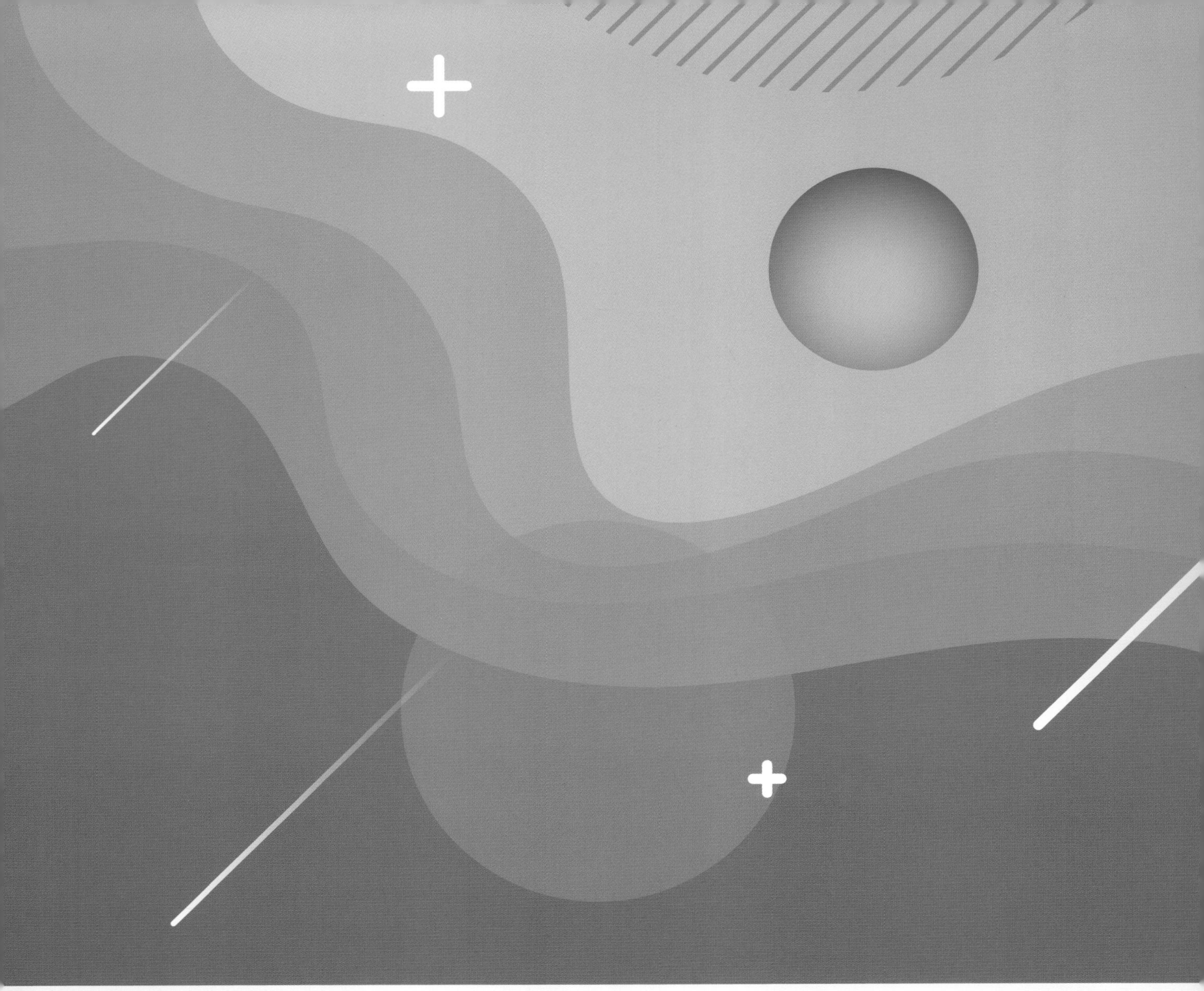

세페이드 | 변광성은 지구에서 은하까지의 거리를 재는 기준별이며 우주의 등대라고 불린다.

사람은 누구나 창의적이랍니다.
창의력 과학의 세계로 오심을 환영합니다!

창의력과학

# 세페이드

## 1F. 물리학(하) 개정판

## 정답과 해설

윤찬섭
무한상상 과학교육 연구소

# I 전기

## 11강. 전기 1

**개념확인** 10 ~ 13쪽

1. ③ 2. 원자, 원자핵, 전자, 0 3. ③
4. 정전기 유도, 전자

1. 답 ③
바른 풀이 다른 극의 자석이 서로 끌어 당기는 인력은 자기력에 의한 현상이다.

3. 답 ③
해설 대전체와 가까운 쪽(A)은 (+) 대전체와 다른 종류의 전기 (−)를 띠게 되고, 대전체와 먼 쪽(B)은 (+) 대전체와 같은 종류의 전기 (+)를 띠게 된다.

**확인+** 10 ~ 13쪽

1. (1) O (2) X (3) O 2. ⑤
3. (1) X (2) X (3) O (4) X 4. ③

1. 답 (1) O (2) X (3) O
바른 풀이 (2) 같은 종류의 물체끼리 마찰시키면 대전되지 않는다. 다른 종류의 물체끼리 마찰시켜야 대전이 된다.

2. 답 ⑤
해설 대전열에서 서로 멀리 떨어져 있는 물체끼리 마찰할수록 대전이 잘 된다. 털가죽과 에보나이트가 가장 대전열에서 멀리 떨어져 있으므로 가장 대전이 잘 된다.

3. 답 (1) X (2) X (3) O (4) X
바른 풀이 (1) 대전체와 가까운 쪽은 대전체와 다른 종류의 전기로 대전된다.
(2) 대전체와 먼 쪽은 대전체와 같은 종류의 전기로 대전된다.
(4) 부도체는 전자가 거의 없어 전류가 흐르지 못하며, 도체는 자유 전자가 많아 전류가 잘 흐른다.

4. 답 ③
해설 대전체와 가까운 쪽인 A는 대전체와 다른 종류의 전기인 (−)전기로, 먼 쪽인 B는 같은 종류의 전기인 (+)전기로 대전되어 금속박이 벌어진다.

**생각해보기** 10 ~ 13쪽

★ 전자가 한 곳에 더 오래 머물 수 있기 때문이다. 주변에 물기가 있으면 물에 의해서 전자가 이동하므로 마찰전기가 발생하기 힘들다.

★★ 전자가 원자핵 주변을 돌고 있는 것을 표현하기 위해서 동그란 모양으로 나타낸다.

★★★ 자유전자는 원자핵과 다르게 자유롭게 이동할 수 있지만 원자핵은 이동하지 못하기 때문이다.

★★★★ 물체의 대전 상태, 대전체가 띠는 전기의 종류((+), (-) 전기) 등을 알 수 있다.

**개념 다지기** 14 ~ 15쪽

01. ① 02. ⑤ 03. ⑤ 04. ③ 05. ④ 06. ④

01. 답 ①
해설 병따개가 냉장고에 달라붙는 것은 병따개에 부착된 자석이 쇠붙이인 냉장고를 끌어당기기기 때문이다. 마찰전기와는 관련이 없는 현상이다.

02. 답 ⑤
해설 대전열에서 서로 멀리 떨어져 있는 물체끼리 마찰할수록 대전이 잘 된다. 유리와 대전열에서 가장 멀리 떨어져 있는 물체는 ⑤ 에보나이트 막대 이다.

03. 답 ⑤
해설 대전열에서 멀리 떨어져 있는 물체끼리 마찰할수록 대전이 잘 된다. 보기 중 가장 멀리 떨어져 있는 물체끼리 나열된 것은 ⑤ 털가죽 - 플라스틱 막대 이다.

04. 답 ③
해설 정전기 유도 현상은 자유전자가 많이 존재하는 금속에서 일어나는 현상이다. 철과 구리는 각각 금속이고 플라스틱과 소금은 금속이 아니다.

05. 답 ④
해설 (+) 전기를 띤 유리 막대를 중성 상태인 금속 막대에 가까이 가져가면, 전자가 끌려와 유리 막대와 가까운 부분인 금속 막대의 A 부분은 유리 막대와 다른 종류의 전기인 (−)전기로 대전이 되고, 먼 부분인 금속 막대의 B 부분은 유리 막대와 같은 종류의 전기인 (+)전기로 대전된다. 따라서 유리 막대와 금속 막대 사이에는 인력이 작용한다.
바른 풀이 ③ 금속 막대 내의 자유 전자가 B 부분에서 A 부분으로 이동한다.

06. 답 ④
해설 검전기의 금속판에 (−)로 대전된 대전체를 가까이 가져가면 금속판에 있던 자유 전자들이 척력에 의해 금속박으로 이동하여 대전체와 가까운 금속판은 (+)전기로 대전이 되고, 먼 쪽인 금속박은 (−)전기로 대전되므로 금속박 가닥 사이에 척력이 작용하여 벌어진다.

## 유형 익히기 & 하브루타 16 ~ 19쪽

| | | |
|---|---|---|
| [유형11-1] ③ | 01. ① | 02. ① |
| [유형11-2] ③ | 03. ③ | 04. ④ |
| [유형11-3] ③ | 05. ⑤ | 06. ② |
| [유형11-4] ⑤ | 07. ① | 08. ③ |

[유형11-1] 답 ③

해설 ③ 자석으로 인하여 자성이 생긴 못에 발생한 자기력에 의해 압정이 끌린 것으로 마찰 전기와는 무관한 현상이다.

01. 답 ①

해설 나침반의 N극이 항상 북쪽을 가리키는 것은 자석의 성질이므로 마찰전기와는 무관한 현상이다.

02. 답 ①

바른 풀이 마찰전기는 습기가 적을수록 잘 발생한다. 따라서 4계절 중 습기가 적은 겨울에 가장 잘 발생한다.

[유형11-2] 답 ③

해설 물체 A와 B의 마찰 후에 A는 양전하가 전자보다 더 많으므로 전체적으로 (+)전기를 띠게 되며, 전자를 잃은 상태이다. B는 전자가 (+) 전하보다 많으므로 전체적으로 (−)전기를 띠며, 전자를 얻은 상태이다. 대전열에서 왼쪽에 있을수록 (+)전기를 띠기 쉬우며 전자를 잃기 쉽다. 따라서 A는 B보다 대전열에서 왼쪽에 있어야 한다.

03. 답 ③

해설 ③ 마찰 후 A와 B는 서로 다른 종류의 전기를 띠므로 인력이 작용한다.

바른 풀이 ① 마찰 후에도 A의 (+)전하는 3개로 같다.
② 마찰 후에 B에서 A로 전자가 이동하였다.
④ 마찰 후 A는 (−)전기, B는 (+)전기를 띤다.
⑤ A는 B에 비하여 전자를 얻기 쉬운 물체이다.

04. 답 ④

해설 털가죽은 고무풍선보다 대전열의 왼쪽에 있으므로 전자를 잃기 쉬워 (+)전기를 띠기 쉽다. 고무풍선은 대전열에 오른쪽에 있으므로 전자를 얻어 (−)전기를 띠기가 쉽다.

[유형11-3] 답 ③

해설 (−)전기를 띤 대전체를 쇠구슬 A쪽으로 가까이 가져가면 대전체와 가까운 쇠구슬 A는 대전체와 다른 종류의 전기인 (+)전기로 대전되고 대전체와 먼 쇠구슬 B는 대전체와 다른 종류의 전기인 (−)전기로 대전된다. 이러한 현상을 정전기 유도 현상이라 하며 이는 자유전자의 이동 때문에 일어나는 현상이다. 이때 자유전자는 A에서 B방향으로만 이동한다.

05. 답 ⑤

해설 ⑤ B 부분는 (+)전기를 띠고 있으므로 (−)로 대전된 풍선을 가져다 놓으면 인력이 작용하여 끌어당길 것이다.

바른 풀이 ① A 부분은 (+) 전기를 띤 대전체와 가깝기 때문에 (−)전기로 대전된다.
② 자유전자가 B에서 A로 이동한다.
③ 금속 막대의 양쪽은 다른 전기를 띠게 된다.
④ (+) 대전체를 멀리하면 금속은 바로 중성이 된다.

06. 답 ②

해설 (+)전기를 띤 대전체를 금속 막대의 A 부분에 가까이 하면 A 부분은 대전체와 다른 종류의 전기인 (−)로 대전되며 B는 (+)로 대전된다. 따라서 (−)전기를 띤 풍선과 (+)전기를 띤 B 사이에 인력이 작용하게 된다.

[유형11-4] 답 ⑤

해설 (−)전하로 대전된 검전기에 대전체를 가까이 가져갔더니 금속박이 더 벌어졌다는 것은 금속박 쪽으로 자유전자가 이동하게 되었다는 것을 예측할 수 있다. 대전체가 (−)전기를 띠고 있을 때 금속판에서 금속박 쪽으로 (−)전하를 띠는 자유전자가 이동하여 금속박이 더 벌어지게 된다.

07. 답 ①

해설 A 부분(금속판)은 대전체와 가까운 쪽이므로 다른 종류의 전기인 (+)전기를 띠게 되며 B 부분(금속박)은 같은 종류의 전기인 (−)전기를 띠게 된다.

08. 답 ③

해설 ③ 금속박이 벌어져 있으므로 대전되어 있는 검전기이다. 대전되지 않은 중성 상태의 검전기는 금속박이 최대로 오므라져 있다. 이는 자유전자가 금속판과 금속박에 골고루 분포되어 있기 때문이다.

## 창의력 & 토론마당 20 ~ 23쪽

**01** 물 분자의 수소 쪽은 (+) 전하를, 산소 쪽은 (−) 전하를 띤다. 따라서 (+) 전기를 띠는 대전체를 물줄기에 가까이 가져가면 물의 (−) 전하를 띠는 부분이 (+) 대전체에 끌리게 되어서 휘게 되는 것이다.

해설 물의 화학식은 $H_2O$ 로 수소 원자 2개와 산소 원자 1개로 이루어져 있다. 이때 수소 원자 쪽은 (+)전하를 띠고, 산소 원자 쪽은 (−)전하를 띠고 있다. 따라서 (+)전기를 띠는 대전체를 가까이 하면 물의 (−) 전하를 띠는 부분이 끌려가서 휘어지게 되는 것이고, (－) 전기를 띠는 대전체를 가까이 하면 물의 (+)전하를 띠는 부분이 끌려가서 휘어지게 되는 것이다.

**02**

화장실에서 손을 씻고 나오면 손에 물기가 묻어 있다. 손에 묻어 있는 물기는 전자들이 손에서 화면으로 옮겨가는 것을 방해하므로 화면 터치가 잘 안 되는 것이다.

해설 전자 감응식 시스템은 스마트폰의 터치 스크린 방식에 사용되는 시스템으로 손이나 전용 전자펜을 이용하여 화면을 터치하면 전자들이 화면으로 옮겨 가면서 기계를 작동시킨다. 따라서 전자들의 이동이 방해를 받게 되면 터치가 잘 안되는 현상이 발생하게 된다.

**03**

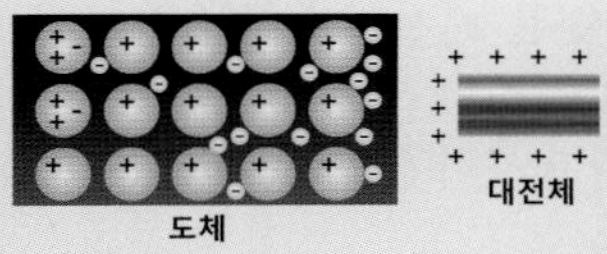


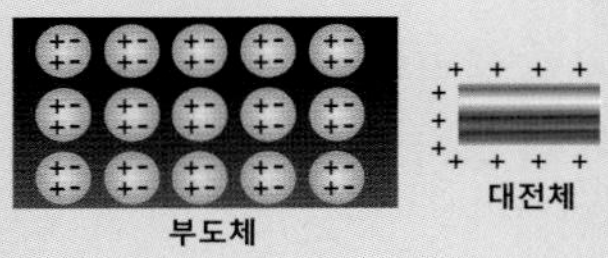


도체는 내부의 자유전자가 자유롭게 움직이고 있기 때문에 (+) 대전체가 가까이 왔을 때 자유전자들이 거의 (+) 대전체 쪽으로 움직인다. 하지만 부도체는 자유전자가 거의 없어 (+) 대전체가 가까이오면 부도체 내부의 원자가 (+) 대전체와 가까운 쪽이 (－) 전기를 띠게 되고 먼 쪽이 (+) 전기를 띠게 되어 대전체로 끌려갈 수 있게 된다.(유전분극)

해설 모든 물질은 원자로 구성되어 있으며 원자는 가운데에 원자핵과 그 주변을 돌고 있는 전자로 구성된다. 도체는 이 전자들이 자신의 원자핵 주변을 넘어서 훨씬 자유롭게 돌고 있으며 부도체는 전자들이 자신의 원자핵 주변만 돌고 있다.

**04**

우리가 일상 생활에서 이용하고 있는 일반 전기는 한 곳에 머물러 있지 않고 도선을 통해 흐르는 성질이 있으므로 전력을 발생시켜 교통, 통신 등에 사용이 가능하다. 하지만 마찰전기는 한 곳에 머물러 있는 전기이기 때문에 일반 전기처럼 일상생활에서의 사용이 어렵다.

해설 마찰전기는 서로 다른 두 종류의 물체를 마찰시킬 때 발생하는 전기로 움직이지 않고 한 곳에 머물러 있기 때문에 정전기라고도 한다. 우리가 일상 생활에서 여러 가지 용도로 사용하고 있는 일반 전기는 한 곳에 머물러 있지 않고 도선을 통해 움직일 수 있기 때문에 교통, 통신 등 여러 가지 분야에 사용될 수 있는 것이다.

**05**

(1) 건선은 겨울에 가장 많이 악화될 것이다. 그 이유는 겨울이 사계절 중 가장 건조하여 정전기가 가장 잘 발생하기 때문이다.

(2) 건선은 건조한 환경에서 잘 발생하므로 건조함을 예방하는 보습제나 수분 크림 등을 발라서 예방하는 것이 좋다.

해설 건선은 건조한 겨울에 가장 잘 발생하는 피부 질환으로 건조한 환경에서 잘 일어나는 정전기가 악화요인이다. 정전기 발생을 최소화시키는 방법이 건선의 효과적인 예방 방법이 될 수 있다.

## 스스로 실력 높이기 24 ~ 27쪽

http://cafe.naver.com/creativeini

▶ 창의력과학 세페이드 클릭하여 문제풀이를 해보세요.

| | | | |
|---|---|---|---|
| 01. (1) X (2) O (3) O | | 02. (1) O (2) O (3) X | |
| 03. (1) O (2) X (3) X | | 04. (1) O (2) O (3) O | |
| 05. (1) 금속판 (2) 금속박 | | | 06. ② |
| 07. ② | 08. ④ | 09. ⑤ | 10. ① |
| 11. ① | 12. ⑤ | 13. ⑤ | 14. ② |
| 15. ① | 16. ④ | 17. ⑤ | 18. ⑤ |
| 19. ③ | 20. ② | | |

21. 두 풍선은 모두 (-) 전기를 띠므로 서로 밀어낸다.

22. 접지하지 않은 상태에서 털가죽이나 명주로 금속을 문지르면 마찰 전기가 발생한다.

**01.** 답 (1) X (2) O (3) O

바른 풀이 (1) 마찰전기는 건조할수록 잘 발생한다.

해설 (2) 마찰전기는 서로 다른 두 종류의 물체를 마찰시킬 때 발생한다.

(3) 마찰전기는 움직이지 않고 한 곳에 머물러 있기 때문에 정전기라고도 한다.

**02.** 답 (1) O (2) O (3) X

바른 풀이 (3) 물체가 전기를 띠는 현상을 대전이라고 하고 전기를 띤 물체를 대전체라고 한다.

**03.** 답 (1) O (2) X (3) X

바른 풀이 (2) 대전체와 먼 쪽은 대전체와 같은 종류의 전기로 대전된다.

(3) 부도체는 자유 전자가 거의 없어 전류가 흐르지 못하는 물질이다. 부도체에 대전체를 가까이 가져가면 한 원자 내에서 (+)전하와 (－)전하의 평균적 위치가 변화하거나 분리되어 한쪽은 (+)전기, 다른 한쪽은 (－)전기를 띠는 분극 현상 때문에 물체 표면에 정전기가 유도되는데, 이것을 유

전 분극이라고 한다.

**04.** 답 (1) O (2) O (3) O

해설 (1), (3) 검전기를 이용하여 알아볼 수 있는 것들에는 물체의 대전 상태, 물체가 띠는 전기의 종류, 물체가 갖고 있는 전기의 세기 등을 알 수 있다.

**05.** 답 (1) 금속판 (2) 금속박

해설

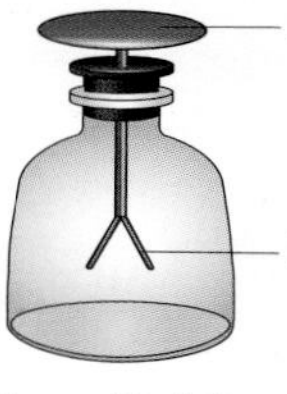


검전기는 정전기 유도 현상을 이용하여 물체의 대전 상태와 대전체가 띠는 전기의 종류를 알아볼 수 있는 기구로, 금속판(A)과 금속박(B)이 금속 막대로 연결되어 있어 자유 전자가 이동할 수 있다.

**06.** 답 ②

바른 풀이 ② 마찰전기는 건조한 환경에서 더 잘 발생한다. 비가 오는 날은 맑은 날보다 습하므로 마찰전기가 덜 발생한다.

③ 대전된 물체를 공기 중에 방치하면 자유전자가 공기 중의 수증기 등을 통하여 공기 중으로 나가는 방전 현상이발생하여 마찰전기가 없어져 대전되지 않은 상태가 된다.

**07.** 답 ②

해설 ② 손난로 안에는 똑딱이와 겔 상태의 물질이 들어 있는데 똑딱이를 구부려 꺾으면 똑딱이 주변에서 겔 상태의 물질이 고체로 변하여 딱딱해지면서 열을 방출하게 된다. 마찰전기와는 관련이 없는 현상이다.

**08.** 답 ④

해설

(+)전기 털가죽 - 유리 - 명주 - 나무 - 고무 (−)전기

대전열 왼쪽에 있을수록 (+)전기를 띠기 쉬우며 전자를 잃기 쉽다. 대전열 오른쪽에 있을수록 (−)전기를 띠기 쉬우며 전자를 얻기 쉽다. 이때 대전열에서 멀리 떨어져 있는 물체끼리 마찰할수록 대전이 잘 된다.

바른 풀이 ① 털가죽은 대전열 왼쪽에 있으므로 전자를 잃는 성질이 강하다.

② 털가죽과 유리를 마찰시키면 털가죽의 전자가 유리로 이동한다.

③ 털가죽과 고무를 마찰시켰을 때가 가장 대전이 잘된다.

⑤ 명주를 유리에 마찰시키면 (−)전기를, 고무에 마찰시키면 (+)전기를 띤다.

**09.** 답 ⑤

해설

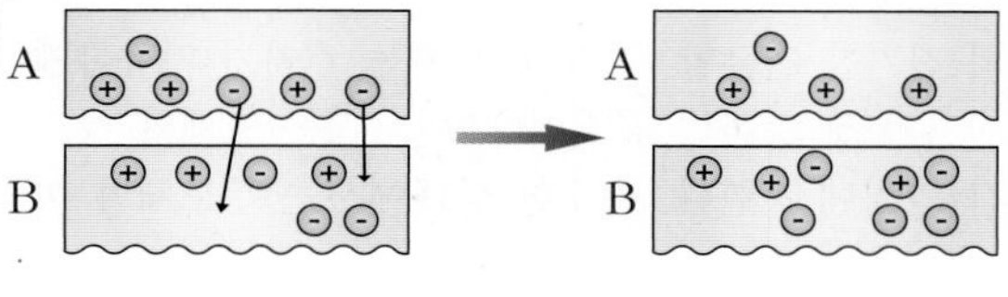


A와 B를 마찰시키면 그림과 같이 전자가 A에서 B로 이동하여 결국 A는 전자를 잃어서 (+) 전기를 띠게 되고, B는 전자를 얻어서 (−) 전기를 띠게 된다. 원자핵은 이동하지 않는다.

**10.** 답 ①

해설 ① 드라이기는 전기 에너지를 열에너지로 바꾸는 원리를 사용한 것으로 정전기 유도와는 관련이 없다.

**11.** 답 ①

해설 털가죽으로 문지른 고무 풍선은 (−)전기를 띠게 되고, 솜으로 문지른 유리 막대는 (+)전기를 띠게 된다. 서로 다른 종류의 전기를 띠므로 고무 풍선과 유리 막대 사이에는 인력이 작용하여 서로 끌어 당기게 된다.

**12.** 답 ⑤

해설 포장용 비닐 끈과 털가죽은 서로 다른 물질이다. 따라서 둘을 문지르면 마찰전기가 발생하게 되고 한 쪽은 (+)전기를, 다른 한 쪽은 (−)전기를 띠게 된다. 따라서 두 물체 사이에는 인력이 작용하여 서로를 잡아 당기게 된다.

**13.** 답 ⑤

해설 정전기 유도 현상이란 대전되지 않은 금속에 대전체를 가까이 했을 때 금속이 전기를 띠는 현상으로 전기가 통하는 금속에서 일어나는 현상이다. 보기 중에 아연과 철이 금속으로 정전기 유도 현상을 일으킬 수 있는 물질이다.

**14.** 답 ②

해설

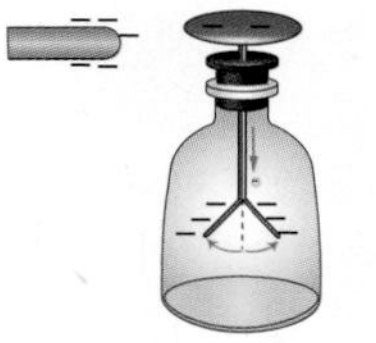

(−)로 대전된 검전기의 금속판에 (−) 대전체를 가까이 가져가면 그림과 같이 금속판에 있던 전자가 (−) 대전체 사이에서 작용하는 척력에 의하여 금속박 쪽으로 이동하게 되어서 금속박에는 더 많은 전자가 있게 되므로 더 벌어지게 된다.

**15.** 답 ①

해설 (−)로 대전된 검전기의 금속판에 손가락을 대면 접지 상태가 되므로 금속판과 금속박에 있던 전자들이 손가락으로 이동하여 사라진다. 따라서 금속박은 오므라든다.

**16.** 답 ④

해설 검전기를 이용하여 알 수 있는 사실로는 물체의 대전 여부, 물체에 대전된 전하의 종류이다. 하지만 대전체에 있는 전자의 정확한 수는 알 수 없다.

**17.** 답 ⑤

해설

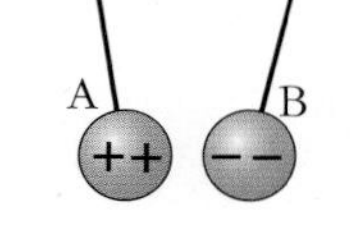

(－)전하로 대전된 에보나이트 막대를 금속구 A에 가까이 한 상태에서 두 금속구를 뗀 후에 에보나이트 막대를 치우면 그림과 같이 금속구 A와 B는 서로 잡아당긴다. 정전기 유도에 의해 B쪽으로 이동했던 전자가 되돌아오지 못하므로 A는 (+)전하, B는 (－) 전하로 대전되기 때문이다.

**18.** 답 ⑤
해설 에보나이트는 대전열에서 가장 오른쪽에 있는 물질이고 털가죽은 대전열에서 가장 왼쪽에 있는 물질이다. 따라서 털가죽으로 에보나이트를 문지르게 되면 에보나이트는 (－)로 대전된다. 따라서 (－)로 대전된 에보나이트 막대를 대전되지 않은 금속 막대에 가까이 하면 에보나이트 막대와 가까운 쪽인 (나) 부분은 다른 종류의 전기인 (＋)로 대전이 되고 먼 쪽인 (다) 부분은 같은 종류의 전기인 (－)로 대전이 된다.

**19.** 답 ③
해설 (＋) 전기로 대전된 대전체를 금속 막대에 가까이 하면 대전체와 가까운 부분인 A는 다른 종류의 전기인 (－)로 대전되고 먼 부분인 B는 같은 종류의 전기인 (＋)로 대전되게 된다. 이러한 현상을 정전기 유도라 하며 전체 전하량은 변하지 않는다.
바른 풀이 ㄷ. 정전기 유도 현상은 (－)전하를 띠는 자유전자들의 이동 때문에 발생하며, 원자 내에서 (+)전하를 띠는 원자핵은 이동할 수 없다.

**20.** 답 ②
해설 대전되지 않은 두 물체 A와 B를 마찰시켰더니 A는 (－)전기를 띠게 되었고, B는 (＋)전기를 띠게 되었다. 즉 B에서 A로 전자가 이동했기 때문이다. (－)전기를 띠게 된 A는 처음보다 전자를 얻은 것이고, (＋)전기를 띠게 된 B는 처음보다 전자를 잃은 것이다.
바른 풀이 ㄴ, ㄹ. 원자핵은 움직이지 않으며, 전자가 움직이면서 두 물체의 대전 상태가 달라지는 것이다.

**21.** 답 풍선은 모두 (-) 전기를 띠므로 서로 밀어낸다.
해설 털가죽과 고무 풍선을 문지르면 털가죽은 전자를 잃어 (＋)전기를 띠고, 고무 풍선은 전자를 얻어 (－)전기를 띠게 된다. 따라서 (－)전기를 각각 띠는 두 고무 풍선은 서로 밀어내게 된다(척력이 작용한다).

**22.** 답 접지하지 않은 상태에서 털가죽이나 명주로 금속을 문지르면 마찰 전기가 발생한다.
해설 금속을 손으로 쥐거나 접지시킨 상태에서 털가죽이나 명주로 문지르면 발생한 정전기가 사라지므로 마찰 전기가 발생하지 않는다. 따라서 금속에 마찰전기가발생하기 위해서는 접지를 시키지 않는 상태이어야 한다.

# 12강. 전기 2

## 개념확인 28 ~ 31쪽

1. 전류, 반대  2. 전압, V(볼트)  3. 저항, 1A
4. (1) ㉡ (2) ㉢ (3) ㉠

## 확인+ 28~31쪽

1. (1) X (2) O (3) X  2. ⑤  3. ⑤  4. ③

1. 답 (1) X (2) O (3) X
바른 풀이 (1) 전자의 이동 방향과 전류가 흐르는 방향은 반대 방향이다.
(3) 전류의 단위는 A(암페어)이다.

2. 답 ⑤
바른 풀이 ① 전하의 흐름은 전류이다.
② 전압은 전압계로 측정할 수 있다.
③ 전압의 단위는 V(볼트)이다.
④ 물체가 띠고 있는 정전기의 양은 전하이다.

3. 답 ⑤
바른 풀이 ① 물질의 종류에 따라 저항은 다르다.
② 전류를 흐르게 하는 능력은 전압이다.
③ 같은 물질로 된 도선이라면 도선이 짧을수록 저항이 작아진다.
④ 같은 물질로 된 도선이라면 도선이 얇을수록 저항이 커진다.

4. 답 ③
해설 전기 회로에 사용된 전기 기구는 전류계(④), 전구(①), 전지(⑤), 스위치(②) 이다. 전압계(③)는 사용되지 않았다.

## 생각해보기 28 ~ 31쪽

★ 전압은 전류가 흐르는 두 점 사이의 수위 차처럼 두 점 사이의 차이고, 전류가 흐르는 것이다.
★★ 전류는 도체, 부도체, 반도체에서 모두 흐른다.
★★★ 같을 수 있다.

★★ 해설 모든 물질은 전기가 얼마나 잘 흐르냐에 따라 물질은 부도체, 도체, 반도체로 나눌 수 있다. 부도체는 전자가 자유롭게 움직이지 못하기 때문에 전기가 잘 통하지 않는 물질로 절연체라고도 한다. 흔히 부도체는 전기가 전혀 통하지 않는 물체로 알기 쉽지만 실제로는 매우 적은 양의 전기를 전달할 수 있다. 도체는 전자가 자유롭게 움직여 전기가 잘 통하는 물질이다. 반도체는 도체와 부도체의 중간 영역에 속한다. 순수한 상태에서는 부도체와 비슷한 성

질을 보이지만 불순물의 첨가에 의해 전기를 더 잘 통하게 하기도 하고, 일시적으로만 전기를 흐르게 할 수도 있는 물질이다.

★★★ 해설 전지의 크기가 서로 다른 이유는 건전지를 사용하는 제품의 크기가 서로 다르기 때문이다. 전지는 크기에 따라 사용 시간 등 용량이 달라질 뿐이다.

## 개념 다지기 32 ~ 33쪽

| | | |
|---|---|---|
| 01. ⑤ | 02. ① | 03. ④ |
| 04. ② | 05. ③ | 06. ② |

01. 답 ⑤
바른 풀이 ① ㉠은 전자이다.
② ㉡은 (+)전하, 원자핵이다.
③ 전류는 B(+)에서 A(−)로 흐르고 있다.
④ 전자가 한 쪽 방향을 가리키고 있기 때문에 전류가 흐르고 있는 도선 내부이다.

02. 답 ①
해설 ① 전지 - 펌프 ② 전선 - 파이프 ③ 물높이 - 전압 ④ 물의 흐름 - 전류 ⑤ 스위치 - 벨브

03. 답 ④
해설 도선의 전기 저항은 도선의 종류에 따라 다르며, 같은 물질로 된 도선이라면 도선이 길수록 저항이 커지고, 도선이 굵을수록(단면적이 넓을수록) 저항이 작아진다. 하지만 도선의 색깔과는 상관이 없다.

04. 답 ②
해설 ①

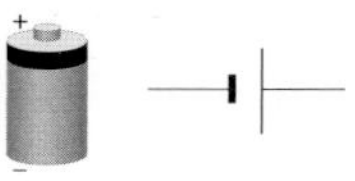


③

④

⑤

05. 답 ③
해설

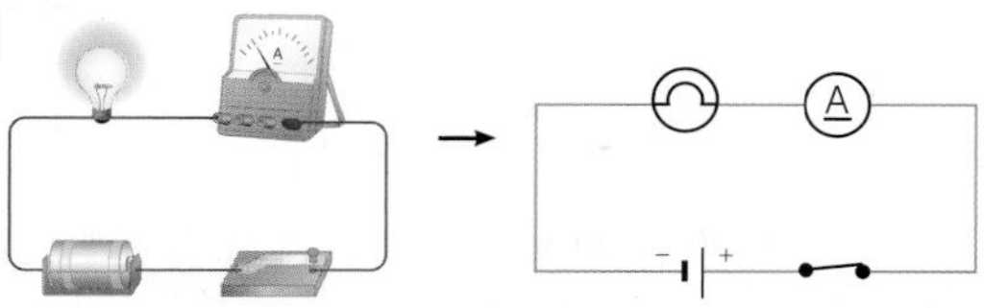


06. 답 ②
바른 풀이 ② 쇠구슬 - 전자

## 유형 익히기 & 하브루타 34 ~ 37쪽

| | | |
|---|---|---|
| [유형12-1] ③ | 01. ③, ④ | 02. ② |
| [유형12-2] ③ | 03. ② | 04. ① |
| [유형12-3] ① | 05. ②, ⑤ | 06. ④ |
| [유형12-4] ② | 07. ③ | 08. ① |

[유형12-1] 답 ③
해설 ③ 전자의 방향이 A에서 B로 향하는 것으로 보아 A는 전지의 (−)극 쪽이다.
바른 풀이 ① (가)는 전자가 같은 방향을 가리키고 있기 때문에 전류가 흐르는 상태이다.
② (나)는 전자의 방향이 제각각 이기 때문에 전류가 흐르지 않는 상태이다.
④ (나)에서는 전류가 흐르지 않는 상태이기 때문에 극을 알 수 없다.
⑤ (가)에서 전류는 B에서 A로 전자의 이동 방향과 반대로 흐른다.

01. 답 ③, ④
해설 전류는 (+)극에서 (−)극으로 흐르고, 전자는 (−)극에서 (+)극으로 이동한다. 따라서 (가)는 전자의 이동 방향이고, (나)는 전류의 방향이다.

02. 답 ②
바른 풀이 ① 전류의 단위는 A(암페어)이다.
③ 전류는 전자의 이동 방향과 반대 방향으로 흐른다.
④ (−)전하를 띤 입자들의 이동으로 생기는 (+)전하의 흐름이 전류이다.
⑤ 1초 동안 전선의 한 단면을 통과하는 전하의 양을 전류의 세기라고 한다.

[유형12-2] 답 ③
해설 물의 높이는 전압을 의미한다.

03. 답 ②
해설 물의 높이는 전압을 의미하며, 전류는 물의 흐름과 같다.

04. 답 ①
해설 전압과 전류는 비례 관계이다.

[유형12-3] 답 ①
해설 저항은 같은 물질로 된 전선일 때 전선의 굵기가 굵고, 길이가 짧을수록 저항이 작다.

05. 답 ②, ⑤
바른 풀이 ① 같은 물질로 된 도선이라면 도선이 얇을수록 저항이 커진다.
③ 전기가 더 잘 흐른다는 것은 저항이 작다는 것이다.

④ 같은 물질로 된 도선이라면 도선이 길수록 저항이 커진다.

06. 답 ④

바른 풀이 ④ 수도관 회로에서 펌프가 물을 흐르게 하듯이 전기 회로에서 전지가 전류를 흐르게 한다.

[유형12-4] 답 ②

해설 ① 전압계 : 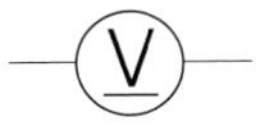

③ 건전지 : 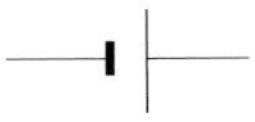

④ 전류계 : 

⑤ 전구 : 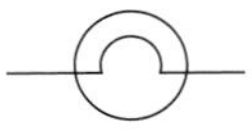

07. 답 ③

해설

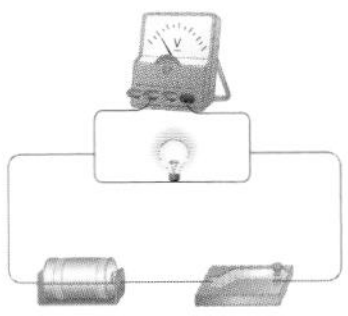

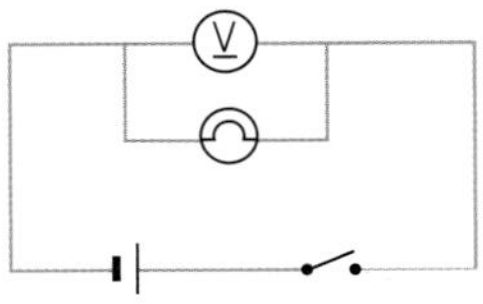


08. 답 ①

해설 전구 : 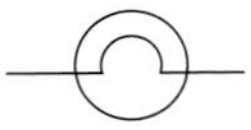
전지 : 

전압계 : 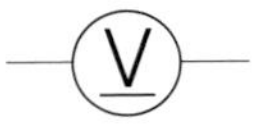

저항 : 

## 창의력 & 토론마당 38 ~ 41쪽

**01**

(1) 〈예시 답안〉 (나) 그래프에서 50~100mA의 전류가 몸에 통과하면 사망에 이른다고 하였으나 (가) 그래프를 보면 50~100mA의 전류가 몸에 통과하였을 때 20ms이내의 시간 동안에는 감지는 하나 위험하지 않다고 하였다. 이처럼 전류가 일정할 때 시간에 따라 위험도의 그래프가 변하므로 같은 전류라도 몸에 흐르는 시간에 따라 위험도 차이가 있다.

(2) 〈예시 답안〉 전기에 의해 인체가 느끼는 충격의 정도는 전압이 얼마나 걸렸느냐보다는 우리 몸을 통과하는 전류의 양에 의해서 대부분이 결정된다. 하지만 전압과 전류를 나누어서 생각할 수는 없기 때문에 높은 전압과 전류는 모두 위험하다.

해설 고전압이라도 전류의 세기가 매우 작으면 위험하지 않다. 표에서 든 예들과 같이 정전기의 전압은 매우 높지만 전류량이 작아 위험하지 않은 것이다. 또한 손이 전선과 접촉했을 때 손이 건조해 있다면 상대적으로 흐르는 전류도 약해지므로 덜 위험하다. 하지만 물이나 땀에는 보통 이온이 포함되어 전류가 잘 흐르므로 피부가 젖어 있으면 목숨을 잃을 수도 있다.

**02**

〈예시 답안〉 필라멘트가 두껍다는 것 말고는 동일한 전구에 똑같은 전압 220V를 연결해 준다면 굵은 필라멘트의 전구가 저항이 더 작기 때문에 전류가 더 많이 흐를 수 있으므로 더 밝다.

해설 저항은 같은 물질로 된 도선이라면 도선의 굵기가 굵을수록 저항이 작아진다. 저항이 작아지면 전류의 흐름을 방해하는 정도가 작아지기 때문에 전류가 잘 흐르게 된다. 전류가 잘 흐르면 전구의 밝기가 더 밝아지게 되므로 굵은 필라멘트를 가진 전구의 밝기가 더 밝을 것이다. 전구의 밝기는 전압 × 전류에 비례한다.

**03**

〈예시 답안〉 온도가 높아지게 되면 원자의 진동 운동도 활발하게 될 것이다. 원자의 진동 운동이 활발해지면 자유전자가 이동할 때 자주 충돌하여, 자유전자의 움직임을 더욱 방해하므로 전선의 저항이 커지게 되며, 전류가 더 잘 흐르지 못할 것이다.

해설 물질 내부의 원자는 온도가 높아질수록 심하게 진동한다. 양전하를 띤 금속 원자가 더 심하게 진동함으로써 자유전자와 원자가 자주 충돌하여 마음대로 이동하기가 더 어려워지고, 자유전자의 이동이 자유롭지 못한 만큼 전류도 흐르기 어려워지게 되는 것이다. 또한 그만큼 전기 저항이 높아져서 전기 에너지의 일부가 열로 사라지는 양이 많아진다.

**04**

〈예시 답안〉 전압이 일정한 상태에서 물의 온도가 낮아질수록 전류값은 작아지고, 저항값이 커지는 것을 볼 수 있다. 따라서 실험에 쓰인 서미스터는 온도가 올라가면 전기 저항 값이 떨어지는 NTC로 볼 수 있다.

해설 서미스터의 종류는 온도가 오르면 저항값이 떨어지는 NTC(negative temperature coefficient thermistor), 온도가 올라가면 저항값이 올라가는 PTC(positive temperature coefficient thermistor), 그리고 특정 온도에서 저항값이 급변하는 CIR(critical temperature resistor)로 분류된다.

**05**

〈예시 답안〉 휴대전화 앞면을 통해 전지의 전압이 3.8V인 리튬 이온 전지라는 것을 알 수 있다. 또한 9.88Wh의 표기를 통해서는 충전력량이 9.88Wh라는 것을 알 수 있다. 핸드폰 뒷면에는 제조년월일과 2600mAh의 표기를 통해 배터리 용량이 2600mAh라는 것을 알 수 있다.

해설 전력량이란 일정 시간 동안 전류가 행한 일 또는 공급되는 전기 에너지의 총량을 의미한다. 즉, 전력량 = 전압 × 전류 × 시간이다. 여기서 전압 × 전류 = 전력이다. 전력의 단위는 W, 시간이 단위는 h를 사용하여 전력량의 단위는 Wh이다.
보통 2600mAh의 의미는 한 시간당 약 100mA로 배터리를 사용하면 26시간을 사용할 수 있다는 것을 의미한다. 즉, mA는 전류의 단위, h는 시간의 단위라고 보면 된다.

## 스스로 실력 높이기 42 ~ 45쪽

http://cafe.naver.com/creativeini

▶ 클릭하여 문제풀이를 하세요 .

**01.** (1) X (2) X (3) O **02.** (1) O (2) O (3) X
**03.** (1) O (2) O (3) X **04.** (1) ㉢ (2) ㉡ (3) ㉠
**05.** (1) 전류 (2) 전하량 (3) 시간
**06.** (1) 전자 (2) 전류
**07.**

| 물의 흐름 | 물의 흐름 | 물높이 | 물레방아 |
|---|---|---|---|
| 전기 회로 | 전류 | 전압 | 전구 |

| 물의 흐름 | 펌프 | 파이프 | 벨브 |
|---|---|---|---|
| 전기 회로 | 전지 | 전선 | 스위치 |

**08.** ㄱ, ㅁ, ㄹ **09.** (1) ㄱ (2) ㄴ (3) ㅂ (4) ㄷ (5) ㄹ
**10.** 전기 회로도 **11.** ② **12.** ③
**13.** ③ **14.** ④ **15.** ④ **16.** ⑤
**17.** ② **18.** ③ **19.** ③ **20.** ⑤
**21.** (나)는 (가)보다 2배 더 굵지만, 길이가 3배이므로 (나)의 저항이 (가)보다 크다. 따라서 (가) 전구가 더 밝다.
**22.** 한 전지의 (+)극과 다른 전지의 (-)극을 계속 연결하고, 전체를 한 개의 전지로 생각하여 사용하면 높은 출력 전압을 사용할 수 있다.

**01.** 답 (1) X (2) X (3) O
바른 풀이 (1) 전자의 이동 방향은 (−)극에서 (+)극이다.
(2) 1A = 1,000mA이다.

**02.** 답 (1) O (2) O (3) X
바른 풀이 (3) 전압이 클수록 전류의 세기도 커진다.

**03.** 답 (1) O (2) O (3) X
바른 풀이 (3) 같은 물질로 된 도선이라면 도선이 길수록 저항이 커진다.

**04.** 답 (1) ㉢ (2) ㉡ (3) ㉠
해설 (1) - 스위치 (2) - 전류계 (3) - 전압계

**05.** 답 (1) 전류 (2) 전하량 (3) 시간(초)
해설 도선의 단면을 단위 시간(1초) 당 얼마 만큼의 전하량이 통과하느냐에 따라 전류(세기)가 결정된다. 전하량(Q)를 시간(초)로 나눈 값이 전류의 세기 I 이다.

**08.** 답 ㄱ, ㅁ, ㄹ
해설 전기 저항이란 (ㄱ. 전류) 의 흐름을 방해하는 정도를 말한다. 같은 물질로 된 도선이라면 도선이 길수록 저항이 (ㅁ. 커지고), 도선이 굵을수록 저항이 (ㄹ. 작아진다).

**09.** 답 (1) ㄱ (2) ㄴ (3) ㅂ (4) ㄷ (5) ㄹ
해설 ㄱ. 전지 ㄴ. 스위치 ㄷ. 전류계 ㄹ. 전구 ㅁ. 저항 ㅂ. 전압계

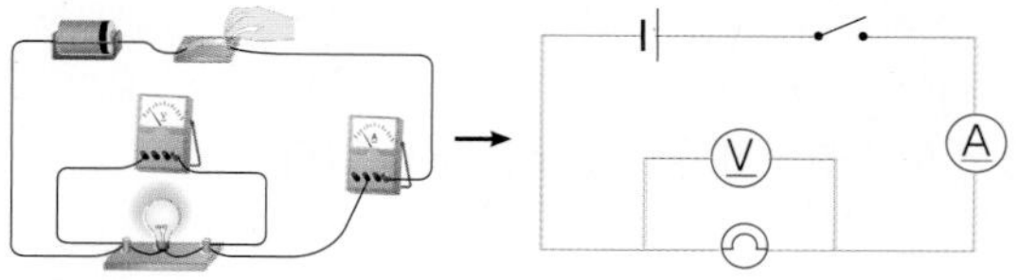


**11.** 답 ②
바른 풀이 ㄷ. 1A는 1초 동안 1C의 전하량이 도선의 한 단면을 통과할 때의 전류의 세기이다.

**12.** 답 ③
해설 전류가 흐르면 도선 내부의 전자는 한쪽 방향으로 배열이 되며, 그 전자의 이동 방향은 (−)에서 (+) 쪽이다.

**13.** 답 ③
해설 1A는 1초 동안 1C의 전하량이 도선의 한 단면을 통과할 때의 전류의 세기를 말한다. 1초 동안에 3C의 전하량이 통과했다면, 도선을 통과한 전류의 세기는 3A이다.

**14.** 답 ④
바른 풀이 ㄴ. 같은 전구라면 전구 양 끝 사이의 전압이 클수록 전구를 통과하는 전류의 세기는 커진다.

**15.** 답 ④
해설 물통에서 깊이가 깊은 곳일수록 물의 압력(수압)이 높아져 물줄기가 점점 세진다. 마찬가지로 전기에서 전압이 클수록 전류의 세기는 커진다.

**16.** 답 ⑤
해설 ㄱ, ㄴ. 전기 저항이란 전류의 흐름을 방해하는 정도를 말하며, 전압이 1V일 때, 1A 의 전류를 흐르게 하는 저항을 1 이라고 한다.
ㄷ. 같은 물질로 된 도선이라면 도선이 굵을수록, 도선이 짧을수록 전기 저항이 작아진다.

**17.** 답 ②

해설 쇠구슬 = 전자, 못 = 원자, 쇠구슬과 못의 충돌 = 저항, 빗면의 기울기 = 전압을 각각 의미한다.

**18.** 답 ③

해설 저항이 클수록 전류는 약하게 흐른다. 저항은 같은 물질로 된 전선일 때 전선이 가늘고, 길수록 저항이 크다.

**20.** 답 ⑤

바른 풀이 ① 전선의 굵기가 두꺼워지면 저항은 작아진다.

② ㄴ은 전구이다.

③ 전압이 클수록 전류의 세기는 커진다.

④ 전지 기호에서 길이가 긴 선이 (+)극, 짧은 선이 (−)극을 의미한다.

**21.** 답 (나)는 (가)보다 2배 더 굵지만, 길이가 3배이므로 (나)의 저항이 (가)보다 크다. 따라서 (가) 전구가 더 밝다.

해설 전압이 같을 때 저항이 작을수록 전류가 많이 흐르므로 더 밝아진다. (나)의 필라멘트는 (가)의 필라멘트보다 2배 굵지만 길이가 3배이므로 (나)의 저항이 (가)보다 크다. 따라서 (가) 전구가 (나) 전구보다 더 밝다.

**22.** 답 한 전지의 (+)극과 다른 전지의 (-)극을 계속 연결하고, 전체를 한 개의 전지로 생각하여 사용하면 높은 출력 전압을 사용할 수 있다.

해설 전지가 여러 개 있을 때 높은 전압을 얻고 싶으면 직렬연결한다. 직렬연결은 한 전지의 (+)극과 다른 전지의 (-)극을 계속 연결하는 것이다.

높은 전압을 얻는 것보다 전지를 오래 쓰고 싶다면 전지를 병렬연결한다. 병렬연결은 전지의 (+)극을 다른 전지의 (+)극과, (-)극을 다른 전지의 (-)극과 계속 연결하는 것이다.

# 13강. 옴의 법칙

**개념확인** 46 ~ 49쪽

1. (1) X (2) O (3) X (4) X
2. (1) 길어지는 (2) 커 (3) 작아
3. (1) X (2) O (3) O
4. ㉠ 전압 ㉡ 전류 ㉢ 전류 ㉣ 전압

1. 답 (1) X (2) O (3) X (4) X

바른 풀이 (1) 전지를 직렬 연결하면 전지의 사용 시간은 전지 1개일 때와 같다.

(3), (4) 전지의 병렬 연결은 전지의 (+)극은 (+)극끼리, (−)극은 (−)극끼리 연결하고, 전체 전압은 전지 1개의 전압과 같다.

3. 답 (1) X (2) O (3) O

해설 (1) 전압이 일정할 때, 도선에 흐르는 전류의 세기는 저항에 반비례한다.

**확인+** 46 ~ 49쪽

| | | | |
|---|---|---|---|
| 1. ⑤ | 2. ④ | 3. ④ | 4. ① |

1. 답 ⑤

해설 ⑤ 그림은 직렬 연결이며, 전지 여러 개를 직렬 연결하면 높은 전압을 얻을 수 있으므로 전지 1개를 사용하는 것보다 전구의 밝기가 더 밝다.

바른 풀이 ① 전지의 직렬 연결에서 전체 전압은 전지의 개수에 비례한다.

② 전지의 사용 시간은 전지 1개일 때와 같다.

③, ④ 전지의 (+)극과 다른 전지의 (−)극을 차례대로 연결한 회로이므로 전지를 직렬 연결한 회로이다.

2. 답 ④

바른 풀이 ④ 가정에서 전기 기구를 연결할 때는 각 전기 기구에 같은 전압이 걸리도록 병렬로 연결한다.

해설 ①, ⑤ 저항을 직렬 연결하면 저항의 길이가 길어지는 효과가 있으므로 전체 저항이 커진다.

② 그림은 전구(저항)를 직렬로 연결한 회로이다.

③ 직렬로 연결한 저항의 개수가 늘어날수록 전체 저항이 커진다.

3. 답 ④

해설 전압($V$) = 전류($I$) × 저항($R$) = $2A \times 10\Omega = 20V$

4. 답 ①

해설 그래프를 통해 전압이 10V일 때, 전류가 2A 라는 것을 알 수 있다. 따라서 저항의 크기는 다음과 같이 구한다.

$$저항(R) = \frac{전압(V)}{전류\ (I)} = \frac{10V}{2A} = 5\Omega$$

## 생각해보기 46 ~ 49쪽

★ 전지를 직렬로 연결하면 병렬로 연결할 때보다 더 높은 전압을 얻을 수 있고, 전압이 크면 전구가 밝아진다.

★★ 병렬로 연결된 전구의 수가 증가해도 한 전구에 걸리는 전압은 모두 같고, 전체 전압과 같아서 전압의 변동이 없으므로 한 전구의 밝기는 변하지 않고 전구의 수명도 변하지 않는다.

★★★ 전지를 병렬로 연결한다면 전지의 개수가 늘어나도 전체 전압의 크기는 전지 1개의 전압의 크기와 같으므로 전류의 세기는 변하지 않는다.

★★★★ 저항과 전압의 관계 그래프에서의 기울기는 $\frac{전압}{저항}$ 이므로 전류의 세기를 나타낸다.

## 개념 다지기 50 ~ 51쪽

| | | |
|---|---|---|
| 01. ① | 02. ④ | 03. ⑤ |
| 04. ① | 05. ② | 06. ⑤ |

01. 답 ①

해설 전지가 병렬로 연결된 것보다 직렬로 연결된 것이 전체 전압이 더 크다. 따라서 전지 4개가 모두 직렬로 연결된 전기 회로도의 전체 전압이 가장 크다.

02. 답 ④

해설 전지를 병렬로 연결할 경우 전지의 개수에 상관없이 전압의 크기가 일정하게 나타난다.

03. 답 ⑤

바른 풀이 ⑤ 전구 1개를 연결했을 때보다 저항의 굵기가 굵어지는 효과가 있으므로 전구 1개를 연결했을 때보다 전체 저항이 작다.

해설 ② 이 전기 회로에서 저항(전구)은 병렬로 연결되어 있다.

①, ④ 전구를 병렬로 연결하면 전체 전압은 각 저항에 걸리는 전압과 같고, 전체 전류는 각 저항에 흐르는 전류의 세기의 합과 같다.

04. 답 ①

해설 전지를 직렬로 추가하면 전압이 전지의 개수에 비례하여 증가한다. 전류의 세기는 전압의 크기에 비례하므로 다음과 같은 그래프가 된다.

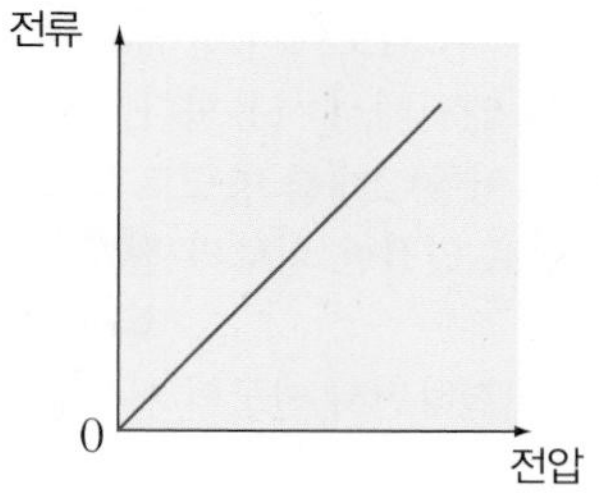


05. 답 ②

해설 전압이 20V이고, 저항이 10Ω이므로 전류의 세기는 옴의 법칙에 의해 다음과 같이 구할 수 있다.

$$전류(I) = \frac{전압(V)}{저항(R)} = \frac{20V}{10\Omega} = 2A$$

06. 답 ⑤

해설 $저항(R) = \frac{전압(V)}{전류(I)} = \frac{15V}{5A} = \frac{30V}{6A} = \frac{45V}{9A} = 5\Omega$

## 유형 익히기 & 하브루타 52 ~ 55쪽

| | | |
|---|---|---|
| [유형13-1] ③ | 01. ②, ⑤ | 02. ④ |
| [유형13-2] ④ | 03. ②, ④ | 04. ① |
| [유형13-3] ② | 05. ② | 06. ③ |
| [유형13-4] ② | 07. ④ | 08. ④ |

[유형13-1] 답 ③

바른 풀이 ③ 전지의 (+)극은 (+)극끼리, (−)극은 (−)극끼리 연결된 회로이다.

해설 ① 두 개의 전지가 병렬로 연결되어 있다.

②, ⑤ 저항을 병렬로 연결하면 전지의 개수를 늘려도 전체 전압은 전지 1개의 전압과 같다.

④ 전지 1개를 사용할 때보다 전지의 사용 시간이 길어진다.

01. 답 ②, ⑤

해설 ② 전기 회로에서 전지 2개를 직렬 연결하면 전기 회로의 전체 전압은 전지의 개수에 비례하여 커진다. 따라서 전지 1개를 사용했을 때보다 높은 전압을 얻을 수 있다.

⑤ 똑같은 전지 2개를 사용했으므로 전체 전압은 전지 1개를 사용한 회로의 전체 전압보다 2배 크다.

바른 풀이 ① 전기 회로 전체 전압은 전지의 개수에 비례하여 커진다.

③ 전지의 사용 시간은 전지 1개를 사용했을 때와 같다.

④ 전지의 (+)극과 다른 전지의 (−)극을 차례대로 연결한 것이다.

02. 답 ④

해설 전지의 사용 시간이 길어지도록 연결하기 위해서는 전지를 병렬로 연결해야 한다. 따라서 전지 3개를 모두 병렬로 연결한 전기 회로가 가장 오래 전지를 사용할 수 있다.

[유형13-2] 답 ④

해설 ④ 가정에서는 이 회로에서 전구를 연결한 방법과 같이 전기 기구를 병렬로 연결해서 사용한다.

바른 풀이 ① 전구(저항) 2개를 병렬로 연결한 회로이다.

②, ③ 저항을 병렬로 연결한 회로의 전체 저항은 전구 1개의 저항값보다 작다.

⑤ 전구를 병렬로 연결하면서 전구의 개수를 늘리면 전체 저항은 더 작아진다.

03. 답 ②, ④

해설 저항의 병렬 연결은 저항의 굵기가 굵어지는 효과가 있으므로 전체 저항이 작아진다. 이때 전체 전압은 각 저항에 걸리는 전압과 같다.

04. 답 ①

해설 저항은 직렬 연결하면 저항의 길이가 길어지는 효과가 있으므로 전체 저항이 커진다. 반면에 저항을 병렬 연결하면 저항의 굵기가 굵어지는 효과가 있으므로 전체 저항이 작아진다. 따라서 저항 3개를 모두 직렬 연결한 회로가 전체 저항의 크기가 가장 크다.

[유형13-3] 답 ②

해설 전류의 세기가 2A이고, 저항의 크기가 5Ω이라면 전압의 크기는 옴의 법칙에 의해 다음과 같이 구할 수 있다.

$$\text{전압}(V) = \text{전류}(I) \times \text{저항}(R) = 2\text{A} \times 5\Omega = 10\text{V}$$

05. 답 ②

해설 저항값이 10Ω이고, 전압이 20V이므로 이 회로에 흐르는 전체 전류는 옴의 법칙을 이용하여 다음과 같이 구할 수 있다.

$$\text{전류}(I) = \frac{\text{전압}(V)}{\text{저항}(R)} = \frac{20\text{V}}{10\Omega} = 2\text{A}$$

06. 답 ③

바른 풀이 ③ 저항은 저항에 걸리는 전압을 저항에 흐르는 전류로 나누어 구한다.

[유형13-4] 답 ②

해설 그래프를 통해 저항이 2Ω일 때 전압이 8V 라는 것을 알 수 있다. 따라서 전류의 세기는 다음과 같이 구할 수 있다.

$$\text{전류}(I) = \frac{\text{전압}(V)}{\text{저항}(R)} = \frac{8\text{V}}{2\Omega} = 4\text{A}$$

07. 답 ④

해설 전압이 일정할 때, 저항이 클수록 전류의 세기는 작아진다. 즉, 전류의 세기는 저항에 반비례한다.

08. 답 ④

바른 풀이

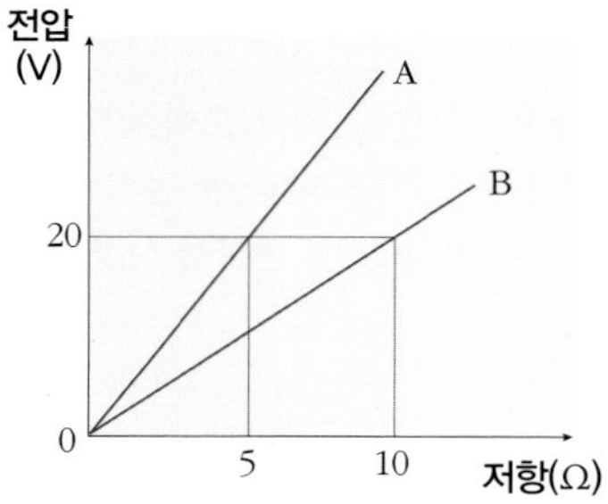


④ 그래프 A의 기울기가 더 크므로 전류의 세기는 A가 더 크다.

해설 ① 전기 회로 A에 흐르는 전류의 세기는 다음과 같다.

$$\text{전류}(I) = \frac{\text{전압}(V)}{\text{저항}(R)} = \frac{20\text{V}}{5\Omega} = 4\text{A}$$

② 전기 회로 B에 흐르는 전류의 세기는 다음과 같다.

$$\text{전류}(I) = \frac{\text{전압}(V)}{\text{저항}(R)} = \frac{20\text{V}}{10\Omega} = 2\text{A}$$

③, ⑤ 전압-저항 그래프의 기울기는 전류의 세기를 나타내며, 전압의 크기는 저항에 비례하여 커진다는 것을 알 수 있다.

## 창의력 & 토론마당 56 ~ 59쪽

**01**

(1) A 줄의 ①~⑤번 전구 모두 불이 들어오지 않는다.
(2) B줄의 전구들에는 모두 불이 들어온다.

해설 (1) 직렬로 연결된 전구들은 그 중 한개만 고장이 나도 전선이 끊어지는것이므로 직렬 연결된 전구 모두 불이 들어오지 않는다. 따라서 A줄에 있는 ③번 전구의 필라멘트가 끊어져서 불이 들어오지 않는다면 ③번 전구와 직렬로 연결된 A줄의 전구들 ① ~ ⑤번 전구 모두 불이 들어오지 않는다.

(2) A줄과 B줄이 병렬 연결되어 있을 때 A줄에 전류가 흐르지 않더라도 B줄에는 전류가 흐르므로 B 줄의 전구들에는 불이 정상적으로 들어온다.

**02**

(나) 전기 회로에 있는 전구가 더 밝다. (나) 전기 회로는 병렬로 연결되어 있으므로 전체 저항이 (가) 전기 회로보다 작아지므로 전류가 더 많이 흐르게 되어 전구가 더 밝아진다.

해설 (가) 회로는 전구 2개가 직렬 연결되어 있는 모습이며, (나)회로는 전구가 병렬 연결되어 있는 모습이다. 전구의 밝기는 전구에 흐르는 전류의 세기가 클수록 밝다. 전구(저항)를 병렬로 연결하면 전구 1개를 연결했을 때와 비교하여, 전구 1개의 밝기는 변하지 않는다. 전구가 2개라면 전체 밝기는 2배가 된다. 하지만 전구를 직렬 연결하면, 각 전구에 걸리는 전압이 작아지므로, 전구 1개의 밝기가 전구 1개를 연결했을 때와 비교하여 더 어두워진다. 전구가 2개라면 전구 1개를 연결했을 때보다 전구 2개를 직렬 연결했을 때의 전체 밝기가 더 어둡다.

**03** 단락이 발생하면 전류가 저항을 지나지 않고 플러그로 바로 들어오기 때문에 저항이 매우 작아지게 된다. 전류는 저항에 반비례하기 때문에 단락이 발생하게 되면 큰 전류가 흐르게 되므로 차단기가 내려간다.

해설

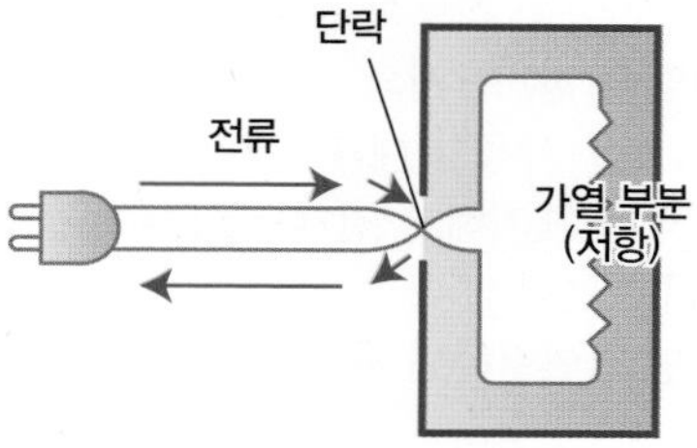


단락이 발생하면 위의 그림과 같이 전류는 저항을 지나지 않고 바로 플러그로 들어온다. 따라서 저항이 매우 작은 전기 회로가 된다. 전류는 저항에 반비례하므로 저항이 매우 작으면 그것에 반비례해서 전류는 매우 크게 흐른다. 이런 경우 매우 큰 전류(과전류)에 의한 화재 등의 사고를 막기 위해 차단기가 내려가는 것이다.

**04** (나) 선풍기가 더 시원하다.
(가) 선풍기의 저항값은 5Ω이고, (나) 선풍기의 저항값은 1Ω이다. 두 선풍기에 걸리는 전압은 각각 전원 장치의 전압과 같다. 전압은 같은데 (나) 선풍기의 저항이 작으므로 전류가 많이 흐르고, 전류가 많이 흐르면 모터가 더 빨리 회전하기 때문이다.

해설

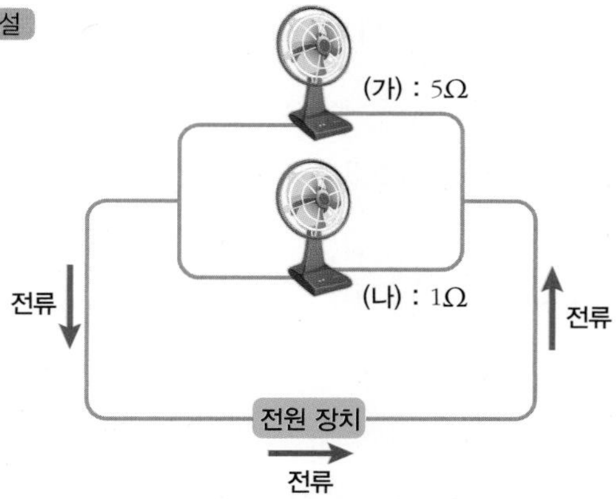


1번 버튼을 누른 (가) 선풍기는 저항값이 5Ω이 되고, 2번 버튼을 누른 (나) 선풍기의 저항값은 1Ω이 된다. 저항이 병렬로 연결된 전기 회로에서 전류는 저항값이 작은 쪽으로 더 많이 흐르게 되므로 위 회로에서 전류는 저항값이 더 작은 (나) 선풍기 쪽으로 더 많이 흐르게 된다. 따라서 (나) 선풍기가 더 빨리 돌아간다

## 스스로 실력 높이기 60 ~ 63쪽

http://cafe.naver.com/creativeini
▶ 창의력과학 세페이드 문제풀이 바로가기 클릭하여 문제풀이를 해보세요.

**01.** (1) 직 (2) 병 (3) 병 (4) 직
**02.** (1) O (2) X (3) X (4) O
**03.** (1) 직 (2) 직 (3) 병 (4) 병
**04.** (1) O (2) X (3) O (4) X **05.** (가)
**06.** (1) X (2) O (3) X **07.** 2 **08.** 2
**09.** ㉠ 전압 ㉡ 저항 **10.** 4 **11.** ⑤ **12.** ④
**13.** ③, ⑤ **14.** ⑤ **15.** ② **16.** ①, ⑤
**17.** ② **18.** ㉠ 3 ㉡ 8 ㉢ 2
**19.** (1) 10 (2) 5 (3) 2 **20.** ④
**21.** (나), (나) 회로는 전구가 병렬로 연결되어 있으므로 각 전구에 같은 전압이 걸리고, 전구의 밝기는 전구 1개를 연결할 때와 같다. (가)회로는 각 전구에 작은 전압이 걸리므로 전구 1개의 밝기는 (나)회로보다 어두워진다. 그렇지만 필라멘트의 수명을 길어진다.
**22.** 전기 제품을 많이 연결할수록 전체 전류가 많이 흐른다. 저항과 같은 역할을 하는 전기 제품을 많이 병렬 연결할수록 전체 합성 저항은 작아지기 때문이다. 따라서 집 전체 회로에 흐르는 전류는 점점 커지게 된다.

**02.** 답 (1) O (2) X (3) X (4) O
바른 풀이 (2) 전지를 직렬 연결한 회로의 전체 전압은 전지의 개수에 비례한다.
(3) 전지를 직렬 연결한 회로에서 전지 사용 가능 시간은 전지 1개를 사용할 때와 같다.

**04.** 답 (1) O (2) X (3) O (4) X
바른 풀이 (2) 전구 3개를 병렬 연결하면 전체 저항은 전구 1개의 저항보다 작다.
(4) 전구 2개를 병렬 연결한 회로에서 전체 저항은 전구 1개의 저항보다 작다.

**05.** 답 (가)
해설 (가)는 저항을 직렬로 연결한 것이고, (나)는 저항을 병렬로 연결한 것이다. 저항을 직렬로 연결하면 저항의 길이가 길어지는 효과가 있으므로 저항 1개보다 전체 저항이 더 커진다. 반면에 저항을 병렬로 연결하면 저항의 굵기가 굵어지는 효과가 있으므로 저항 1개보다 전체 저항이 더 작아진다.

**06.** 답 (1) X (2) O (3) X
해설 (1) 전압이 일정할 때, 도선에 흐르는 전류의 세기는

저항에 반비례한다. (3) 저항이 일정할 때, 저항에 흐르는 전류의 세기는 저항에 걸리는 전압에 비례한다.

**07.** 답 2

해설 전류 4 A이고, 전압 8 V이므로 저항값은

$$저항(R) = \frac{전압(V)}{전류(I)} = \frac{8V}{4A} = 2\Omega \text{ 이다.}$$

**08.** 답 2

해설 니크롬선의 저항이 2배가 된다면 저항값이 4Ω이 되는 것이므로 전류의 세기는 다음과 같이 구할 수 있다.

$$전류(I) = \frac{전압(V)}{저항(R)} = \frac{8V}{4\Omega} = 2A$$

[또 다른 풀이] 전압이 일정할 때 전류는 저항에 반비례하므로 저항이 2배가 된다면 전류의 세기는 절반이 된다. 따라서 현재 전압은 일정하므로 전류는 4 A에서 2 A가 된다.

**10.** 답 4

해설 그래프를 통해서 전압이 8 V일 때, 전류는 2A이다.

$$저항(R) = \frac{전압(V)}{전류(I)} = \frac{8V}{2A} = 4\Omega$$

**11.** 답 ⑤

해설 전지를 직렬 연결하면 전체 전압은 전지의 개수에 비례하여 커지고, 전지를 병렬 연결하면 전체 전압은 전지 1개의 전압과 같다. 따라서 전체 전압이 가장 작기 위해서는 4개의 전지를 모두 병렬 연결해야 하고, 전체 전압이 가장 크기 위해서는 4개의 전지를 모두 직렬 연결해야 한다.

**12.** 답 ④

해설 그림의 전기 회로는 전지 2개를 전지의 (+)극은 (+)극끼리, (−)극은 (−)극끼리 연결한 병렬 회로이다. 전지를 병렬 연결하면 전체 전압은 전지 1개의 전압과 같게 된다. 하지만 전지의 사용 시간은 전지의 개수를 늘릴수록 길어진다.

**13.** 답 ③, ⑤

해설 ③ 전구가 병렬 연결된 회로이므로 전체 전압은 각 전구에 걸리는 전압과 같다.
⑤ 가정에서 사용하는 전기 기구도 이 회로에서 전구가 연결된 방식인 병렬로 연결한다.

바른 풀이 ① 전구 2개를 병렬로 연결하면 전체 저항은 전구 1개의 저항인 1Ω보다 작아지게 된다.
② 그림은 1Ω의 저항값을 갖는 전구 2개를 병렬로 연결한 전기 회로이다.
④ 전체 전류는 각 전구에 흐르는 전류의 세기의 합과 같다.

**14.** 답 ⑤

해설 도선에 흐르는 전류가 5A이고, 저항값이 5Ω이므로 저항에 걸리는 전압의 크기는 옴의 법칙에 의해 다음과 같이 구할 수 있다.

$$전압(V) = 전류(I) \times 저항(R) = 5A \times 5\Omega = 25V$$

**15.** 답 ②

바른 풀이 전지 2개를 병렬로 연결한 회로이다.
② 저항값이 2Ω이고, 전압이 2V이므로 이 회로의 전류는

$$전류(I) = \frac{전압(V)}{저항(R)} = \frac{2V}{2\Omega} = 1A \text{ 이다.}$$

해설 ① 전지를 병렬로 연결하면 전체 전압은 전지 1개의 전압과 같으므로 이 회로의 전체 전압은 2V이다.
③ 전체 전압은 전지 1개의 전압과 같다. 따라서 전구의 밝기는 전지 1개를 사용할 때와 같다.
④ 전지를 하나 제거해도 전체 전압은 일정하므로 전체 전류도 변하지 않는다.
⑤ 전지를 병렬 연결하면 사용 가능 시간이 길어진다.

**16.** 답 ①, ⑤

해설 ① 니크롬선 A에 2 A의 전류가 흐를 때, 20 V의 전압이 걸리므로 니크롬선 A의 저항값 $R$은

$$R = \frac{전압(V)}{전류(I)} = \frac{20V}{2A} = 10\ \Omega\text{이다.}$$

⑤ 전류에 따른 전압의 그래프에서 기울기는 니크롬선의 저항을 나타낸다.

바른 풀이 ② 니크롬선 B에 4A의 전류가 흐를 때, 20V의 전압이 걸리므로 니크롬선 B의 저항값 $R$은

$$R = \frac{전압(V)}{전류(I)} = \frac{20V}{4A} = 5\ \Omega\text{이다.}$$

③ 니크롬선 A의 저항이 10 Ω이고, 니크롬선 B의 저항이 5 Ω이므로 니크롬선 A의 저항이 더 크다. 저항값은 저항체의 길이가 길수록 크고, 굵기가 굵을수록 작다. 따라서 A와 B의 굵기가 같다면, A의 길이가 더 길다.
④ A와 B의 길이가 같다면, B의 굵기가 더 굵다.

**17.** 답 ②

해설 그래프에서 저항값이 2 Ω일 때, 전압은 6 V이다. 이때, 전류의 세기 $I$는

$$I = \frac{전압(V)}{저항(R)} = \frac{6V}{2\Omega} = 3\ A \text{ 이다.}$$

**18.** 답 ㉠ 3 ㉡ 8 ㉢ 2

해설 (가) : 전류 - 2A, 전압 - 6V

$$저항(R) = \frac{전압(V)}{전류(I)} = \frac{6V}{2A} = 3\Omega$$

(나) : 전류 - 4A, 저항 - 2Ω

$$전압(V) = 전류(I) \times 저항(R) = 4A \times 2\Omega = 8V$$

(다) : 전압 - 8V, 저항 - 4Ω

$$전류(I) = \frac{전압(V)}{저항(R)} = \frac{8V}{4\Omega} = 2A$$

**19.** 답 (1) 10 (2) 5 (3) 2

해설

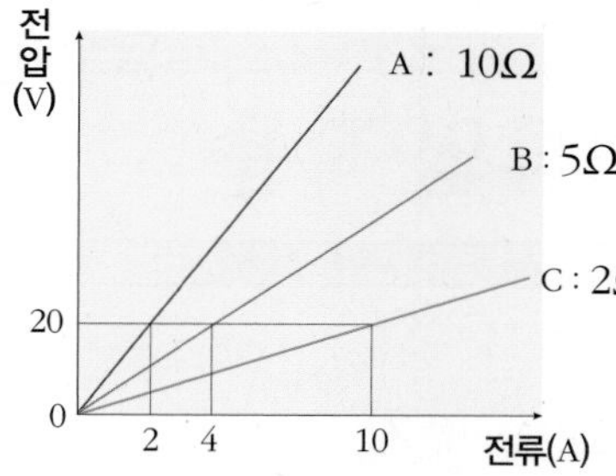


(1) 니크롬선 A의 저항 = $\frac{20V}{2A}$ = 10Ω

(2) 니크롬선 B의 저항 = $\frac{20V}{4A}$ = 5Ω

(3) 니크롬선 C의 저항 = $\frac{20V}{10A}$ = 2Ω

**20.** 답 ④

바른 풀이 ④ 니크롬선 A~C의 굵기가 같다면, 저항의 크기가 가장 큰 니크롬선 A의 길이가 가장 길다.

해설 ① 그래프는 가로축이 전류, 세로축이 전압을 나타내므로 기울기는 $\frac{\text{전압}(V)}{\text{전류}(I)}$ 이므로 이것은 저항을 나타낸다.

② 니크롬선 A의 저항이 10Ω으로 가장 크다.

③ 니크롬선 A ~ C에 같은 전압 20V를 걸어주면 A에는 2A, B에는 4A, C에는 10A가 흐른다는 것을 그래프를 통해 알 수 있다.

⑤ 니크롬선 A ~ C의 길이가 같다면, 저항이 가장 작은 니크롬선 C가 가장 굵다.

**21.** 회로 (나)의 전구가 더 밝다.

해설 전구가 병렬 연결된 (나) 회로는 각 전구에 걸리는 전압이 전지의 전압과 같다. 따라서 (나) 회로의 각 전구의 밝기는 전지에 전구가 1개 연결되었을 때와 밝기가 같다. 전구가 직렬 연결된 회로 (가)의 각 전구에 걸리는 전압이 전체 전압의 절반이므로 각 전구의 밝기는 (나) 회로의 전구의 밝기보다 어둡다.

**22.** 답 제품을 많이 연결할수록 전체 전류가 많이 흐른다. 전기 제품을 많이 병렬 연결할수록 합성 저항은 점점 작아지게 되어 집 전체 회로에 흐르는 전류는 점점 커지게 된다.

해설 전기 제품을 병렬 연결하게 되면, 각 전기 제품에 걸리는 전압은 220V로 같고, 전체 전류는 각 전기 제품에 흐르는 전류의 세기의 합과 같다. 즉, 전기 제품은 회로의 저항과 같은 역할을 한다. 많은 저항을 병렬 연결할수록 합성 저항이 작아진다. 예를 들어, 똑같은 두 개의 저항을 병렬 연결하면 합성 저항값은 1/2이 되고, 3개를 연결하면 합성 저항값은 1/3, … 이 된다. 가정의 모든 전기 제품은 병렬 연결되어 있으므로 콘센트에 많이 연결할수록 한 가정의 전체 저항은 전기 제품 하나의 저항보다 매우 작아진다. 이때 집 전체에 걸리는 전압은 일정하므로, 집 전체에 흐르는 전류는 점점 커지게 된다. 따라서 과전류에 의한 화재 등의 사고를 방지하기 위해서 누전 차단기나 퓨즈를 설치한다.

# 14강. Project 4

## 논/구술 64 ~ 65쪽

**Q1** 자동차에 번개가 쳐서 자동차 표면에 전하가 쏟아진다고 하여도 금속으로 된 자동차 표면의 전하는 내부의 자기장이 0이 되도록 분포하므로 자동차 내부 물체는 번개에 아무런 영향을 받지 않는다. 따라서 자동차 안에 있는 사람은 번개의 영향을 받지 않고 안전하다.

**Q2** 도체에 분포하는 전하는 같은 전기를 띠므로 서로 밀어낸다. 따라서 전하끼리 가장 멀리 떨어져 있게 된다. 전하가 표면에 있을 때 가장 멀리 떨어진 것이므로 도체의 표면에만 전하가 분포하게 되는 것이다.

## 탐구 66 ~ 69쪽

**탐구. 전류와 전압의 관계**

### 탐구 결과

(표 A)

| | | | | | |
|---|---|---|---|---|---|
| 전압(V) | 1.5 | 3.0 | 4.5 | 6.0 | 7.5 |
| 전류(A) | 0.2 | 0.4 | 0.6 | 0.8 | 1.0 |

(표 B)

| | | | | | |
|---|---|---|---|---|---|
| 전압(V) | 6.0 | 6.0 | 6.0 | 6.0 | 6.0 |
| 전류(A) | 0.8 | 0.4 | 0.26 | 0.2 | 0.16 |
| 전구의 수(개) | 1 | 2 | 3 | 4 | 5 |

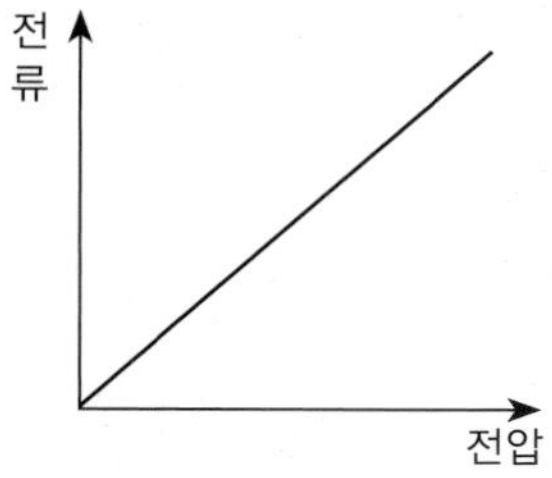


〈그래프 A〉

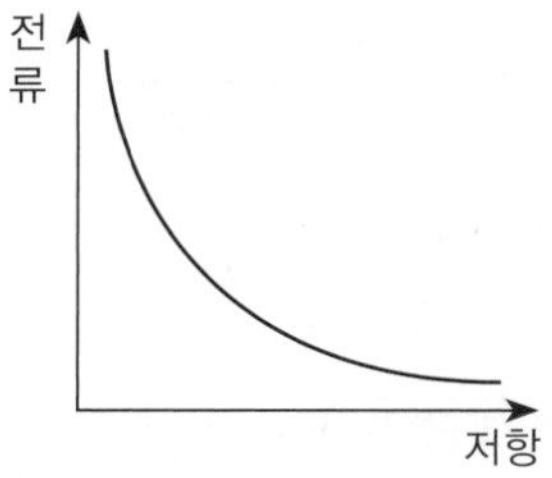


〈그래프 B〉

### 탐구 문제

1. 답 저항, 전구는 저항에 해당되고 전구가 1개로 일정하다.

2. 답 전압, 전압을 일정하게 유지하였다.

3. 그래프 A에서 저항이 일정할 때 $I \propto V$, 그래프 B에서 전압이 일정할 때 $I \propto \frac{1}{R}$ 이다. 그러므로 두 식을 합쳐서

$I = \frac{V}{R}$ (옴의 법칙)이라고 할 수 있다.

**서술형 문제 해결력 키우기**

4. 답

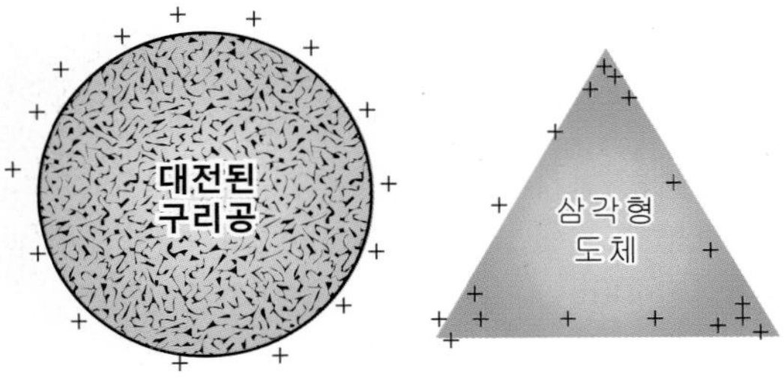


그림처럼 전하가 도체의 표면에 분포할 때 서로 밀어내는 힘이 작용하므로 서로 멀리 떨어지려고 한다. 그러므로 구의 경우 전하는 골고루 구의 표면에 분포하며, 삼각형 도체인 경우는 뾰족한 곳이 전하들끼리 가장 멀리 떨어진 곳이므로 전하는 뾰족한 부분에 많이 분포하게 된다.

**문제 해결력 키우기**

5. (1) 답 ④

해설 ④ 전류가 일정할 때 시간에 따라 위험도의 그래프가 변하므로 시간에 따라 위험도에 차이가 있다.
① 접촉 시간이 길면 '매우 위험'까지 이른다.
② 전류가 클수록 위험하다.
③ 0.1 ~ 0.5mA에서는 시간이 많이 흘러도 무감각하다.
⑤ 50mA에서도 시간이 길어지면 약간 위험 영역에 이른다.

(2) 답 ④

해설 고전압이라도 전류량이 매우 작으면 위험하지 않다. 가을, 겨울에 정전기로 따가움을 느낄 때가 있는데 정전기의 전압은 매우 높지만 전류량이 작아 위험하지 않은 것이다.

(3)

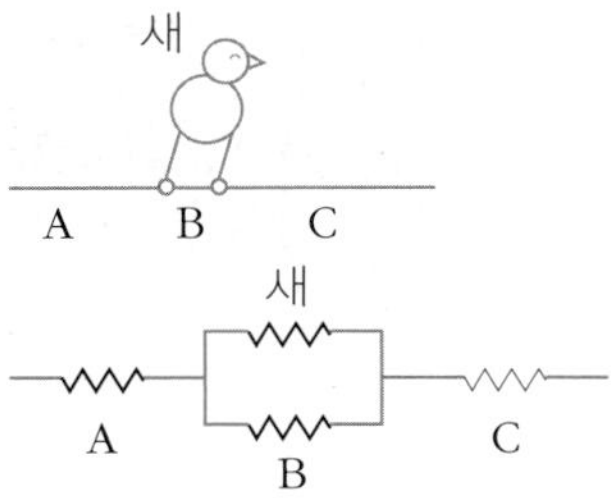


전선에 앉은 새와 전선과의 관계를 그림으로 그려 보면 새와 새 다리 사리의 전선 B의 저항은 병렬로 연결되어 있다. 따라서 새와 B에는 같은 전압이 걸린다. 하지만 새는 부도체로 저항이 매우 크기 때문에 전류는 B쪽으로만 흐르게 되어 새는 감전되지 않는 것이다.

# Ⅱ 전류의 작용

## 15강. 전류의 열작용

**개념확인** 72 ~ 75쪽

| | |
|---|---|
| 1. (1) O (2) O (3) X | 2. 전력, 전력량 |
| 3. (1) O (2) X (3) O | 4. 누전, 합선 |

1. 답 (1) O (2) O (3) X

바른 풀이 (3) 전기 에너지의 크기는 전류가 흐른 시간에 비례한다.

3. 답 (1) O (2) X (3) O

바른 풀이 (2) 저항의 직렬 연결 시 발열량은 저항에 비례한다.

**확인+** 72 ~ 75쪽

1. ① 2. ③ 3. ③ 4. (1) X (2) O (3) O

1. 답 ①

해설 ② 배터리 : 화학 에너지 ③ 선풍기 : 운동 에너지 ④ 스피커 : 파동 에너지 ⑤ 전기 오븐 : 열에너지

2. 답 ③

바른 풀이 ① 전력의 단위는 W(와트)이다.
② 전력량의 단위는 Wh(와트시)이다.
④ 전력의 크기는 단위 시간당 공급된 전기 에너지의 크기와 같다.
⑤ 전력량의 크기는 전력과 시간의 곱으로 구한다.

3. 답 ③

바른 풀이 ① A가 B의 발열량보다 크다.
② A에 걸리는 전압이 B에 걸리는 전압보다 크다.
④ B보다 A에서의 온도 변화가 더 크다.
⑤ 각 열량계에서 전기 에너지는 열에너지로 전환된다.

4. 답 (1) X (2) O (3) O

바른 풀이 (1) 회로에는 규정된 양의 전류만 흘러야 한다.

## 생각해보기 72 ~ 75쪽

★ 태양에서 오는 빛 에너지가 전기 에너지로 전환된다.

★★ 전체 저항을 최대한 작게 하고, 전체 전압을 최대한 크게 한다.

★★★ 사용하지 않는 전기 기구의 전원은 꺼 놓는다. 전력량계를 주기적으로 확인한다 등.

## 개념 다지기 76 ~ 77쪽

| | | |
|---|---|---|
| 01. ④ | 02. ⑤ | 03. ④ |
| 04. ④ | 05. ⑤ | 06. ④ |

01. 답 ④
해설 배터리는 전기 에너지를 화학 에너지로 전환한다.

02. 답 ⑤
해설 전기 에너지 = 전압 × 전류 × 시간 이다.
따라서 이 저항에서 소모되는 전기 에너지의 크기는
2 V × 2 A × 10 s = 40 J 이다.

03. 답 ④
해설 전력 = 전압 × 전류이다. 저항이 직렬 연결되어 있을 경우 각 저항에 흐르는 전류는 같고, 각 저항에 걸리는 전압은 저항에 비례한다.
바른 풀이 ① B가 A보다 전력이 더 크다.
② B가 A보다 더 큰 전압이 걸린다.
③ 1시간동안 A에서 소모한 전력량은 4V × 2A × 1h = 8Wh이다.
⑤ 전압을 20V로 바꾸면 B 뿐만 아니라 A에서도 전력이 커진다.

04. 답 ④
해설 저항이 병렬 연결되어 있을 경우 각 저항에 흐르는 전류는 저항에 반비례하고, 각 저항에 걸리는 전압은 같다.
바른 풀이 ① A가 B보다 전력이 더 크다.
② A가 B보다 전류의 세기가 더 세다.
③ A가 B보다 소모되는 전기 에너지의 양이 많다.
⑤ 저항을 전구로 바꾸면 전력을 더 많이 소비하는 A쪽이 더 밝을 것이다.

05. 답 ⑤
해설 미세한 부분에 문제가 생겼지만 이러한 미세한 부분에서의 합선은 자칫 화재의 위험을 불러 일으킬 수 있으므로 항상 조심해야 한다.

06. 답 ④
해설 오래된 전선은 피복이 벗겨져 있을 확률도 크고 전선 자체가 망가져 있을 확률도 크기 때문에 누전이나 합선의 위험이 크다. 따라서 사용해서는 안된다.

## 유형 익히기 & 하브루타 78 ~ 81쪽

| | | |
|---|---|---|
| [유형15-1] ② | 01. ② | 02. ④ |
| [유형15-2] ① | 03. ③ | 04. ② |
| [유형15-3] ④ | 05. ③ | 06. ③ |
| [유형15-4] ① | 07. ⑤ | 08. ③ |

[유형15-1] 답 ②
바른 풀이 ① B가 A에서의 전력보다 더 크다.
③ 저항이 직렬로 연결되어 있으므로 전류의 값은 어디서나 동일하다.
④ 전원을 크게 하면 A, B 모두 소모하는 전기 에너지가 커진다.
⑤ A, B가 직렬로 연결되어 있으므로 소모하는 전기 에너지의 크기는 저항의 크기에 비례한다.

01. 답 ②
해설 드라이기는 전기 에너지를 열에너지로 전환하여 사용하는 전기 기구이다.

02. 답 ④
해설 전압이 4V, 전류가 5A, 시간이 20초 이므로 저항에서 소비되는 전기 에너지의 크기는 4V × 5A ×20s = 400J 이다.

[유형15-2] 답 ①
해설 100V − 100W 는 100V의 전원에 연결하였을 때 100W의 전력을 소비한다는 뜻이다. 즉 1초 당 100 J의 일을 한다는 뜻이다.
바른 풀이 ⑤ 이 전구를 100V의 전원에 1시간 동안 연결하면 소비되는 전력량의 크기는 100V × 1h = 100Wh이다.

03. 답 ③
해설 9V - 18W 의 뜻은 9V의 전압을 걸었을 때 1초 동안 18W의 전력을 소비한다는 의미이다. 그러므로 10시간 동안 전구가 소모한 전력량은 18W × 10h = 180Wh이다.

04. 답 ②
해설 ab사이의 저항의 크기는 8Ω 이고 이 저항에 걸리는 전압의 크기는 4V 이므로 흐르는 전류의 값은 0.5A이다. 따라서 저항에서 소비되는 전력은 전압과 전류의 곱인 4V × 0.5A = 2W이다.

[유형15-3] 답 ④
바른 풀이 ① B가 A에서의 전력보다 더 크다.
② 전압의 크기는 저항의 크기에 비례한다. 따라서 B에 걸리는 전압이 A에 걸리는 전압보다 크다.
③ A, B가 직렬로 연결되어 있으므로 소모하는 전기 에너지

의 크기는 저항의 크기에 비례한다. 따라서 B에서 소모하는 전기에너지의 크기가 더 크다.
⑤ 직렬 연결되어 있는 상태이기 때문에 B가 저항이 더 커서 소모되는 전기 에너지의 크기가 크므로 B의 전구의 밝기가 더 밝을 것이다.

05. 답 ③
해설 회로의 전체 저항은 9Ω이므로 회로 전체에 흐르는 전류는 1A이다. 직렬로 연결되어 있으므로 A,B에 흐르는 전류는 모두 1A이고 걸리는 전압은 저항에 비례한다. 따라서 B에 걸리는 전압은 1A × 6Ω = 6V이다. 그러므로 B에서 사용한 전력량은 6V × 1A × 1h = 6Wh**이다.**

06. 답 ③
해설 병렬 연결 시 소비하는 전력은 저항의 값에 반비례한다. 따라서 A와 B의 저항값에 비는 1 : 2 이므로 소비하는 전력은 2 : 1 이다.

[유형15-4] 답 ①
해설 누전 차단기가 있다고 해서 항상 안전한 것은 아니므로 언제든지 안전 수칙을 유념하여야 한다.

07. 답 ⑤
해설 전기 기구가 방전되지 않도록 항상 주의해야 한다.

08. 답 ③
해설 도선이 저항을 지나지 않고 바로 만난 경우를 합선(단락)이라고 한다.

## 창의력 & 토론마당 82 ~ 85쪽

**01**

100V-100W의 의미는 100V의 전원에 연결하면 1초에 100W의 전력이 소비된다는 의미이다. 50V의 전원에 연결하면 처음보다 전압도 반으로 줄고 전류도 반으로 줄기 때문에 전류와 전압의 곱인 전력은 1/4로 줄어든다. 따라서 전구의 밝기가 어두워지며 200V의 전원에 연결하면 처음보다 전구의 밝기가 4배 밝아지게 된다.

해설 전력은 전류와 전압의 곱이다. 전구의 밝기는 전력의 값과 관련이 있으며 정격 전압보다 2배 높은 전압을 공급해 주면 전력은 4배가 커지게 된다. 이때 필라멘트가 끊어질 위험이 생기므로 주의해야 한다.

**02**

가변 저항의 값이 변해도 전구에 걸리는 전압은 변하지 않고 전구의 저항 또한 변하지 않으므로 밝기가 변하지 않는다.

해설 저항의 병렬 연결은 저항이 각자 전지에 연결된 것과 같으므로 다른 저항의 영향을 받지 않는다.

**03**

C > B > A 순으로 경제적이다.

해설

| TV | 사용한 전력량 (Wh) | 전기 요금 ( 원 ) | TV 구입 비용 ( 원 ) | 합계 ( 원 ) |
|---|---|---|---|---|
| A | 219,000 | 219,000 | 530,000 | 749,000 |
| B | 146,000 | 146,000 | 580,000 | 726,000 |
| C | 292,000 | 292,000 | 370,000 | 662,000 |

A TV를 사용한 전력량 = 30 W × 7300h = 219,000Wh
B TV를 사용한 전력량 = 20 W × 7300h = 146,000Wh
C TV를 사용한 전력량 = 40 W × 7300h = 292,000Wh
하루 2시간씩 TV를 사용하므로 10년, 즉 3650일 동안 TV를 3650 × 2 = 7300시간 사용하게 된다. 또한 1KWh(=1000Wh)의 전력량을 사용하는 데 1000원의 전기 요금을 내므로, 1Wh당 1원의 전기 요금을 낸다. 따라서 각 TV의 구입 비용과 10년 동안 사용한 전기 요금의 합이 가장 작은 C TV 가 가장 경제적이다.

**04**

멀티탭을 통해 전기 기구들이 병렬로 연결되어 있기 때문에 연결되는 전기 기구들이 많아 질수록 합성 저항은 작아지고 그만큼 전류가 많이 흘러 화재의 위험이 있다.

해설 저항을 병렬 연결시키면 같은 저항을 직렬 연결시켰을 때 보다 저항이 작아지게 된다. 즉 멀티탭에 전기 기구들을 많이 꽂을수록 순간적으로 전류가 많이 흘러 전력이 갑자기 커지게 되므로 화재의 위험이 생기는 것이다.

**05**

(1) 9800Wh
(2) 전구 2개는 밝기가 굉장히 어두워지고 밥솥 안에 있는 밥들은 덜 익을 것이며 선풍기는 잘 돌지 않을 것이다.

해설 전기 기구들은 병렬로 연결되어 있다. 따라서 같은 양의 전압이 걸리기 때문에 제품에 쓰여 있는 정격 전압을 이용하여 전력량을 구하면 된다.
(1) (20W × 10h) + (60W × 10h) + (800W × 10h) + (100W × 10h) = 9800Wh
(2) 공급되는 전압이 $\frac{1}{2}$배로 줄었기 때문에 소비되는 전력은 $\frac{1}{4}$배로 줄게 된다. 따라서 전구 2개는 밝기가 굉장히 어두워지고 밥솥 안에 있는 밥들은 덜 익을 것이며 선풍기는 잘 돌지 않을 것이다.

## 스스로 실력 높이기 86 ~ 89쪽

http://cafe.naver.com/creativeini

▶ 창의력과학 세페이드 문제풀이 바로가기 클릭하여 문제를 풀어 보세요.

| | | | |
|---|---|---|---|
| **01.** ② | **02.** (1) O (2) X (3) X | | **03.** ④ |
| **04.** (1) O (2) X (3) O | | **05.** ② | **06.** ③ |
| **07.** ④ | **08.** 합선 | **09.** 10 | **10.** 2 : 1 |
| **11.** 2 | **12.** 100 | **13.** 900 | **14.** ② |
| **15.** ⑤ | **16.** (1) O (2) X (3) O | | **17.** ②, ④ |
| **18.** ③ | **19.** B | **20.** ② | |
| **21.** ~ **22.** 해설 참조 | | | |

**01.** 답 ②

바른 풀이 ② 전력량의 단위는 Wh(와트시)이다.

**02.** 답 (1) O (2) X (3) X

바른 풀이 (2) 스피커는 전기 에너지가 파동 에너지로 전환된 형태이다.
(3) 전기 오븐은 전기 에너지가 열에너지로 전환된 형태이다.

**03.** 답 ④

해설 220V에 연결했을 때 1850W 의 전력을 소비하는 무선전기 주전자이다. 220V에 연결하여 2시간 동안 사용하였으므로 사용된 전력량은 1850W × 2h = 3700Wh이다.

**04.** 답 (1) O (2) X (3) O

바른 풀이 (2) 전열기에서 방전이 일어나면 크게 위험하다.
(3) 젖은 손으로 전열기를 만지면 안전 사고가 일어난다.

**05.** 답 ②

해설 저항이 직렬 연결된 회로이므로 각 열량계에 걸리는 전류는 동일하다. 따라서 A에 걸리는 전압은 2A × 4Ω = 8V이고 B에 걸리는 전압은 2A × 8Ω = 16V이다. 전체 회로에 흐르는 전류는 2A이므로 전력 = 전류 × 전압 = 8V × 2A = 16W이다.

**06.** 답 ③

해설 회로에 연결된 전압이 12V라면, 전체 회로에 흐르는 전류는 1A이다. 따라서 A에 걸리는 전압은 4V이고 B에 걸리는 전압은 8V이다. 1시간 동안 사용된 전력량은 전압, 전류, 시간 곱이므로 8V × 1A × 1h = 8Wh이다.

**07.** 답 ④

해설 24V보다 더 큰 전압을 사용하면 회로에 흐르는 전체 전류량, A와 B에 걸리는 전압이 동시에 늘어난다. 이로 인해서 A와 B의 발열량도 커지게 된다. 그러나 저항은 전압이 변해도 항상 일정하다.

**09.** 답 10

해설 회로에 흐르는 전류는 $= \dfrac{10\text{V}}{10\Omega} = 1\text{A}$이다.
저항에서 소비되는 전력은 전압과 전류의 곱으로 나타내므로 10V × 1A = 10W가 된다.

**10.** 답 2 : 1

해설 전구 A와 B는 병렬 연결이 되어 있으므로 각 전구에 걸리는 전압은 모두 8V이다. 그러므로 A에 흐르는 전류는 $\dfrac{8\text{V}}{1\Omega} = 8\text{A}$, B에 흐르는 전류는 $\dfrac{8\text{V}}{2\Omega} = 4\text{A}$이다. 소비되는 에너지 비는 전압이 같고, 소비되는 시간이 같으므로 전류비와 같다. 따라서 8A : 4A = 2 : 1이다.

**11.** 답 2

해설 저항에서 소비되는 전력은 24W이다. 전력은 전압 × 전류이므로 전류 $= \dfrac{\text{전력}}{\text{전압}} = \dfrac{24\text{W}}{12\text{V}} = 2\text{A}$ 이다.

**12.** 답 100

해설 전기 에너지는 전력과 시간의 곱이다. 4000 J의 에너지가 10초 동안 공급되었다면 4000J = 전력 × 10s 이므로 전력은 400W이다. 전력은 전압과 전류의 곱이므로 전압은 200V, 전류는 2A이다. 옴의 법칙을 이용하면 저항은

$$\text{저항}(R) = \frac{\text{전압}(V)}{\text{전류}(I)} = \frac{200\text{V}}{2\text{A}} = 100\Omega\text{이다.}$$

**13.** 답 900

해설 전기 에너지는 전력과 시간의 곱이다. 120V에 연결하면 전구는 30W를 소비한다. 그리고 30초 동안 밝혀서 소비되는 전기 에너지는 30W × 30s = 900 J이다.

**14.** 답 ②

바른 풀이 ② 전기 에너지와 발열량은 비례한다.

**15.** 답 ⑤

해설 A와 B 전체 전압이 20V이고 A와 B가 병렬로 연결되어 있기 때문에 A와 B에 걸리는 전압은 20V로 같다. 따라서 A에 흐르는 전류 $= \dfrac{20\text{V}}{5\Omega} = 4\text{A}$, B에 흐르는 전류 $= \dfrac{20\text{V}}{10\Omega} = 2\text{A}$이다. 전력은 전압과 전류의 곱이므로 A의 전력은 20V × 4A = 80W, B의 전력은 20V × 2A = 40W이다.

**16.** 답 (1) O (2) X (3) O

바른 풀이 (2) 각 저항에 걸리는 전압은 각 저항의 크기와 상관없이 전체 전압이 걸린다.

**17.** 답 ②, ④

해설 ② 전기 난로, ④ 전기 오븐은 전기 에너지가 열에너지로 전환되는 것을 사용한 예이다.
① 형광등, ⑤ LED는 전기 에너지가 빛에너지로 전환되는 것을 사용한 예이다.

③ 배터리, ⑦ 전기 도금은 전기 에너지가 화학 에너지로 전환되는 것을 사용한 예이다.
⑥ 선풍기, ⑧ 전동차는 전기 에너지가 운동 에너지로 전환되는 것을 사용한 예이다.
⑨ MRI는 전기 에너지가 파동 에너지로 전환되는 것을 사용한 예이다.

**18.** 답 ③
바른 풀이 ③ 회로에 정해진 것보다 큰 전류가 흐르면 위험하다.

**19.** 답 B
해설 A에 흐르는 전류는 $\frac{8V}{2\Omega + 2\Omega} = 2A$이고, 걸리는 전압은 $2A \times 2\Omega = 4V$이므로 전력은 $2A \times 4V = 8W$이다.
B에 걸리는 전압은 8V이고 흐르는 전류는 $\frac{8V}{2\Omega} = 4A$이므로 전력은 $8V \times 4A = 32W$이다. 시간은 저항 A와 B 둘다 같으므로 전력량은 B가 A보다 많다.

**20.** 답 ②
바른 풀이 ② (가)에서 2개 저항의 크기가 모두 같으므로 걸리는 전압은 같다.
해설 ① (나)는 병렬로 연결했기 때문에 걸리는 전압은 같다.
③, ④ (가) 회로는 저항을 직렬로 연결했기 때문에 각 저항에 흐르는 전류는 같고, 각 저항에 걸리는 전압은 저항에 비례하기 때문에 발열량은 저항에 비례한다.
⑤ (나)는 저항이 병렬로 연결되어 있기 때문에 각 저항에 걸리는 전압은 같고, 전류는 저항값에 반비례한다. 따라서 B의 저항값이 커지면 B에 흐르는 전류의 세기가 작아지기 때문에 발열량이 감소한다.

**21.** 답 가변 저항 A의 값이 커지면, 가변 저항 A에 걸리는 전압이 커지게 되고, 전구에 걸리는 전압은 작아지게 되므로, 전구가 어두워지게 된다. 반대로 가변 저항 A의 값이 작아지면 전구는 밝아지게 된다.
해설 저항을 직렬 연결하는 경우 각 저항에 흐르는 전류는 같고, 각 저항에 걸리는 전압은 저항에 비례한다. 이때 전구의 밝기는 전력량이 클수록 커진다. 따라서 가변 저항 A의 값이 커지면, 가변 저항 A에 걸리는 전압이 커지게 되고, 전구에 걸리는 전압은 작아지게 되므로, 전구가 어두워지게 된다. 반대로 가변 저항 A의 값이 작아지면 전구는 밝아지게 된다.

**22.** 답 멀티탭을 통해 전기 기구들은 병렬로 연결되어 있기 때문에 플러그 하나를 뽑거나 꽂더라도 다른 전기 기구에 걸리는 전압이 변하지 않으므로 작동하는 데 아무런 영향을 주지 않는다.
해설 멀티탭을 통해 전기 기구들이 병렬로 연결되기 때문에 플러그 하나를 뽑거나 꽂더라도 다른 전기 기구에 걸리는 전압은 변하지 않는다(전체 전류는 작아지거나 커짐). 이렇게 멀티탭은 전기 기구를 자유롭게 사용할 수 있도록 한다.

# 16강. 전류의 자기 작용

**개념확인** 90 ~ 93쪽

1. N, S, 세다. 2. (가) ㉡ (나) ㉢ 3. (가)
4. ㉠ N ㉡ S

3. 답 (가)
해설 원형 전류 중심에서의 자기장의 세기는 원형 도선의 반지름이 작을수록 커진다.

**확인+** 90 ~ 93쪽

1. ⑤ 2. ① 3. ④ 4. ⑤

1. 답 ⑤
바른 풀이 ⑤ 자기장의 방향은 나침반 바늘의 N극이 가리키는 방향과 같다.

2. 답 ①
해설 전류가 흐르는 도선에서 가장 가까운 곳인 ①번 위치에서의 자기장이 가장 세다.

3. 답 ④
해설 전류가 흐르는 원형 도선에서 오른손의 엄지손가락을 전류의 방향으로 향하게 하면 네 손가락이 도선을 감아쥐는 방향이 자기장의 방향이 된다. 그림 속 원형 도선에 의한 자기장의 방향은 북쪽이다. 나침반 N극은 자기장의 방향을 가리키므로, 나침반 N극이 가리키는 방향은 북쪽이다.

4. 답 ⑤
해설 전류가 흐르는 방향으로 오른손을 감아쥘 때 엄지손가락이 가리키는 방향은 코일 내부에 생기는 자기장의 방향이다.

**생각해보기** 90 ~ 93쪽

★ 자석 내부에서는 직선 모양의 자기력선을 관찰할 수 있다.
★★ N극이 가리키는 방향은 서로 반대이다.
★★★ 코일에 전류가 흐르면 그 주위에 자기장이 생기기 때문에 자석의 성질을 띨 수는 있지만 그 세기가 매우 약하다.

★ 해설
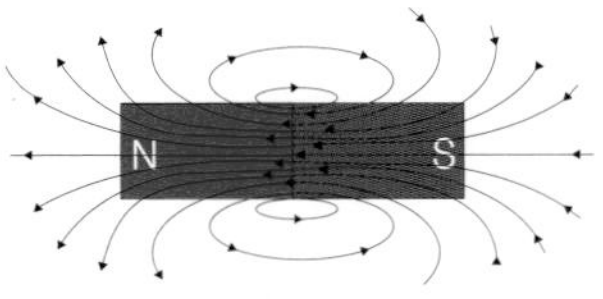


★★ 해설 직선 전류에 의해 생기는 자기장은 동심원 모양이다. 그러므로 전선 위에 놓을 때는 N극이 오른쪽을 가리

키고 전선 아래 쪽에 놓을 때는 왼쪽을 가리킨다.

★★★ 해설 코일 내부에 철심을 넣으면 철심이 자화되어 더욱 강한 자기장을 얻을 수 있는 것이다. 하지만 나무의 경우 자화되지 않기 때문에 코일에 흐르는 전류에 의해 발생한 자기장만 갖는 전자석이 되는 것이다.

## 개념 다지기 94 ~ 95쪽

| | | |
|---|---|---|
| 01. ④ | 02. ② | 03. ④ |
| 04. ⑤ | 05. ② | 06. ⑤ |

01. 답 ④
해설 자기장의 방향과 나침반 바늘의 N극이 가리키는 방향은 같다.

02. 답 ②
해설 자기력선의 간격이 촘촘할수록 자기력의 세기가 세다.

03. 답 ④
바른 풀이 ① 전류는 (+)에서 (−)로 흐르므로 직선 도선의 아래쪽은 (+)극이다.
②, ③ 전류가 흐르는 도선에 가깝거나 전류가 세질수록 자기장의 세기가 세진다.
⑤ 자기장의 방향은 직선 도선을 중심으로 반시계 방향으로 생긴다.

04. 답 ⑤
해설 ⑤ 원형 도선에 흐르는 전류의 세기가 클수록 ㉡에서 자기장의 세기가 커진다.
바른 풀이 ① 원형 도선 중심에서 자기장의 방향은 북쪽이다.
② ㉠에 나침반을 놓으면 나침반의 S극은 북쪽을 향한다.
③ ㉡에 나침반을 놓으면 나침반의 S극은 남쪽을 향한다.
④ 원형 도선의 반지름이 작을수록 ㉡에서 자기장의 세기가 커진다.

05. 답 ②
해설 코일의 ㉠ 위치에서 자기장 방향은 오른쪽에서 왼쪽 방향으로 형성되며, 이는 나침반 바늘의 N극이 가리키는 방향과 같다.

06. 답 ⑤
바른 풀이 ⑤ 전자석은 전류가 흐르지 않으면 자석의 성질을 잃는다.
해설 ① 코일에 흐르는 전류의 방향에 따라 전자석의 극이 결정된다.
③ 코일에 흐르는 전류의 세기가 세지면 전자석의 세기도 세진다.
④ 전자석도 자석의 성질을 갖기 때문에 막대자석과 비슷한 모양의 자기력선을 갖는다.

## 유형 익히기 & 하브루타 96 ~ 99쪽

| | | |
|---|---|---|
| [유형16-1] ⑤ | 01. ③ | 02. ④ |
| [유형16-2] ④ | 03. ①, ② | 04. ④ |
| [유형16-3] ③ | 05. ③ | 06. ② |
| [유형16-4] ① | 07. ④ | 08. ① |

[유형16-1] 답 ⑤
해설 자기력선은 N극에서 나와서 S극으로 들어간다.

01. 답 ③
해설 자기력선은 N극에서 나와서 S으로 들어간다. 그러므로 A가 N극, C가 S극이다.
바른 풀이 ① A는 자기력선이 나가므로 N극이다.
② 자기장의 세기는 양 극쪽이 가장 세다. 그러므로 A와 C의 자기장이 가장 세다.
④ D에 나침반을 놓으면 N극이 오른쪽으로 향한다.
⑤ 자기력선의 방향을 가지고 자석의 극을 알 수 있다.

02. 답 ④
해설 자기력선은 N극에서 나와 S극으로 들어가며, 자기장의 방향은 나침반의 N극이 향하는 방향과 같다. 따라서 A점에 나침반을 놓았을 때 N극은 왼쪽을 가리킨다.

[유형16-2] 답 ④
해설 자기장의 방향과 나침반 바늘의 N극이 가리키는 방향이 같으므로 자기장은 반시계 방향이다. 오른손의 네 손가락으로 자기장 방향을 나타내면 엄지 손가락의 방향이 전류의 방향이므로 전류는 아래에서 위쪽으로 흐른다.

03. 답 ①, ②
해설 전류의 방향만 바뀌면 자기장의 방향이 바뀐다. 그러나 자기장의 세기와 자기장의 모양은 변하지 않는다.

04. 답 ④
해설 자기장의 세기는 도선에 흐르는 전류의 세기가 셀수록, 도선과의 거리가 가까울수록 세진다.
① 도선에서 멀어지면 자기장의 세기가 약해진다. ② 전류의 방향만 바꿔주면 자기장의 방향만 변하고 세기는 그대로이다. ③ 전류를 흐르지 않게 하면 자기장의 세기는 0이다.
⑤ 전류의 세기는 같기 때문에 자기장의 세기는 같다.

[유형16-3] 답 ③
해설 오른손의 엄지손가락으로 전류의 방향을 가리키면 네 손가락은 자기장의 방향을 나타낸다. 이때 자기장의 방향은 나침반 N극의 방향과 같다. 그러므로 나침반 N극은 남쪽을 향한다.

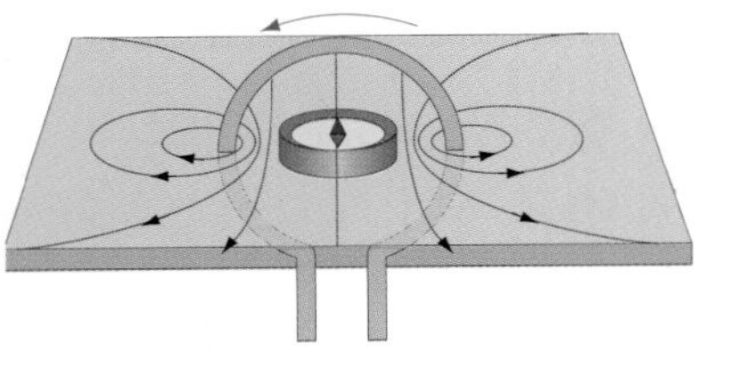


05. 답 ③

해설 오른손의 엄지손가락으로 전류의 방향을 가리키면 네 손가락은 자기장의 방향을 나타낸다. 이때 자기장의 방향은 나침반 N극의 방향과 같다. 그러므로 ㉠ 위치에서 자기장의 방향은 남쪽을 향하기 때문에 나침반의 N극은 남쪽을 향하여 ③과 같이 나온다.

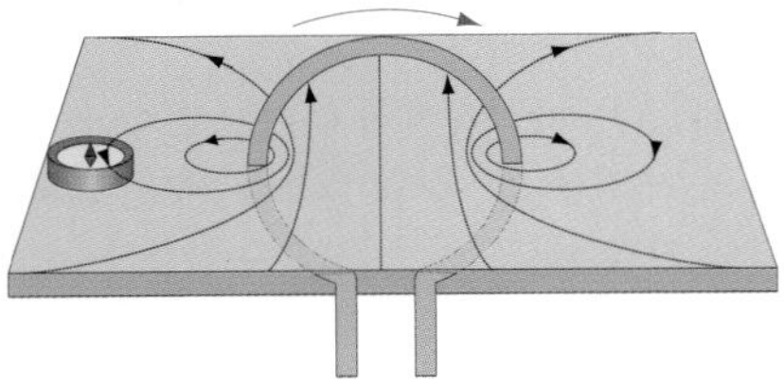


06. 답 ②

해설 원형 도선의 반지름을 작게 해주면 원형 도선의 중심에서 자기장의 세기가 세진다.

① 원형 도선에 전류를 흐르지 않게 하면 자기장이 0이다.
③ 전류의 방향을 바꾸면 자기장의 방향이 바뀐다.
④ 철가루를 뿌려도 자기장의 세기에는 변화가 없다.
⑤ 원형 도선에 흐르는 전류의 세기를 약하게 하면 자기장의 세기도 약해진다.

[유형16-4] 답 ①

해설 전류가 흐르는 방향으로 오른손을 감아쥐면 엄지손가락은 동쪽(오른쪽)을 향하게 된다. 이 방향이 나침반 N극이 향하는 방향이다.

07. 답 ④

해설 코일에 전류를 흘려 주면 ㉠의 왼쪽에는 S극 오른쪽에는 N극이 형성된다. 그러므로 나침반 바늘의 N극의 방향은 오른쪽이다.

08. 답 ①

해설 코일을 더 촘촘히 감을수록 자기장의 세기가 세진다.

② 전류를 흐르지 않게 하면 자기장은 0이다.
③ 전류의 방향을 바꿔주면 자기장의 방향이 바뀐다.
④ 전류의 세기를 약하게 해주면 자기장의 세기도 약해진다.
⑤ 전류의 세기와 코일이 감기는 정도에 따라 코일 내부에 생기는 자기장의 세기는 변한다.

## 창의력 & 토론마당 100 ~ 103쪽

**01**

(1) 〈예시 답안〉 ㉠에 놓은 나침반이 가장 빨리 고장이 날 것이다. 왜냐하면 자석의 양쪽 극과 가까울수록 자기장이 세기 때문이다.

(2) 〈예시 답안〉 나침반과 자석 사이에 자기력을 막을 수 있는 물체인 철판, 니켈판 등을 놓는다.

(1) 해설 나침반 바늘은 나침반 주위의 자기장의 세기가 셀수록 자성을 쉽게 잃어버린다. 자석의 자기장은 양극에서 가장 세고, 극과 멀어질수록 약해진다.

(2) 해설 나침반이 고장이 나지 않기 위해서는 자석으로부터 나오는 자기력을 막는 방법이 있다. 자기력은 비자성체(금속 중에서 알루미늄이나 구리 같이 자석에 붙지 않는 금속)는 통과하지만 강자성체(철과 같이 자석에 잘 붙는 금속)는 두께가 1 ~ 2mm 정도만 되어도 자기력이 투과하지 못한다.

**02**

(1) 〈예시 답안〉 코일의 N-S극과 막대 자석의 N-S극을 맞추어서 코일을 감는다면 막대 자석의 자기력은 세질 것이다. 왜냐하면 막대 자석의 자기력에 코일에 의해 생기는 자기력이 더해지기 때문이다.

(2) 〈예시 답안〉 막대 자석의 극은 바뀔 수 있을 것 같다. 왜냐하면 막대 자석의 자기장을 무시할 수 있을 만큼 코일에 의해 생기는 자기장을 세게 해준다면 코일에 의한 자기장이 막대 자석의 자기장의 방향을 반대로 할 수 있기 때문이다.

해설 막대 자석은 영구 자석으로 철의 일종이다. 전자석의 자력의 세기는 코일에 전류가 커짐에 따라서 점점 증가되다가 어느 시점에 다다르면 더이상 자력은 증가되지 않게 되는데 그 시점을 포화점이라고 한다. 즉 철이 자기력을 가지게 되는 정도에 한계가 있다는 것이다. 보통의 영구 자석은 그 자기력이 보통 포화점에 이르도록 최대 한도로 자화되어 있는데 거기에 코일을 감고 전류를 흘려봐야 더 이상의 큰 자력을 갖지 못한다. 단, 코일의 극을 바꿔서 자석의 극과 반대 방향으로 전류를 흘려 주게 되면 자력이 상쇄되는 현상은 볼 수 있다.

**03**

㉠에서 ㉤까지 나침반을 전선 위로 이동시키는 과정에서 ㉡ 지점에서는 전류가 아래로 흐르므로 나침반의 바늘은 반시계 방향으로 회전하게 되고, ㉡ 지점을 지나 ㉢ 지점으로 오면 도선에 의한 자기장은 상쇄되므로, 나침반의 바늘은 북쪽을 향하게 된다. 나침반이 ㉣ 지점을 지날 때는 ㉡ 지점에서와 전류의 방향이 반대이기 때문에 나침반 바늘도 그 반대인 시계 방향으로 회전하게 된다. ㉠에서 ㉤까지 나침반을 전선 아래로 이동을 시키게 되면 ㉠, ㉢, ㉤에

서 ㉡과 ㉢에서 도선에 흐르는 전류의 방향은 지만 도선에 의한 자기장의 방향이 반대로 생기기 때문에 전선 위로 지나갈 때와 각각 반대 방향으로 나침반 바늘이 움직이게 된다.

해설 직선 전류에 의한 자기장은 오른손 법칙에 의해 전류가 흐르는 도선을 감싸쥐는 방향으로 동그랗게 생긴다. ㉡에서는 전류가 위에서 아래로 흐르고 있기 때문에 도선 위에서는 오른쪽에서 왼쪽으로 자기장 방향이 생기고, 도선 아래쪽에서는 왼쪽에서 오른쪽으로 자기장 방향이 생긴다. ㉢에서는 전류가 아래에서 위로 흐르기 때문에 도선 위에서는 왼쪽에서 오른쪽으로 자기장 방향이 생기고, 도선 아래쪽에서는 오른쪽에서 왼쪽으로 자기장 방향이 생긴다.

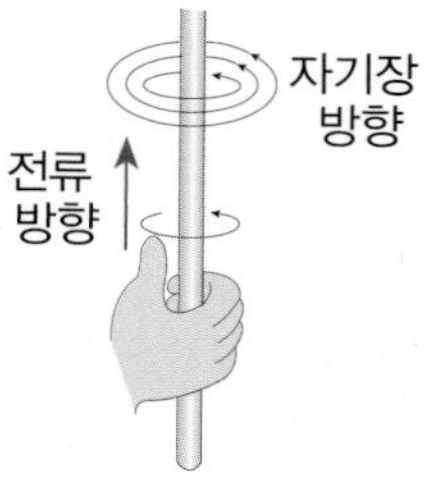


**04**

(1) 〈예시 답안〉 처음부터 나침반의 N극이 가리키는 방향과 전류에 의한 자기장의 방향이 같았기 때문에 바늘이 움직이지 않았다.
(2) 〈예시 답안 1〉 나침반의 위치를 도선 아래에 둔다.
〈예시 답안 2〉 나침반의 위치를 전지의 (−)극에 연결되어 있는 전선 위에 둔다.
〈예시 답안 3〉 전지의 극을 바꿔준다.

해설 직선 전류에 의한 자기장은 오른손 법칙에 의해 전류가 흐르는 도선을 감싸쥐는 방향으로 동그랗게 생긴다. 무한이가 꾸민 전기 회로도에서 나침반을 통과하는 전류는 서쪽으로 흐르므로 나침반 지점에서 전류에 의한 자기장의 방향은 북쪽으로 형성된다. 따라서 처음부터 북쪽을 향해 있던 나침반의 방향은 바뀌지 않는다.

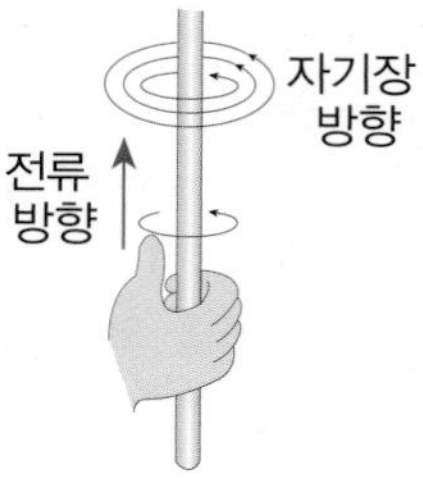


## 스스로 실력 높이기 104 ~ 107쪽

http://cafe.naver.com/creativeini
▶ 클릭하여 문제풀이를 해보세요.

**01.** (1) O (2) X (3) O **02.** (1) O (2) X (3) O
**03.** (1) X (2) O (3) O **04.** (1) X (2) X (3) O
**05.** 자기장, N **06.** A > B > C >D
**07.** 남 **08.** 척력(밀어내는 힘)
**09.** ㉠ 전류 ㉡ 자기장 **10.** 전자석
**11.** ① **12.** ④ **13.** ⑤ **14.** ②
**15.** ③ **16.** ② **17.** ② **18.** ①
**19.** ① **20.** ⑤
**21.** 철은 자석에 붙지만, 구리는 붙지 않는다.
**22.** 나침반 ㉠이 놓여있는 지점에 생기는 자기장의 방향은 도선을 중심으로 (동쪽에서 바라봤을 때) 시계 방향으로 생긴다. 즉, 도선 위에서는 남쪽에서 북쪽 방향으로 자기장이 형성된다. 따라서 나침반 ㉠의 바늘은 움직이지 않는다.

**01.** 답 (1) O (2) X (3) O
해설 (1) 자기력선은 자석의 N극에서 나와 S극으로 들어간다.
바른 풀이 (2) 자기력선은 도중에 끊어지거나 새로 생기지 않는다.

**02.** 답 (1) O (2) X (3) O
해설 (1) 직선 도선을 중심으로 동심원 모양으로 자기장이 형성된다.
(3) 전류의 세기가 세지면 자기장의 세기도 세진다.
바른 풀이 (2) 오른손을 이용하여 엄지손가락이 향하는 방향이 전류의 방향이고 네 손가락이 감아쥐는 방향이 자기장 방향이다.

**03.** 답 (1) X (2) O (3) O
바른 풀이 (1) 원형 도선과 다른 모양의 동심원 모양으로 자기장이 형성된다. 즉, 원형 도선을 중심으로한 동심원 모양의 자기장이 형성된다.

**04.** 답 (1) X (2) X (3) O
바른 풀이 (1) 코일 내부에 직선 모양의 자기장이 생긴다.
(2) 코일을 촘촘히 감을수록 자기장의 세기는 세진다.
해설 (3) 전류가 흐르는 코일 내부에 철심을 넣은 것을 전자석이라고 한다.

**06.** 답 A > B > C >D
해설 직선 도선과의 거리가 가까울수록 자기장이 세다.

**07.** 답 남

해설 오른손의 엄지손가락으로 전류의 방향을 가리키면 네 손가락은 자기장의 방향을 나타낸다. 이때 자기장의 방향은 나침반 바늘의 N극 방향과 같다. 그러므로 나침반 바늘의 N극은 남쪽을 향한다.

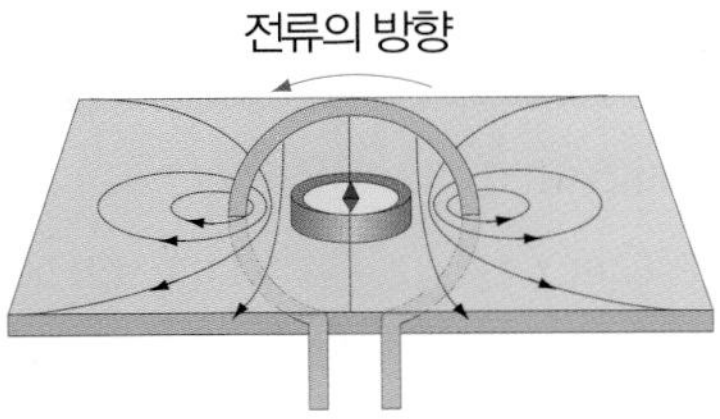


**08.** 답 척력(밀어내는 힘)

해설 전류를 흘려주면 전자석 왼쪽에는 N극, 오른쪽에는 S극이 형성된다. 이때 전자석의 오른쪽에 막대 자석의 S극을 가까이 하면 서로 밀어내려는 힘이 작용한다.

**09.** 답 ㉠ 전류 ㉡ 자기장

해설 ㉠ 전류가 흐르는 방향으로 오른손 네 손가락을 감아쥐면 엄지 손가락은 ㉡ 코일 내부의 자기장 방향을 향한다.

**11.** 답 ①

해설 자기력선은 N극에서 나가서 S극으로 들어간다. 이때 A에서 자기력선의 방향은 오른쪽에서 왼쪽이므로 나침반 N극도 왼쪽을 향하게 된다.

**12.** 답 ④

해설 자기력선은 N극에서 나가서 S극으로 들어간다. ㉡에서 자기력선이 나가는 방향으로 형성되었으므로 ㉡은 N극이고, ㉠과 ㉢에서는 자기력선이 들어가고 있기 때문에 S극이다.

**13.** 답 ⑤

해설 직선 도선에서 전류가 아래에서 위쪽으로 흐르면 반시계 방향으로 자기장의 방향이 생기고, 위에서 아래쪽으로 흐르면 시계 방향으로 자기장의 방향이 생긴다. ①, ③, ④는 나침반 방향이 적절하지 않고, ②은 자기장 방향이 반대로 되었다.

**14.** 답 ②

해설 직선 도선에서 전류가 아래에서 위쪽으로 흐르면 동심원 모양의 자기장이 반시계 방향으로 생기고, 아래쪽으로 흐르면 시계 방향으로 자기장의 방향이 생긴다.

**15.** 답 ③

해설

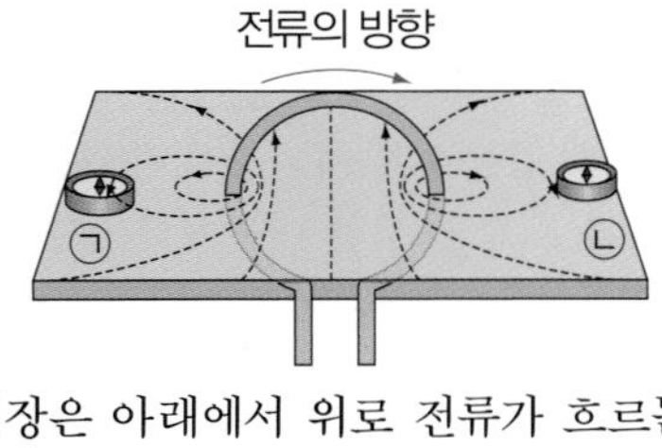


㉠에서 자기장은 아래에서 위로 전류가 흐르는 직선 도선 주위에서 발생하는 자기장 모양과 같다. 오른손의 엄지손가락으로 전류의 방향을 가리키면 네 손가락은 자기장의 방향을 나타내게 된다. 이때 자기장의 방향은 나침반 바늘의 N극의 방향과 같다. 그러므로 왼쪽 나침반 바늘의 N극은 자기장이 반시계 방향으로 생기기 때문에 남쪽을 향하게 된다. 반대로 오른쪽 자기장은 전류의 흐름이 위에서 아래로 흐르는 직선 도선 주위에서 발생하는 자기장 모양과 같다. 그러므로 자기장이 시계 방향으로 발생하여 나침반 바늘의 N극도 남쪽을 향하게 된다.

**16.** 답 ②

해설

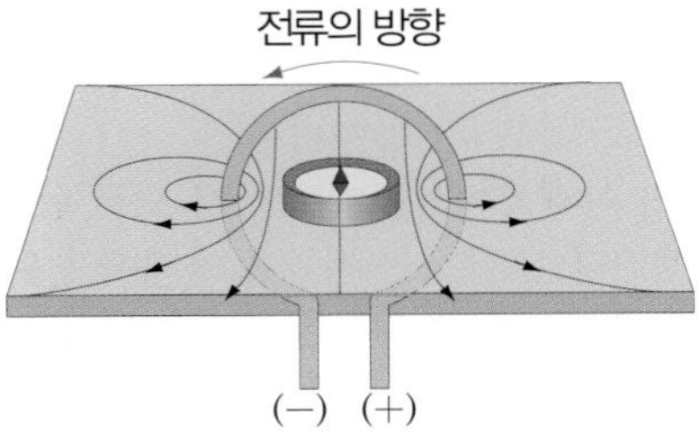


오른손의 엄지손가락으로 전류의 방향을 가리키면 네 손가락이 향하는 방향이 자기장의 방향이다.

바른 풀이 ㄱ. 나침반 바늘의 N극이 남쪽을 향하고 있기 때문에 전류는 원형 도선에서 반시계 방향으로 흐르는 것을 알 수 있다. 그러므로 ㉠에는 전지의 (−)극이 연결되어 있다.

ㄷ. 나침반을 원형 도선의 오른쪽으로 옮기면 나침반 바늘의 N극의 방향은 위쪽으로 향하게 된다.

**17.** 답 ②

해설 나침반 바늘의 N극의 방향으로 보아서 코일의 왼쪽에는 S극 오른쪽에는 N극이 형성되었음을 알 수 있다.

② 전류는 ㉠으로 들어와서 ㉡쪽으로 흐르고 있다.

바른 풀이 ① ㉠에는 전지의 (+)극이 연결되어 있다.

④ 전류의 방향이 바뀌면 나침반 바늘은 반대 방향으로 움직인다.

⑤ 나침반을 코일 내부로 옮겨도 코일 내부에서 자기장의 방향은 오른쪽이기 때문에 나침반 바늘은 움직이지 않는다.

**18.** 답 ①

해설 전류를 흘려주게 되면 전자석의 왼쪽은 N극, 오른쪽은 S극이 된다. 따라서 ㉠은 N극이 왼쪽, ㉡도 N극이 왼쪽을 향하게 된다.

**19.** 답 ①

해설 나침반 바늘의 방향으로 보아 전자석의 왼쪽은 N극 오른쪽은 S극이며, 자기력선은 N극에서 나가고 S극으로 들어간다. 따라서 오른손 엄지 손가락 방향이 자기장 방향을 가리키고 네 손가락이 전류가 흐르는 방향을 가리키므로 답은 ①이다.

**20.** 답 ⑤

바른 풀이 ⑤ 전자석의 왼쪽은 N극, 오른쪽은 S극이 되기 때문에 자기력선의 방향이 잘못되었다.

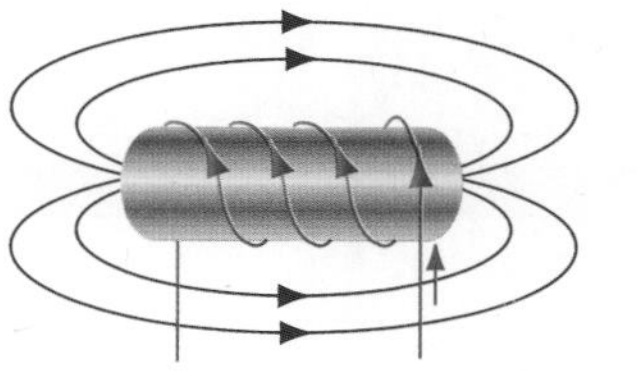

해설 ①, ④ 자기력선의 방향은 N극에서 나와서 S극으로 들어가는 방향이다.

②, ③ 오른손의 엄지손가락을 전류 방향으로 하면 네 손가락이 가리키는 방향이 자기장 방향이 된다.

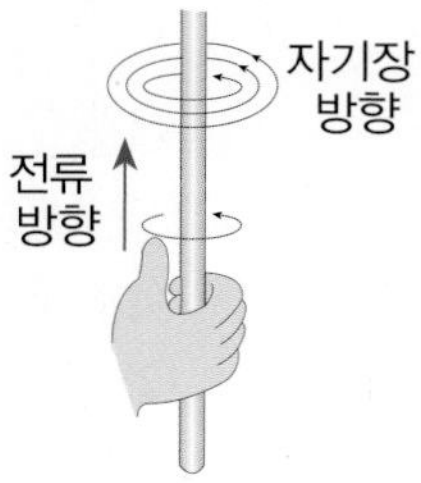


**21.** 답 〈예시 답안〉 철은 자석에 붙지만, 구리는 붙지 않는다.

해설 철은 자석에 강하게 반응하는 강자성체이고, 구리는 외부 자기장에 의해 반대 방향으로 자화되는 반자성체이다. 또 다른 반자성체로는 납, 탄소, 물, 수소 등이 있다.

**22.** 답 나침반 ㉠이 놓여있는 지점에 생기는 자기장의 방향은 도선을 중심으로 (동쪽에서 바라봤을 때) 시계 방향으로 생긴다. 즉, 도선 위에서는 남쪽에서 북쪽 방향으로 자기장이 형성된다. 따라서 나침반 ㉠의 바늘은 움직이지 않는다.

해설 직선 전류에 의한 자기장은 오른손 법칙에 의해 전류가 흐르는 도선을 감싸쥐는 방향으로 동그랗게 생긴다.

# 17강. Project 5

## 서술 108 ~ 109쪽

**01** 자기부상열차는 소음이 매우 적고, 진동이 거의 없어 승차감이 좋으며, 보통 열차보다 2~3배 고속으로 운행할 수 있다. 또한 마찰에 의한 마모도 거의 없어 유지 및 보수 비용이 저렴하고 자석이 레일을 감싸기 때문에 탈선의 위험이 없다. 그리고 하중이 레일 전체에 분산되기 때문에 레일 구조물의 건설비가 적게 든다.

**02** 강한 자석을 만들기 위해서는 코일에 강한 전류를 흘려 주어서 강한 전자석을 만드는 방법이 있다. 그런데 강한 전류를 흘려 주면 코일의 저항 때문에 매우 큰 열이 발생한다. 이 열을 발생시키지 않기 위해 특정 온도 이하에서 저항이 0이 되는 초전도체 물질을 사용한다.

## 탐구 110 ~ 113쪽

### 탐구 1. 직선 전류 주위의 자기장

**탐구 결과**

1. 처음에 북쪽을 향하던 자침이 약간 동쪽으로 회전한다.
→ 자침을 통과하는 전류에 의한 자기장이 동쪽 방향이기 때문이고, 북쪽을 향하는 지구의 자기장 때문에 자침의 N극은 정확히 동쪽을 향하지 않는다.

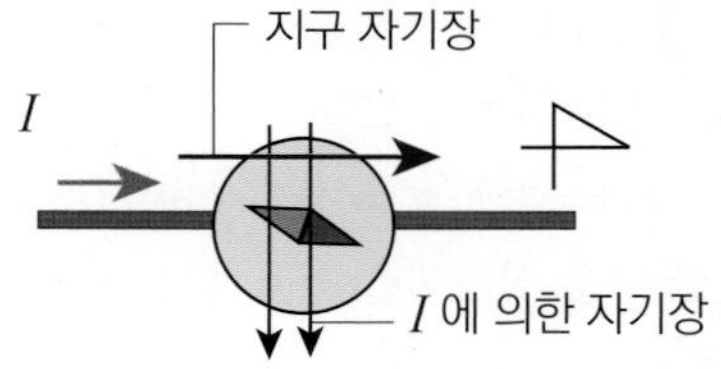


2~3.

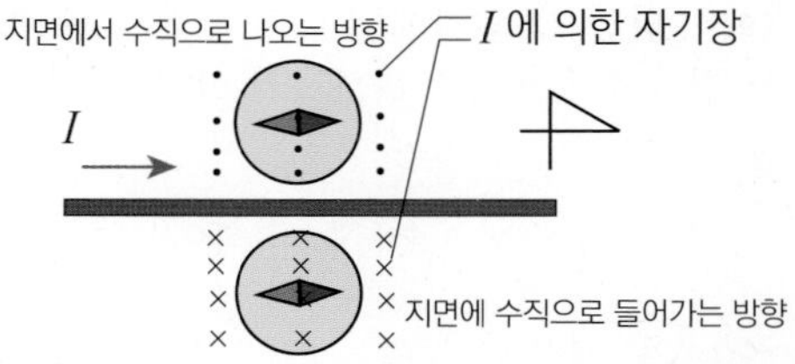


자침을 통과하는 전류에 의한 자기장의 방향이 북쪽 방향의 자침의 방향과 수직이므로, 자침의 방향은 북쪽을 향한 상태로 유지되며, 전류를 2배로 하더라도 자침의 방향은 북쪽을 향한 상태로 그대로 유지된다.

**탐구 문제**

1. 답 전류가 흐르지 않을 때 북쪽을 향하던 자침의 N극은 전류를 통하면 동쪽으로 기울어진다.
2. 답 ㉠ 자기장 ㉡ 동심원

**탐구 2. 전류가 흐르는 코일 주위의 자기장**

**탐구 결과**

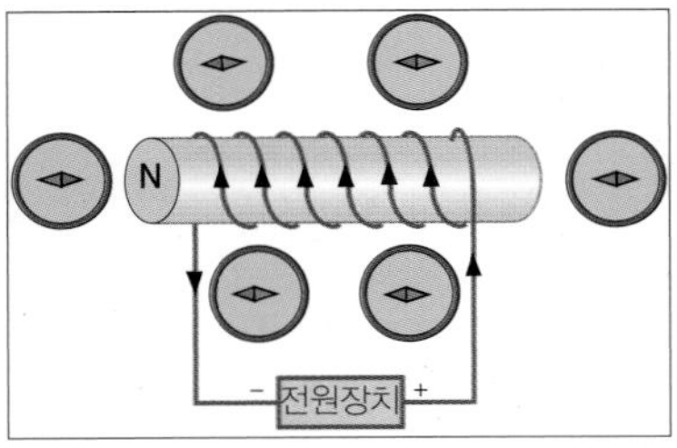


〈코일에 전류를 흘려 주었을 때〉

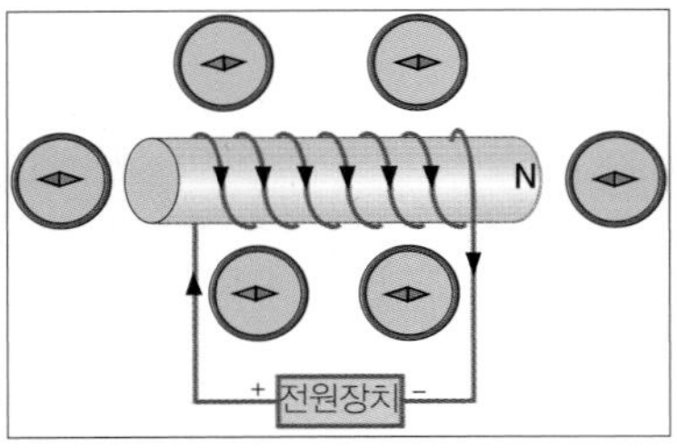


〈전류의 방향을 반대로 하였을 때〉

**탐구 문제**

1. 답 전류가 흐르는 방향으로 원형 코일을 4개의 손가락으로 감아 쥐었을 때 엄지 손가락이 가리키는 쪽 극이 전자석의 N극이 된다.
2. 답 〈예시 답안 1〉 흰 옷을 입힌 도깨비에 자석을 설치하고 매단 다음 전자석을 이용하여 자석을 그네 운동하게 만든다.
〈예시 답안 2〉 인형에 철로 된 방울을 매달고 아래에서 전자석의 세기를 변화시켜 딸랑딸랑하게 만든다. 등

# Ⅲ 파동과 빛

## 18강. 파동 1

| 개념확인 | 116 ~119쪽 |
|---|---|
| 1. (1) O (2) O (3) X (4) O | |
| 2. ㉠ 진동 ㉡ 진공 ㉢ 온도 | |
| 3. (1) 파장 (2) 골 (3) 파장 | 4. 파장 |

| 확인+ | | | 116 ~ 119쪽 |
|---|---|---|---|
| 1. ⑤ | 2. ③ | 3. ①, ②, ④ | 4. ② |

1. 답 ⑤
해설 그림의 용수철 파동은 매질인 용수철의 진동 방향과 파동의 진행 방향이 수직인 횡파이다.
③ 매질인 용수철은 제자리에서 위아래로 진동만 한다.
바른 풀이 ⑤ 횡파에는 물결파, 빛, 전파, 지진파의 S파 등이 속하고, 지진파의 P파는 종파이다.

2. 답 ③
해설 ③ 소리가 진행할 때, 기온이 높을수록 소리의 속력이 빠르다.
바른 풀이 ①, ⑤ 소리는 소리의 진행 방향과 매질의 진동 방향이 나란한 종파이다.
② 소리의 속력은 매질이 고체일 때 가장 빠르고, 기체일 때 가장 느리다.
④ 소리는 물체의 진동이 매질을 진동시키고, 그 매질의 진동이 귀 속으로 전달되어 고막을 진동시킴으로써 전달된다. 물체 분자가 직접 귀 속으로 들어오는 것이 아니다.

3. 답 ①, ②, ④
바른 풀이 ③ 파장 → 진폭 ⑤ 주기 → 파장

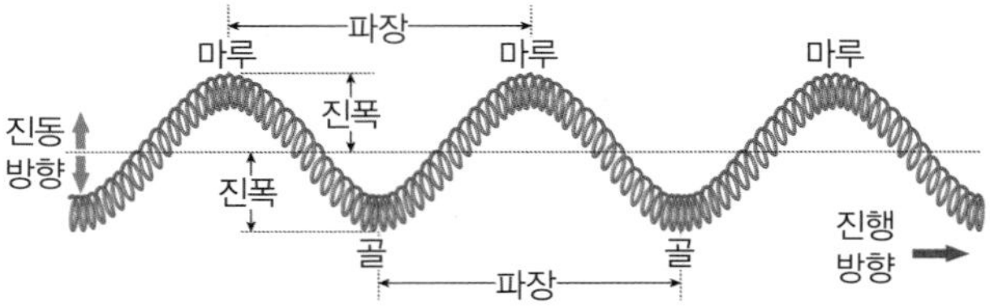


4. 답 ②
해설 파동의 시간에 따른 위치 그래프를 통해서는 진폭, 주기, 진동수, 마루와 골의 높이 등을 알 수 있다. 파장은 파동의 거리에 따른 위치 그래프를 통해서 알 수 있다.

## 생각해보기 116 ~ 119쪽

★ 매질인 물은 제자리에서 진동할 뿐이므로 그 위에 떨어진 공 역시 제자리에서 진동한다. 따라서 물결파를 만든다고 해도 공을 꺼내기 힘들다.

★★ 진공 상태인 우주 공간에서는 소리를 전달해 줄 매질이 없으므로 소리가 전달될 수 없다.

★★★ 횡파에서의 마루와 골은 종파에서 각각 밀한 곳과 소한 곳에 해당한다. 횡파에서 파장이 마루에서 다음 마루, 또는 골에서 다음 골까지의 거리라면 종파에서 파장은 밀한 곳에서 다음 밀한 곳, 또는 소한 곳에서 다음 소한 곳까지의 거리이다.

★★★★ 마루, 골, 진폭을 공통으로 알 수 있다.

## 개념 다지기 120 ~ 121쪽

| | | |
|---|---|---|
| 01. ⑤ | 02. ④, ⑤ | 03. ⑤ |
| 04. ③ | 05. ⑤ | 06. ② |

01. 답 ⑤

바른 풀이 매질의 진동 방향과 파동의 진행 방향이 수직인 파동은 횡파이고, 매질의 진동 방향과 파동의 진행 방향이 나란한 파동은 종파이다.

02. 답 ④, ⑤

해설 지진파의 P파는 매질의 진동 방향과 파동의 진행 방향이 나란한 종파이다. 종파에는 음파(소리), 초음파, 지진파의 P파 등이 속한다.

03. 답 ⑤

바른 풀이 ⑤ 소리는 매질의 진동 방향과 파동의 진행 방향이 나란한 파동으로 종파에 속한다.

해설 ① 소리가 전파될 때 매질인 공기는 제자리에서 진동한다. 이러한 매질의 진동이 귀 속의 고막까지 전달되어 고막을 진동시키는 것이다.
② 소리의 속력은 온도가 높을수록 빠르다.
③ 소리는 매질을 통해서 전달되므로 매질이 없는 진공 상태에서는 전달되지 않는다.
④ 소리는 매질의 상태가 고체일 때 가장 빠르게 전달되고, 기체일 때 가장 느리게 전달된다.

04. 답 ③

해설 그림의 물결파는 오른쪽으로 진행하므로 다음 순간 물결파의 모습은 점선으로 나타낸 파동의 모습과 같다. 이때 공의 위치를 보면 아래쪽 방향(C방향)으로 이동한 것을 알 수 있다.

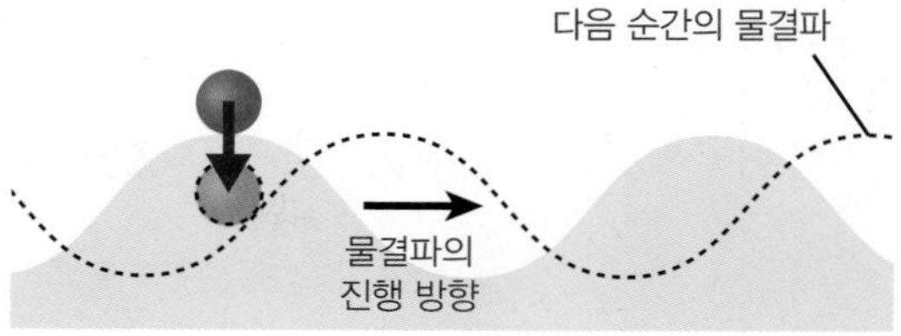


05. 답 ⑤

해설

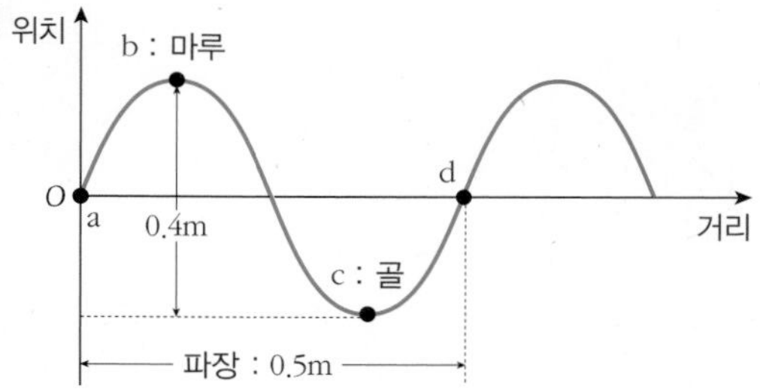


이 파동은 b점이 마루, c점이 골이다. 마루에서 골까지의 길이의 절반인 진폭이 0.2m, 파장이 0.5m인 파동이다. 마루는 파동의 가장 높은 곳이므로 마루에 있는 매질은 다음 순간 아래쪽으로 이동한다.

06. 답 ②

해설 파동이 1회 진동하는 데 걸린 시간인 주기를 알 수 있는 그래프이므로 이 그래프의 가로축은 시간이다.

## 유형 익히기 & 하브루타 122 ~ 125쪽

| | | |
|---|---|---|
| [유형18-1] ③, ⑤ | 01. ② | 02. ② |
| [유형18-2] ③ | 03. ③ | 04. ③ |
| [유형18-3] ③ | 05. ④ | 06. ①, ⑤ |
| [유형18-4] ② | 07. ④ | 08. ②, ③, ④ |

[유형18-1] 답 ③, ⑤

해설 ③ 파동이 처음 발생한 지점인 파원은 용수철을 손으로 잡고 있는 부분이다.
⑤ 그림의 파동은 용수철을 위아래로 흔들어 발생한 것이므로 매질의 진동 방향과 파동의 진행 방향이 수직인 횡파이다.

바른 풀이 ② 이 파동의 매질인 용수철은 제자리에서 진동 운동만 한다.
④ 횡파에는 물결파, 빛, 전파, 지진파의 S파 등이 속한다. 음파와 지진파의 P파는 종파에 속한다.

01. 답 ②

해설 (가)는 종파, (나)는 횡파로 종파에는 음파(소리), 초음파, 지진파의 P파 등이 있고, 횡파에는 물결파, 빛, 전파, 지진파의 S파 등이 있다.

02. 답 ②

바른 풀이 ② 공과 매질인 물은 제자리에서 위아래로 진동할 뿐이다. 오른쪽으로 이동하는 것은 에너지이다.

해설 ① 물결파는 매질의 진동 방향과 파동의 진행 방향이 수직인 횡파에 속한다.
⑤ 이 시점 이후에 공은 그림과 같이 위쪽(A방향)으로 이동한다.

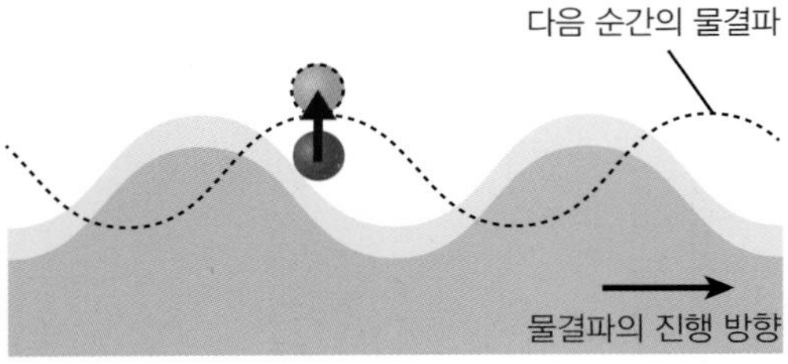


[유형18-2] 답 ③
해설 ③ 소리는 소리의 진행 방향과 매질의 진동 방향이 나란한 종파이므로 매질이 빽빽한 부분(밀한 곳)과 듬성듬성한 부분(소한 곳)이 주기적으로 나타난다.
바른 풀이 ① 소리는 공기에 의해서만 전파되는 것이 아니라 액체, 고체를 통해서도 전달된다.
② 공기의 온도가 높을수록 소리의 속력이 빠르다.
④ 소리굽쇠가 진동하면서 공기를 앞뒤로 진동시킨다.
⑤ 매질인 공기 입자가 직접 귀쪽으로 이동하는 것이 아니라 공기 입자의 진동이 귀 속으로 전달되어 고막을 진동시킨다.

03. 답 ③
바른 풀이 ③ 매질에 따른 소리의 속력은 고체 > 액체 > 기체 순으로 빠르다
해설 ② 소리는 매질을 통해서 전달되므로 진공 상태에서는 전달되지 않는다.
④ 소리가 공기 중에서 진행할 때, 소리는 공기의 온도가 높을수록 빠르게 전파된다.
⑤ 소리는 소리의 진행 방향과 매질의 진동 방향이 나란한 종파이다.

04. 답 ③
해설 소리는 매질인 기체, 액체, 고체를 통해서만 전달된다. 따라서 소리를 전달할 수 있는 매질이 존재하지 않는 우주 공간에서는 소리가 전달되지 않는다.

[유형18-3] 답 ③
해설

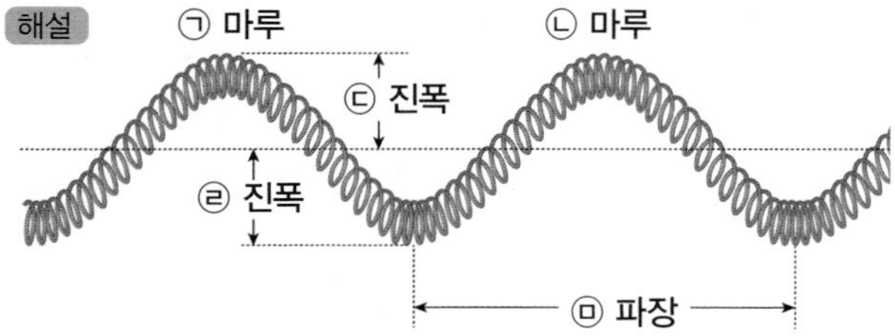


① ㉠과 ㉡은 파동의 가장 높은 곳인 마루이다.
②, ③ ㉢과 ㉣은 진동 중심에서 마루 또는 골까지의 거리인 진폭이다.
④, ⑤ ㉤은 마루에서 마루까지의 거리인 파장이다. Hz 를 단위로 사용하는 진동수는 주기의 역수이다.

05. 답 ④
바른 풀이

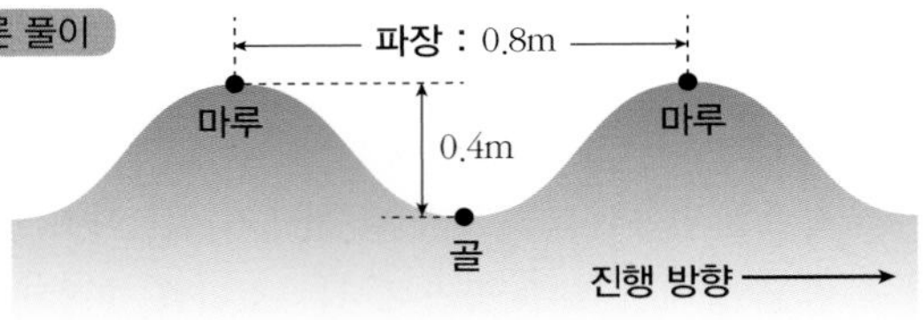


④ 마루에서 골까지의 거리가 0.4m이므로 진동 중심에서 마루까지의 거리인 진폭은 0.2m이다.
해설 ⑤ 골은 파동의 가장 낮은 곳이므로 b(골)에 있는 매질은 다음 순간 위쪽으로 이동한다.

06. 답 ①, ⑤
해설 ① 이 파동은 매질의 진동 방향과 파동의 진행 방향이 나란한 종파이다.
⑤ ㉣ 소한 곳에서 다음 소한 곳까지의 거리인 파장이다.
바른 풀이 ② ㉠은 빽빽한 부분으로 밀한 곳이라고 한다.
③ ㉡은 듬성듬성한 부분으로 소한 곳이라고 한다.
④ ㉠에서 ㉢까지의 거리는 파장이다.

[유형18-4] 답 ②
바른 풀이

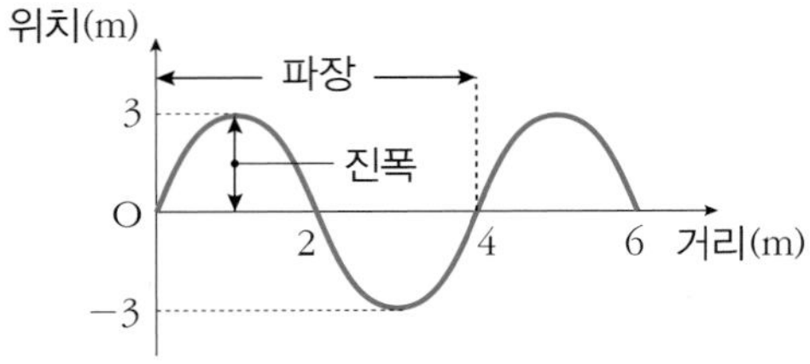


② 파동이 1회 진동하는 동안 이동한 거리인 파장은 4m이다.
해설 ③ 그래프의 가로축이 거리이므로 매질의 위치를 거리에 따라 표현한 그래프라는 것을 알 수 있다.
④ 파동의 주기는 시간에 따른 위치 그래프를 통해 알 수 있다.
⑤ 이 파동의 진폭은 3m이므로 마루는 진동의 중심으로부터 3m 위에 있다.

07. 답 ④
해설 진폭은 진동의 중심으로부터 마루(골)까지의 거리이므로 2m이고, 주기는 매질이 1회 진동하는 시간이므로 10초, 진동수는 주기의 역수이므로 0.1Hz이다.

08. 답 ②, ③, ④
바른 풀이 ① 파동(가)의 파장은 8m, 파동(나)의 파장은 4m 이다.
⑤ 파동의 속력 $= \frac{\text{파장}}{\text{주기}}$ 이므로 주기를 알아야 구할 수 있다.
두 그래프 모두 주기를 알 수 없으므로 속력을 구할 수 없다.
해설 ②, ③ 파동(가)와 (나)의 진폭은 2m로 같다.

## 창의력 & 토론마당 126 ~ 129쪽

**01**

(1) 우주는 진공 상태이므로 소리를 전달할 수 있는 매질이 존재하지 않는다. 따라서 소리가 전달되지 않는다.
(2) 〈예시 답안 1〉 우주에서 사용 가능한 펜으로 메모하여 의사소통한다.
〈예시 답안 2〉 헬멧을 서로 맞대고 대화한다.

해설 우주에는 중력이 없으므로 일반적인 펜을 사용할 수 없다. 따라서 우주에서 사용 가능한 펜인 스페이스 펜을 이용하여 메모한다면 의사소통이 가능하다. 또한 헬멧을 서로 맞대고 대화한다. 헬멧 안에서 소리를 내어 대화하면 헬멧 안의 공기가 진동하고, 그 진동이 헬멧을 진동시키고, 상대방의 헬멧을 진동시켜서 소리가 전달될 수 있다.

**02**

(1) 이 파동의 파장은 4m이고, 진폭은 2m이다.
(2) 이 파동의 주기는 10초, 진동수는 0.1 Hz이다.
(3) 이 파동의 속력은 0.4 m/s이다.

해설 (1)
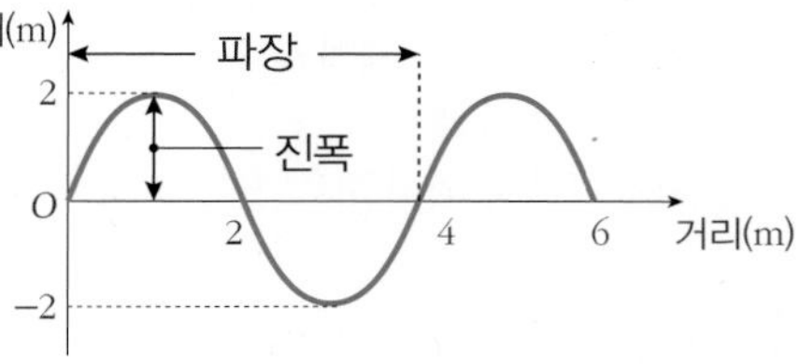


가로축이 거리인 그래프 (가)를 통해 이 파동의 파장은 4 m이고, 진폭은 2 m임을 알 수 있다.

(2)
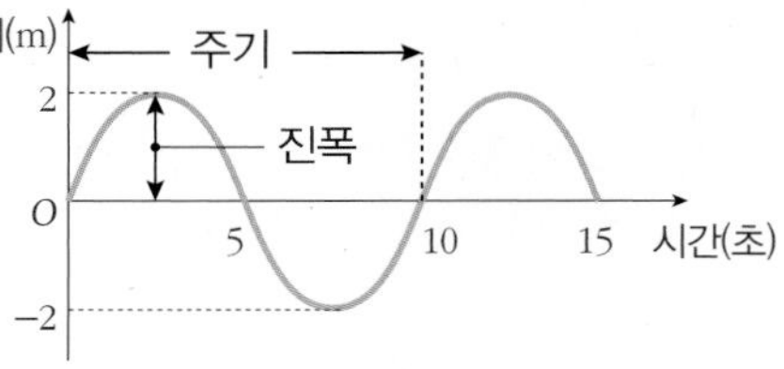


가로축이 시간인 그래프 (나)를 통해 이 파동의 주기는 10초이고, 주기의 역수인 진동수는 $\frac{1}{10\text{초}} = 0.1\text{Hz}$ 임을 알 수 있다.

(3) 파동의 속력 $= \frac{\text{파장}}{\text{주기}} =$ 파장 × 진동수 이다.

따라서 파동의 속력은 $\frac{4\text{m}}{10\text{초}} = 4\text{m} \times 0.1\text{Hz} = 0.4\text{m/s}$ 이다.

**03**

(1) 파도의 진폭은 75cm이고, 주기는 2초이다.
(2) 파도의 전파 속도를 구하기 위해서는 파장을 알아야 한다.

해설 (1) 파도의 최고 높이(마루)와 최저 높이(골)의 차인 파고가 150cm이므로 이 파도의 진폭은 75cm이다. 또한 수면이 최고점(마루)이 되었다가 10번째 최고점(마루)이 될 때까지 20초가 걸렸다는 것은 20초 동안 파동이 10회 진동했다는 것이므로 1회 진동하는 데 걸리는 시간인 주기는 2초가 된다.

(2) 파도의 전파 속도 $= \frac{\text{파장}}{\text{주기}}$ 이다. 주기는 (1)을 통해 알 수 있지만 파장이 주어지지 않았으므로 파장이 얼마나 되는지 알아야 전파 속도를 구할 수 있다.

**04**

소리는 매질이 없는 진공 상태에서는 전달되지 않으므로 이중 유리의 유리와 유리 사이의 진공층이 소리의 전달을 막아 방음 효과가 있는 것이다.

해설 소리는 매질인 기체, 액체, 고체를 통해서만 전달이 되고, 매질이 없는 진공 상태에서는 전달되지 않는다. 따라서 소리가 유리와 유리 사이의 진공층에서는 전달되지 못하기 때문에 이중 유리에 의해서 방음이 되는 것이다.

**05**

(1) 3 m (2) 1.5 m/s

해설 (1) 파면은 같은 위상의 점들을 연결한 선이므로 파면과 파면 사이의 거리는 파장과 같다. 15m 안에 파장이 5개가 들어 있으므로 파장은 $\frac{15}{5} = 3(\text{m})$이다.

(2) 20초 동안 10개의 파도가 지났으므로 파도의 주기는 2초가 된다.

∴ 파도의 전파 속도 $= \frac{\text{파장}}{\text{주기}} = \frac{3\text{m}}{2\text{초}} = 1.5\text{ m/s}$

## 스스로 실력 높이기 130 ~ 133쪽

http://cafe.naver.com/creativeini

▶ 창의력과학 세페이드 클릭하여 문제풀이를 해보세요 .

01. (1) O (2) O (3) X (4) X
02. (1) O (2) O (3) O (4) X
03. (1) 종 (2) 횡 (3) 횡 (4) 종
04. (1) O (2) X (3) O (4) X
05. ②, ④
06. ①, ②
07. (1) 2 (2) 1
08. 1
09. ㉠ 2 ㉡ 0.5
10. C
11. ③
12. ④
13. ①
14. ③
15. ③
16. ④
17. ②
18. ⑤
19. ③, ⑤
20. ⑤
21. 빛은 진공 상태에서도 전달될 수 있다.

진공 상태에서 빛이 전달되지 않는다면 태양으로 부터 오는 태양 빛도 지구에 도달하지 못할 것이다. 하지만 태양 빛은 우주를 통하여 지구에 도달하기 때문에 빛은 진공 상태에서도 전달될 수 있다.

22. 진폭 100cm, 속력 1m/s

**01.** 답 (1) O (2) O (3) X (4) X
바른 풀이 (3), (4) 빛과 전파의 매질은 없다.

**02.** 답 (1) O (2) O (3) O (4) X
바른 풀이 (4) 소한 곳과 밀한 곳이 주기적으로 나타나는 파동은 종파이다.

**04.** 답 (1) O (2) X (3) O (4) X
바른 풀이 (2) 진공 상태에서는 소리를 전달할 매질이 존재하지 않기 때문에 소리가 전달될 수 없다.
(4) 소리의 속력은 온도가 높을수록 빠르다.

**07.** 답 (1) 2 (2) 1
해설

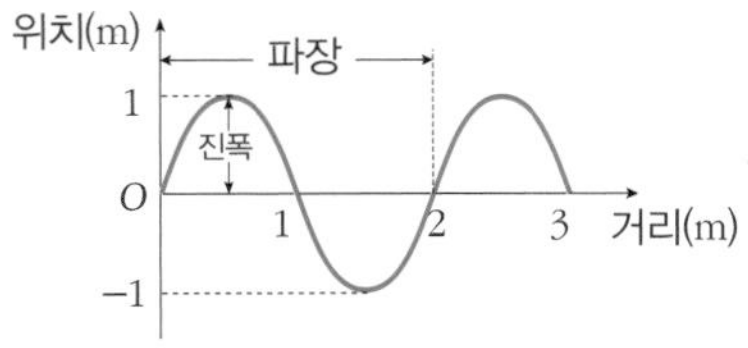


**08.** 답 1
해설 파장은 2m이고, 주기가 2초이므로 파동의 속력을 구할 수 있다.

$$\rightarrow \text{파동의 속력} = \frac{\text{파장}}{\text{주기}} = \frac{2\text{m}}{2\text{초}} = 1\text{m/s}$$

**09.** 답 ㉠ 2 ㉡ 0.5
해설 주기 = 2초, 진동수 = $\frac{1}{2\text{초}}$ = 0.5Hz

**10.** 답 C
해설

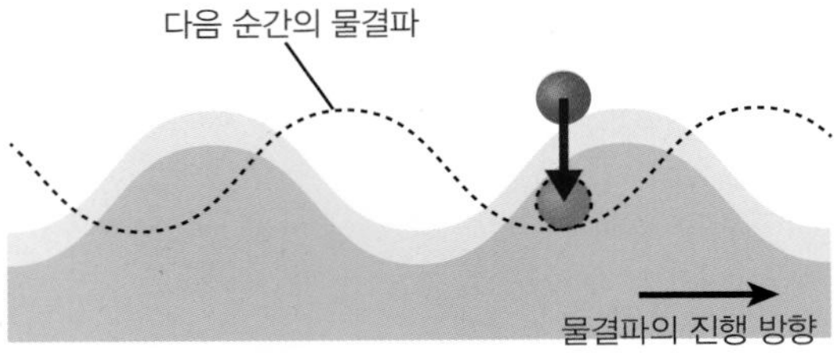


그림의 물결파는 오른쪽으로 진행하므로 다음 순간 물결파의 모습은 점선으로 나타낸 파동의 모습과 같다. 이때 공의 위치를 보면 아래쪽 방향(C방향)으로 이동하는 것을 알 수 있다.

**11.** 답 ③
바른 풀이 ③ 강물이 상류에서 하류로 흘러가는 것은 중력에 의해서 물이 높은 곳에서 낮은 곳으로 흘러가는 현상으로, 매질을 통한 에너지의 이동이 아니라 물질 자체의 이동이다.

**12.** 답 ④
해설 파동은 매질을 통해 에너지가 전달되는 현상으로, 매질은 이동하지 않고 제자리에서 진동만 한다. 매질인 물이 제자리에서 위아래로 진동만 하므로, 코르크 마개도 물과 함께 제자리에서 위아래로 진동만 하게 된다.

**13.** 답 ①
해설 골인 A는 위로 진동하고, 마루인 B는 아래로 진동한다.

**14.** 답 ③
해설 ㄱ. 파동은 매질을 통해 에너지가 전달되는 현상으로, 매질은 이동하지 않고 제자리에서 진동만 한다.
ㄷ. 파동이 처음 발생한 지점을 파원이라고 한다.
바른 풀이 ㄴ. 빛과 전파는 매질이 없어도 전달되는 파동이다.

**15.** 답 ③
해설 (가)는 파의 진행 방향과 매질의 진동 방향이 수직인 횡파, (나)는 파의 진행 방향과 매질의 진동 방향이 나란한 종파이다.
바른 풀이 지진파의 P파와 음파는 종파이다.

**16.** 답 ④
해설 (가)와 (나) 두 파동은 진폭이 2m로 같고, (가)의 파장은 8m, (나)의 파장은 4m로 다르다. 주기는 알 수 없다.

**17.** 답 ②
해설 A의 진폭은 1m, B의 진폭은 2m이며, 파장은 A와 B 모두 10m로 같다.

바른 풀이 ③, ④ 주기와 진동수는 시간에 대한 조건이 주어지지 않았으므로, 판단할 수 없다.
⑤ 두 파동 모두 횡파이다.

**18.** 답 ⑤

해설 파동의 속력 $= \frac{\text{파장}}{\text{주기}} =$ 진동수 × 파장 이므로 파장이 일정할 때, 진동수가 클수록 속력이 빠르며 진폭과는 상관이 없다. 따라서 진동수가 가장 큰 파동이 전파 속도가 가장 빠르다.

**19.** 답 ③, ⑤

해설 ③ 현재 파동과 2초 후의 파동을 비교해 보면 2초 후의 파동이 5m 더 오른쪽에 있으므로 2초 동안 5m 진행했다는 것을 알 수 있다.

바른 풀이 ① 그림의 파동은 횡파이다.
② 파동의 진폭은 5m이다.
④ 파장은 20m이고, 2초 후의 파동의 파장 역시 20m이므로 파동이 진행되어도 파장은 일정하다.

**20.** 답 ⑤

해설 2초 후의 파동을 보면 $\frac{1}{4}$ 파장 진행했으므로 1 파장을 진행하는데 걸리는 시간은 8초다.

**21.** 답 〈예시 답안〉 빛은 진공 상태에서도 전달될 수 있다고 생각한다. 진공 상태에서 빛이 전달되지 않는다면 태양으로 부터 오는 태양 빛도 지구에 도달하지 못할 것이다. 하지만 태양 빛은 우주를 통과하여 지구에 도달하기 때문에 빛은 진공 상태에서도 전달될 수 있다고 생각한다.

해설 빛은 매질이 없어도 에너지를 전달하는 전자기파이다.

**22.** 답 진폭 100 cm, 속력 1 m/s

해설 파도의 최고 높이(마루)와 최저 높이(골)의 차인 파고가 200 cm이므로 이 파도의 진폭은 100 cm이다. 또한 수면이 최고점(마루)이 되었다가 10번째 최고점(마루)이 될 때까지 30초가 걸렸다는 것은 30초 동안 파동이 10회 진동했다는 것이므로 1회 진동하는 데 걸리는 시간인 주기는 3초가 된다. 파도의이웃한 마루 사이의 거리 파장과 같고 3 m이다.

$$\therefore \text{파동의 속력} = \frac{\text{파장}}{\text{주기}} = \frac{3\text{m}}{3\text{초}} = 1 \text{ m/s이다.}$$

# 19강. 파동 2

**개념확인** 134 ~ 137쪽

1. ② 2. 분산 3. 백색
4. ⓐ 자홍 ⓑ 노란 ⓒ 청록 ⓓ 백(흰)

**확인+** 134 ~ 137쪽

1. (1) X (2) O (3) O 2. ② 3. ② 4. ③

1. 답 (1) X (2) O (3) O

바른 풀이 (1) 별은 스스로 빛을 내는 광원이지만, 달은 광원이 아니다.

2. 답 ②

해설 맨 위(A)의 색은 빨간색, 맨 아래의 색은 보라색이다.

3. 답 ②

해설 빨간 사과는 빨간색을 반사하고 나머지 빛은 모두 흡수하기 때문에 우리 눈에 빨간색으로 보이는 것이다.

4. 답 ③

해설 모든 색의 빛을 나타내기 위해서 빛의 3원색을 모두 가지고 있어야 한다. 그러므로 빨간색, 초록색, 파란색이 필요하다.

**개념 다지기** 138 ~139쪽

01. ④ 02. (1) ㉠ 빨간 ㉡ 보라 (2) 빛의 분산
03. ④ 04. ① 05. ③ 06. ④

01. 답 ④

바른 풀이 밤하늘의 별은 스스로 빛을 내는 광원이다.

02. 답 (1) ㉠ 빨간 ㉡ 보라 (2) 빛의 분산

해설 (1) 백색광이 프리즘을 통과하면 맨 위의 색은 빨간색, 맨 아래의 색은 보라색으로 분산된다.

03. 답 ④

해설 A : 초록색, B : 파란색, C : 빨간색이다.
청록색 = 초록색(A) + 파란색(B)
노란색 = 초록색(A) + 빨간색(C)
자홍색 = 빨간색(C) + 파란색(B)

04. 답 ①

바른 풀이 초록색 공은 초록색 빛을 반사하고, 다른 빛을 흡수한다.

05. 답 ③
해설 무지개는 빛의 분산으로 인한 현상이다.

06. 답 ④
해설 보여지는 모든 색을 표현하려면 빛의 3원색을 모두 가지고 있어야 한다. 그러므로 컬러 TV 모니터에는 빨간색, 초록색, 파란색의 빛을 내는 장치가 있다.

## 유형 익히기 & 하브루타 140 ~ 143쪽

| | | |
|---|---|---|
| [유형19-1] ④ | 01. ② | 02. ④ |
| [유형19-2] ⑤ | 03. ② | 04. ④ |
| [유형19-3] ② | 05. ② | 06. ④ |
| [유형19-4] ⑤ | 07. ③ | 08. ①, ②, ④ |

[유형19-1] 답 ④
해설 금, 연필, 극장 스크린은 스스로 빛을 내지 못하기 때문에 광원이 아니다.

01. 답 ②
해설 지구는 스스로 빛을 내지 않으므로 광원이 아니다.

02. 답 ④
해설 사과는 스스로 빛을 내는 광원이 아니므로, 광원인 태양으로부터 나온 빛을 반사시켜 우리 눈에 보이게 되는 것이다.

[유형19-2] 답 ⑤
바른 풀이 레이저는 단색광이기 때문에 프리즘에 통과시켜도 여러 색으로 분산되지 않고 그대로 원래 색이 나온다.

03. 답 ②
해설 빛의 3원색인 빨간색, 초록색, 파란색은 단색광이므로 더 이상 나누어질 수 없다.
04. 답 ④
바른 풀이 ①, ③ A광선은 빨간색, B광선은 보라색이다.
② 햇빛이 프리즘을 통과하여 여러 가지 색깔로 나누어지는 현상을 빛의 분산이라고 한다.
⑤ 단색광은 한 가지 색으로 이루어진 빛이므로 프리즘에 통과시켜도 여러 가지 색으로 나누어질 수 없다.

[유형19-3] 답 ②
바른 풀이 빛의 3원색은 각각 단색광으로 되어 있다.

05. 답 ②
해설 색종이의 색이 빨간색이므로 백색광 중에서 빨간색은 반사하고, 나머지 색은 흡수한다.

06. 답 ④
바른 풀이 ① 빛은 합성할수록 밝아진다.
② 모든 색을 흡수하는 물체의 색은 검정색이다.
③ 물체에서 반사된 빛이 우리 눈에 들어오기 때문에 물체를 볼 수 있다.
⑤ 컴퓨터 모니터는 빨간색, 초록색, 파란색으로 모든 색을 만든다.

[유형19-4] 답 ⑤
해설 흰색 바탕이므로, 빛의 3원색이 합성된 색이 나타난다. 그러므로 빛의 3원색을 모두 포함하는 것이 답이다.

07. 답 ③
해설 두 가지 이상의 빛을 합하였을 때 처음과 다른 색깔의 빛으로 보이는 현상을 빛의 합성이라고 한다.

08. 답 ①, ②, ④
해설 흰색의 조명을 만들기 위해서는 빛의 3원색이 모두 있어야 한다. 그러므로 빨간색, 초록색, 파란색이 모두 필요하다.

## 창의력 & 토론마당 144 ~ 147쪽

01

| 조명색 | 보이는 장미의 색 |
|---|---|
| 흰색 | 빨간색 |
| 빨간색 | 빨간색 |
| 파란색 | 검은색 |
| 초록색 | 검은색 |
| 자홍색 | 빨간색 |
| 노란색 | 빨간색 |
| 청록색 | 검은색 |

해설 빨간색 장미는 빨간색 빛만을 반사하며 노란색 셀로판지는 노란색 빛을 통과시킨다. 노란색 빛은 빨간색 빛과 초록색 빛의 혼합색이므로 빨간색 빛 또는 초록색 빛만을 통과시킬 수 있다.

| 조명색 | 보이는 장미의 색 |
|---|---|
| 흰색 | 빨간색 : 장미가 빨간색 빛만 반사시키고 반사된 빛이 셀로판지를 통과한다 . |
| 빨간색 | 빨간색 : 장미가 빨간색 빛만 반사시키고 반사된 빛이 셀로판지를 통과한다 . |
| 파란색 | 검은색 : 장미가 반사할 수 있는 색이 없다 |
| 초록색 | 검은색 : 장미가 반사할 수 있는 색이 없다 |
| 자홍색 | 빨간색 : 자홍은 빨간색과 파란색의 혼합이므로 장미는 빨간색빛만 반사시키고 반사된 빛이 셀로판지를 통과한다 . |

| | |
|---|---|
| 노란색 | 빨간색 : 노랑은 빨간색과 초록색의 혼합이므로 장미는 빨간색 빛만 반사시키고 반사된 빛이 셀로판지를 통과한다 . |
| 청록색 | 검은색 : 장미가 반사할 수 있는 색이 없다 . |

**02** 빛은 합성할수록 밝아지는 성질이 있다. 따라서 각각의 점들에서 반사된 빛이 우리 눈에서 합성되어 밝은 색으로 보이는 것이다.

해설 점묘화를 가까이에서 보면 원색의 점들이 보이지만 멀리 떨어져서 보면 각각의 점들에서 반사된 빛이 우리 눈에서 합성되어 밝은 색으로 보인다. 빛은 색과 달리 섞을수록 밝아지기 때문이다.

**03** 보라색은 많이 꺾이고 빨간색은 덜 꺾이기 때문이다.

해설 무지개는 공기 중의 작은 물방울이 프리즘 역할을 하여 햇빛이 분산되어 나타난다. 빛이 물방울을 통하여 꺾여 들어가면 내부에서 반사되고 다시 공기 중으로 꺾여 나와서 우리 눈에 보이게 되는 것이다. 이때 빨간색이 가장 조금 꺾이므로 위에 있게 되고 보라색이 가장 많이 꺾이므로 아래에 있게 된다.

**04** 밝은 색의 옷은 반사하는 빛이 많기 때문에 밝게 보이고, 어두운 색의 옷은 흡수하는 빛이 많기 때문에 어둡게 보인다. 추운 겨울에는 빛을 많이 흡수하는 것이 따뜻하고, 더운 여름에는 빛을 많이 반사할수록 시원하기 때문에 계절에 따라 옷 색깔의 차이가 난다.

해설 흰색은 모든 빛을 다 반사하기 때문에 우리 눈으로 모든 빛이 다 들어오게 되므로 흰색으로 보이게 되는 것이고 검은색은 모든 빛을 다 흡수하기 때문에 우리 눈으로 들어오는 빛이 없어서 검은색으로 보이는 것이다. 여름에 밝은 색 옷을 입는 이유는 최대한 많은 종류의 빛을 반사하여 시원함을 유지하기 위해서이고 겨울에 어두운 색 옷을 입는 이유는 최대한 많은 종류의 빛을 흡수하여 따뜻하게 하기 위해서이다.

**05** 빨간 고기는 빨간색 빛을 반사하기 때문에 조명이 빨간색인 경우에 흰색 조명이나 노란색 조명보다 더 빨갛게 보이므로 고기가 더 신선해 보이는 역할을 한다.

해설 빨간색 조명을 물체에 비추었을 때 빨간색 물체를 제외하고 다른 색을 갖고 있는 물체는 모두 빨간색 빛을 흡수한다. 즉 빨간색 조명을 빨간색 물체에 비추면 더 빨갛게 보이는데 이를 이용하여 정육점에서도 조명을 빨간색으로 사용하여 고기를 더 붉고 신선하게 보이게 한다.

## 스스로 실력 높이기 148 ~ 151쪽

http://cafe.naver.com/creativeini

▶ 창의력과학 세페이드 배너를 클릭하여 문제풀이를 해보세요 .

**01.** ㉠ 광원 ㉡ 반사 **02.** 스펙트럼
**03.** (1) 노란 (2) 청록 (3) 자홍 (4) 초록
**04.** ㉠ 빨간 ㉡ 보라 **05.** (1) X (2) O
**06.** (1) O (2) X **07.** (1) 합 (2) 직 (3) 분
**08.** 전자기파 **09.** (1) ㄷ, ㄹ (2) ㄱ, ㄴ
**10.** 보라 **11.** ④ **12.** ③ **13.** ②
**14.** ②, ③ **15.** ① **16.** ④ **17.** ③
**18.** ⑤ **19.** ⑤ **20.** ④
**21.** 무한이의 옷은 빨간색으로 보인다.
**22.** 어두운 색 옷이 더 많은 빛을 흡수한다. 그 이유는 빛은 합성될수록 밝아지므로 반사하는 색이 많을수록 밝은 색의 옷이기 때문에 어두운 색 옷이 더 많은 빛을 흡수한다.

04. 답 ㉠ 빨간 ㉡ 보라
해설 프리즘에 통과시킨 백색광에서 분산된 빛은 가장 덜 꺾이는 빛은 빨간색, 가장 많이 꺾이는 빛은 보라색이다.

05. 답 (1) X (2) O
바른 풀이 (1) 등대는 빛이 직진하는 성질을 이용한 것이다.

06. 답 (1) O (2) X
바른 풀이 (2) 프리즘은 빛을 꺾이게 만드는 역할을 하고, 색깔에 따라 빛이 꺾이는 정도가 다르기 때문에 백색광을 프리즘에 통과시키면 여러 색으로 분산되어 보이는 것이다. 빛의 색을 다른 빛으로 만들어주는 것은 아니다.

07. 답 (1) 합 (2) 직 (3) 분
해설 (1) 각각의 점들이 반사하는 빛의 색으로 보이기 때문에 멀리서 보면 각각의 점에서 반사된 빛이 합성되어 새로운 색으로 보인다.
(2) 빛이 직진하기 때문에 물체에 빛을 비추면 물체가 있는 뒷쪽은 빛이 휘어져서 진행되지 못하고 가려지므로 그림자가 생긴다.
(3) CD 뒷면에 보이는 무지개 색 무늬는 빛이 분산되어 보이는 것이다.

09. 답 (1) ㄷ, ㄹ (2) ㄱ, ㄴ
해설 스스로 빛을 내는 것이 광원이고, 광원이 아닌 것은 광원으로부터 나온 빛을 반사하는 물체이다.

10. 답 보라
해설 프리즘을 통과한 백색광에서 나온 빛 중 가장 위에 있는 빨간색은 덜 꺾이고, 가장 아래에 있는 보라색은 가장 많이 꺾인다.

11. 답 ④
해설 물체는 스스로 빛을 낼 수 없고, 광원으로부터 나온 빛을 반사시켜 그 빛이 우리 눈에 보이는 것이다.

12. 답 ③
해설 물체가 반사하는 빛을 보는 것이다.

13. 답 ②
해설 ① 점묘화는 빛의 합성을 이용한 것이다.
③ 등대는 빛의 직진을 이용하는 것이다.
④ 사과가 빨갛게 보이는 것은 사과에서 빨간색 빛을 반사하고 다른 빛은 흡수하기 때문이다.
⑤ 텔레비전 화면은 빛의 3원색을 합성하여 다양한 색을 표현한다.

14. 답 ②, ③
해설 빛의 3원색 중 청록색을 만드는 색은 초록색과 파란색이다.

15. 답 ①
해설 빛의 3원색은 빨간색, 초록색, 파란색이고 세 가지 색을 합성하면 흰색(백색광)이 된다.

16. 답 ④
해설 ④ 흰색 커피잔은 모든 빛을 반사한다.
① 초록색 클로버는 초록색 빛을 반사한다.
② 빨간 사과는 빨간색 빛을 반사한다.
③ 파란색 볼펜 뚜껑은 파란색 빛을 반사한다.
⑤ 검정색 헤드셋은 모든 빛을 흡수한다.

17. 답 ③
해설 빨간색 빛과 파란색 빛을 흡수하므로 백색광 중에서 남은 색은 초록색 빛이다. 초록색 빛만을 반사하므로, 우리 눈에 초록색으로 보인다.

18. 답 ⑤
바른 풀이 단색광은 프리즘을 통과시켜도 여러 가지 색으로 나누어지지 않고 자기가 가진 한 가지 색으로만 나온다.

19. 답 ⑤
해설 빨간색 + 초록색 = 노란색,
빨간색 + 파란색 = 자홍색,
초록색 + 파란색 = 청록색,
빨간색 + 파란색 + 초록색 = 흰색(백색)
→ 초록색, 빨간색, 파란색 빛이 나오는 손전등의 빛을 합성할 때 검정색은 아무런 빛이 나오지 않는 경우이므로 합성할 수 없다.

20. 답 ④
해설 초록색 빛과 빨간색 빛이 합성된 빛의 색인 노란색으로 보인다.

21. 답 무한이의 옷은 빨간색으로 보인다.
해설 노란색 빛은 빨간색과 초록색 빛이 합성된 빛이다. 이때 빨간 조명을 비추게 되면 빨간색 빛만을 반사하게 되어 우리 눈에는 빨간색 옷으로 보이게 된다.

22. 답 어두운색 옷이 더 많은 빛을 흡수한다. 그 이유는 빛은 합성될수록 밝아지므로 반사하는 색이 많을수록 밝은 색의 옷이기 때문에 어두운 색 옷이 더 많은 빛을 흡수한다.
해설 빛은 합성될수록 밝아지므로 물체에서 반사되는 빛이 많을수록 물체는 밝게 보인다. 물체 표면에서 나온 빛이 검은색이면 반사하는 빛 없이 모든 빛이 물체 표면에서 흡수되는 것이다.

# 20강. 파동 3

**개념확인** 152 ~ 155쪽

1. ㄱ. 입사각 ㄴ. 반사각 ㄷ. 법선
2. (1) ㉡ (2) ㉢ (3) ㉠
3. 굴절, 속력
4. (1) ㉠ (2) ㉡

**확인+** 152 ~ 155쪽

| | | | |
|---|---|---|---|
| 1. ① | 2. ⑤ | 3. ② | 4. ④ |

1. 답 ①
바른 풀이 ② 빛이 반사될 때 빛의 진동수, 파장, 속력은 변하지 않는다.
③ 입사광과 법선이 이루는 각이 입사각이다.
④ 물체를 사방에서 볼 수 있는 이유는 난반사 때문이다.
⑤ 빛이 진행하다가 장애물을 만나 되돌아 나오는 현상이 빛의 반사이다.

2. 답 ⑤
바른 풀이 ⑤ 거울 면이 평평한 거울에서 반사된 빛은 평행하게 나아간다. 거울 면에서 반사된 빛이 한 점에 모이는 것은 가운데가 오목한 오목 거울이다.

3. 답 ②
바른 풀이 ① 입사각과 굴절각은 물질에 따라 달라진다.
③ 빛이 어느 한 물질에서 다른 물질로 진행할 때 일어난다.
④ 거울에 비친 내 모습을 볼 수 있는 것은 빛의 반사 때문이다.
⑤ 매질에 따라 빛의 속력이 달라지기 때문에 빛의 굴절이 일어난다.

4. 답 ④
바른 풀이 ① 볼록 렌즈는 빛을 한 점에 모은다.
② 오목 렌즈는 빛을 퍼지게 한다.
③ 렌즈를 통과한 빛은 두꺼운 쪽으로 굴절한다.
⑤ 볼록 렌즈와 물체가 가까이 있을 때는 실제 크기보다 크고 바로 선 모양으로 보인다.

**생각해보기** 152 ~ 155쪽

★ 잔잔한 수면에서는 빛이 일부는 반사가 되고 일부는 물속으로 진행하게 된다. 이때 얼굴이 비치는 것은 정반사 때문이고, 물속이 보이는 것은 물속으로 들어간 빛의 난반사 때문이다.

★★ 〈예시 답안〉 빛의 굴절이 일어나지 않아서 안경을 쓸 수가 없다.

★★ 해설 빛의 굴절은 매질에 따라 매질에서의 빛의 속력이 달라지기 때문에 일어나는 현상이다. 모든 물질에서 빛의 속력이 같을 경우 모든 빛은 장애물이 없다면 꺾이지 않고 직진하게 될 것이다. 그리고 빛의 굴절 현상을 이용한 렌즈들은 모두 사용할 수 없을 것이다.

**개념 다지기** 156 ~ 157쪽

| | | |
|---|---|---|
| 01. ② | 02. ② | 03. ③ |
| 04. ② | 05. ① | 06. ② |

01. 답 ②
해설 ㉡이 입사각, ㉣이 반사각이다.
바른 풀이 ② ㉡ 입사각이 45°이면 반사각도 45°이다.
③ ㉢은 입사하는 면에 수직이다.
④ ㉣과 ㉡은 항상 같다.

02. 답 ②
바른 풀이 ② 난반사에서도 반사의 법칙이 성립한다.

03. 답 ③
바른 풀이 ① (가)는 볼록 거울이다.
② (나)는 오목 거울이다.
④ (나) 오목 거울은 거울과의 거리가 멀면 실제보다 작고 거꾸로 선 모양의 상이 생긴다.
⑤ 두 거울은 빛의 반사의 법칙이 성립한다.

04. 답 ②
해설 ㉡이 입사각, ㉣이 굴절각이다.
② ㉡ 입사각이 커지면 ㉣ 굴절각도 커진다.
바른 풀이 ④ ㉣이 30°면 ㉡은 30°보다 크다.
⑤ 공기에서 빛의 속력이 물속에서 빛의 속력보다 빠르다.

05. 답 ①
해설

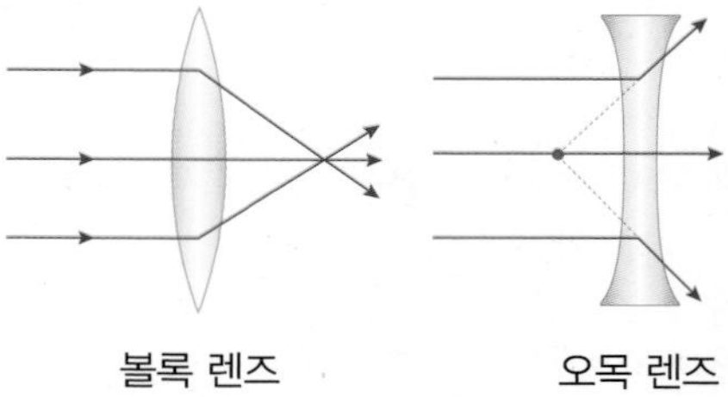


06. 답 ②
해설 렌즈를 통해 본 오리의 모양이 작고 바로 선 모양의 상이 맺힌 것으로 보아 오목 렌즈인 것을 알 수 있다.
바른 풀이 ② 오목 렌즈는 가운데가 얇은 렌즈이다.

## 유형 익히기 & 하브루타 158 ~ 161쪽

| | | |
|---|---|---|
| [유형20-1] ④ | 01. ④ | 02. ⑤ |
| [유형20-2] ⑤ | 03. ② | 04. ⑤ |
| [유형20-3] ④ | 05. ⑤ | 06. ③ |
| [유형20-4] ④ | 07. ②, ⑤ | 08. ⑤ |

[유형20-1] 답 ④
해설 ㉠이 입사각이고, ㉡이 반사각이다. 그림에서 빛은 $90° - 50° = 40°$의 각도로 입사하고 있다.

01. 답 ④
해설 (가)는 난반사이고, (나)는 전반사이다.
바른 풀이 ① (가)에서 입사 광선의 입사각이 다른 광선도 있다.
② (가)에서 반사의 법칙이 성립하여 입사각과 반사각이 같다.
③ (나)는 거울면에서 반사되는 빛의 진행 모습을 나타낸 것이다.
⑤ (가)와 (나) 모두에서 빛의 반사 법칙이 성립된다.

02. 답 ⑤
해설 잔잔한 수면에는 정반사가 일어나 얼굴이 비치지만, 물결이 생기면 표면이 고르지 않아 난반사가 일어나서 얼굴이 비치지 않는다.

[유형20-2] 답 ⑤
해설 평면 거울에 의한 상은 실물과 크기가 같고, 좌우가 바뀐 모양이다. ④처럼 글자의 순서는 바뀌지 않는다.

03. 답 ②
해설 평면 거울에서의 상은 거리와 상관없이 실물과 크기가 같고, 볼록 거울에서는 거리와 관계없이 실물보다 작은 상이 맺힌다. 반면에 오목 거울에서는 거울과의 거리가 가까우면 실제보다 큰 상이 맺힌다.

04. 답 ⑤
해설 자동차 측면 거울에는 볼록 거울이 사용된다.
바른 풀이 ① 거울 가운데가 볼록한 거울이다.
② 볼록 거울에 부딪힌 빛은 퍼져서 나간다.
③ 평행한 광선이 입사되면 빛이 한 점에 모이는 것은 오목 거울이다.
④ 거울에서 물체까지의 거리와 거울에서 상까지의 거리가 같은 것은 평면 거울이다.

[유형20-3] 답 ④
해설 공기 중에서 물속으로 빛이 들어갈 때는 빛의 입사각보다 굴절각이 작다.

05. 답 ⑤
해설 법선과 입사광선이 이루는 각인 ㉠이 입사광이고, 법선과 굴절광선이 이루는 각인 ㉢이 굴절각이다. 그림에서 수면과 입사광선이 이루는 각이 50°이기 때문에 입사각은 $90° - 50° = 40°$이다.

06. 답 ③
해설 물속에서 반사된 빛이 공기 중으로 진행하게 될 때는 입사각보다 굴절각이 더 커진다.

[유형20-4] 답 ④
해설 돋보기는 볼록 렌즈를 이용한 도구이다.
바른 풀이 ④ 돋보기를 이용하여 물체를 가까이에서 보면 실제 크기보다 크고 바로 선 모양으로 보인다.

07. 답 ②, ⑤
해설 렌즈를 통과한 빛이 퍼지는 것으로 보아 오목 렌즈를 통과한 빛이라는 것을 알 수 있다.

08. 답 ⑤
해설 멀리 있는 것이 안보이는 근시를 교정하기 위해 쓰는 안경은 오목 렌즈를 사용한다.
바른 풀이 ① 오목 렌즈는 빛을 퍼지게 한다.
② 가운데가 오목한 렌즈이다.
③ 오목 렌즈는 항상 실제 크기보다 작고 바로 선 모양의 상이 맺힌다.
④ 물체가 렌즈에 멀리 있을 때 거꾸로 선 모양으로 보이는 것은 볼록 렌즈이다.

## 창의력 & 토론마당 162 ~ 165쪽

01 작살 : ㉢, 레이저 : ㉡

해설 빛의 굴절에 의해 물고기가 실제보다 더 높이 있는 것처럼 보인다. 따라서 작살은 물고기가 보이는 곳의 아래 지점인 ㉢을 겨냥해야 하며, 레이저는 물속으로 진행하면서 굴절을 하기 때문에 눈에 보이는 지점 ㉡을 겨냥해야 한다.

02 구급차의 앞쪽에 있는 차의 운전자가 거울을 통해 구급차를 볼 때 글자가 똑바로 AMBULANCE로 보이도록 하기 위하여 글자를 거꾸로 써놓은 것이다.

해설 자동차의 후방 거울은 보통 평면거울을 사용한다. 평면 거울은 상의 좌우가 뒤바뀌어 보인다. 따라서 응급환자를 다루는 구급차의 AMBULANCE 글씨도 구급차 앞에 가는 차의 후방 거울로 볼 때는 좌우가 뒤바뀌어 보이게 되므로 구급차보다 앞에 있는 차의 운전자가 거울을 통해 구급차를 볼 때 글자가 똑바로 AMBULANCE로 보이도록 하기 위하여 글자를 거꾸로 써 놓는다.

**03** 사막은 뜨거운 햇빛에 의하여 지표면에 가까울수록 뜨겁게 달궈져서 지표면의 온도가 다른 높이의 공기 온도보다 더 높게 된다. 따라서 공기 층(높이)에 따라 빛의 속력이 달라지기 때문에 빛이 굴절하여 신기루 현상이 생기는 것이다.

해설 빛은 공기의 온도가 높을수록 속도가 더 빨라진다. 사막은 뜨거운 햇빛에 의하여 지표면이 뜨겁게 달궈지기 때문에 지표면의 온도가 높으며 상대적으로 지표면과 멀리 떨어질수록 온도가 낮아진다. 따라서 지표면에 가까울수록 빛의 속도가 증가하게 되고 지표면과 멀어질수록 빛의 속도가 감소하게 되어 빛이 아래에서 위로 꺾이게 되어 이와 같은 신기루 현상이 발생하는 것이다.

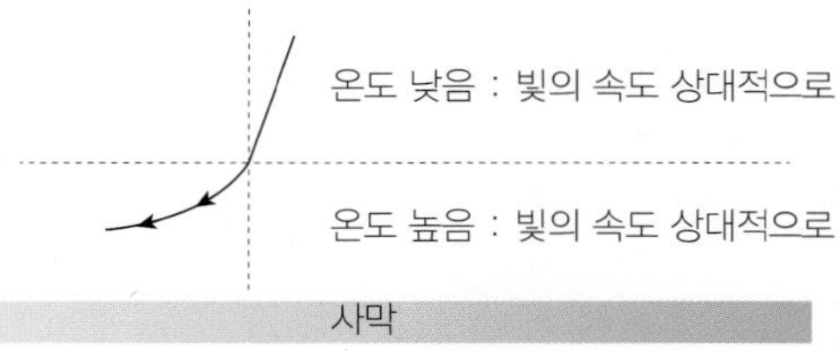


**04** 인명 구조원이 가장 빠르게 조난당한 피서객을 구하는 방법은 이동이 어려운 바다에서는 이동을 최대한 적게 하고 이동이 쉬운 모래사장에서는 이동을 최대한 많이 하는 것이다. 따라서 A에서 B로 가는 경로가 나온 것이다. 빛이 공기 중에서 물속으로 입사할 때도 이러한 이유 때문에 굴절이 되는 것이다.

해설 빛의 굴절 현상은 매질에 따라 속력이 달라지기 때문에 일어난다. 공기 중에서 빛의 속력은 300,000km/s 이고, 물속에서 빛의속력은 225,000km/s 이다. 공기 중에서 빛의 속력이 물속에서 빛의 속력보다 빠르기 때문에 빛이 공기에서 물로 진행을 할 때는 입사각이 굴절각보다 크게 된다.

**05** 숟가락의 오목한 면을 가까이에서 봐서 자신의 커다란 모습을 보고 깜짝 놀랐을 것이다.

해설 볼록거울은 항상 실제보다 작고 바로 선상으로 보이며 오목거울은 가까울 때는 실제보다 크고 바로 선상으로 보이고, 멀 때는 실제보다 작고 거꾸로 선상을 보인다. 상상이가 자신의 커다란 모습을 보고 깜짝 놀랐으므로 상상이는 숟가락의 오목한 면을 가까이에서 봤을 것이라고 짐작할 수 있다.

## 스스로 실력 높이기 166 ~ 169쪽

http://cafe.naver.com/creativeini

▶ 배너를 클릭하여 문제풀이를 해보세요 .

**01.** (1) 정 (2) 난 (3) 난 **02.** (1) O (2) X (3) O
**03.** (1) O (2) X (3) X **04.** (1) 볼 (2) 오 (3) 오
**05.** ㉠ 35°, ㉡ 35° **06.** ㉠ 난반사 ㉡ 정반사
**07.** 입사각 ㉡, 반사각 ㉣ **08.** 굴절, 속력
**09.** 볼록 거울 **10.** ㄱ, ㄱ, ㄴ
**11.** ④ **12.** ⑤ **13.** ③ **14.** ②
**15.** ④, ⑤ **16.** ③ **17.** ② **18.** ③
**19.** ③ **20.** ①, ④
**21.** ① 빛이 공기와 물의 경계에서 굴절하기 때문이다.
② 빛이 물보다 공기 중에서 더 빠르게 진행하기 때문이다.
**22.** 잔잔한 수면에 얼굴이 비치는 것은 수면이 거울 역할을 하여 수면에서 빛을 반사하기 때문에 얼굴이 보이는 것이다. 반면에 물속이 보이는 것은 물속으로 진행한 빛이 물속에 있는 물체들에 반사하여 그 반사한 빛이 우리 눈에 들어와서 보이게 되는 것이다.

**02.** 답 (1) O (2) X (3) O
바른 풀이 (2) 입사광과 반사광은 같은 평면에 있다.

**03.** 답 (1) O (2) X (3) X
바른 풀이 (2) 입사각이 커지면 굴절각도 커진다.
(3) 빛이 굴절하는 정도는 물질의 종류에 따라 다르다.

**11.** 답 ④
해설 반사의 법칙에 의해 입사각과 반사각은 크기가 서로 같다. 그림 속 빛은 입사각이 50°이다. 그러므로 입사각과 반사각은 각각 50°이다.

**12.** 답 ⑤
해설 반사의 법칙에 의해 입사각과 반사각은 같다.

**13.** 답 ③
바른 풀이 ㄱ. 평면 거울은 실물과 크기는 같고, 좌우가 바뀐 모양의 상이 보인다.
ㄴ. 평면 거울에 반사된 빛은 평행하게 나아간다.

**14.** 답 ②
해설 볼록 거울은 거리와 상관없이 항상 실물보다 작고 바로 선 모양으로 보인다. 오목 거울은 거울과의 거리가 멀면

실제보다 작고 거꾸로 선 모양으로 보이고, 물체가 거울과 가까우면 크고 바로선 상이 생긴다.

**15.** 답 ④, ⑤

해설

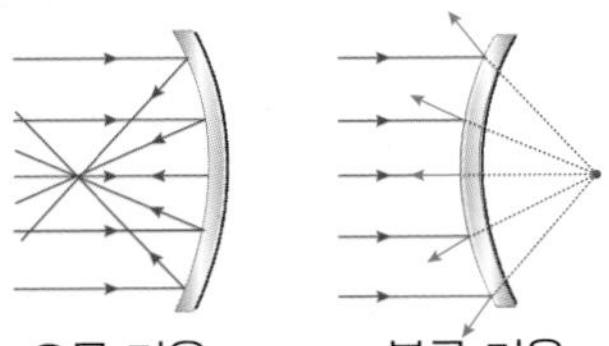


**16.** 답 ③

해설 입사 광선과 법선이 이루는 각인 ㉠이 입사각, 굴절 광선과 법선이 이루는 각인 ㉢이 굴절각이다.

바른 풀이 ① 빛의 입사각과 반사각은 항상 크기가 같다. 그림에서 반사각은 표시되지 않았다.

③ 빛이 물에서 공기 중으로 진행할 때는 굴절각(㉢)이 입사각(㉠) 보다 크다.

⑤ 빛의 속력은 물속보다 공기 중에서 더 빠르다.

**17.** 답 ②

해설 빛은 속력이 느린 물질일수록 경계면에서 법선 쪽으로 더 많이 굴절하여 굴절각이 작아진다. 매질 C보다 매질 B에서의 굴절각이 더 작으므로 매질 B에서의 빛의 속력이 매질 C에서 보다 느리다.

**18.** 답 ③

해설 ③ 고요한 수면에 주변 경치가 비쳐 보이는 것은 빛의 반사와 관계가 있는 현상이다.

**19.** 답 ③

해설 빛을 모아주는 역할을 하는 물체는 볼록 렌즈와 오목 거울이다.

**20.** 답 ①, ④

해설 빛이 렌즈를 통과한 후 한 점에 모이는 것은 볼록 렌즈의 경우이다.

**21.** 답 〈예시 답안〉 ① 빛이 공기와 물의 경계에서 굴절하기 때문이다.

② 빛이 물보다 공기 중에서 더 빠르게 진행하기 때문이다.(빛이 매질에 따라 속력이 달라지기 때문이다.)

해설 빛이 공기 중에서 물로 진행을 할 때는 입사각이 굴절각 보다 크게 된다.(빛은 속력이 느린 물질일수록 경계면에서 법선쪽으로 더 많이 굴절하여 굴절각이 작아진다.) 이러한 이유로 인하여 실제의 위치보다 더 높이 있는 것처럼 보이는 것이다.

# 21강. Project 6

## 서술 170 ~ 171쪽

**01**

홀로그램은 파동의 회절과 간섭을 이용한 3차원 영상 사진이므로 똑같은 구조의 표면을 갖추지 않으면 동일한 회절과 간섭 무늬를 만들 수 없다. 따라서 똑같은 구조의 표면을 갖기는 거의 불가능하므로 홀로그램을 위조하기는 불가능하다.

**02**

1. 홀로그래피의 원리를 입체 영화에 사용할 수 있다. 두 가지 광선을 반사시켜서 한 점에 모아서 보는 것이므로 두 면에서 두 가지 광선을 반사시키면 물체를 입체로 볼 수 있다.
2. 건물이나 도로, 다리의 모습을 실제로 재현하기가 편리하다. 모형을 제작하려면 시간과 비용이 많이 들지만 홀로그래피를 이용하면 간단하게 실제의 모습을 재현할 수 있다.

## 탐구 172 ~ 175쪽

탐구 1. 빛의 3원색과 광원에 따른 물체의 색

### 탐구 결과

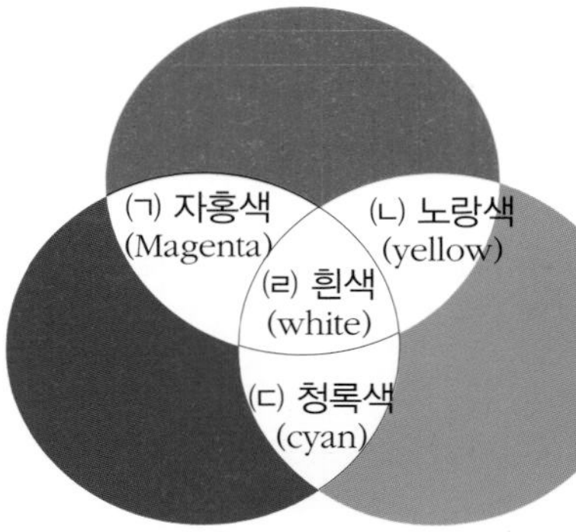


### 탐구 문제

1. 백색광은 3원색의 빛이 모두 합성되어 이루어지는 색이다. 빛의 3원색의 강도를 조절하면 모든 색의 빛을 만들 수 있으므로 모든 색의 빛이 모두 합성되면 백색광이 된다.

2. 노란색 옷은 빛의 3원색 중 빨간색 빛과 초록색 빛을 반사시키고 파란색 빛을 흡수한다. 따라서 파란색 배경과 파란색 옷을 입은 사람들 사이에 노란색 옷을 입은 사람을 두고, 빨강빛과 초록빛을 같이 비춰주면 두 빛이 모두 반사되는 노란색 옷을 입은 사람이 돋보이게 된다.

탐구 2. 광원에 따른 물체의 색

**탐구 결과**

1.

| 비추는 전등 / 물체 | 초록 셀로판지 | 파란 셀로판지 | 빨간 셀로판지 |
|---|---|---|---|
| 초록색 | 초록색 | 검은색 | 검은색 |
| 파란색 | 검은색 | 파란색 | 검은색 |
| 빨간색 | 검은색 | 검은색 | 빨간색 |
| 노란색 | 초록색 | 검은색 | 빨간색 |

2. 각 색깔의 셀로판지는 각 색깔에 해당하는 빛만 통과시킨다. 예를 들어 빨간색 셀로판지는 빨간색의 빛만 통과시키고, 파란색 셀로판지는 파란색의 빛반 통과시킨다.

**탐구 문제**

1. 답

| 조명색 | 보이는 장미의 색 |
|---|---|
| 흰색 | 빨간색 |
| 빨간색 | 빨간색 |
| 파란색 | 검은색 |
| 초록색 | 검은색 |
| 자홍색(magenta) | 빨간색 |
| 노란색(yellow) | 빨간색 |
| 청록색(cyan) | 검은색 |

해설 빨간색 장미는 빨간색의 빛만 반사시키고, 나머지 색깔의 빛은 모두 흡수한다.

2. 답

| 조명색 | 보이는 장미의 색 |
|---|---|
| 흰색 | 빨간색 |
| 빨간색 | 빨간색 |
| 파란색 | 검은색 |
| 초록색 | 검은색 |
| 자홍색(magenta) | 빨간색 |
| 노란색(yellow) | 빨간색 |
| 청록색(cyan) | 검은색 |

해설 빨간색 장미는 빨간색의 빛만 반사시키고, 나머지 색깔의 빛은 모두 흡수한다. 자홍색 셀로판지는 파란빛과 빨간빛만 통과시킨다.

3. 답 초록색

해설 노란색 셀로판지는 노란빛(빨간빛+초록빛)만 통과시키므로 빨간빛과 초록빛을 통과시킨다. 초록색 나뭇잎은 초록빛만 반사시키므로 초록빛은 셀로판지를 그대로 통과할 수 있다.

# Ⅳ 열에너지

## 22강. 열과 비열

**개념확인** 178 ~ 181쪽

1. (1) O (2) O (3) O
2. ㉠ 온도 ㉡ 높은 ㉢ 낮은
3. (1) O (2) O (3) X  4. 1

3. 답 (1) O (2) O (3) X

바른 풀이 (3) 해풍은 낮에 차가운 바다에서 따뜻한 육지로 부는 바람이다.

4. 답 1

해설 물 1kg을 1℃ 높이는데 필요한 열량이 물 1kg의 열용량으로 '물의 비열 × 물의 질량'으로 구할 수 있다. 물의 비열이 1kcal/(kg · ℃)이고, 물의 질량이 1kg이므로 열용량은 1kcal/(kg · ℃) × 1kg = 1 kcal/℃이다.

**확인+** 178 ~ 181쪽

1. ③  2. ④  3. ⑤  4. ④

1. 답 ③

해설 두 물체의 분자 운동 정도를 비교해보면 (가)의 온도는 (나)의 온도보다 낮다는 것을 알 수 있다.

바른 풀이 ① 절대온도 0 K에서는 모든 분자의 운동이 멈춘다. 그림에서 (가)의 분자는 운동하고 있으므로 (가)의 온도는 0 K보다 높다.

② (가)의 분자보다 (나)의 분자가 더 활발히 운동한다.

④ 분자 운동 정도로 (나)가 (가)보다 온도가 더 높다는 것을 알 수 있다.

⑤ 절대온도 0K에서 모든 분자는 운동을 멈춘다.

2. 답 ④

바른 풀이 ④ 두 물체 사이에서 열이 이동했을 때, 고온의 물체가 잃은 열량은 저온의 물체가 얻은 열량과 같다.

3. 답 ⑤

해설 낮에는 비열이 작은 육지의 온도가 비열이 큰 바다의 온도보다 빨리 올라간다. 이로 인해 상대적으로 육지 쪽의 공기가 더 따뜻해져 공기가 상승하고, 이 공간으로 바다의 찬 공기가 이동해온다. 따라서 바다에서 육지로 해풍이 분다.

4. 답 ④

바른 풀이 열용량은 비열과 질량에 비례하고, (가)와 (나)

는 물이므로 비열이 같기 때문에 질량이 더 큰 (나)의 열용량이 더 크다. 따라서 열용량이 더 큰 (나)가 (가)보다 온도를 높이는 데 더 많은 열이 필요하고, 가열을 멈추면 더 빨리 온도가 낮아진다.

## 생각해보기 178 ~ 181쪽

★ 절대온도는 분자 운동의 활발한 정도를 나타내는 온도이므로 학술적으로 많이 사용하는 온도는 절대온도이다.

★★ 열은 온도 차이에 의해 물체 사이에서 이동하는 에너지이므로 열량 역시 에너지의 단위인 J과 cal 를 단위로 사용한다.

★★★ 물의 비열은 1kcal/(kg · ℃)이고, 식용유의 비열은 0.4kcal/(kg · ℃)이므로 비열이 작은 식용유가 더 빨리 뜨거워진다.

★★★★ 열용량은 비열×질량에 비례하므로 비열이 높더라도 질량이 작으면 열용량이 작을 수 있다.

## 개념 다지기 182 ~ 183쪽

| | | |
|---|---|---|
| 01. ② | 02. ②, ③ | 03. ③ |
| 04. ④ | 05. ③ | 06. ② |

01. 답 ②
바른 풀이 절대온도는 섭씨온도에 273을 더한 값이다. 따라서 어떤 물체의 섭씨온도가 1℃ 증가하면 절대온도도 1K 증가한다.

02. 답 ②, ③
해설 ② (가)는 고온, (나)는 저온이다.
③ 열은 온도가 서로 다른 물체 사이의 온도 차이에 의해 이동하는 에너지이다.
바른 풀이 ① 열을 잃은 물체(가)는 온도가 낮아지고, 열을 얻은 물체(나)는 온도가 높아진다.
④ 온도가 높은 물체의 분자 운동이 더 활발하다.
⑤ 열은 온도가 높은 물체에서 온도가 낮은 물체로 이동한다.

03. 답 ③
바른 풀이 ③ 온도를 높이기 위해 가하는열량은 물질의 비열 × 물체의 질량 × 물체의 온도 변화이다. 물질의 비열은 물질의 종류에 따라 다르므로 질량이 같고, 온도 변화가 같아도 물질의 종류에 따라 가하는 열량은 차이가 있다.

04. 답 ④
바른 풀이 ① 비열은 물질의 종류에 따라 고유한 값을 가지는 물질의 특성이다. 물질의 질량에 따라 달라지는 값이 아니다.
②, ③ 비열은 어떤 물질 1kg을 1℃ 높이는 데 필요한 열량이므로 비열이 큰 물질일수록 온도가 천천히 변한다.
⑤ 바닷가에서 낮에 모래가 바닷물보다 더 뜨거운 것은 모래의 비열이 작기 때문이다.

05. 답 ③
해설 해륙풍은 육지와 바다의 비열 차이에 의한 현상으로 낮에는 비열이 작은 육지의 온도가 비열이 큰 바다의 온도보다 빨리 올라간다. 따라서 상대적으로 따뜻한 육지의 공기가 상승하고, 그 빈 공간으로 바다의 찬 공기가 이동하므로 바다에서 육지로 해풍이 분다. 밤에는 비열이 작은 육지의 온도가 비열이 큰 바다의 온도보다 빨리 식는다. 따라서 상대적으로 따뜻한 바다의 공기가 상승하고, 그 빈 공간으로 육지의 찬 공기가 이동하므로 육지에서 바다로 육풍이 분다.

06. 답 ②
바른 풀이 물은 식용유보다 비열이 더 크므로 물과 식용유가 같은 양이어도 물의 열용량이 더 크다. 물의 질량이 200g이고, 식용유의 질량이 100g이므로 물 200g의 열용량이 식용유 100g의 열용량보다 더 크다. 따라서 물 200g을 가열하기 위해선 더 많은 열이 필요하고, 물 200g의 온도는 식용유 100g의 온도보다 더 천천히 변한다.

## 유형 익히기 & 하브루타 184 ~ 187쪽

| | | |
|---|---|---|
| [유형22-1] ③ | 01. ② | 02. ⑤ |
| [유형22-2] ③, ⑤ | 03. ③ | 04. ② |
| [유형22-3] ② | 05. ① | 06. ②, ⑤ |
| [유형22-4] ② | 07. ④ | 08. ① |

[유형22-1] 답 ③
해설 ③ (가)와 (나)는 같은 물질로 이루어진 물체이므로 (가)의 상태가 액체라면 (나)의 상태는 액체 또는 기체일 것이다.
바른 풀이 ①, ② 분자 운동 정도를 비교하였을 때 분자 운동이 더 활발한 (나)의 온도가 (가)의 온도보다 높다.
④ 절대온도 0K은 모든 물질의 분자 운동이 멈추는 온도이므로 0K에서는 (가)와 (나) 모두 분자 운동을 멈춘다.
⑤ (나)의 온도가 낮아져서 (가)의 온도와 동일해진다면 (나)의 분자 운동 정도는 (가)의 분자 운동 정도와 같아진다.

01. 답 ②
해설 절대온도(K) = 섭씨온도(℃) + 273
섭씨온도(℃) = 절대온도(K) − 273
㉠ = 273K + 273 = 0℃ ㉡ = 50℃ + 273 = 323K
㉢ = 273℃ + 273 = 546K

02. 답 ⑤
바른 풀이 물체를 이루는 분자 운동의 활발한 정도를 나타내는 온도는 절대온도이다.

[유형22-2] 답 ③, ⑤

해설 ③ 열을 잃은 물체 (가)는 온도가 낮아지고, 열을 얻은 물체 (나)는 온도가 높아진다.

바른 풀이 ① 열은 두 물체의 온도 차이에 의해서 이동하는 것인데, 항상 온도가 높은 물체에서 온도가 낮은 물체로 이동한다. 따라서 (가)는 고온이고, (나)는 저온이다.
② 온도가 높은 물질의 분자 운동은 활발하므로 (나)는 열을 얻어서 온도가 높아질수록 분자 운동이 활발해질 것이다. 반대로 (가)는 열을 잃어 온도가 낮아질수록 분자 운동이 둔해질 것이다.
④ (가)에서 (나)로 열이 이동하다가 (가)와 (나)의 온도가 같아지면 열의 이동이 멈춘다. 따라서 (나)의 분자 운동이 (가)의 분자 운동보다 활발해질 수 없다.

03. 답 ③

바른 풀이 ③ 1cal는 4.2J과 같다.

해설 ①, ② 열량은 물질의 비열 × 물체의 질량 × 물체의 온도 변화로 가열하고자 하는 물질의 비열에 비례한다. 비열은 물질의 종류에 따라 고유한 값을 가지므로 물질의 종류에 따라 가하는 열량은 차이가 있다.

04. 답 ②

바른 풀이 온도가 서로 다른 두 물체 A와 B를 접촉시켰을 때, A가 잃은 열량은 B가 얻은 열량과 같다.

[유형22-3] 답 ②

해설 해륙풍은 바다와 육지의 비열이 다르기 때문에 나타나는 현상이다. 낮에는 비열이 작은 육지의 온도가 비열이 큰 바다의 온도보다 빨리 올라간다. 따라서 상대적으로 따뜻한 육지의 공기가 상승하고, 그 빈 공간으로 바다의 찬 공기가 이동하므로 바다에서 육지로 해풍이 분다. 밤에는 비열이 작은 육지의 온도가 비열이 큰 바다의 온도보다 빨리 식는다. 따라서 상대적으로 따뜻한 바다의 공기가 상승하고, 그 빈 공간으로 육지의 찬 공기가 이동하므로 육지에서 바다로 육풍이 분다.

05. 답 ①

바른 풀이 모래의 비열은 0.19kcal/(kg · ℃)로 매우 작기 때문에 낮에는 햇빛에 의해 모래가 빨리 가열되고, 밤에는 햇빛이 없기 때문에 빨리 식는다. 만약 사막에 비열이 큰 물이 많아진다면 일교차는 줄어들 것이다.

06. 답 ②, ⑤

해설 ② 비열은 어떤 물질 1kg(1g)의 온도를 높이는 데 필요한 열량으로, 비열이 큰 물질일수록 온도가 천천히 변한다.
⑤ 콘크리트와 철을 같은 환경에서 식혀준다면 비열이 더 작은 철이 더 빠르게 식는다.

바른 풀이 ① 같은 열량을 가할 때 가장 온도 변화가 작은 것은 비열이 가장 큰 물이다.

③ 물이 식용유보다 비열이 크므로 같은 열량을 가해준다면 식용유의 온도가 더 빠르게 높아진다.
④ 식용유가 모래보다 비열이 더 크므로 같은 열량을 가해준다면 모래의 온도가 더 빠르게 높아진다.

[유형22-4] 답 ②

해설 열용량은 비열과 질량에 비례한다. 비열과 질량이 클수록 열용량이 크므로 온도를 높이는데 많은 열이 필요하다. 따라서 열용량이 큰 물질의 온도가 더 천천히 변한다.
② 질량이 더 큰 (나)의 열용량이 (가)보다 크다.

07. 답 ④

바른 풀이 ④ (가)와 (나)는 질량은 같지만 비열(어떤 물질 1kg 의 온도를 1℃ 높이는 데 필요한 열량)이 다르다.

해설 물질 1℃를 높이는데 필요한 열량인 열용량을 계산해 보면
(가) $1\text{cal}/(\text{g} \cdot \text{℃}) \times 100\text{g} = 100\text{cal}/\text{℃}$
(나) $0.4\text{cal}/(\text{g} \cdot \text{℃}) \times 100\text{g} = 40\text{cal}/\text{℃}$
① (가)의 열용량이 더 크다.
② 열용량이 작은 (나)의 온도 변화가 (가)의 온도 변화보다 크다.
③ (가)의 열용량이 더 크므로 온도를 높이기 위해 더 많은 열이 필요하다.
⑤ (나)의 양을 3배로 늘리면 (나)의 열용량은 120cal/℃가 되므로 (가)보다 크게 된다.

08. 답 ①

해설 열용량이 작을수록 온도 변화가 크다. 열용량은 비열과 질량의 곱이므로 각각을 계산해보면
(가) $1\text{cal}/(\text{g} \cdot \text{℃}) \times 100\text{g} = 100\text{cal}/\text{℃}$
(나) $1\text{cal}/(\text{g} \cdot \text{℃}) \times 200\text{g} = 200\text{cal}/\text{℃}$
(다) $0.4\text{cal}/(\text{g} \cdot \text{℃}) \times 100\text{g} = 40\text{cal}/\text{℃}$
(라) $0.4\text{cal}/(\text{g} \cdot \text{℃}) \times 200\text{g} = 80\text{cal}/\text{℃}$
따라서 온도 변화가 큰 순서는 (다) > (라) > (가) > (나)이다.

## 창의력 & 토론마당　188 ~ 191쪽

01 온도가 100℃인 욕조의 물은 열용량이 커서 피부에 전달하는 열의 양이 많아 매우 뜨겁게 느껴진다. 반면에 온도가 100℃가 넘는 사우나실의 수증기의 열용량은 매우 작아서 피부에 전달하는 열량도 매우 작으므로 뜨겁게 느껴지지 않는다.

해설 물은 수증기가 될 때 부피가 1700배 증가한다. 따라서 수증기로 채워진 사우나실은 욕조보다 피부에 접촉하는 물 분자의 수가 1700배 적다. 즉, 온도가 40℃인 욕조의 물은 열용량이 커서 피부에 전달하는 열의 양이 많아 매우 뜨겁게 느껴지는 반면에 온도가 100℃가 넘는 사우나실 안의 수증기의 열용량은 매우 작아서 피부에 전달하는 열량도 매우 작으므로 뜨겁게 느껴지지 않는 것이다.

**02**

기름의 양을 많이 하거나 튀김 재료를 하나씩 넣어서 기름의 온도 변화가 크지 않도록 해주면 기름의 온도가 일정하게 유지되어 튀김이 더 바삭거린다.

해설 기름의 양을 많이 하거나(기름의 열용량을 크게 하는 행위) 튀김 재료를 하나씩 넣어서(튀김 재료의 열용량을 작게 하는 행위) 기름의 온도 변화가 크지 않도록 해 주면 튀김이 더 바삭거린다.

**03**

(1) 86°F

(2) 〈예시 답안〉 물의 어는점을 0, 끓는점을 1000으로 정하고 이 두 점 사이를 1000등분한 온도

현재의 기온 : 18℃ → 180도

해설 (1) $(30℃ \times \frac{9}{5}) + 32 = 86°F$

(2) 물의 어는점과 끓는점을 자유롭게 정하고, 물의 어는점과 끓는점 사이의 온도를 몇 등분할지 정한다. 그 후에 현재의 기온을 확인하여 섭씨온도를 자신이 만든 온도로 계산하여 표현한다.

**04**

겨울철에는 대륙 쪽이 비열이 작아 상대적으로 온도가 낮기 때문에 해양 쪽의 공기가 상승하고 그 빈자리를 메우기 위해 대륙에서 해양 쪽으로 바람이 분다. 즉 겨울철에는 대륙이 있는 북서쪽에서 바람이 불어온다.

해설 비열이 클수록 온도가 천천히 변하고, 비열이 작을수록 온도가 빨리 변한다. 대륙은 해양보다 비열이 작으므로 겨울철에 해양보다 빨리 식기 때문에 더 차갑다. 따라서 상대적으로 따뜻한 해양 쪽의 공기가 상승하고, 그 빈 공간으로 대륙의 찬 공기가 이동한다. 이러한 원리로 대륙에서 해양 쪽으로 북서풍이 분다.

**05**

〈 예시 답안 1 〉 주전자에 들어 있는 물을 작은 병에 담아 질량을 작게 하여 냉장고에 넣으면 열용량이 작아져서 보다 빨리 식는다.

〈 예시 답안 2 〉 넓은 쟁반에 물을 부어 찬 공기와 접촉하는 표면적을 넓힌다.

〈 예시 답안 3 〉 주전자에 젖은 헝겊을 둘러싼다.

해설 〈 예시 답안 1 〉 뜨거운 물의 열용량을 작게해서 온도가 빨리 변하도록 한다.

〈 예시 답안 2 〉 찬 공기와 뜨거운 물이 접촉하는 표면적을 넓게 하는 방법을 생각한다.

〈 예시 답안 3 〉 물이 기화하면서 온도를 빼어가도록 주전자에 젖은 헝겊을 둘러싼다.

## 스스로 실력 높이기 192 ~ 195쪽

http://cafe.naver.com/creativeini

▶ 창의력과학 세페이드 클릭하여 문제풀이를 해보세요.

01. ㉠ 섭씨 ㉡ 절대 ㉢ 화씨
02. (1) O (2) X (3) X
03. (1) X (2) X
04. (1) O (2) O (3) X
05. (1) A (2) 100
06. 열량
07. (1) O (2) X (3) O
08. ㉠ 해풍 ㉡ 육풍
09. (1) 비열 (2) 열용량
10. 3
11. ⑤
12. ④
13. ①, ⑤
14. ④
15. ②
16. ①
17. ③
18. (가) 100 (나) 300 (다) 40 (라) 120
19. (가) 500 (나) 1500 (다) 200 (라) 600
20. ④
21.~ 22. 해설 참조

**02.** 답 (1) O (2) X (3) X

바른 풀이 (2) 온도가 높을수록 분자 운동(열운동)이 활발하다.

(3) 절대온도 0K은 섭씨온도 −273℃이다.

**03.** 답 (1) X (2) X

해설 (가)는 (나)보다 온도가 낮다. 따라서 두 물체를 접촉시키면 (가)는 (나)로 부터 열을 얻어 온도가 높아지고, 분자 운동이 활발해진다.

**04.** 답 (1) O (2) O (3) X

바른 풀이 (3) B는 A로부터 열을 얻어 온도가 높아지고, 분자 운동이 활발해진다.

**05.** 답 (1) A (2) 100

해설 고온의 물체가 잃은 열량은 저온의 물체가 얻은 열량과 같으므로 A가 잃은 열량이 100kcal라면 B가 얻은 열량도 100kcal이다.

**07.** 답 (1) O (2) X (3) O

바른 풀이 (2) 비열이 큰 물질일수록 온도가 천천히 변한다.

**08.** 답 ㉠ 해풍 ㉡ 육풍

해설 ㉠ 낮에는 차가운 바다에서 뜨거운 육지로 해풍이 분다. ㉡ 밤에는 차가운 육지에서 따뜻한 바다로 육풍이 분다.

**10.** 답 3

해설 열량은 물질의 비열 × 물질의 질량 × 물질의 온도 변화이므로 물 3kg을 1℃ 높이는 데 필요한 열량은 1kcal/(kg · ℃) × 3kg × 1℃ = 3kcal이다.

**11.** 답 ⑤

바른 풀이 ⑤ 열의 이동이 끝나는 시점은 온도 차이가 없을 때가 되고, 같은 물질이므로 분자 운동의 정도는 같게 된다.

해설 ①, ④ 열은 온도 차이에 의해 온도가 높은 물체에서 온도가 낮은 물체로 이동하므로 열은 (가)에서 (나)로 이동한다.

②, ③ (가)는 열을 잃어 분자 운동이 점차 둔해지고, (나)는 열을 얻어 분자 운동이 점차 활발해진다.

**12.** 답 ④

해설 (가)에 필요한 열량 = 물의 비열 × (가)의 질량 × (가)의 온도 변화 = 1cal/(g · ℃) × 100g × 3℃ = 300cal

(나)에 필요한 열량 = 물의 비열 × (나)의 질량 × (나)의 온도 변화 = 1cal/(g · ℃) × 300g × 3℃ = 900cal

**13.** 답 ①, ⑤

해설 ① 비열은 물질의 종류에 따라 고유한 값을 가지는 물질의 특성이다.

⑤ 온도가 동일한 물과 모래를 같은 환경에서 식혀준다면 비열이 작은 모래가 더 빨리 식는다.

바른 풀이 ② 비열이 클수록 온도 변화가 작다. 따라서 같은 열량을 가해준다면 물의 온도 변화가 가장 작고, 납의 온도 변화가 가장 크다.

③ 같은 열량을 가해준다면 물이 구리보다 비열이 더 크므로 온도 변화가 더 작다.

④ 1kg의 온도를 1℃ 높이는 데 필요한 열량은 비열을 말한다. 비열은 물이 가장 크다.

**14.** 답 ④

해설 ㄱ. 육지는 바다보다 비열이 상대적으로 작으므로 낮에는 차가운 바다에서 뜨거운 육지로 해풍이 불고, 밤에는 차가운 육지에서 따뜻한 바다로 육풍이 불게 된다.

ㄴ. 사막의 모래는 비열이 작아 빨리 식고, 빨리 가열되므로 낮과 밤의 기온차가 매우 크다.

ㄷ. 겨울에는 여름보다 건조하므로 정전기가 많이 발생한다.

**15.** 답 ②

바른 풀이 ② 열용량은 비열과 질량의 곱과 같으므로 같은 질량일 때 비열이 클수록 온도가 천천히 변한다.

해설 열용량은 물질을 1℃ 높이는 데 필요한 열량으로 열용량이 클수록 온도가 천천히 변한다.

**16.** 답 ①

해설 온도가 다른 두 물체를 접촉시키면 열은 고온인 물체에서 저온인 물체로 이동한다.

| 접촉한 물체 | 열의 이동 | 온도 |
|---|---|---|
| (가)와 (나) | (가) → (나) | (가 ) > (나) |
| (나)와 (다) | (다) → (나) | (다) > (나) |
| (다)와 (라) | (다) → (라) | (다) > (라) |
| (가)와 (다) | (가) → (다) | (가) > (다) |
| (나)와 (라) | (나) → (라) | (나) > (라) |

네 물체의 처음 온도를 비교하면 (가) > (다) > (나) > (라) 순이다.

**17.** 답 ③

바른 풀이 ① 분자 운동 정도를 비교했을 때, (가)는 (나)보다 저온이다.

② 절대온도 0K에서는 모든 분자 운동이 멈추기 때문에 (가)와 (나) 모두 절대온도 0K보다 높은 온도이다.

④, ⑤ (가)와 (나)를 접촉시키면 열은 고온인 (나)에서 (가)로 이동하고, (가)는 열을 얻어 분자 운동이 활발해진다.

**18.** 답 (가)100 (나) 300 (다) 40 (라) 120

해설 열용량은 비열과 질량의 곱이므로 각각을 계산해 보면 다음과 같다.

(가) 1cal/(g · ℃) × 100g = 100cal/℃

(나) 1cal/(g · ℃) × 300g = 300cal/℃

(다) 0.4cal/(g · ℃) × 100g = 40cal/℃

(라) 0.4cal/(g · ℃) × 300g = 120cal/℃

**19.** 답 (가)500 (나) 1500 (다) 200 (라) 600

해설 열용량은 비열과 질량의 곱이고, 열량은 비열과 질량과 온도 변화의 곱이므로 열용량에 온도 변화를 곱해주면 열량을 구할 수 있다.

(가) : 100cal/℃ × 5℃ = 500cal

(나) : 300cal/℃ × 5℃ = 1500cal

(다) : 40cal/℃ × 5℃ = 200cal

(라) : 120cal/℃ × 5℃ = 600cal

**20.** 답 ④

해설 열용량이 작을수록 온도가 빨리 변한다.

따라서 (다) > (가) > (라) > (나) 순이다.

**21.** 답 일반적으로 온도가 40℃인 탕 속의 물은 열용량이 커서 피부에 전달하는 열의 양이 많아 매우 뜨겁게 느껴진다. 반면에 온도가 100℃가 넘는 사우나실 수증기의 열용량은 작아서 피부에 전달하는 열량도 상대적으로 작아 뜨겁게 느껴지지 않는 것이다.

**22.** 답 바람은 계곡에서 산봉우리로 분다. 그 이유는 계곡물의 비열보다 돌이나 흙으로 이루어진 산봉우리의 비열이 더 작으므로 산봉우리가 더 빨리 데워지기 때문에 낮에는 차가운 계곡에서 따뜻한 산봉우리를 향하여 바람이 분다.

해설 비열이 큰 물질일수록 온도가 천천히 변한다. 계곡물은 산봉우리가 이루고 있는 돌이나 흙보다 비열이 크다. 따라서 산봉우리가 더 빨리 데워지기 때문에 산봉우리의 공기가 상승하고 그 공간을 채우고자 계곡에서 산봉우리를 향하여 바람이 분다.(곡풍)

〈또 다른 해설〉 시원한 계곡의 공기는 무거우므로 기압이 크고 따뜻한 산봉우리의 공기는 가벼우므로 기압이 작다. 이때 바람은 고기압에서 저기압으로 불기 때문에 바람은 계곡에서 산봉우리로 분다.

# 23강. 열평형

## 개념확인 196 ~ 199쪽

1. (1) ㉠ 손 ㉡ 컵 (2) ㉢ 온도 ㉣ 온도

2. 40　　3. 전도 - ㄴ 대류 - ㄷ 복사 - ㄱ

4. 열팽창

## 확인+ 196 ~ 199쪽

1. ④　　2. ③, ⑤　　3. ①

4. (1) 액체 (2) 고체 (3) 액체 (4) 고체

1. 답 ④

해설 ④ A의 온도는 점점 높아지고, B의 온도는 점점 낮아진다.

바른 풀이 ① 열은 B에서 A로 이동한다.

②, ③ A의 분자 운동은 점점 빨라지고, B의 분자 운동은 점점 느려진다.

⑤ 시간이 지나면 열평형이 일어나서 두 물체의 온도는 같아진다.

2. 답 ③, ⑤

해설 ③, ⑤이 열평형을 이용한 예이다.

바른 풀이 ① 난로불 옆에 있으면 따뜻해지는 것은 복사에 의한 현상이다.

② 국자의 손잡이는 열전도가 잘 되지 않는 플라스틱으로 만든다.

④에어컨을 방 위쪽에, 난방기를 방 아래쪽에 두면 대류로로 인해 방 온도가 적절하게 조절된다.

3. 답 ①

해설 ① 프라이팬 바닥은 열이 잘 전달되게 할 수 있도록 만든 도구이고 나머지는 열이 잘 전달되지 않게 만든 도구이다.

## 생각해보기 196 ~ 199쪽

★ 다르다. 해변가의 모래의 비열이 물보다 작기 때문에 빨리 가열되어 뜨거워진다.

★★ 열평형 상태이다. 두 물체 모두 냉장고 안의 온도와 열평형을 이루게 된다. 그러나 금속의 열전도율이 유리보다 커서 손의 열이 금속으로 더 많이 빠져 나가므로 더 차갑게 느껴진다.

★★★ 팽창한다. 유리로 만들어진 삼각플라스크도 고체이기 때문에 열을 받으면 분자 사이의 거리가 멀어져서 부피가 증가하게 된다. 그렇지만 물의 팽창 정도가 더 크다.

## 개념 다지기 200 ~ 201쪽

01. ④　　02. ③　　03. ㄴ, ㄷ

04. (1) 대류 (2) 전도 (3) 복사　　05. F　　06. ⑤

01. 답 ④

바른 풀이 열평형이 일어나는 과정이다.

④ 열평형에 도달하면 뜨거운 물체와 차가운 물체의 분자 운동의 속력은 같아진다.

해설 ⑤ 두 물체의 온도가 같아지면 열은 이동하는 양이 같아서 이동하지 않는 것처럼 보이는 것이지 이동을 안 하는 것은 아니다.

02. 답 ③

바른 풀이 열평형이 일어나는 과정을 그래프로 나타낸 것이다.

③ 물체 B 의 열용량이 큰 것이므로 물체 A 와 B 의 질량을 비교할 수 없다 . B 의 비열이 크다면 질량이 작을 수 있다 .

03. 답 ㄴ, ㄷ

해설 ㄱ. 주방에서 쓰는 국자의 손잡이는 열전도가 잘 되지 않는 플라스틱이나 나무로 만든다.

05. 답 F

해설 전도는 불에서 가까운 분자가 제자리에서 진동하면서 주변 분자들에게 열을 전달한다. 따라서 F부터 A까지 차례대로 떨어진다.

06. 답 ⑤

해설 온도가 올라가면 물질 내 분자들의 운동이 활발해지면서 분자와의 거리가 멀어진다. 이로 인해서 부피가 커지는 현상이 열팽창이다.

## 유형 익히기 & 하브루타 202 ~ 205쪽

| | | |
|---|---|---|
| [유형23-1] ② | 01. ② | 02. ④ |
| [유형23-2] ④ | 03. ① | 04. 100 |
| [유형23-3] ㉠ 대류 ㉡ 전도 ㉢ 복사 | | |
| | 05. ② | 06. ③, ④ |
| [유형23-4] ⑤ | 07. 금속 > 유리 | 08. ④ |

[유형23-1] 답 ②

바른 풀이 온도가 높을수록 분자 간 간격이 더 멀어진다. 따라서 B가 A보다 온도가 높다.

② 온도가 높은 물체 B의 분자가 A의 분자보다 움직임이 활발하다.

01. 답 ②

해설 열은 온도가 높은 곳에서 낮은 곳으로 이동한다. 따라서 A와 B를 비교했을 때 A가 B보다 온도가 높고, C와 A를 비교했을 때 C가 A보다 온도가 높다. 따라서 온도가 높은 순으로 비교하면 C>A>B이다.

02. 답 ④
바른 풀이 열평형에 대한 과정이다.
ㄴ. 차가운 물체는 분자 운동이 활발해진다.
해설 ㄱ. 뜨거운 물체는 온도가 낮아진다.
ㄷ. 열평형에 도달하면 두 물체의 온도는 같아진다.

[유형23-2] 답 ④
해설 열평형이 일어나는 것을 그래프로 나타낸 것이다. 시간 $t$ 에서 열평형이 일어났고 이때 온도는 $T$이다.
④ 열평형이 될 때 B가 잃은 열량 = A가 얻은 열량이다.
바른 풀이 ① B는 온도가 낮아지므로 분자운동이 활발하지 않게 된다.
② A는 열평형이 일어날 때까지 열을 얻으므로 온도가 증가한다.
③ 물의 양이 다르면 열평형 온도도 달라진다.
⑤ 열에너지는 열평형이 될 때까지 온도가 높은 물질 B에서 낮은 물질 A로 이동한다.

03. 답 ①
해설 열평형이 일어나는 것을 그래프로 나타낸 것이다. 열평형에 도달하면 더운물이 잃은 열량과 찬물이 얻은 열량은 같다. 그러나 그래프를 봤을 때 열평형이 되는 온도가 높기 때문에 온도 변화는 찬물이 더운물보다 더 크다.
ㄴ. 질량이 다른 물을 가열하였기 때문에 같은 시간동안 온도 변화가 다르다. 이때 질량이 클수록 열용량이 크므로 천천히 가열된다. 따라서 온도 변화가 큰 찬물의 열용량이 더 작다.

04. 답 100
해설 열평형이 일어나는 동안 잃은 열량 = 얻은 열량이다. 따라서 높은 온도의 물체가 잃은 열량도 100kcal이다.

[유형23-3] 답 ㉠ 대류 ㉡ 전도 ㉢ 복사
해설 주전자 속 물이 ㉠ 대류에 의해 전체가 끓는다.
열의 ㉡ 전도에 의해 주전자의 손잡이가 뜨거워지므로 나무로 만든다.
불 옆에서는 열이 매질없이 ㉢ 복사되어 따뜻하다.

05. 답 ②
해설 전도는 분자가 이동하지 않고 옆으로 열만 전달하는 현상이다.
ㄱ. 열이 빛 등 전자기파의 형태로 직접 전달되는 것은 복사이다.
ㄷ. 뜨거운 액체는 위로, 차가운 액체는 아래로 전달되는 것은 대류에 의한 현상이다.

06. 답 ③, ④
해설 에어컨을 틀어놓으면 대류에 의해 방 전체가 시원해진다.
③, ④ 난로를 켜 놓으면 방 전체가 훈훈해지는 것과 주전자를 가열하면 물 전체가 뜨거워 지는 것도 대류 현상에 대해 나타낸 것이다.
①, ②번은 전도 ⑤번은 복사에 의해 나타나는 현상이다.

[유형23-4] 답 ⑤
바른 풀이 열팽창을 실험한 그림이다.
⑤ 수조 속 물의 온도를 높이면 액체가 더 많이 팽창하므로 유리관의 수면의 높이는 더 높아진다.
해설 ①, ② 삼각 플라스크 안의 액체는 열평형으로 인해 온도가 상승하므로 부피가 증가한다.
③ 팽창되는 부피의 양은 같은데 유리관이 더 가늘기 때문에 더 높이 올라간다.
④ 처음에는 삼각 플라스크의 부피 팽창이 일어나기 때문에 유리관의 수면이 약간 내려갔다가 다시 올라간다.

07. 답 금속>유리
해설 금속 뚜껑이 유리보다 열팽창이 잘 되기 때문에 뚜껑이 잘 열린다.

08. 답 ④
해설 ㄱ. 수은 온도계를 이용하여 기온을 측정하는 것은 액체의 열팽창을 이용한 것이다.
ㄷ. 손가락에 낀 반지가 잘 빠지지 않을 경우 따뜻한 물에 담그면 반지(고체)가 열팽창하여 쉽게 빠지게 된다.
바른 풀이 ㄴ. 금속 후라이팬의 손잡이는 열전도가 잘 되지 않는 플라스틱으로 하는 것이 좋다.

## 창의력 & 토론마당 206 ~ 209쪽

01

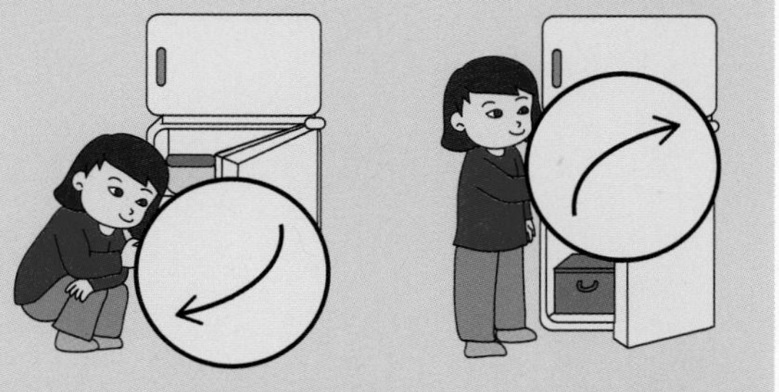

냉장고의 문을 열면 문 밑에서는 냉장고 안쪽의 차가운 공기가 문 바깥쪽으로 빠져나간다. 따라서 휴지 조각은 냉장고 바깥쪽으로 움직인다. 문 위에서는 실내의 따뜻한 공기가 냉장고 안으로 이동하기 때문에 휴지 조각은 냉장고 안쪽으로 움직인다.

**02**

뜨거운 물은 위로 올라가고 차가운 물은 아래로 내려간다. 따라서 뜨거운 물이 윗 부분에 차가운 물(얼음)이 아랫 부분에 있으므로 대류가 일어나지 않아 온도가 변하지 않으므로 얼음이 녹지 않는다.

해설 차가운 얼음이 아래쪽에 있는데 위쪽을 가열하므로 열이 아래로 전달이 되지 않아 얼음이 녹지 않는 것이다.

**03**

| | 열 이동 방식 | 단열 방법 |
|---|---|---|
| 마개 | 대류 | 대류로 인해 안쪽의 열이 위쪽으로 빠져 나가는 것을 막는다. |
| 진공 | 전도, 대류 | 매질을 없앰으로써 열이 외부로 손실되는 것을 막는다. |
| 은도금 | 복사 | 안쪽의 열을 반사시켜 열이 바깥으로 나가는 것을 막는다. |
| 이중 유리 | 전도 | 유리를 통한 열의 전도를 막아준다. |

**04**

도로나 철길이 열에 의해 팽창되면 구부러져서 사고가 날 수 있기 때문에 미리 이음새를 벌려 놓아 도로나 철길이 열팽창에 의해 구부러지는 것을 방지한다.

**05**

커진다.
같은 물질의 경우 열로 인해서 팽창하는 정도가 같으므로 구멍보다 안쪽에 있는 금속 입자나 구멍을 이루고 있는 금속 입자가 같은 비율로 팽창한다. 따라서 구멍이 난 금속을 가열하면 열팽창하면서 전체 구리판도 커지고, 잘라낸 구멍도 커지게 된다.

## 스스로 실력 높이기 210 ~ 213쪽

http://cafe.naver.com/creativeini
▶ 창의력과학 세페이드 문제풀이 바로가기 배너를 클릭하여 문제풀이를 해보세요 .

01. (나) 02. ㉠ 열 ㉡ 온도 ㉢ 분자운동 ㉣ 온도
03. 수지 04. ㉠ 20 ㉡ 50 05. ②
06. (1) O (2) X (3) O 07. (1) 대 (2) 대 (3) 전
08. 복사 09. ㉠ 대류 ㉡ 전도 ㉢ 복사
10. ㉠ 온도 ㉡ 거리 11. ② 12. ④
13. ④ 14. ②, ③ 15. ⑤ 16. ①
17. ④ 18. ②, ③, ④ 19. ③
20. ②
21. 여름날은 온도가 높아 열팽창이 많이 일어나므로 철길이 휘어지게 된다. 철길이 휘어지지 않게 하려면 철길을 만들 때 중간 중간 이음새에 틈새를 주어 열팽창이 일어날 수 있는 공간을 확보해 둔다.
22. 철은 나무보다 열전도가 더 빨리 진행된다. 따라서 철의자에 앉으면 우리 몸에서 철로 열이 더 빨리 전도되므로 우리 몸이 열을 많이 잃어 차갑게 느껴지는 것이다.

**01.** 답 (나)
해설 온도가 높은 물질을 구성하는 분자의 운동은 활발하고, 온도가 낮은 물질을 구성하는 분자의 운동은 느리다.

**03.** 답 수지
바른 풀이 저온의 물체와 고온의 물체가 접촉하여 열평형이 일어나는 과정에서 고온의 물체는 열을 잃고 온도가 내려가므로 분자 운동이 둔해진다.

**04.** 답 ㉠ 20 ㉡ 50
해설 찬물과 더운 물을 섞은 후 20분이 되었을 때 50℃의 열평형 상태에 도달하였다.

**05.** 답 ②
해설 열평형에서의 온도는 물의 양이 같을 경우 높은 온도와 낮은 온도의 중간 온도에서 열평형에 도달하지만 더운 물과 찬물의 양에 따라서 열평형 온도는 달라진다. 찬물의 양이 증가하면 찬물의 열용량이 커지므로 온도 변화가 적어진다. 따라서 열평형은 50℃보다 더 낮은 온도에서 일어날 것이다.

**06.** 답 (1) O (2) X (3) O
바른 풀이 (2) 열이 매질을 통하지 않고 빛의 형태로 직접

전달되는 것을 복사라고 한다. 전도란 분자가 이동하지 않고 열에너지만 전달되는 것을 말한다.

**09.** 답 ㉠ 대류 ㉡ 전도 ㉢ 복사

해설 ㉠ 따뜻해진 분자가 직접 이동하면서 열이 전달된다.
㉡ 분자가 이동하지 않고 열에너지만 전달된다.
㉢ 열이 물질을 통하지 않고 빛이나 전자기파의 형태로 직접 전달된다.

**11.** 답 ②

바른 풀이 ㄱ. 고온의 물체는 열을 잃어 온도가 내려간다.
ㄷ. 저온의 물체의 분자들은 열을 얻어 분자 운동이 점점 빨라진다.

**12.** 답 ④

해설 열은 온도가 높은 물체에서 낮은 물체로 이동한다.
· B → D : B의 온도 > D의 온도
· A → C : A의 온도 > C의 온도
· D → A : D의 온도 > A의 온도
따라서 물체의 온도는 B > D > A > C 순서이다.

**13.** 답 ④

해설 ㄱ. 물은 얼음에게 열을 빼앗겨 시원해진다.
ㄷ. 저온의 얼음과 고온의 물이 열평형되는 것을 이용한 것이다.
바른 풀이 ㄴ. 얼음은 물로부터 열을 얻어 온도가 올라간다.

**14.** 답 ②, ③

해설 ②, ③ 물은 열을 얻어 부피와 온도가 모두 증가한다.
바른 풀이 ① 물은 열을 얻는다.
④ 열을 얻은 물의 분자 운동은 점점 활발해진다.
⑤ 외부로 열이 빠져나가지 않으면 물이 얻은 열량과 불이 잃은 열량은 같다. 그렇지만 토치로 가열할 때에는 불이 잃은 열량 중 일부는 공기 중으로 빠져 나가므로 물이 얻은 열량은 불이 잃은 열량보다 작다.

**15.** 답 ⑤

해설 ㄱ. 체온 측정할 때 온도계는 체온과 열평형을 이루어야 체온을 측정할 수 있다.
ㄴ. 냉장고 내부 물체는 열을 잃어 냉장고 내부와 열평형을 이룬다.
ㄷ. 얼음을 물에 넣으면 물과 얼음이 열평형을 이루어 물이 시원해진다.

**16.** 답 ①

해설 ① 열이 전도되어 금속 막대를 통해 열이 전달된다.
바른 풀이 ② A의 나무 막대가 불과 가장 멀리 있기 때문에 가장 늦게 떨어진다.
③ 나무 막대는 불과 가장 가까운 F부터 A까지 순서대로 떨어진다.
④ 금속 막대에서 열이 전달되는 방법은 전도이다.
⑤ 나무 막대가 떨어지는 것은 전도된 열에 의해 촛농이 녹기 때문이다.

**17.** 답 ④

해설 철수 : 주전자의 물은 열을 얻어 온도가 점점 올라간다.
은지 : 물이 데워지는 현상은 분자가 직접 이동하면서 열이 전달되는 대류로 설명할 수 있다.
바른 풀이 영희 : 주전자의 아래쪽을 가열하지만 대류에 의해 물 전체가 따뜻해진다.

**18.** 답 ②, ③, ④

해설 ② 에어컨을 위쪽에 설치하면 에어컨에 의해 차가워진 공기가 아래쪽으로 대류한다.
③ 창문을 열어 환기시키는 것은 공기의 대류를 이용한 것이다.
④ 보일러를 켜면 방 전체가 따뜻해지는 것은 대류에 의한 현상이다.
바른 풀이 ① 햇빛을 쬐면 따뜻해지는 것은 열의 복사 현상과 관련이 있다.
⑤ 뜨거운 물에 손을 넣으면 뜨겁게 느껴지는 것은 전도에 의한 현상이다.

**19.** 답 ③

해설 유리병의 금속 뚜껑이 잘 열리지 않을 경우 병을 따뜻한 물속에 넣으면 유리병과 금속 뚜껑 둘 다 팽창하지만 금속 뚜껑이 더 많이 팽창하기 때문에 뚜껑이 잘 열린다.

**20.** 답 ②

해설 음료수 병에 음료수를 가득 넣지 않고 위쪽에 약간의 공간을 두는 이유는 액체가 열에 의해 팽창할 수 있기 때문이다.
② 알코올 온도계를 온도를 측정하는 것은 알코올의 열팽창을 이용한 것이다.
바른 풀이 ① 난로 가까이 있으면 따뜻해 지는 것은 복사에 의한 현상이다.
③ 난방기는 방의 아래쪽에 설치해도 방 전체가 따뜻해 지는 것은 대류에 의한 현상이다.
④ 한여름 낮에 바닷가 모래가 바닷물보다 빨리 가열되는 것은 물과 모래의 비열 차이에 의한 현상이다.
⑤ 뜨거운 국을 푸는 국자의 손잡이가 플라스틱인 이유는 플라스틱의 열 전도율이 낮은 것을 이용한 것이다.

# 24강. Project 7

## 서술 　214 ~ 215쪽

**01** 사막에 사는 사람들은 유목 생활을 하므로 밀을 심어 가꿀 수 없다. 그러므로 사막에 있는 소금 광산에서 소금을 채취해서 밀가루와 물물교환한다. 또는 방목하고 있는 양이나 염소를 팔아서 밀가루를 구입한다.

**02** 베드윈 족은 흰옷도 많이 입지만 검은 옷도 많이 입는다. 이때 검은 옷은 헐렁하고 위아래가 트이게 입어야 한다. 왜냐하면 태양광선을 받아 옷속 공기의 온도가 상승하면 상대적으로 가벼워져 뜨거워진 공기가 자연스럽게 위로 빠져나가면서 아래로 시원한 공기가 흘러 들어오는 대류 현상이 일어나게 되기 때문이다. 이러한 대류 현상으로 땀이 쉽게 마르고 시원하게 생활할 수 있다.

## 탐구 　216 ~ 219쪽

### 탐구 1. 열용량 실험

### 탐구 결과

〈 비커 A, B 의 시간에 따른 온도 변화 〉

| 시 간 (분) | 0 | 1 | 2 | 3 | 4 | 5 |
|---|---|---|---|---|---|---|
| 비커 A | 60 | 58.7 | 57.4 | 56.2 | 55.0 | 53.8 |
| 비커 B | 60 | 59 | 58.1 | 57.3 | 57 | 56 |
| 시 간 (분) | 6 | 7 | 8 | 9 | 10 | |
| 비커 A | 52.6 | 51.3 | 50.0 | 49.0 | 48.1 | |
| 비커 B | 55.1 | 54.2 | 53.4 | 52.8 | 51 | |

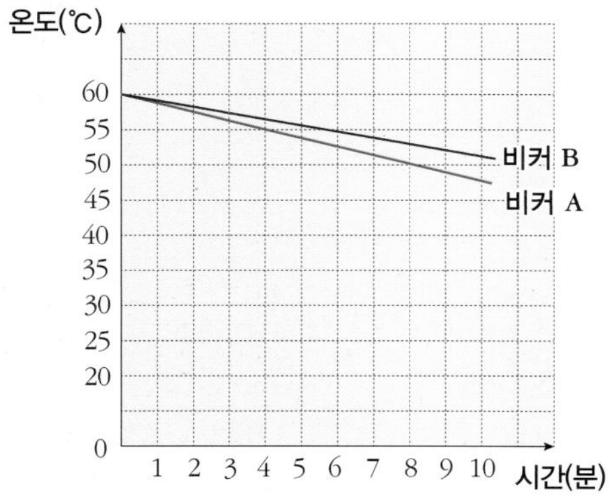


### 탐구 문제

1. 답 같다.
그 이유 : 물의 비열은 1 cal/g · ℃이며 비열은 물질의 특성이기 때문에 물질의 양에 따라 달라지지 않는다.

2. 답 비커 B의 물
그 이유 : 열용량은 비열×질량이며 같은 물질이라면 질량이 크면 더 큰 값을 갖는다. 열용량이 크면 온도 변화가 늦게 일어나므로 천천히 가열되고, 천천히 식는다.

3. 답 (1) ③ (2) ④
해설 고기의 양이 많을수록 열용량이 커져서 전체적으로 천천히 가열되므로 가열 시간을 길게 하여 고기가 비슷한 비율로 가열되게 한다.

### 탐구 2. 열평형 실험

### 탐구 결과

〈 비커와 시험관 속 물의 시간에 따른 온도 변화 〉

| 시 간 (분) | 0 | 1 | 2 | 3 | 4 | 5 |
|---|---|---|---|---|---|---|
| 비커 | 60 | 55 | 52 | 49 | 47 | 46 |
| 시험관 | 20 | 26 | 33 | 37 | 41 | 43 |
| 시 간 (분) | 6 | 7 | 8 | 9 | 10 | |
| 비커 | 45 | 45 | 45 | 45 | 45 | |
| 시험관 | 45 | 45 | 45 | 45 | 45 | |

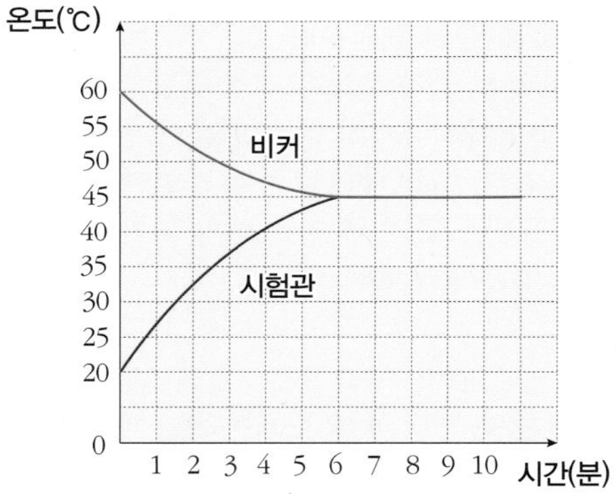


### 탐구 문제

1. 답 비커의 물
그 이유 : 열용량은 현재의 온도와는 관계없이 같은 물질이라면 질량에 비례한다.

2. 답 두 물체가 접촉하였을 경우 열의 이동 현상은 온도가 높은 물체에서 온도가 낮은 물체로 이루어진다. 결국 온도가 같아지면 열의 이동이 나타나지 않는데, 이때의 상태를 열평형 상태라고 한다.

3. 답 ②
해설 물의 열용량이 식용유 열용량의 2배이므로 온도변화는 식용유의 절반이 된다.

## 세페이드 시리즈

창의력과학의 결정판, 단계별 과학 영재 대비서

| | | | |
|---|---|---|---|
| **1F** | 중등 기초 | 물리(상,하)<br>화학(상,하) | <br>중학교 과학을 처음 접하는 사람 / 과학을 차근차근 배우고 싶은 사람 / 창의력을 키우고 싶은 사람 |
| **2F** | 중등 완성 | 물리(상,하)<br>화학(상,하)<br>생명과학(상,하)<br>지구과학(상,하) | <br>중학교 과학을 완성하고 싶은 사람 / 중등 수준 창의력을 숙달하고 싶은 사람 |
| **3F** | 고등 I | 물리(상,하)<br>물리 영재편(상, 하)<br>화학(상,하)<br>생명과학(상,하)<br>지구과학(상,하) | <br>고등학교 과학 I을 완성하고 싶은 사람 / 고등 수준 창의력을 키우고 싶은 사람 |
| **4F** | 고등 II | 물리(상,하)<br>화학(상,하)<br>생명과학(영재학교편,심화편)<br>지구과학 (영재학교편,심화편) | <br>고등학교 과학 II을 완성하고 싶은 사람 / 고등 수준 창의력을 숙달하고 싶은 사람 |
| **5F** | 영재과학고 대비 파이널 | 물리 · 화학<br>생명 · 지구과학 | <br>고급 문제, 심화 문제, 융합 문제를 통한 각 시험과 대회를 대비하고자 하는 사람 |

| | | | | | |
|---|---|---|---|---|---|
| 세페이드 모의고사 | <br>내신 + 심화 + 기출, 시험대비 최종점검 / 창의적 문제 해결력 강화 | 세페이드 고등 통합과학 | <br>고1 내신 기본서 | 세페이드 고등학교 물리학 I (상,하) | <br>고등학교 물리 I (2권) 내신 + 심화 |

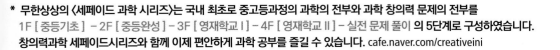

* 무한상상의 〈세페이드 과학 시리즈〉는 국내 최초로 중고등과정의 과학의 전부와 과학 창의력 문제의 전부를
1F [ 중등기초 ] – 2F [ 중등완성 ] – 3F [ 영재학교 I ] – 4F [ 영재학교 II ] – 실전 문제 풀이 의 5단계로 구성하였습니다.
창의력과학 세페이드시리즈와 함께 이제 편안하게 과학 공부를 즐길 수 있습니다. cafe.naver.com/creativeini

**무한상상**

창의력과학

# 세페이드

시리즈

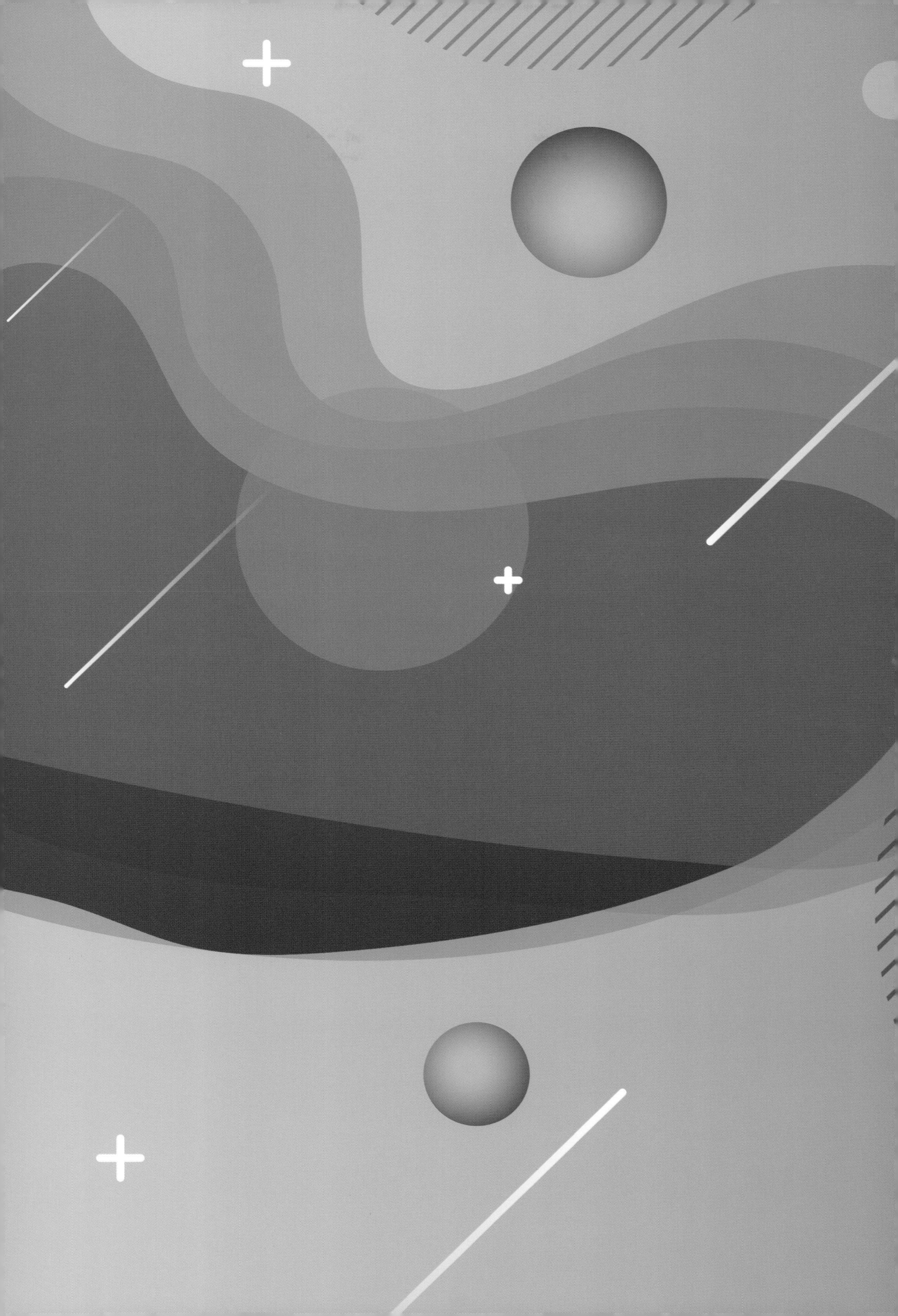

# 무한상상 교재 활용법

무한상상은 상상이 현실이 되는 차별화된 창의교육을 만들어갑니다.

## 아이앤아이 시리즈

특목고, 영재교육원 대비서

| | 아이앤아이 영재들의 수학여행 | 아이앤아이 꾸러미 | 아이앤아이 꾸러미 120제 | 아이앤아이 꾸러미 48제 | 아이앤아이 꾸러미 과학대회 | 창의력과학 아이앤아이 I&I |
|---|---|---|---|---|---|---|
| | 수학 (단계별 영재교육) | 수학, 과학 | 수학, 과학 | 수학, 과학 | 과학 | 과학 |
| 6세~초1 | 출시 예정<br>수, 연산, 도형, 측정, 규칙, 문제해결력, 워크북 (7권) | | | | | |
| 초 1~3 | <br>수와 연산, 도형, 측정, 규칙, 자료와 가능성, 문제해결력, 워크북 (7권) |  | <br>수학, 과학 (2권) | <br>수학, 과학 (2권) | | |
| 초 3~5 | 출시 예정<br>수와 연산, 도형, 측정, 규칙, 자료와 가능성, 문제해결력 (6권) | | | | <br>과학토론 대회, 과학산출물 대회, 발명품 대회 등 대회 출전 노하우 |  |
| 초 4~6 | 출시 예정<br>수와 연산, 도형, 측정, 규칙, 자료와 가능성, 문제해결력 (6권) |  |  |  | |  |
| 초 6 | |  | | | |  |
| 중등 | 출시 예정<br>수와 연산, 도형, 측정, 규칙, 자료와 가능성, 문제해결력 (6권) |  | <br>수학, 과학 (2권) | <br>수학, 과학 (2권) | <br>과학토론 대회, 과학산출물 대회, 발명품 대회 등 대회 출전 노하우 | <br>물리(상,하), 화학(상,하), 생명과학(상,하), 지구과학(상,하) (8권) |
| 고등 | | | | | | |